水处理科学与技术

微污染原水强化混凝技术

王东升 等 著

科学出版社
北京

内 容 简 介

本书系统介绍了近年来水体有机物的强化混凝处理技术及其研究进展，分别对混凝研究现状、水质问题与微污染特征进行了概括性分析和探讨。针对混凝剂和混凝作用机制着重探讨了优势混凝形态的物化特性、表征技术与作用机制；结合典型微污染原水，从混凝剂的优化筛选、混凝剂作用效能的强化、混凝工艺过程的强化、絮体形态结构控制与混凝工艺监控等多个角度对强化混凝工艺进行了系统介绍；最后根据IPF的基础理论研究和工程实践，在高效絮凝集成系统(FRD)基础上，进一步探讨了以复合型 IPF 为核心的工艺集成系统的研究，并对强化/优化混凝技术的发展方向进行了论述。

本书适合从事水处理行业的科研、设计与运行管理的技术人员参考，同时也可用作给排水、环境工程等相关专业高等院校师生的参考用书。

图书在版编目(CIP)数据

微污染原水强化混凝技术/王东升等著. —北京：科学出版社，2009
ISBN 978-7-03-024344-7
Ⅰ. 微… Ⅱ. 王… Ⅲ. 饮用水-水处理 Ⅳ. TU991.2
中国版本图书馆 CIP 数据核字(2009) 第 049352 号

责任编辑：杨 震 朱 丽 沈晓晶 / 责任校对：邹慧卿
责任印制：张 伟 / 封面设计：铭轩堂

科学出版社出版
北京东黄城根北街 16 号
邮政编码：100717
http://www.sciencep.com

北京中石油彩色印刷有限责任公司 印刷

科学出版社发行 各地新华书店经销

*

2009 年 4 月第 一 版 开本：B5(720 × 1000)
2017 年 1 月第二次印刷 印张：17
字数：324 000

定价： 128.00元
(如有印装质量问题，我社负责调换)

序

混凝是水质净化处理工艺中最主要的单元技术之一。它实际包括投药混和、凝聚脱稳、絮体聚集等过程，所以也通称为凝聚或絮凝。混凝技术往往用于水处理流程的始端，作为污染杂质分离去除的前处理过程，但它的行为和质量会影响到全工艺流程的操作和最终效果，而且混凝药剂的使用消费是水工业运行成本的重要组成部分。因此，混凝过程的优化和强化一直是水质处理领域中十分受关注和持续研究发展的前沿课题。

优化混凝或强化混凝并没有严格区分的定义和统一公认的内涵。我所理解的传统观念中，混凝的优化是针对不同水质以最低的药剂用量达到最佳的净化效果。其中包括混凝剂和助凝剂的配置选用，投加及混和的操作方式和程序，絮体成长的条件和设施等诸多方面的运用和改进。这实际正是固有混凝技术研究和创新的一贯追求和最终目标。后来发展的混凝的强化则是在常用的混凝技术外，再附加若干其他技术，如有机污染物的氧化降解，超声波、高磁场的应用，投药系统的自动化、程序化等，用来提高混凝过程的效率或应对特殊难处理的原水水质。当然，在水质科学与技术广泛利用现代科技新进展的历程中，再严格区分优化和强化的概念似是属于咬文嚼字或许没有必要，一切能够提高混凝技术常见功效的措施都可称之为优化或强化。不过，在实用中提高混凝技术的核心价值仍然在于：最大限度地降低药剂用量和技术费用并切实达到预期最佳或可以接受的净水效果。

现代生产技术和生活质量的需求日益复杂和精细，水质净化的工艺也不断改进，在整个流程中混凝技术的强化显然会首当其冲。归纳起来，在以下方面对混凝技术不断提出更高的要求：①水源包括地面水和地下水的污染不断加重，污染物种类及形态更趋多样化，对饮用水、工业用水和废水排放的水质要求随之提高。从而要求混凝过程发挥更多的功能，由传统的颗粒物扩展到广义颗粒物，包括溶胶、高分子以及有机和生物大分子甚至溶解有机物。②传统的浊度和色度的内涵有根本变化，不再限于感观指标。浊度标准的日益提高说明它实际代表着微细颗粒物吸附浓集的各种痕量污染物。色度反映的除溶解性天然有机物外，还有多种工业化学品的光学效应。③水质处理其他分离或转化技术的改进和创新对其前处理混凝技术提出不同的更高要求，例如，沉淀、澄清、过滤以及消毒等传统工艺过程的形式结构有所变换，高级氧化、膜分离、气浮、污泥浓缩、污染水体修复等方面的新技术开发，都要求混凝环节与之密切适应配合。④水资源缺乏促使污水废水循环利用和地下回注的需求日益迫切，其不同层次的净化和深度净化也同时要求混凝技术更精细而有效地与之响应或加以强化。

传统的给水处理流程中一般由混凝—沉淀—过滤—消毒等主要单元操作构成基本模式。通常认为正常过程应是：对水中微细颗粒物及污染物先以混凝技术脱稳聚集成为粗大絮团，具有吸附卷扫作用，然后以重力沉降和颗粒层过滤先后分离，达到水质的最终净化。虽然历年在各个单元技术中都陆续出现了多种不同结构的反应器，应用了各种物理—化学—水力学原理，但是这一基本概念思路并没有根本的改变，仍然是当前水处理工艺设计、建设和运转的基本原则。

滤池具有截流和黏附双重作用，但反向流、双层、多层和深床滤池等仍都只是以增大容污能力为设计目的。直到微絮凝滤池的出现才实现了在混凝中取消生成粗大絮团的反应过程，以微细絮体直接过滤，由颗粒层吸附絮凝来完成水质净化。这种形式不但省去混凝中的絮团聚集阶段而且省去初级分离的沉淀过程，从而大大缩短流程，显著节省设备成本和运行时间。因此，充分利用颗粒层群体微界面的吸附来强化絮凝过程，使微细颗粒物及污染物的脱稳聚集和分离在微界面上同时完成。这种过程可以称为微界面吸附絮凝或接触絮凝。

实际上，在近代水处理工艺中很多单元操作都存在界面吸附絮凝作用，如多层多管沉淀、悬浮絮体层澄清、溶气气浮分离、活性炭吸附分离、活性污泥生物絮凝，甚至各种纳米孔隙膜分离操作等，往往是由颗粒物群体以固定床、悬浮床、流动床、透析床等形式构成微界面体系进行吸附絮凝来完成的。如何把微界面吸附絮凝作用这一普遍存在的现象，不只在水力学层面上而且在微界面化学层面上加以理论深化，并且在反应器应用上加以强化，将会对水处理技术的发展起到启发和创新作用。

无机高分子絮凝剂的发展恰正适应和要求界面吸附絮凝的强化。聚合类絮凝剂的特征是预制形态稳定、电中和能力强、吸附与聚集能力强、界面反应快、适合吸附絮凝、用药量较少。这与传统絮凝剂如硫酸铝的形态趋向水解沉淀、电荷接近中性、絮团比较松散、适合网扑卷扫絮凝、用药量较多等特征有很大差异。目前通用的水处理反应器和工艺流程大多是适应硫酸铝的特征，以形成粗大絮团再加分离的目的而设计运行的，因而不能充分适应和发挥聚合类絮凝剂的特征和优点。

在我国，聚合类絮凝剂大量生产使用，已基本代替了硫酸铝。絮凝形态和作用机理的基础研究也居于国际前列。如果使处理工艺的参数及设施更好地适合聚合絮凝剂的特征，就可以最大限度发挥其效能从而提高全流程的处理功效。把界面吸附絮凝作为强化混凝的发展方向，从理论和实验室研究走向水处理工艺工程实践，可能会对水处理工艺的总体发展也起到强化作用。我们在北京自来水厂进行的高效絮凝集成系统(FRD)现场中试结果就是例证。

王东升研究员多年从事混凝理论、聚合絮凝剂开发应用和强化混凝的研究及实践，积累了很多学术理念和实际资料。这本书是他和同事及研究生们在混凝及其强化技术方面研究工作的深入总结。相信这本书的出版会对这一领域的发展起到良好的作用，同时期望从事水质处理技术的同行专家进行探讨并指正。

中国科学院生态环境研究中心
环境水质学国家重点实验室
汤鸿霄
2009 年 3 月

前　言

上善若水。水善利万物而不争；处众人之所恶，故几于道。

水是万物之灵，是生物体最重要的组成成分之一，在生命的发生、发展、进化过程中起着十分重要的作用。水问题关系到国民经济与人类健康的发展，水量和水质是其中辩证相关的两个方面。由于水环境的日益恶化与工农业生产、生活用水需求剧增的矛盾，使水质问题成为我国21世纪制约国民经济发展中仅次于人口问题的第二大难题。确保水质安全是我国现阶段国民经济可持续发展的关键之一。

饮用水安全保障是国家公共卫生安全体系的重要组成部分，与人民身体健康、社会稳定和经济发展息息相关。我国目前饮用水安全问题严重，尤其是一些重大水污染事件的频繁发生，对饮用水水质安全保障与健康风险控制提出了技术挑战，受到了政府和社会各阶层的高度关注。积极应对饮用水水源污染、保障饮用水安全、控制饮用水健康风险已成为我国面临的重大科技问题。

混凝技术广泛地应用于各种水处理工艺流程之中，决定着后续流程的运行工况以及最终出水质量与成本费用，不仅是环境工程的重要科技研究开发领域，而且在我国水处理高新技术的发展中也占有重要地位。传统混凝工艺的去除目标为水体颗粒物与以腐殖酸类为主的色度。随着环境污染问题日趋严重以及水质标准越来越严格，常规混凝技术已不能很好地满足人们对水质安全的要求。尤其在经济发达的沿海地区，由于工农业生产的高速发展，水安全问题近年来尤为突出。现有常规净水工艺（混凝—沉淀—过滤—消毒）不能有效去除溶解性有机物、人工合成污染物、嗅味物质、氨氮、藻与藻毒素、微生物和消毒副产物等。而强化/优化混凝在现有的水处理工艺设施基础上进行改进与提高，同时兼顾前处理与后续工艺流程的运行工况，使水与废水达到深度处理的效果。因此，大力发展强化/优化混凝技术并加以重点研究，有助于进一步促进、完善我国的水处理工艺技术，推动我国水工业的发展。对于一既定体系(一定的水源及处理设施与选定的混凝剂)以定量计算来描述整体工艺流程，仍然是该领域研究人员所为之努力追求与奋斗的目标。深入研究混凝过程本质，定量描述其絮体的形成、结构、行为与性能以及诸影响作用关系，对混凝工艺过程加以调控，成为当前环境科学与水工业的重要研究课题。

本书内容总体分为4个部分8个章节：混凝概论，流域水质变化特征与AOM表征，包括优势混凝形态的探讨、混凝剂的优化筛选与典型微污染原水的强化混凝等强化混凝工艺以及混凝工艺过程的强化与控制、优化混凝工艺的系统集成。分别对水质问题与微污染特征进行了概括性分析和研究探讨，同时针对混凝剂形态功能和混凝作用机制着重探讨了优势混凝形态的物化特性、表征技术与作用机制，为混凝工艺的进一步发展提供了参考依据。进一步结合典型微污染原水，从混凝剂的优化筛选、混凝剂作用效能的强化、混凝工艺过程的强化、絮体形态结构控制、混凝工艺监控等多个角度对强化混凝工艺进行了系统介绍。最后根据IPF的基础理论研究和工程实践，在高效絮凝集成系统(FRD系统)基础上，进一步探讨了以复合型IPF为核心的工艺集成系统的研究，并对强化/优化混凝技术的发展进行了论述。

本书得以完成，首先要感谢我的导师汤鸿霄院士多年来的谆谆教诲并为我指导研究方向，先生的鼓励与鞭策是我涉足混凝研究领域的重要动力源泉，只是限于自身资质愚钝，唯恐有负先生的殷切期望。同时要特别感谢中国科学院生态环境研究中心主任曲久辉研究员的鼓励和宝贵意见，没有曲先生的再三鼓励也就没有勇气写作本书。环境水质学国家重点实验室的杨敏主任和华东理工大学的姚重华教授对我的热情鼓励和苦心鞭策也使我鼓足了勇气。而本书得以最后成稿，更离不开我的许多同事和学生的辛勤劳动，以及多年来共同完成的研究课题与发表的一系列论文。这些论文以及研究生们的学位论文构成了本书写作的基础。同时，特别感谢国家“863”计划项目研究工作中来自北京万水净水剂有限公司以及北京、天津、广州、深圳等自来水公司的同仁与工作人员。

由于著者水平有限，诚望读者对书中谬误之处不吝指正。

王东升

2008年12月20日

目　录

第 1 章　强化混凝概论

混凝现象是自然界与人工强化水处理体系中普遍存在的现象之一[1,2]。在天然水体中，混凝过程是水质转化中十分显著的影响因素，对水体颗粒物及有害/有毒物质的迁移、转化与归宿起着十分重要的作用。作为水与废水处理的重要方法之一，混凝技术广泛地应用于各种水处理工艺流程之中，决定着后续流程的运行工况以及最终出水质量与成本费用，因而成为环境工程的重要科技研究开发领域，在我国水处理高新技术的发展中占有重要地位。与此同时，随着人类生存环境的恶化，水资源问题成为我国 21 世纪国民经济发展中仅次于人口的第二大难题。在其互为因果、辩证相关的水量与水质两方面中，由于水环境污染的加剧，水质问题尤显突出和严峻。混凝技术作为其中被广泛应用的重要水处理方法，在净化提高水质从而增加有效水量中起着关键作用，成为解决整个水污染问题的十分重要的环节之一。

随着环境污染问题日趋严重以及水质标准越来越严格，常规混凝技术已经不能很好地满足人们对水质安全的要求。尤其由于工农业生产的高速发展，而环保措施普遍不足，水安全问题近年来陡显突出。保护水源，发展、完善水安全保障技术显得十分迫切。强化/优化混凝在现有的水处理工艺设施基础上进行改进与提高，同时兼顾前、后续工艺流程的运行工况，使水与废水达到深度处理的效果。因此，大力发展强化/优化混凝技术，并加以重点研究，有助于进一步完善我国的水处理工艺技术，推动我国水工业的发展。

1.1　混凝：概念、定义与范畴

1.1.1　混凝基本概念[3,4]

有关凝聚、絮凝的概念已有较多的论述，鉴于混凝现象的复杂性乃至混杂性，一直对其缺乏科学的定义。一方面，沿袭着传统的观点，如凝聚(coagulation)与絮凝(flocculation)的概念以及在水处理界中所用以分别指整个处理过程中的两个较为明显的步骤时也常常不加区分，以同义词看待或以混凝概之；另一方面，针对一些特殊的过程或为了强调某些具体特征，出现了一些新概念，且得到不断的修正。这从某种角度上反映了混凝理论的进展与存在的不足，因此，在这里做下述的限定：混凝(coagulation/coagulation-flocculation)是指对混合、凝聚、絮凝的总括，具有广义与狭义的双重性。广义而言，混凝泛指自然界与人工强化条件下所有分散体系(水与非水或混合体系)中颗粒物失稳聚集生长分离的过程。而狭义上指水分散体系中颗粒物在各种物理化学流体作用下所导致的聚集生长过程，这也是本书将着重讨论的范畴。引发混凝过程的化学药剂概称为混凝剂，涵盖了所有无机型、有机型、混合型、复合型、天然型乃至助凝剂在内的低分子凝聚剂或高分子絮凝剂。目前，有关纳米颗粒物的形成与聚集过程的研究进一步丰富了混凝的内涵，必将增进对混凝机制的深入认识。

强化混凝的概念由来已久，早在美国《给水工程师协会会刊》(AWWA) 1965年的一篇论文中就有所论述。而美国给水工程师协会在20世纪90年代提出的强化混凝是指水处理常规混凝处理过程中，在保证浊度去除效果的前提下，通过提高混凝剂的投加量来实现提高有机物(相应的也即消毒副产物/disinfection by-product/DBP前驱物)去除率的工艺过程[5]。这一强化混凝的概念也即基于混凝剂投加量的提高或反应pH条件控制的混凝过程。优化混凝则是在强化混凝的基础上提出来的，是具有多重目标的混凝过程[6]，包括最大化去除颗粒物和浊度，最大化去除总有机碳(TOC)和 DBP 前驱物，减小残余混凝剂的含量，减少污泥产量，最小化生产成本。

从工艺研究角度而言，强化混凝侧重于在现有水处理工艺设施上的改进与提高，也即强化，可以并需要通过对混凝剂的优化筛选、混凝剂剂量与混凝反应过程及反应条件的控制强化来实现。而结合前处理过程(如预氯化、预氧化等)以及后续处理过程(如强化过滤、深度处理等)系统性的结合，则属于优化混凝的范畴。优化混凝是一总体综合、系统化的过程。而从水处理实际过程来看，两者并不能截然区分，往往是“强化中的优化，优化中的强化”。强化混凝需要通过混凝剂、混凝反应条件与反应过程的控制强化来实现，同时必须兼顾前处理、后续的运行工况(而非简单的，虽然是其中最重要的——基于混凝剂投加量的提高或反应pH条件控制)，才能达到真正强化也即优化的目的。

1.1.2　混凝研究概况

混凝过程的研究贯穿于胶体与界面科学、水质科学的历史发展进程之中。对于胶体稳定与解稳的研究构成胶体科学领域的一个重要内容，连同胶体自身性质的研究一起成为胶体科学发展的两大支柱。20世纪60年代，相继发表的“混凝化学观”与“混凝计量学”成为混凝研究发展过程中的里程碑，与此同时，一些学者也发表了重要论文。例如，我国学者提出的混凝胶体化学观及絮凝形态学。而流体力学观、物理观及溶液化学作用的研究进一步深化了对混凝作用机制的认识。由 Ives 集合众多学者编辑的《絮凝的科学基础》的发表，奠定了混凝研究作为一门独立研究学科的基础，把混凝技术的理论深度与应用广度推向了新的阶段。另外，国内外发表了大量的文献与专著，具代表性的有《论水的混凝》、《凝聚与絮凝》等。而且连续举办以混凝研究为专题的讨论会，并在世界范围建立了学术网络，使混凝研究成为环境科学与技术中十分活跃的研究领域。

随着环境污染的日益严重，水质问题越来越受到人们的关注。对于水体颗粒物的形态和功能的研究成为近代环境水化学的主导内容，其研究的日渐深入成为环境水化学向水质学过渡的一个重要推动因素。在水体中，颗粒物与各种污染物发生多种溶液或界面的反应，连同其自身的相互作用，很大程度地影响甚至决定着水质。因此，研究水体颗粒物的稳定与失稳聚集过程的作用机制与定量规律也成为近年来水化学中最活跃的研究领域。

近几十年来，有关混凝技术领域的研究在各方面均取得了较大的成果，呈现出十分活跃的发展趋势，且面临着突破性进展。其主要研究内容可以粗略地归纳为 3 个方面，即混凝化学(原水水质化学、混凝剂化学、混凝过程化学)、混凝物理(混凝动力学与形态学)与混凝工艺学(包括混凝反应器与混凝过程监控技术)。

混凝化学：主要研究混凝过程中所参与的各类物质的形态、结构、物理化学特征及其在不同条件下的化学变化规律，因此，尚可细分为混凝处理对象——原水水质化学、混凝剂化学、混凝过程化学。混凝化学研究所取得的成果使人们得以从分子水平探讨混凝过程及混凝剂自身化学形态(包括溶液化学、颗粒与表面形态)的分布与转化规律，推动了混凝剂的分子设计、科学选择及混凝工艺方案的优化设计。随着现代混凝处理对象的不断扩展，水体颗粒物的概念范畴也已相当广泛，一般泛指各类水体中可能含有的多种悬浮物、沉积物、乳浊物及高分子化合物、生物体等，因此，包括了除溶解态的分子以外的所有水体杂质或污染物。同时，天然水体水质成分随季节、区域甚至昼夜变化呈现不同的变化规律；而市政工业废水与生活污水更是随着来源的不同而呈现显著不同的物化性质。因此，对原水水质化学展开深入的研究，成为混凝研究中一个较为迫切的领域。

在混凝过程中，混凝剂的选择与使用是其中的关键因素之一。有关混凝剂的形态、结构、化学性能的研究一直是混凝技术的主要研究内容。例如，在无机高分子聚合氯化铝的研究中，对于混凝过程中起优势作用的形态及其混凝过程的作用机制与形态转化规律仍然缺乏明确的认识。同时，虽然有研究表明商品聚合铝中的形态十分接近经一定熟化过程的实验室预制品的形态特征，但是对混凝剂实际生产过程的形态生成与转化规律所进行的研究仍然欠缺。因而，对混凝剂的生产实践缺乏明确的理论指导。

混凝过程化学的研究是阐明混凝作用机制的关键所在，同时也是指导混凝剂的筛选、推动混凝剂进一步发展的基础。然而，对于混凝过程化学的研究所予以的重视程度仍然不够。这一方面在于传统混凝剂研究大多局限于应用最为广泛的硫酸铝的作用性能，且常以基于无定形沉淀的混凝区域图来概括阐述其混凝机制；另一方面在于混凝过程化学变化通常在瞬间完成，其形态的鉴定缺乏相应的仪器分析检测手段。尽管如此，近年来该领域也引起了研究人员较多的关注，进行了较为初步的研究并取得了一定的成果。

混凝物理：主要研究絮体形成的动态过程，其结构、形态、性能以及随不同条件的变化规律。絮体的结构与性能在混凝研究中占据极其重要的地位，同时对后续分离过程起着决定性的作用。随着现代物理分析检测手段与新方法新理论的引进，近几十年来取得了长足的进展。有关混凝化学、动力学及形态学的研究可以概称为混凝理论。通过混凝理论的深入研究来进一步指导混凝工艺过程的实施，主要体现在混凝工艺学的研究与发展之中。

混凝工艺学：在混凝理论的指导下，主要研究与特定混凝工艺流程、混凝剂以及反应过程相适应的混凝工艺系统，包括混凝反应器、混凝过程监控与投药控制设备等的研制与开发。而混凝物理的研究使人们对不同碰撞聚集作用机制下，如布朗运动、流体剪切、差速沉降等颗粒物之间的动力学反应过程有了更为深刻的认识，提供了混凝反应器与强化混凝工艺的设计基础。由于各种监测技术的发明与应用，使得混凝过程得到有效的监控并趋向自动化发展。在此基础上，对投药监控的研究提出了若干定量计算模式并应用于工程实践，推动了混凝理论研究的发展。然而，人们虽然逐渐了解混凝过程中的各种影响因素明确，但是综合性的实验研究仍然十分缺乏，制约着人们对混凝过程本质性的认识。

对于一既定体系(一定的水源及处理设施与选定的混凝剂)以定量计算来描述整体工艺流程，仍然是该领域研究人员所为之努力追求与奋斗的目标。深入研究混凝过程本质，定量描述其絮体的形成、结构、行为与性能以及诸影响作用关系，对混凝工艺过程的调控与实施，具有重要的理论价值与广泛的应用前景，成为当前环境科学与水工业的前沿热点问题。

随着环境污染问题日趋严重以及水质标准越来越严格化，常规混凝技术显然已经不能很好地满足人们对水质安全的要求。尤其在经济发达的沿海地区，由于工农业生产的高速发展，水安全问题近年来尤为突出。现有常规净水工艺(混凝—沉淀—过滤—消毒)不能有效去除溶解性有机物、嗅味物质、氨态氮、藻类和藻毒素。水中藻类和有机物的存在，不仅降低了出厂水水质，还不同程度地影响水厂设施的正常运行。多数水厂没有专门地去除溶解性有机物和藻类的单元，主要以常规处理工艺在去除悬浮物的同时兼顾除藻，对藻类和溶解性有机物的去除率一般只有10%~20%，难以满足水质安全的要求。

1.1.3　混凝评估方法体系与操作规范[7]

近几十年来，对水体有机物、颗粒物和界面过程进行了较为广泛的研究。在水体有机物/颗粒物的分析检测技术、界面反应特征、水质转化功能以及水处理工艺中应用去除颗粒物的高新技术等方面均有着较大的进展。尤其是在表面络合理论的兴起及广泛研究应用后，颗粒物及其界面过程的研究逐步深化，并且着重于动力学规律的探索。而现代光谱技术，如粉末 X 射线衍射、红外/拉曼光谱、固态核磁共振、各类 X 射线吸收光谱等，作为强有力的工具更提供了多角度、多方面的综合判据。然而由于水体有机物/颗粒物组成的混杂性以及微界面过程的复杂性，对此仍然缺乏明确而深入的认识。20 世纪 70 年代人们开始逐步应用并发展了对水体有机物进行分子质量、化学特性等物化性质的表征方法与技术。因此，进一步完善有机物分离分级表征技术，将树脂分离分级、膜超滤分离分级和凝胶色谱分离分级等有效组合，连同其他仪器分析手段，对原水以及不同工艺条件下的出水水质进行高效的评估。

但是，仅仅明确了不同有机物的去除特征，并不能保障工艺出水的安全性。同时开展消毒副产物形成势(DBPFP)研究以及生物毒性的评估来优化微污染原水有机物的水处理过程显得十分必要。农业生产上使用的肥料和农药，各种残留于工业废水和城市废水中的化学物质以及人类在其他各种消费和生产活动中排放的化学物质最终都会进入作为水源的水环境中。调查表明饮用水水源中含有多达数千种的微量化学物质。其中相当的一部分，特别是有毒的难降解有机物，因其潜在的生态和健康危害，已经受到极大的关注。这些有毒化学物质的存在，使得饮用水水源的水质受到严重的威胁。而在水处理的各个环节，又不可避免地形成一些新的化学物质，其毒害作用可能比母体化合物更大。例如，用氯气、臭氧、紫外线、二氧化氯等消毒能有效杀灭细菌、病毒等微生物，具有良好的卫生效应，但在消毒过程中，水中的部分化学物质可能会发生化学变化，导致生态安全的负面效应。因此，为了确保饮用水的安全性，必须对可能残留的已经制定和未制定标准的有毒有害化学物质进行监测评估。

毒理实验已经证明许多物质具有致癌性、内分泌干扰作用等，但是这些物质因为具有较高的亲水性，用通常的水处理技术去除率较低，通过饮用水对人暴露的可能性较高。为了确保我国饮用水的安全性，在掌握饮用水中的此类物质的暴露水平和毒性的基础上，开展工艺过程去除机制与转化特征的研究以及相应毒性的变化显得十分迫切。由于饮用水直接关系到人类的健康，因此，饮用水中存在的化学物质的生物毒性将是重点研究的目标。毒性是一个复杂的生物现象，只有通过生物测试才可判断化合物对生物有害还是无害，分辨混合污染物表现协同还是拮抗作用。生物毒性不仅反映化合物的性质，而且与受试物种和试验条件有关。因此，以化学分析和生态毒性为指标，重点评价原水以及混凝工艺和优化工艺处理的生态安全性，采用毒性评价技术(TIE/Umu)并完善优化混凝工艺处理的毒性评价方法，明确优化混凝集成工艺过程中有机物的去除机制，探索优化集成工艺，为饮用水安全提供保障技术。在此基础上，通过广泛深入的调查研究建立不同区域水质混凝数据库，并以此提出优化混凝控制标准。

因此，基于不同水源水质时空变化特征的分析表征，通过建立系统的强化/优化混凝表征方法体系，对颗粒分析技术、有机物表征技术和生物毒性评估技术有机结合应用于微污染原水及不同区域水质的优化混凝工艺进行系统研究，以提供该领域研究的参考方法乃至建立标准方法。同时，有针对性地对不同周期、不同工艺条件下的水体有机物、微污染物优化去除，进行高效混凝剂、反应器与不同工艺之间的协同优化组合，提出区域优化混凝控制标准，为优化混凝技术深入广泛的应用提供基础，丰富对有机物强化去除机制的认知。基于数据库提出优化混凝工艺控制目标，对不同来源、不同时期复杂天然水体有机物的形态表征，以及颗粒物-有机物-混凝剂相互作用、聚集行为与水质迁移转化机制的研究，可作为该领域的前沿核心问题，具有较强的工艺指导作用。

1.2　水质问题与水质安全

饮用水安全是影响国家安全与人民身体健康的重大问题。随着人民生活水平的提高，对饮用水水质的要求也越来越高。而近年来随着环境的恶化和污染的加剧，水源地的水质进一步恶化。除水源地常规水质项目超标外，有毒有机物污染也在一些饮用水水源地中被检出，有些地区还出现相当严重的情况。根据最近完成的第二次全国水资源调查评价结果，按照水功能区划的标准，目前饮用水水源地水功能不达标率达 35.6%，其中河道不达标率为 44%，湖泊不达标率为 77%，水库不达标率为 23%；全国 1073 个重点城市地表水饮用水水源地有 25%的水质不达标；地下水水源地水质问题更为严重，115 个地下水水源地中，35%不合格[8]。

另外，由于在工农业生产和日常生活中，合成有机化学品(synthetic organic compound, SOC)的种类和使用量不断增加，使其不可避免地通过各种渠道进入作为饮用水水源(特别是地表水水源)的水体中，造成水源的污染。人们早就发现了水体的农药污染问题，并针对多种农药成分制定了严格的饮用水标准。近年来，药品和个人护理用品(pharmaceutical and personal care product, PPCP)等新型污染物在世界各地水体中都有检出。例如，美国最近的一项调查显示抗生素(antibiotic)、抗痉挛药物(anti-convulsant)、心境稳定剂(mood stabilizer)、性荷尔蒙(sex hormone)等药物在 4100 万美国人的饮用水中被发现[9]。其他类型的污染物，如全氟辛烷磺酰基化合物(perfluorooctane sulfonate, PFOS)、多溴联苯醚(polybrominated diphenyl ether, PBDE)等也是人们所发现的在水中普遍存在的污染物。这类化学品在水体中通常具有浓度低、持久性强的特点，且具有较强的生物累积效应，其环境健康风险正受到人们的高度关注。

我国自 20 世纪 80 年代起，在微污染水源水处理方面组织开展了多项国家科技攻关，取得了较大进展，为我国饮用水安全保障提供了一定的技术积累。但整体化技术水平有待提高，新技术与工业化应用与国外尚有较大差距。由于针对我国水污染特点的适用技术缺乏，绝大多数水厂仍采用传统的絮凝—沉淀—过滤工艺，在强化处理、安全消毒和输配水质稳定等方面，不能满足饮用水安全保障的系统技术需求。特别是近年来我国突发性饮用水水源污染事件进入高发期。仅在 2001~2004 年，全国共发生具有灾害特征的水污染事故 3988 起，平均每年近 1000 起。2005 年，吉林石化分公司双苯厂爆炸造成松花江重大水环境污染，饮用水的安全性受到严重影响。2006 年，湘江株洲霞湾港至长沙江段发生镉重大污染，湘潭、长沙两市水厂取水水源水质受到不同程度的污染，严重影响了当地人民的饮用水安全。

为了保障饮用水的卫生安全，首先需要全面地了解水质安全所面临的各种挑战与问题。它包括基于复杂现象、水质转化和控制管理等多层次、多方位的问题。例如，在水源、水处理工艺、供水输配等一系列水的循环与处理过程中的问题以及一些突发性水质污染事件等。一般可以从感观性态、生物污染、化学污染、毒理学及复合污染以及突发性水质污染事件等几方面进行认识与剖析。

1.2.1　水质问题

1. 水质感观性态

安全优质的饮用水不仅要求水质不存在危害人体健康的问题，而且感观是可以接受，即美观可口的。水质感观性态主要指水的色、嗅、味这些人体可以直接感受到的水质特征，这些也因此成为人类历史上最早用来判断水质优劣的指标。水质感观性态问题主要指成品水质，但同时也泛指水源和水处理过程中的水质迁移转化过程中出现的各种问题。

2. 水质生物污染

水质生物污染是指病原体随人畜粪便、生活污水以及医院、屠宰和肉类加工等行业污水进入水体，含有各类病毒、细菌、寄生虫等病原微生物，从而传播各种疾病，称为介水传染病。介水传染病一旦发生往往会在短时间内大量暴发而流行。

3. 水质化学污染

20 世纪以来，人类进入了“环境”时代。而其主要标志在于大量化学品源源不断地涌现，并且以各种各样的渠道进入我们赖以生存的环境中。世界各国开始关注全球变化问题，化学品的污染是生态变化的主要根源。大气、土壤、水、人类等要素构成的环境系统与化学物质的密切交互作用，共同决定了这些化学物质在水环境中的归宿。

在影响人体健康的诸多因素中，化学污染物占首位。由于化学物质污染具有显著的危害性，与微生物所造成的污染具有明显不同的特征，对于人体健康的影响可以是急(突发)性也可以是潜在的，尤其是蓄积性毒物与“三致”物质等。水质化学污染从其本质而言可以分为有机与无机两大类。而从其成因则可以分为自然过程和人类活动两大因素。前者为诸如地质条件与地球化学作用的结果：某些特征地区因为水土中化学物质过多(或过少)从而引发生物地球化学性疾病，如地方性氟病、甲状腺肿、大骨节病、克山病等。从工艺处理的角度，水质化学污染则可以区分为水源污染、水处理过程，如化学药剂的使用以及氧化剂与有机物的相互作用等引入的污染，以及输送过程中的水质转化(如管材的浸出)等。

环境中化学物质种类繁多、成分复杂。虽然饮用水的标准制定和执行为饮用水的安全性提供了很好的保障，但是，人类会因不同的途径暴露这些物质，而饮用水是人类暴露这些物质的一个重要途径。美国环境保护局的调查表明，饮用水水源中含有多达数千种的微量化学物质。除了这些人工合成的化学物质以外，水中还存在通过各种化学和生物反应而生成的副产物。根据美国数据库化学文摘(*Chemical Abstracts*)的数据表明，1990 年登录的化学物质高达 1000 万种，每年按 60 万种增加。据统计约有 4 万种化学物质在商店中销售，每年有 500~1000 种新化学物质投入使用。这些化学物质通过大气、水体、土壤、食物等途径进入人体，对健康造成损害。现已证明了几十种化学物质能诱发人类癌症，几百种能在动物身上诱发癌症，上千种能损害细胞中的 DNA。如何预测、规避或减轻风险的危害是科技工作者面临的重要课题。

4. 环境纳米材料与纳米污染物

20 世纪 80 年代以来，国际上兴起两大科学技术潮流：分子科学与纳米技术。后者号称 21 世纪科学技术新发展，深入推动各个科技领域的进展，环境科学也不例外。由于纳米结构所具有的特殊物理、化学性质，有关纳米材料和纳米技术的研究已成为当今科学的前沿热点。这些新的纳米材料表现出异常功能，并且能够进行自组装及复制，在投入环境后产生比已有的纳米污染物更强烈的生态环境效应。纳米材料除向人们展示诱人的应用前景外，种种迹象也已经表明纳米物质具有与常规物质完全不同的毒性，在人类健康、社会伦理、社会安全、生态环境、可持续发展等方面将会引发诸多问题。纳米技术将会和基因技术一样成为最受争议的应用技术之一，其影响将遍及工农业生产、信息产业、纺织、生物、医疗、制药、国防等许多方面。

环境纳米污染物(environmental nano-pollutant, ENP)是环境中尺度处于纳米级别而有强烈尺度效应及结构效应的污染物，它们广泛存在于水体、土壤和大气，在各种环境过程中起着独特的作用。不但其粒度处于介微的纳米层次(1~100nm)，分子质量较大(>1000Da)，形态结构复杂多变，亲合力活性高，而且具有十分显著的环境与生态效应特征。它们在环境中广泛迁移，多途径转化，进行生物富集和潜在累积，使生态系统受到干扰失衡，对人体生理健康产生毒性伤害。这些污染物一直都是环境科学与环境工程界关注的对象，近年来，在更深入认识环境污染规律的基础上，它们已经成为研究和控制污染的核心物质。对环境中这些污染物建立一种新观念，在纳米介微层次和分子原子层次上归为同一类进行研究，深入认识它们在尺度和结构上的共同特征以及在环境中发挥的特殊作用，寻求能对它们进行有效控制的机制和方法，无疑是现代环境科学技术发展的重要方向。

5. 水质毒理学

毒理学是研究物理、化学、生物因素(特别是化学因素)对生物机体的损害作用及其机制的科学。水环境毒理学是其中的一个重要分支，着重研究外源化学物质对水生生物的毒性作用及其规律。不仅涉及污染化学物质对(水生)生物的毒性影响，而且涉及对整个生态系统生命过程的毒性影响。由于水体污染日趋严峻，因此对于饮用水水质需要关注的不仅仅是单一化合物的浓度，还需了解其毒理性质。需要应用毒理学的手段对水质进行研究，以进一步明确控制方法和应对措施，保障水质安全性。同时，对于水环境中水生生物与环境的密切关系，更需要我们从毒理学的角度进行深入的认识。

6. 水质复合污染

近年来，在我国的许多地表、地下水中检测出了种类繁多的有机物、重金属以及氮、磷等污染物质，水质污染呈明显的复合特征。由于越来越多的有机和无机污染物进入水体以及这些污染物在水环境中的长期积累和暴露，水体污染的复合性特征也表现得越来越突出：多种污染共存并联合作用；多种污染过程同时发生；多种污染效应表现出协同或拮抗效应；污染物在环境中的行为涉及多介质、多界面过程；同时发生的物理、化学和生物作用致使水体污染问题更加复杂。

复合污染广泛存在于各种水体及其循环过程之中。它包括天然及各种工艺水体过程中来源众多、组成复杂的污染物，在多种介质和复杂界面过程中所发生的包括二次污染在内的放大或抑制的各种污染效应。对复合污染进行广泛而深入的研究，阐述其生态健康效应，探索其中的物理、化学、生物及其交互影响的非平衡、非线性转化机制和水质响应机制，建立对它的科学评价方法，并研究对水中复合污染的过程控制方法和其中的水质安全保障技术原理，在中国当前的社会历史条件下具有重要的现实意义。

7. 水质突发事件

自美国“9・11”事件发生后，世界各国对预防恐怖事件高度重视，而与安全问题相关的突发事件也引起了足够的关注。“SARS”的发生使我国对安全问题也有了新的认识，也带来许多深刻的反思。由于工业的发展和安全防范措施的滞后，在我国重大突发水污染灾害事件时有发生。这些重大的污染灾害都导致下游水域严重污染，从而引起供水中断，直接影响人民的生活和健康，造成重大的社会影响和巨大的经济损失。

其他水质问题如下。水体油污染问题：沿海及河口石油的开发、油轮运输、炼油工业废水的排放等造成水体的油污染，当油在水面形成油膜后，影响氧气进入水体，对生物造成危害。水体的热污染问题：热电厂等的冷却水是热污染的主要来源，这种废水直接排入天然水体，可引起水温升高，造成水中溶解氧减少，还会使水中某些毒物的毒性升高。水温升高对鱼类的影响最大,可引起鱼类的种群改变与死亡。水体的放射性污染问题：水体的放射性污染是指放射性物质进入水体而造成的污染。放射性物质主要来自核反应废弃物。放射性污染会导致生物畸变，破坏生物的基因结构及致癌等，并且核物质半衰期很长，极难处理。

饮用水水质直接关系到人的健康,是城市公共安全体系中最重要和核心的安全问题。为防止水质突发事件、确保城市供水的水质安全，必须从水源水质保证、水厂处理工艺保证和安全输配保证 3 个环节构筑饮用水水质安全保障的技术系统。

1.2.2 水质迁移转化过程

水质迁移转化过程主要包括天然水体或地下水的水质转化、饮用水净化、水的利用与污水处理、水的循环利用 4 个环节。不论是在天然水体中，还是饮用水净化、污水和工业废水的处理与循环利用过程中，都存在着不同方式的水质转化，而在不少情况下，这些转化与所期待的目标相反，从而产生水质的安全风险。饮用水安全的确切保障在于水处理各工艺过程中水质的严格控制。从水源保护、水厂工艺处理到管网输配整个流程中，水质发生着不断的迁移转化。因此，充分了解各个过程的水质特征并加以合理控制显得十分重要。整体而言，饮用水水处理过程是包含物理、化学、生物错综复杂的反应过程，各个阶段的水质呈现出不同的特征，如水体颗粒物、无机有机物质、微生物等的去除，在不同阶段具有不同的特征与相应的控制目标。其水质转化主体需要考虑 3 个方面：①水源本身所蕴涵的水质状况，包括地域性、污染状况、水体颗粒物的赋存状况等；②工艺过程中引入的水质变化，如氧化剂、混凝剂或其他化学物质的使用引起的水质变化；③反应过程产生的水质转化。

1.2.3 饮用水水质标准

人类对水质与健康关系的认识存在一个过程。最初，饮用水对人体健康的影响主要是含有致病微生物(由于传染病发病时间短)。随着科学技术的进步和生活质量的提高，人们开始关心饮用水中污染物对健康的慢性影响(如癌症和老年痴呆症)，这一认识过程恰好与第二次世界大战后环境中化合物数量的增加有关,随污染物数量的增加与慢性病的流行在时间和数量上相吻合。这一过程也说明水处理工艺改造以及水质标准的修订应是一个动态的与时俱进的过程。

随着微量分析化学和生物检测技术的进步以及流行病学数据的统计积累,人们对水中微生物的致病风险和致癌有机物、无机物对健康的危害的认识不断深化，世界卫生组织和世界各国相关机构也纷纷修改原有的或制订新的水质标准。根据对世界各国水质标准现状的分析，WHO《饮用水水质准则》、欧盟《饮用水水质标准》以及美国《国家饮用水水质标准》是各国制订标准的基础，这 3 部标准的制订原则和重要的水质参数反映了当今饮用水水质标准的特点[7]。

了解和把握国际水质的现状与趋势，对我们重新审视和修订已沿用多年的现行国家饮用水水质标准，满足不断提高的饮水水质需求，加强对人体健康的保护，具有十分重要的意义。新中国成立 50 年来我国的水质标准颁布了 4 次，从开始的 16 项增加到现在的 35 项，每次标准的修改制订都增加了水质检验项目并提高了水质标准。该标准与美国《国家饮用水水质标准》、WHO《饮用水水质准则》以及欧盟《饮用水水质标准》相比仍然存在一定的差距。

值得注意的是，我国供水行业及有关卫生监督和管理部门对饮用水水质标准给予了高度重视。基于对全国 100 多个城市的调查研究以及欧盟和世界卫生组织标准，进行了重大的修改，增加了有关微量有机污染物、消毒副产物等项目。然而对国际上十分关注的亚硝酸盐、溴酸盐以及贾第虫和隐孢子虫，修改后的规范未做出相应规定。同时现行水质标准存在着多方面的问题：①水质标准的制定缺乏必要的基准依据；②对微量有毒物质关注不够；③微生物管理指标有待加强；④水质风险管理意识不足；⑤紧急污染事件监管刚刚起步。

与当今的国际三大水质标准相比，我国的水质标准和行业水质目标不论从项目的数量上还是指标值上，都有较大的差距。随着新技术的发展和新污染问题的不断涌现，我国饮用水的处理技术与检测水平也有很大的进步，越来越多的污染物质被检测出来，污染物控制的风险投资分析也提上日程。现行的水质标准还需要根据风险指标和原水水质状况，进行不断的修订和完善。

1.2.4　水质安全保障、管理与计划[10]

1. 饮用水安全面临的挑战

供水安全是衡量城市现代化水平的重要标志之一。由于受到水源水质污染、水质标准提高、净水工艺与管网更新改造以及水务市场化改革等多重因素影响，城市供水系统变得越来越复杂，越来越具有嬗变性和多样性。如何通过有效的，经济的，标准化、规范化的科学管理以保障饮用水安全，是国家、地方行业主管部门及城市供水企业亟待解决的问题。自 20 世纪 90 年代以来，世界范围内供水安全管理模式发生了根本性转变，即从末端控制(end-product control)和达标检测(compliance monitoring)转向过程控制(process control)和风险管理(risk management)。

目前，中国供水行业已经在这方面初步积累了大量研究成果和实践经验，其中包括中国城镇供水排水协会组织编制的《城镇供水企业安全技术管理体系评估指南(试行)》，天津、深圳、上海等城市推广的世界卫生组织提出的《水安全计划》(*Water Safety Plan*)以及一些供水企业实施的用于水厂内部控制的风险(安全)评估等。然而，基于国家、地方行业主管部门对城市供水的管理需求和供水企业的内部控制需求，我国城市供水系统仍然缺乏一个涵盖从源头到龙头的风险评估与安全管理体系。饮用水安全管理体系中仍然存在较多的问题，例如：①水资源保护和污染防治内容不足；②饮用水预警与紧急处理机制建立不够完善；③饮用水质量透明度不高，标准不能得到有效保证；④风险评估与安全管理体系缺乏。

从政府层面看，由于频繁出现的水安全事故，使政府对经济、高效的城市供水系统安全评估和管理比以往更为重视，必将投入更多的资金用于城市供水系统安全评估与管理的研究和建设。从企业层面看，为了保证用户水量、水压、水质的需求，必将提高供水企业的运行可靠性，因此，各供水企业也必将从水量、水压、水质方面出发，综合评估和管理供水企业的安全运行。从研究机构来看，过程控制和风险管理取代末端控制必将是城市供水系统安全管理的发展趋势和最终模式，因此，研究全面的、系统的、完善的新型城市供水系统安全评估和管理体系是该领域的研究和发展趋势。

参考“德国供水安全技术管理体系”，中国城镇供水排水协会组织编制的《城镇供水企业安全技术管理体系评估指南(试行)》是我国第一个关于供水企业安全评估的文件，从供水企业及服务与供应、水源现状与水源保护、取水设施、净水工艺和设施、清水储水设施、泵房和泵站、输水和配水管网、二次供水设施、检测和监管、应急措施、调度、配电系统、计量、投诉等供水系统的各个环节来评价供水企业的安全性，具有内容充实、体系完整、条文清晰、实用性和可操作性强的特点，其系统性和客观性需要进一步完善。

因此，建立一套适合的风险评估与安全管理体系，将为中国城市供水行业的标准化、规范化、精细化的科学管理提供技术支持，对提高国家、地方行业主管部门的监督与管理水平，加强城市供水企业的内部控制并提高管理水平，全面保障城市供水安全，实现节能降耗、可持续发展将起到重要的推动作用。

2. 城市饮用水安全保障规划

保障城市饮用水安全，是贯彻落实科学发展观，构建社会主义和谐社会及全面建设小康社会的重要内容，是维护最广大人民群众根本利益的基本要求。针对我国城市饮用水安全面临的严峻形势，根据中央领导的重要批示和《国务院办公厅关于加强饮用水安全保障工作的通知》(国办发[2005]45 号)精神，国家发展和改革委员会、水利部、建设部(现为住房和城乡建设部)、卫生部、环境保护部联合编制了《全国城市饮用水安全保障规划(2006~2020)》，以下简称《规划》。该《规划》在对 661 个设市城市及县级政府所在地城镇 4.18 亿人口的饮用水安全状况进行调查分析的基础上，摸清了城市饮用水安全现状和主要问题，即饮用水水源受到不同程度的污染、水量供给不足、净水处理技术相对落后、供水管网漏失率较高、水质监测及检测能力不足、应急能力较低、水资源的统一管理和调度存在体制和机制上的障碍。

《规划》确立的目标为：至 2020 年，全面改善设市城市和县级城镇的饮用水安全状况，建立起比较完善的饮用水安全保障体系，满足 2020 年全面实现小康社会目标对饮用水安全的要求。“十一五”期间，重点解决 205 个设市城市及 350 个问题突出的县级城镇饮用水安全问题。《规划》明确了以下主要建设任务：一是加强饮用水水源地保护和水污染防治，开展饮用水水源保护区划分及保护工程建设、保护区水污染防治、大型湖库生态修复及面源控制试点工程等；二是在大力节水的前提下，以现有水源地改扩建工程为主，水源调配、现有水源挖潜改造与新水源建设相结合，提高城市饮用水安全保障程度；三是根据城市水源特点、供水设施状况和城市发展需求，重点进行净水与输配水设施改造、供水水质检测能力建设等城市供水设施改造与建设；四是建立和完善城市饮用水水源地水质和水量、供水水质和卫生监督监测体系及信息系统，建立全过程的饮用水安全监测体系，制定应急预案。

3. 水安全计划

中国涉及城市供水日常安全保障的法律、法规、规章及相关的规范性文件主要是针对水源和供水水质方面的规定。城市供水系统规划、设计的标准规范及相关的规定中，对于新显现出来的非传统安全问题考虑不足，现有的城市供水系统应急体系主要以供水企业为主体，没有纳入城市公共安全防范体系的总体规划中，对于应急概率比较高的突发事故，从以往的经验来看，往往是事发之后才去找应对措施，这就增加了事故处理的时间。因此，有必要对整个供水系统存在的安全隐患和薄弱环节进行细致和全面评估，建立以预防为主的安全管理和评估体系。

新修订的《生活饮用水卫生标准》(GB5749—2006)已颁布并施行，国务院《全国城市饮用水安全保障规划》也已开始实施；住房和城乡建设部发布的《城市供水行业 2010 年技术进步发展规划及 2020 年远景目标》也将“保障供水安全”列为未来技术进步的首要目标，提出从供水水源、水厂运行和管网运行 3 个环节加强供水安全保障。“饮水安全与人类健康” 问题成为各界关注的焦点。

目前，基于国家、地方行业主管部门对城市供水系统的管理需求、供水企业内部控制的需求，我国城市供水系统亟须建立一个涵盖从源头到龙头的分析、评估与安全管理体系。而世界卫生组织发布的《饮用水水质准则》吸收了风险管理方法的理念和原理，如多层屏障(multiple barrier)方法、ISO9001 质量体系，特别是 HACCP(hazard analysis critical control point)体系的原理和框架，提出了一套全面的、涵盖给水系统从流域到用户全过程的风险评价和管理方法，即水安全计划(*water safety plan*)。目前，这套安全管理体系已经在发达国家得到了应用，如新西兰、澳大利亚及英国等，并且在我国的天津、深圳、上海等部分城市和供水企业开始推行。计划主体参与内容如下：

(1) 城市供水系统风险源调查与识别及风险评估。

(2) 建立基于关键点的控制单元风险评估体系。

(3) 城市供水系统安全管理指南。

(4) 建立饮用水安全预警和突发性水污染事件应急管理系统。

(5) 完善中国相关水质标准和规范。

1.3 强化混凝与优化混凝

1.3.1 消毒副产物与控制标准

近年来，随着饮用水污染的加剧，有机污染物的去除已成为当前国内外饮用水处理中突出的问题。天然水体中有机物(NOM)广泛存在，不仅造成色、嗅、味、管网生物繁殖、促使或复杂化水体中污染物的迁移等问题；而且在水处理工艺中还将增大药剂的消耗。更重要的是这些有机物的毒性及在氯消毒过程中与氯形成三卤甲烷(THM)、卤乙酸(HAA)及氯代烃类等致癌物或致突变物。有效去除水体中的有机物是饮用水安全的基础，去除水中有机物的研究已成为近年混凝处理的重要研究课题。

随着人们对水体中 NOM 和 DBP 重视程度的不断提高，1986 年的美国安全饮用水法案 *Safe Drinking Water Act* (SDWA)要求美国环保局(USEPA)制定相关污染物的最高污染物浓度水平(MCL)和消毒剂/消毒副产物法规(*Disinfectants/ Disinfection By-products Rule*, D/DBPR)[11]。1996 年 USEPA 颁布了消毒副产物法规(第一阶段)，制定了相关污染物的最高污染物浓度水平(MCL)和消毒剂/消毒副产物法规(表 1-1)。该法规要求到 1998 年 6 月前，美国的水处理厂必须达到其相应水质条件下相应的有机物(TOC)去除率。

表 1-1　第一阶段消毒副产物法规的最高污染物浓度水平

三卤甲烷总量 (TTHM)	0.080mg/L
卤乙酸 (HAA)	0.060mg/L
溴酸盐	0.010mg/L
亚氯酸盐	1.0mg/L

表 1-2 中列出了 USEPA 所制订的消毒副产物前驱物处理的基本要求，规则包括阶段一和阶段二两种情况。如果有些水体在处理后无法达到强化混凝第一阶段的要求，则必须执行强化混凝第二阶段要求的程序。即在不另外加酸调节 pH 的情况下，以 10mg/L $Al_2(SO_4)_3·14H_2O$ 为单位增加混凝剂的投量，测定 TOC 的去除率，如果增加 10mg/L $Al_2(SO_4)_3·14H_2O$ 所带来的 TOC 的去除率增量小于 0.3mg/L 或者 pH 已经达到表 1-3 中所示的 pH 时，被认为已经达到递减收敛点，并以此时的 TOC 去除率作为应该达到的最低要求。

表 1-2　常规处理水厂强化混凝需要达到的 TOC 去除率：第一阶段去除率

原水 TOC /(mg/L)	原水碱度($CaCO_3$)/(mg/L)		
	0~60	60~120	>120
>2.0~4.0	35.0%	25.0%	15.0%
>4.0~8.0	45.0%	35.0%	25.0%
>8.0	50.0%	40.0%	30.0%

为了减少 DBP 的生成，尽量降低水体中 NOM 的含量是关键。大量研究表明，可以将 TOC 作为 DBP 前驱物的主要替代指标。为了达到 TOC 去除目标，制水企业可以采取多种方法，而并非必须采取强化混凝技术。比如，有些水体或原水水质经过常规处理或常规混凝即可达到上述要求；或者有些水体中的 TOC 指标经过活性炭吸附处理能够达到规定的要求，则没有必要进行强化混凝。相比较那些复杂且昂贵的设备改造、工艺改进方案，强化混凝被认为是去除 DBP 前驱物的最为可行的技术(best available technology, BAT)，因而也成为强化常规工艺的重要内容。

表 1-3　第二阶段去除需达到的目标 pH

原水碱度/(mg/L)	pH
0~60	5.5
>60~120	6.3
>120~240	7.0
>240	7.5

1.3.2　工艺研究与进展[4]

近年来，针对强化混凝研究的力度空前加大，许多学者对强化混凝进行了更深入的研究，突出体现在：对水体中有机物的特性进行深入认识；对有机物去除规律进行了大量的研究，试图建立有机物去除模式，总结出一些强化混凝去除水体有机物的机制；对有机物去除手段的综合利用等。研究发现强化混凝效率不仅受混凝剂投药量和 pH 影响，而且还受水体有机物、颗粒物性质和分布情况、温度、水力条件、混凝剂形态等因素的影响。

强化混凝去除水体有机物的研究认为，对于大多数金属盐混凝剂去除有机物的机制主要有两点：①在低 pH 时，带负电性的有机物通过电中和作用同正电性的金属盐混凝剂水解产物形成不溶性化合物而沉降；②在高 pH 时，金属水解产物形成的沉淀物可吸附有机物而将其去除。水体中有机物的含量和组成对强化混凝存在一定的影响，有机物含量高，混凝剂投量就会加大，沉淀效果也会变差。

在典型的强化混凝操作中，增加投药量和调整 pH 是提高有机物去除效率的主要手段。强化混凝的最初做法就是投加较常规混凝时更多的混凝剂以达到降低 TOC 的目的。很多研究认为对于混凝过程中有机物的去除而言，pH 比混凝剂的投加量影响更大，是有机物去除的决定性因素。如果调整 pH，强化混凝的混凝剂投加量接近常规混凝的投加量，也可以实现有机物有效去除。pH 对混凝剂的水解形态分布、水中污染物形态分布等都有影响，在一定程度上决定着混凝效果的发挥。在 pH 较低的水体混凝过程中，混凝剂水解过程比较缓慢，混凝剂有效作用时间长、效力强，有机物的电性被部分中和使其亲水性降低，导致更多的有机物被混凝剂电中和沉降去除，因此(以铝盐作混凝剂为例)较低的 pH(5.5~6.5)环境有利于有机物通过混凝被去除。

有机物对混凝效果的影响大致体现在 3 个方面：一方面有些有机物的存在可以

促进架桥功能的发挥或者参与架桥作用，导致浊度等指标有良好的去除效果；并且这些有机物在一定程度上可以减缓混凝剂进一步水解，延长混凝剂发挥作用的有效时间。因此，一些有机高分子可以助凝。一方面有些有机物可以和混凝剂通过结合、沉降或者吸附等机制在混凝过程中从水体中分离除去。这样混凝可以去除一定的有机物。O'Melia 等报道，除非是有机物含量低的水体，一般混凝剂的投加剂量取决于原水中 NOM 的含量，而不是浊度。另一方面，有些有机物的存在可以消耗混凝剂中的有效形态成分或者阻碍有效混凝成分发挥作用，增加了混凝剂自发水解的障碍，制约铝聚合物及其聚集体的形成，可能加大混凝剂投量、影响沉淀效果等。

为深入认识水体中有机物与絮凝剂之间的作用规律，逐步应用并发展了对水体有机物进行分子质量、化学特性等物化性质的表征方法与技术。目前，常用的分子质量分布根据特制的不同孔径的超滤膜在一定的压力驱动下，通过超滤的方法，将水体中的有机物按照分子质量的不同范围进行分离，并且通过计算、分析，推测有机物的来源和处理途径。此外，高效液相色谱也是有机物分子质量分析的一种重要手段。水体有机物化学特性通过特定的吸附树脂吸附分离。树脂分离法是利用吸附树脂对不同极性或疏水性的有机物的吸附能力的差异，结合对水样进行的特定处理，以达到根据水体中有机物的不同化学性质进行初步分级的目的。通过 GC-MS 详细测定有机物成分，可以进一步了解有机物的特性、来源和有效的处理方式。

混凝剂类型的影响作用：关于混凝剂类型对强化混凝影响的报道比较混乱，有些报道认为铁盐混凝剂的 TOC 去除效果好于铝盐，有些则相反；总体而言无机混凝剂的效果要好于有机合成混凝剂。另外，不同碱化度的聚合氯化铝(PACl)有各自的铝形态分布，以致混凝过程中对浊度去除效果有明显差异；碱化度对 PACl 混凝去除有机物效果的研究未见报道。

温度对强化混凝的影响作用：有报道指出低温对于常规混凝具有负面的影响作用。温度对混凝的影响是复杂的，低温可能造成水的黏度上升，阻碍混凝剂的扩散和絮体沉降；而且可以影响水解动力学平衡，影响水的离子积常数，降低离子积常数就降低水中氢氧根的浓度，从而影响金属氢氧化物的形成。此外，低温还可能造成形成的絮体密实度较低、絮体较小，导致分离效果差。有研究显示，低温并不影响 TOC 的去除，但是会对分子质量小于 1000 Da 的低分子质量有机物和色度起负面影响。

强化混凝提高混凝剂投加量导致混凝剂消耗量上升，沉淀池污泥含量升高；pH 降低导致絮体形成受到一定影响，絮体分离效果变差，沉后水浊度升高，影响后续工艺的工作质量，腐蚀性增强，残余铝含量升高，增大运行成本。为消除强化混凝的负面影响，优化混凝的概念得以提出。优化混凝是具有多重目标的混凝过程，包括：最大化去除颗粒物和浊度；最大化去除 TOC 和 DBP 前驱物；减小残余混凝剂含量；减少污泥产量；最小化生产成本等。

1.3.3　混凝剂的研究与进展[12, 13]

混凝剂是混凝技术应用中的关键所在。混凝剂主要可分为无机与有机两大类，另外介于无机、有机之间的混合型、复合型也有一定的尝试与发展，可以归纳为表 1-4、表 1-5。

表 1-4　无机混凝剂的品种分类

分类依据	品种及典型实例
组　成	铝系混凝剂，如硫酸铝、聚合铝等 铁系混凝剂，如氯化铁、聚合铁、硫酸亚铁等 其他如镁、锌及混合或复合型，如氯化镁、聚合铁铝等
形态性能	低分子凝聚剂，如硫酸铝、氯化铁等 高分子絮凝剂，如聚合铝、聚合铁等
特　征	单一型，如氯化铁、硫酸铝等 混合型，如黏土 + 铁盐、铝盐+铁盐等 复合型，如聚合铁铝、聚合铝硅等
其　他	如有机无机混合或复合型，如聚铝+聚丙烯酰胺等

表 1-5　无机高分子絮凝剂的品种

阳离子型	聚合氯化铝 PAC	聚合硫酸铝 PAS
	聚合氯化铁 PFC	聚合硫酸铁 PFS
	聚合磷酸铝 PAP	聚合磷酸铁 PFP
阴离子型	活化硅酸 AS	聚合硅酸 PS
无机复合型	聚合氯化铝铁 PAFC	聚合硫酸铝铁 PAFS
	聚合硅酸铝 PASi	聚合硅酸铁 PFSi
	聚合硅酸铝铁 PAFSi	聚合磷酸铝铁 PAFP
无机有机复合型	聚合铝–聚丙烯酰胺	聚合铝–甲壳素

在传统无机铝、铁盐基础上发展起来的新一类水处理药剂——无机高分子絮凝剂，代表着无机混凝剂的主导发展趋势，在给水处理中有替代传统无机盐类的趋势。铁盐不同于铝盐，倾向于失稳形成大型高分子聚合物乃至溶胶沉淀，一般认为具有良好混凝性能的低聚物种(oligmer or polycation)作为水解沉淀过程的过渡态极易形成线性聚集体而难以大量预制加以稳定。另外，聚合硫酸铁较成熟的生产工艺是用 $NaNO_2$ 作催化剂，其产品中含有 NO_2^-，被视为致癌物，在饮用水处理上的应用受到限制。

聚合氯化铝是上述品种中研究最多、技术较成熟、效能较稳定的无机高分子絮凝剂，这种制品较普通铝盐表现出以下主要优势：①混凝效果好；②适应性能强；

③聚合铝的有效成分含量高，药剂用量小，并且污泥脱水性好，处理水的成本低；④腐蚀性小，且便于运输、储存和使用。因此，聚合氯化铝得到广泛应用。

迄今为止，各国研究者应用多种化学和仪器分析方法及手段对铝的水解聚合过程及其形态分布特征进行了大量的研究，但各种方法都有其特点和局限性，目前尚没有任何一种检测方法能够全面准确地检测出水解铝溶液的各种水解聚合形态。但通过多年来的研究认为在多种羟基铝聚合形态中，Al_{13}(或 Al_b)是其中最主要也是最有效的成分之一。由于 Al_{13} 具有独特的物化性质，被认为是 PACl 中最优的絮凝组分，其含量可以反映产品的效能，因而高含量 Al_{13} 成为聚合氯化铝制造工艺追求的目标。

IPF 如聚合氯化铝、聚合硫酸铁等，虽然具有除浊效果好、投药量低、絮体密实、沉降速率快并易于固液分离等优点，能改善传统金属盐絮凝剂的絮凝性能，但单独使用，对某些水体的处理效率还是不高，尤其是对高浊度、高有机物含量的水体。因此，开发新型复合絮凝剂成为当前絮凝剂研究的热点问题。复合絮凝剂是指把絮凝性能不同的絮凝剂复合，改善单一絮凝剂的性能。目前，复合絮凝剂主要有两类，无机复合型和无机有机复合型。目前，饮用水处理中主要是以聚合氯化铝无机高分子絮凝剂复合少量的无机盐或有机高分子絮凝剂，因此，无论是哪种类型的聚合氯化铝复合絮凝剂，其核心主体有效成分仍是铝水解聚合形成的高价羟基聚合离子，通过添加有机、无机助凝剂增强其吸附架桥和电中和能力，改善其混凝效能。无机高分子复合絮凝剂主要是通过在聚合铝等无机高分子絮凝剂制备过程中，引入无机盐类化合物如 Fe^{3+}、Al^{3+}、Ca^{2+} 等阳离子或 Cl^-、SO_4^{2-}、SiO_3^{2-}等阴离子的一种或几种，而形成无机复合型高分子絮凝剂，其中对聚硅酸铝和聚合铝硅无机复合型絮凝剂的研究较多。

无机和有机高分子絮凝剂都有各自明显的优点，尤其是阳离子型有机高分子絮凝剂与聚硅酸相比，相对分子质量大，官能团与分子链结构易于控制且稳定，而且与无机高分子的电性相同，因此，通过复合方法可以制备无机有机复合型絮凝剂，充分发挥各自优点，达到高效净化处理的目的。

参 考 文 献

[1] 汤鸿霄，钱易，文湘华等. 水体颗粒物和难降解有机物的特性与控制技术原理. 北京：中国环境科学出版社, 2000

[2] 王东升. 聚铁硅型复合无机高分子絮凝剂的形态特征与性能. 中国科学院生态环境研究中心博士论文, 1997

[3] 王东升. 无机高分子絮凝剂的作用机理与计算模式. 哈尔滨工业大学博士后出站报告, 1999

[4] 王东升，刘海龙，晏明全等. 强化混凝与优化混凝：必要性、研究进展和发展方向. 环境科

学学报, 2006, 26(4): 544~551

[5] Edzwald J K, Tobiason J E. Enhanced coagulation: US requirement and a broader view. Water Science & Technology, 1999, 40 (9): 63~70

[6] Edzwald J K, Tobiason J E. Enhanced versus optimized multiple objective coagulation. *In*: Hahn H H, Hoffman E, Ødegaard H. Chemical Water and Wastewater Treatment V. New York: Springer, 1998, 113~124

[7] 王东升等. 优化混凝工艺及操作规范的研究与进展. 环境科学学报, 2009, 已接受

[8] 曲久辉等. 饮用水安全保障技术原理. 北京: 科学出版社, 2007

[9] http://news.yahoo.com/s/ap/20080309/ap_on_re_us/ pharmawater_i

[10] 王东升等. IWA 水安全计划. 内部资料.

[11] USEPA Enhanced Coagulation and Enhanced Precipitative Softening Guidance Manual. EPA 815-R-99-012, 1999

[12] 王东升, 韦朝海. 无机混凝剂的研究及发展趋势. 中国给水排水,1997, 13(5): 20

[13] 汤鸿霄. 无机高分子絮凝理论与絮凝剂. 北京: 中国建筑工业出版社, 2006

第 2 章　原水水质特征

2.1　流域水质变化特征

人类可利用的水资源有大气水、地表水、地下水、经处理的污水、淡化海水、土壤水和生物水。地表水是指江河湖库和湿地表面的水，是人类最易利用的水。浅层地下水与地表水依据地势互为补给，是可再生资源。目前，如果按正常用水需求，我国年缺水量为 300 亿~400 亿 m^3，若遇大旱年份，缺额更多。由于淡水资源的时空分布不均以及我国人口分布、社会发展不均，使人口增长、经济发展与水资源短缺的矛盾日益加剧，水污染问题造成的水危机，已严重影响着我国经济、社会发展的速度和质量，成为 21 世纪我国经济和社会发展的最严重瓶颈之一。解决水资源短缺问题已成为我国各领域科技工作者的挑战和战略性任务。我国著名科学家汤鸿霄先生将水问题通俗地归纳为：水多了 (洪涝灾害)、水少了(短缺和旱灾)、水脏了(水体污染)。这 3 种现象在我国不同地区、不同时期都有极端严重的表现。前两种是水量问题，后一种是水质问题，它们彼此相关、互为因果。对它们的战略性思考，汤鸿霄先生曾用“借、节、洁”3 个谐音字来加以精辟表述[1]。随着城市化进程的加快以及人民生活质量的提高对供水水质的要求不断提高，将不断加剧水资源供需矛盾。水量和水质是水资源中具有辩证关系的两个侧面。水质污染造成水质低劣或恶化，实际上是减少了人类社会可以利用的有效水量。在水量为自然条件所限定而难以扩大时，转化水质达到重复利用目的，就成为解决水资源短缺与污染问题的重要途径。

2.1.1　河流水质原理

1. 水质概论

近年来随着社会用水量不断增大和对水质要求的日益提高，水质科学与技术的重要性日益被国际社会所认同，有关水质问题的科学技术迅速发展，目前已逐步形成一个独立的综合学术领域。而河流水质则是其中的一个重要分支与研究内容。

“水质”这一概念，通常具有双重含义，一是指水的性质，即水与其中所含的各种其他物质共同构成的综合特性，它包容了环境水质体系的各种特征和过程；二是指水的质量，即人类现代生产与生命保健对水质特性所要求达到的水平，它包容了人类生活和生产对水质提出的需求和保证达到要求的水质转化技术[2]。

水质科学与技术所研究的就是与人类生存和发展有关的水质及其转化过程的规律。这一学科领域的研究范畴既包括自然环境中天然水体的水质转化过程，也包括工程处理中人为强化的工艺水体水质转化过程。这两个方面的外界条件虽然不同，但其基本原理是相同的。水质处理的工程技术手段往往是模拟自然界水质转化过程，并加以强化，以求迅速达到所需求的质量。

2. 水质科学进展[2~5]

就水质科学发展所经历的历史过程来看，有关水质及其转化过程的研究早期主要集中在化学领域中进行，因而学科的综合首先发展成为环境水化学。历史上，对水质的研究主要沿着两个方向展开：一方面是对自然环境中的水质过程研究，综合为地球化学和水文化学；另一方面是对水质处理工程中的转化过程研究，综合为卫生工程化学和用水废水化学。这两方面历年来已陆续出版了许多专著。例如，早期在国内比较有影响的专著有 O. A. Алекин 所著的《水文化学原理》(1953)，J. P. Riley 和 G. Skirrow 编著的《化学海洋学》(1965)，A. M. Buswell 著的《水与污水处理化学》(1928)，C. N. Sawyer 著的《卫生工程师化学》(1960)，以及 T. R. Camp 著的《水及其杂质》(1963)和汤鸿霄先生编著的《用水废水化学基础》(1979)及《环境水化学纲要》等。

由于水质问题的复杂性，其涉及领域已远超出化学范围，除包含几乎所有门类的化学而综合构成其核心内容外，还紧密渗透结合了水文、水力、土壤、气象、地理、地质、生态、生物、微生物、系统工程、信息系统以及各类工艺技术等学科。近年来，水质科学研究已逐步趋向于形成一门新的学科——环境水质学。这一学科的实际奠基人，当首推 W. Stumm。他首先把天然水体与水质处理两方面过程加以综合，提出了 Aquatic Chemistry 这一名词，并在此领域中作了广泛研究，得到多方面的规律性成果。他撰写的《水化学——天然水体化学平衡导论》(1970)一书，集合与深化了他本人及许多研究者的研究结果，确立了学科的体系和地位。特别是 1981 年又发表了修订版以及该书作者生前的最后修订版——第三版，在总体上进一步综合其他学科，更趋向水质学的特色，堪称环境水质学领域的 Bible。

从专业术语角度讲，W. Stumm 在“Water Chemistry”这一通用名词基础上，提出了“Aquatic Chemistry”这一专有名词，并已得到世界公认。其确切含义应是水质体系的化学，中文名词可译为“水质化学”或“水体化学”，但也不易通用。我国著名科学家汤鸿霄院士曾建议定名为“环境水化学”或“环境水质学”，以兼顾环境科学领域和水化学、水质学的学科方向。根据“水质”一词的英文含义即 water quality 或 aquatic quality，汤鸿霄先生还进一步提出了把后两个字的字头合起来再加学科字尾——logy，构成“Aqualitalogy”作为“水质学”的专用名词的设想。由他发起并创建的以研究天然环境和人工强化条件下各种水质转化过程的现代科学与技术原理为主要宗旨的环境水质学国家重点实验室，近十几年来也一直在不断发展壮大，为我国的水质科学与技术的发展做出了突出的贡献。

继 W. Stumm 之后，国外又有不少有关水质科学与技术的专著出版问世。目前，环境水化学或环境水质学已经建立起广大的学派和学术活动网，发表了大量文献并不断举行国际学术会议，成为环境科学和技术中的活跃领域。原国际水污染协会(IAWPRC)以组织众多国际学术会议和出版《水研究》及《水科学技术》两大杂志而著称于世，正式改名为国际水质协会(IAWQ)后更加扩大了其活动影响。以“水质”为名的学术著作也越来越多。其中，水质科学与技术研究方向可包括水质形态、水质过程、水质生态、水质毒理、水质资源、水质处理技术等全方位的研究内容，构成了新的综合研究体系。

3. 河流水质研究范畴

河流是降水经地面径流汇集而成的，它在发源地可能受高山冰雪或冰川水补给，沿途可能与地下水相互交流。由于流域面积十分广阔，又是敞开流动的水体，河水的水质成分与地区和气候条件关系密切，而且受生物活动和人类社会活动的影响最大，也是用水废水、环境污染涉及最多的水质系。江河水一般均卷带泥沙悬浮物而有浑浊度，从数十到数百度，夏季或汛期可达上千度，冬季冰封期又可降到数度，随季节有较大变化。山区、林区、沼泽地带流出的河水可含腐殖质而有较高色度，或可因水藻繁生而带有表色，也随季节而变化。

河水广泛接触岩石土壤，水质与地形、地质等条件直接相关，不同的地区矿物组成决定着河水的基本化学成分。河流中主要的离子和溶解性颗粒物有着其天然的“源”与“汇”，其天然控制因素主要是岩石、气候与地表径流。随着社会经济的发展，“人为源”、“人为汇”和“人为控制因子”逐渐在河流水质特别是人类集聚区中起着极大的影响作用。早在 1970 年，Gibbs 便提出了包含 3 个主要影响因素的河流水化学演化模式，而 30 年后 Meybeck 通过适当的改进和补充提出了全新的“全球河流水化学理想模式”(idealized model of global river chemistry)，反映了全球天然河流水质的起源和影响因素[6, 7]。

在环境科学的大分类中，河流水质研究属于环境水质学或水环境化学范畴，而系统的论著可以参考陈静生先生所著《河流水质原理及中国河流水质》[8]以及 Meybeck 的相关著作[7]。国际上对河流水质的研究早期侧重于河水中的主要溶质，例如，Ca^{2+}、Mg^{2+}、Na^{+}、K^{+}、Cl^{-}、SO_4^{2-}、HCO_3^{-}、SiO_2^{2-}等的组成、起源与自然条件的关系。对于各大洲的主要河流溶质化学特征不断有研究报道，而全球河水的平均化学组成对于研究全球的陆海作用、元素循环和全球变化有着重要的意义。近年来，全球河流水质研究重点转向人类活动和全球变化所造成的影响及其后果，如“人类世”(anthropocene)的提出，以区别于受人类活动甚微的“全新世”(holocene)[9]。全球河流正遭受至少 8 种综合征的困扰：人为控制流量引发的不良后果、河流分段化、沉积物失衡、断流、化学污染、酸化、富营养化和微生物污染。

2.1.2 河流水质变化趋势

与其他水体相比，河流的特点是水体处于不停的流动之中。河流水质随时间与空间不断地发生变化[8]。河流水质与水团的运动状态(流速、流量、径流等)密切相关，随时间变化多以周期形式表现出来，被称为“自然规则性变化”，如日/年周期变化，丰水期与枯水期变化等。而有些变化则可以在数分钟内发生和表现出来，被称为“突发性变化”，主要由自然和人为的某些偶然突发事件引起。河流在空间的变化不同于土壤剖面，可在几厘米甚至几微米的范围内表现出来。其虽然可以在较小范围内发生，但更多的是在较大的距离才能表现出来，主要由于流域内岩石的差异、生物气候条件和人类活动的影响所引起。另外，河流颗粒物及其水界面过程对河流水质及其化学物质的迁移起着非常重要的影响作用。

大量证据表明，河水化学和河流水质已不再只受制于自然过程。Meybeck 对 1985 年以来西欧和北美洲等发达国家水体水质问题的历史演变过程做了如图 2-1 所示的归纳。从图中可以清楚看到，人类活动所导致的水质问题随着历史进程发生着急剧的变化。随着水污染问题的出现，反映水污染的水质参数也在不断增加，由此推动了水质监测工作的发展，而从另一侧面也反映了水质问题的严峻性。如图 2-2 所示，虽然对水的化学分析始于 200 年前，最初的监测项目也只有溶解氧和 pH 几项，而 20 世纪以后，水质监测项目呈指数增长[8]。

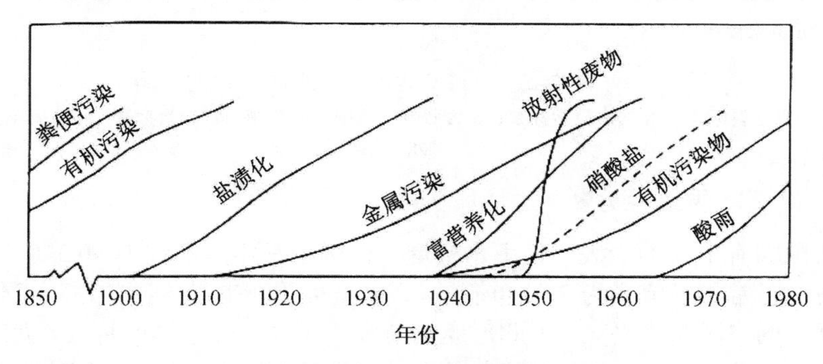

图 2-1　发达国家水体水质问题的历史演变过程[10]

目前，地球上不受人类活动影响的原始河流已经不复存在。河流在陆地生态系统中的重要功能正在失衡。全球变化、人口增长、城市化、工业化、采矿、农业生产、水库水利施工已经导致全球河流水质的显著变化。2005 年以来，100 多个国家的 1500 多个河流和湖泊监测站加入了 GEMS/water 监测网，为建立长期、高质量全球水质数据库及研究合作和水质管理提供了基础。河流水质的演化受到不同地区社会经济水平的影响。随着水污染的历史进程，河流水质的恶化程度在空间规模上经历了由局部污染—区域污染—大洲污染—全球污染的扩展过程。到了今天，差不多全球水体都暴露在大气扩散和沉降引起的多种污染物的威胁之下。河流水质呈现出盐渍化过程、富营养化过程、酸化过程、微量金属污染与持久性有机物污染等严峻问题[8]。

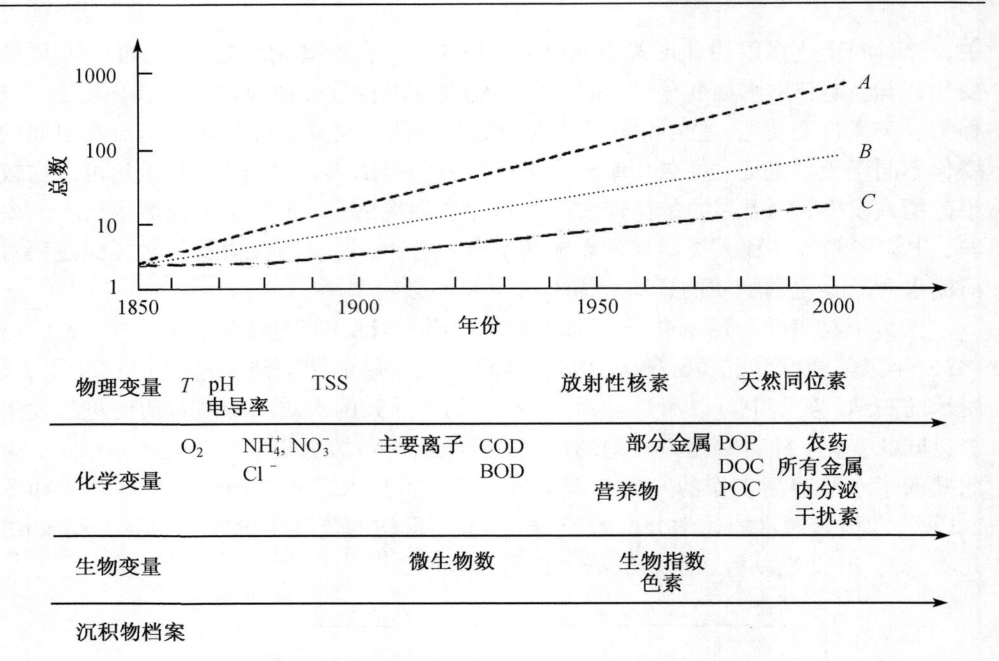

图 2-2　不同发达国家对水质参数的应用[8]

A 为目前科学上已有的水质指标数；*B* 为西方发达国家所使用的水质指标数；*C* 为欠发达国家所使用的水质指标数

2.1.3　河流水质监控分析

我国拥有丰富的地表和地下水资源。全国正常年降水量为 60 320 亿 m^3，而所有江河的正常年径流量为 26 140 亿 m^3，水量资源在世界各国中占第三位。由于大部分降水的来源是太平洋，因此形成东南多雨而西北较干旱的特点，大部地区的降雨集中在夏秋两季，而各年的变化较大，容易引起旱涝。我国的河流和湖泊星罗棋布，如长江、黄河、珠江及西江、黑龙江及松花江、洞庭湖、鄱阳湖、青海湖等都是世界较大的水系流域。它们总的流向都是自西向东，每年把大量的泥沙和溶解盐类输入太平洋。根据各水源地的气候、地形、土壤地质等的不同，我国的水资源大体上可分为潮湿、湿润、过渡和干旱 4 种不同的水化学区域，它们的降水和径流水量、含沙量、含盐量、离子组成等水质特性都各有不同的特点。我国河流的水化学分布，就全国来看，浑浊度为 300~500mg/L 的浑浊水，占流域很大地区或在一年中占很长时间，具有一定的代表性。

但是我国又是一个水资源相对贫乏的国家，人均水资源量为 2340m^3，仅为世界平均水平的 1/4，是世界上 13 个水资源最贫乏的国家或地区之一。从历史资料分析，黄河流域曾 14 次出现连续干旱，部分区域曾经出现断流。由于自然因素、气候变化及人类活动的共同影响，华北、西北、东北都面临着严重缺水的威胁，南方及其他一些地区也存在着局部资源性缺水。而由于环境污染的加剧以及对水资源的无节制开发利用更是引发了水质性缺水等问题。因此，我国的水资源与人口、经济布局和城镇的发展状况很不相称，加之长期以来水源工程建设滞后，供水增长速度不能满足国民经济发展、人口增长及城市化发展的要求，全国区域性缺水越来越严重，特别是北方地区和重要城市，水资源供需矛盾十分突出。

由于淡水资源的时空分布不均以及我国人口分布和社会发展不均，使人口增长、经济发展与水资源短缺的矛盾日益加剧，干旱缺水和水污染问题造成的水危机，已严重影响着我国经济、社会发展的速度和质量，成为 21 世纪我国所面临的最严重问题之一。国际上的水质监测始于 19 世纪末，与之相比，我国的河流水质监测虽然起步较晚，但是发展迅速，主要有两大监测系统：水利部门和环境保护部门的水质监测。

据 2005 年国家环境状况公报，长江、黄河、珠江、松花江、淮河、海河和辽河七大水系总体水质与上年基本持平[11]。国家环境监测网(简称国控网)七大水系的 411 个地表水监测断面中，Ⅰ～Ⅲ类、Ⅳ～Ⅴ类和劣Ⅴ类水质的断面比例分别为 41%、32%和 27%。其中，珠江、长江水质较好，辽河、淮河、黄河、松花江水质较差，海河污染严重。主要污染指标为氨态氮、五日生化需氧量、高锰酸盐指数和石油类。七大水系的 100 个国控省界断面中，Ⅰ～Ⅲ类、Ⅳ～Ⅴ类和劣Ⅴ类水质的断面比例分别为 36%、40%和 24%。海河和淮河水系的省界断面污染较重(图 2-3)。

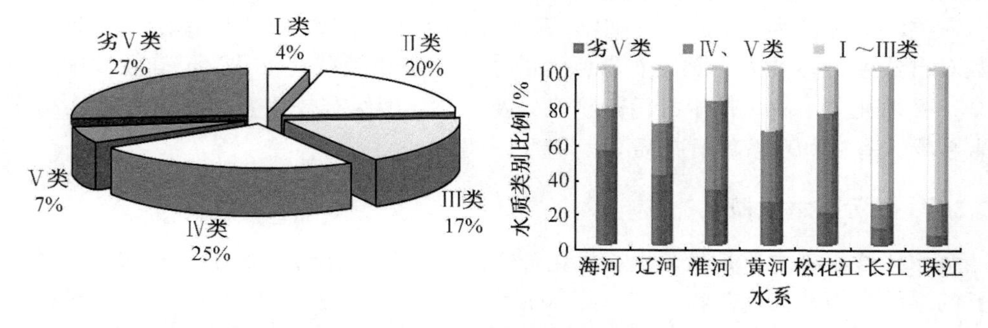

图 2-3　国控网水系水质监测：五类水质分布状况和在七大水质中的分布特征

而最近的监测表明，我国河流部分水源地不合格，这使得公众的饮水安全存在一定隐患[12]。当前水污染防治工作主要存在以下几大问题：①饮水还存在隐患；②地方落实国家产业政策不到位；③水污染防治项目进展缓慢，到目前为止只有 1/3 的项目完成了建设任务；④违法排污问题仍然很突出；⑤农业面源污染突出，主要是大规模的畜禽养殖企业，还有农药、化肥超量使用造成流失，水产养殖大量投放饵料；⑥小城镇生活污染治理难度很大。随着人口的持续增长，我国人均水资源量将进一步减少，经济社会的快速发展、城市化进程的加快以及人民生活质量的提高和生态环境的改善，将使用水需求不断增加，对供水量和水质的要求不断提高，水资源供需矛盾不断加剧。因此，要大力发展供水事业，确保安全供水，满足城乡用水需求。合理开发、高效利用和优化配置水资源，调整经济布局与产业结构，优先满足生活用水，基本保障经济和社会发展用水，努力改善生态环境用水，逐步形成水资源合理配置的格局和安全供水体系。

2.2　水体污染物及其赋存特征

天然河水具有十分复杂的水质化学成分，包含了多种可能的无机、有机及生物污染物质，诸如溶解性分子、高分子物质、纳米/胶体/悬浮颗粒以及有生命的细菌、藻类、原生动物等。它们或分散悬浮，或吸附聚集沉降，成为水底沉积物，并在一定条件下可以重新悬浮、迁移转化。这些污染物或天然形成，或由人为污染造成，不断进行复杂的水质转化过程，在混凝过程中发生着复杂的相互作用。若按物理尺寸大小，可分为狭义颗粒物和溶解性物质。若按广义颗粒物分，即 1nm 以上实体均可称为颗粒物[2]，则其中包含胶态物质，这样与操作性定义的溶解物(一般 0.45 μm 以下)便有相互覆盖的范围。若按化学性质分，可分为无机物和有机物。无机物一般为各种矿物颗粒、无机离子以及人工合成物如无机胶体等，其元素包含复杂、多样；有机物构成元素较少，但形成的物质种类异常复杂、多样，其中包括天然过程形成的有机物，如常见的腐殖质、生物分子等以及人工合成的有机物。特别的，随着人类活动对自然环境影响的加剧，环境中的人工合成物种类日渐增多，并且大多数对自然生物体及人类健康有着巨大的直接危害和潜在威胁，为了确保饮用水安全，必须充分了解水体中的污染物成分及性质，确保有效地去除水体中的纳/微米颗粒物、有机物和溶解性杂质。

2.2.1　微污染水质概况

水体微污染主要是指天然有机化合物和人工合成有机污染物质，也包括过量生长的浮游生物及其代谢物(如藻类、藻毒素)，对水体造成的轻微污染。一些无机污染物质，如氨态氮、亚硝酸盐、磷化合物和重金属，也是水体微污染的主要因素。通常微污染水源的地面水环境质量标准在Ⅲ级或者以下。有些水体水质中含有较高的天然色度和有机质，但并未受到人为的污染，这类水源也可以归入微污染的水体之中。不同的水源所含杂质的种类和数量各不相同，即使对于同一水源，污染物质的种类和数量也经常处于变化状态。

受微污染的水源经常规工艺流程处理所制得的饮用水中的化学成分数量较多，这些物质可以看做人类现代文明的副产物。这些污染物的种类繁多，性质、迁移转化规律复杂，对人类健康的影响是间接和隐蔽的，表现在 3 个方面：①化合物种类虽然多但含量极微，很多成分属于有毒、致癌、致畸和致突变或者有上述潜在可能的物质。其特点为浓度较低，没有急性毒性，但是长期饮用有可能造成“三致”作用。而水处理过程之中还有可能将水中的天然和人工合成有机物质转化成为消毒副产物，如对人类有较大危害的卤代烃；②这些化合物部分具有亲脂性，即具有生物富集的特征，从而很容易蓄积在人体组织内，造成较长期的影响；③水中有机物还会影响管网水质的稳定，如水体可同化有机碳(assimilable organic carbon, AOC)引起细菌繁衍和红虫的孳生，导致疾病的传播，具有直接的危害性。

水体有机污染物就其性质可分为人工合成有机物(synthetic organic chemical, SOC)与天然有机物质(natural organic matter，NOM)两大类。对于给水行业来说，还存在有第三类有机污染物即消毒副产物(disinfection by product, DBP)以及在水处理过程中投加的药剂或在输水管网中引入或生成的有机物。通常水中含有悬浮和胶体状的分散物质，同时也含有溶解的或者胶体形式的有机物质。在水源中发现的有机污染物质可能来源于两个方面：一是天然有机物质，由植物腐烂生成的富里酸(fulvic acid)和腐殖酸(humic acid)是其中的代表，还有微生物代谢分泌产物以及动物排泄和植物释放的物质，如脂肪和脂肪酸、碳氢化合物、蛋白质及其衍生物质、丹宁、木质素、树胶、萜烯等；二是由于人类活动排放的生活污水和工业废水带来的有机合成化学物质(SOC)，如 20 世纪 50 年代使用的含氯农药(如六六六)，电力工业应用的多氯联苯(PCB)，洗涤用品中的表面活性剂以及其他人工合成化学品或者废弃物质。另外，在饮用水中还存在有化学副产物和添加剂，这是在水处理过程中产生并且通过配水管网系统进入居民用户的。

各种不同的原水成分，在地表水中通常季节性地变化着，显著影响混凝工艺效率。这些因素包括浊度、有机物组成、二价阳离子、硫酸盐和碱度等。二价阳离子 Ca^{2+}对于混凝的作用有：①有时可以减少有机物质去除的最佳投加量，因为二价阳离子可以和有机官能团络合，减少混凝剂水解产物的需要量，但是混凝剂投加量提高到一定量时，Ca^{2+}不再有明显作用；②增加混凝的 pH 范围；③影响腐殖物质的大小、形状、扩散速率和水合的程度；④影响藻类的混凝过程。SO_4^{2-}则有利于浊度的去除，但并不利于有机物质的去除，因为同有机阴离子在金属水解产物的活性点处竞争吸附，SO_4^{2-}会极大地影响 Al 的水解生成种类。当溶液中 SO_4^{2-}较多时，氢氧化物沉淀更容易形成。颗粒物和有机物能增加絮凝剂的投药量，并且可以和目标化合物竞争水解产物和吸附点。颗粒物和有机物的浓度和化学特征很大程度地影响 SOC 在颗粒物、憎水化合物和真溶液之间的分配，因而支配着去除机制和 SOC 的最大去除程度。许多研究已经表明 NOM 影响 pH 和混凝的投加量，而这两个条件对于浊度去除又是非常重要的。浊度除了稍微增加絮凝剂的投药量外，几乎对 NOM 去除的最佳条件不产生影响。

2.2.2　水体颗粒物

一些颗粒物自身不直接对人体造成危害，但对感观造成影响，另外还影响其他污染物的去除。浊度(nephelometric turbidity unit, NTU)用来反映颗粒污染物的指标，成为水质指标中的重要参数。世界卫生组织(WHO)的饮用水水质指南(*Guidelines for Drinking Water Quality*)没有规定基于健康的浊度指标值，只是基于感观要求规定浊度应该低于 5 NTU。但颗粒物可能间接对人体造成危害，因为它可能成为微生物、重金属和杀虫剂的载体，促进微生物生长，影响消毒剂效果。WHO 建议饮用水中浊度应该尽量最低[16]。尤其是随着科技的发展，不断得到开发和应用的纳米材料和纳米颗粒物，给饮用水安全和处理工艺带来新的挑战。美国国家环境保护局饮用水标准规定残余浊度的标准是不大于 1.0 NTU，如果能保证颗粒物存在不会促进微生物生长，不影响消毒效果，残余水浊度可以低于 5 NTU。我国 2005 年新颁布的饮用水标准也要求饮用水残余浊度应低于 1.0 NTU。

水体颗粒物作为现代水质科学的重要研究对象，具有十分广泛的概念范畴，包含有十分丰富的内容。水体颗粒物作为一类广义颗粒物，实际上包括了粒度大于 1nm 的所有微粒实体，其上限可以达到数十至上百微米[2]。水体颗粒物包括有机高分子物质、胶体、悬浮颗粒以及有生命的细菌、藻类、原生动物等微生物，它们或天然形成，或人为污染造成并伴随着复杂的水质转化过程。水处理过程中的微粒大致可分成 3 类：水中常见的微粒，主要是指黏土、细菌、病毒、腐殖质等天然成分以及由污染等原因带入的无机物和有机物微粒；由铝盐、铁盐等无机混凝剂所产生的水解聚合物离子、氢氧化物沉淀物等微粒；由合成聚合物混凝剂在水中产生的微粒[4]。众多的水体颗粒物或分散悬浮，或聚集沉降，成为水底沉积物，并在一定条件下可以重新悬浮、迁移转化。对于较大的颗粒物，通过重力沉降可以实现其与水体的分离；但对于粒径为 1~100nm 的颗粒物、胶体，其已经进入纳米尺度，具有纳米物质的种种特性，需要特殊的方法实现与水体分离。

纳米尺度的胶体物质具有介观特征，主要物理、化学特性可以总结为：微界面反应有高度复杂性，所有纳米级污染物都有强烈地吸附于微界面的趋势，大量存在于颗粒物表面上，可以进行多种类型的反应。由于表面聚集催化作用，界面反应可以比在溶液中的反应更快速、更强烈。其扩散和迁移主要是靠布朗运动和介质涡流促成。相间界面由于分子作用力的不平衡性，在物理、化学特性上一直被作为某种特殊区域对待。在天然或工艺控制的环境中，界面在物质传递时起着重要作用。因此，环境纳米污染物是环境中最主要的、最重要的环境科学研究、环境保护技术对象；是环境污染现象从自然科学层面上合理的提炼和概括；其介观性质是环境污染解决途径中的重要障碍[5]。

在水处理方面，这种考虑是从颗粒物、胶体对环境水质的影响作用出发的。颗粒物、胶体由于它们相对的大界面对光的散射作用导致水体能见度下降，影响水体的感观，同时由于组成的不同和表面吸附作用可能具有其他毒性[4]。颗粒物群体具有十分广阔的微界面，其自身可成为污染物，而更重要的是可与微污染物相互作用成为其载体，在很大程度上决定着微污染物在环境中的迁移转化与循环归宿。胶体、颗粒物具有巨大的比表面，并因此被认为是活泼的颗粒。胶体颗粒在化学过程中具有较大的化学活性。颗粒物群体与水溶液构成了微界面体系，进行着各种生物、物理、化学反应及迁移转化过程[5, 17]。

水体中较大的颗粒物处于不稳定状态，在一定条件下，通过重力沉降可以实现与水体分离。但对于粒径为 1~100nm 的颗粒物胶体，胶体表面通常通过以下 3 种途径带上负电荷：①胶体表面的基团在一定的 pH 条件下，离解失去质子带上负电荷，如—COOH、—SiOH 等；②在特定的 pH 或溶液环境下，水溶液中的阴离子与胶体表面的官能团络合，成为胶体的组成部分而带上负电荷，如 PO_4^{3-}、Br^-等；③固体晶格中的同晶置换或缺陷造成表面电荷位，例如，硅氧四面体中的硅原子被铝原子置换，产生一个负电荷。在布朗运动，水化作用及微粒之间的静电斥力作用，能长期在水中保持悬浮状态，不能用重力沉降直接分离。在扩散双电层模型的基础上提出 DLVO 理论，解释了胶体稳定性机制[16, 18]。

DLVO 理论极大地促进了胶体凝聚的研究，但是并不能全面解释水处理中的一切混凝现象。对于亲水性胶体(如有机胶体或高分子物质)，水化作用是胶体聚集稳定的主要原因。它们的水化作用往往来源于粒子表面极性基团对水分子的强烈吸附，使粒子周围包裹一层较厚的水化膜阻碍胶粒相互靠近，使范德华引力不能发挥作用。实践证明，虽然亲水胶体也存在双电层结构，但 ζ 电位对胶体稳定性影响远远小于水化膜的影响。

2.2.3　水体有机物

有机污染物在水体中广泛存在，其来源较为复杂，可分为外源有机物(水体从外界接纳的有机物)和内源有机物[19]。外源有机物包括由地面径流和浅层地下水从土壤中渗沥出的有机物(主要含腐殖质、农药、杀虫剂、除草剂和化肥等)、城市污水和工业废水排入水体的有机物、大气降水从空气中洗涤出的有机物、垃圾填埋厂的渗液通过地下水运移带入的有机物、水面养殖向水体投加的有机物、运输中事故排放及水上娱乐活动带入的有机物、采矿及石油加工排放的有机物等，这些物质的进入使水质成分日益复杂，并给公众健康带来较大的危害。内源有机物来自于生长在水体中的生物群体(藻类、细菌、水生植物及大型藻类)所产生的有机物和水体底泥释放的有机物[19]。一般水体中的有机物大多来源于外源有机物，富营养化水体(如水库和湖泊)的内源有机物也不容忽视。

1. 天然有机物

腐殖质来自于动物残骸腐烂过程中产生的中间产物和微生物的合成过程[20]，它是环境中总有机碳的主要成分，广泛存在于土壤、天然水体及底泥中，构成了全球碳循环过程必不可少的部分，几乎参与了所有的环境反应，并且对整个生态系统有着重要影响[20]。腐殖质中所含碳的量约占全球总碳量的 25%、海洋和天然水体有机碳的 50%[21]。腐殖质对化学和生物的侵蚀相对稳定，但最终仍然沿着碳循环和氮循环的途径降解为简单的化合物[4]。

尽管人们对腐殖质的认识已有 200 多年的历史[21]，但在 20 世纪 70 年代以前，人们对它的研究主要集中在地球化学和水生生态领域，自从 70 年代发现腐殖质是水氯化时产生三氯甲烷的母体物质之后，水处理工作者对它进行了大量的研究工作。但由于环境条件的复杂性及存在大量可能的前体物，因而腐殖质的形成不可能是一个简单的过程，生物中的碳在矿化成二氧化碳的过程中形成了形形色色的产物，造成了腐殖质表征和研究的困难[20]。研究者常常提出自己的结构模型和假设，但目前人们掌握更多的是关于它的行为和特性，对腐殖质形成的具体途径、精确的化学结构和详细组成尚不十分清楚。就目前对它的研究而言，腐殖质是含羧基、羟基、甲氧基、乙醇基、羰基等多种官能团，具有较多芳香环的酸性亲水性聚合电解质，具有组分上的不均一性和分子质量上的多分散性，即它是一个十分复杂的集合体或混合物，分子质量在数百到数万道尔顿之间 [20~22]。

腐殖质的化学性质及组成与腐殖质的前体物及所处的地球物理化学环境有关。土壤腐殖质中含有 50%~60%的碳水化合物及相关物质、10%~30%的木质素及其衍生物、1%~3%的蛋白质及其衍生物，其他为丹宁、树脂等[23]。在这些物质中，木质素是最难被土壤微生物分解的部分，因而在环境中的残留时间最长。由于腐殖质组成的复杂性，因而通常需按操作定义将它们分开。Oden 于 1919 年依据腐殖质在不同 pH 条件下溶解性的差异，将其分成 3 部分：在酸性条件下(pH<2)不溶于水但溶于碱的部分称腐殖酸(HA)；在任何 pH 下均溶于水的部分称为富里酸(FH)；在任何条件下均不溶于水的部分称黑腐物(humin)[24]。在土壤腐殖质中，腐殖酸通常占大多数，其分子质量最高可达数十万道尔顿[24]，而水体中的腐殖质的分子质量则小得多，且富里酸占多数。

水体有机物也可以分为颗粒态、胶体和溶解性有机物。颗粒态有机物可以伴随着沉淀或者悬浮在水面而与水体分离，同时此类有机物在混凝中也较容易去除；胶体有机物则必须经历混凝过程黏结成大粒径的絮体才能从水体中有效地分离；溶解性有机物(dissolved organic matter，DOM)占水厂出水有机物组成中的绝大多数，是有机物中迁移能力最强、变化最多端、处理最困难的形态，也是混凝过程中影响去除效果的关键部分。溶解性有机物实际上是人为性或操作性限定的，一般认为能通过 0.2~0.45μm 膜的物质就为溶解性有机物。DOM 分子质量为数百到数万道尔顿，对 TOX 和 THM 的形成有显著贡献。

藻类有机物是藻类、藻类的分泌物及藻类尸体分解产物的总称。藻类的胞外产物(ECP)中通常含有大量亲水性的、小分子质量的有机酸和糖[25]，在其生长的不同阶段，溶解性胞外产物(分泌物)有所差异，低分子质量(<2000 Da)的有机物在其整

个生长期都占主要地位，但随着生长期的延长，高分子质量(>2000 Da)的化合物不断增加[26]。藻类有机物中约 60%为糖类物质(主要有葡萄糖、半乳糖、木糖、岩藻糖、甘露糖、鼠乳糖和拉糖等)，还有约 40%为其他化合物，它们是有机酸、糖醛、糖酸、氨基酸、腐殖质类物质和多肽等，藻类分泌物比腐殖类物质含氮量高。总而言之，中性和酸性多糖类物质是藻类新陈代谢和藻类细胞分解过程的最终产物，其中大部分是异养细菌能够利用的有机物，但多肽和藻类尸体(细胞壁和多糖，其中细胞壁中木素含量较高)是难于被生物降解的有机物，成为湖水中溶解性有机碳的一部分。

2. 人工合成有机物

化学品的污染是生态恶化的主要根源。温室效应、臭氧层衰减、酸雨蔓延、土壤退化、大气和水质污染都与化学污染息息相关。目前化学品，特别是有机合成化合物，逐年剧增，其潜在危害也与日俱增。据有关资料介绍[27]，1985 年以前已投产的化学品已达 7 万~8 万种，每年新增约 2000 种。有机合成化合物 1985 年生产量已达 2.5 亿 t，大约每七八年产量就翻一番。它们通过水、气、土、运输、贸易等渠道，向全球扩散。南极站对海洋生物样品分析，发现含有六六六、DDT。目前全球有 5 亿 t 危险废物，大部分有致癌、致畸、致突变等遗传效应。据日本科学家研究，认为当今农药中，66%的除草剂、90%的杀菌剂、30%的杀虫剂有致癌性。1987 年全球农药销售额已达 200 亿美元。我国生产的化学品已达 3 万种，年进口化学品达 30 亿美元。我国使用的农药占世界销售量的 20%，1985 年产生潜在危险物约 1670 万 t，累积达 2 亿 t。

1977 年美国国家环境保护局基于有毒化学物的毒性、自然降解的可能性及其在水体中出现的概率等因素，从 7 万余种有机物中筛选出 65 类、129 种应优先控制的污染物，其中有毒化合物有 114 种，占总数的 88%。它们包括 21 种杀虫剂，8 种多氯联苯及有关化合物，26 种卤代脂肪烃，7 种亚硝基胺及其他化合物[27]。这些优先控制的污染物都具有这样一些特点：难于降解，在环境中有一定的残留水平；具有生物积累性和三致(致癌、致畸、致突变)作用或毒性。欧盟、德国、荷兰等也提出了有机物的控制名单。中国环境监测总站周文敏[28]等根据国内水体有机化合物的污染特征并结合国内外有关资料，提出了反映我国水体环境特征的优先控制污染物，共 14 类、68 种有机物，包括卤代烃、苯系物、氯代苯类、酚、硝基苯、苯胺、邻苯二甲酯、丙烯腈。人工合成的有机物相对水体中的天然有机物给公众健康造成更大的危害。

3. 消毒副产物

1974 年，Rook 等从氯化后的高色度水中检测出三氯甲烷[29]。1974 年美国国家环境保护局对新奥尔良市卡洛尔顿水厂的出水进行测试和分析，在出水中检测出 66 种微量有机物，其中有机卤化物含量最高。统计结果显示，当地癌症的高发率与水体中有机卤化物的含量有关。此发现得到美国国家环境保护局的高度重视，在1974~1975 年组织进行了对美国 80 个主要城市的各种不同水源的原水及经过不同流程处理的自来水出水的有机污染调查(NORS)，调查结果显示自来水中广泛存在THM，而且是在氯化过程中形成的[29]。在 1976~1977 年的调查中发现，三氯甲烷是饮用水中最广泛的合成有机污染物，而且浓度最高。

一般水体中，天然有机物占绝大多数(80%)，是氯化消毒副产物的主要前体物质。腐殖酸中对形成挥发性氯代烃有贡献的官能团是羰基、羟基、酯基和羧基官能团。氯气通入水中时，发生如下反应：

$$Cl_2 + H_2O \rightleftharpoons HOCl + HCl$$

其中，Cl 既是中等强度的氧化剂，也是一种亲电加成试剂。当醛、酮等发生烯醇式互变异构后与氯发生亲电加成反应，之后水解成卤仿，其中也含有多元卤代物。醇烃基也可被 HOCl 氧化为醛、酮，进一步发生反应。一般反应式如下：

$$HOCl + Br^- + NOM \longrightarrow THM + \text{其他DBP}$$

在出水中确定的 THM 是存在 DBP 的主要种类，其次是 HAA。

影响卤代 DBP 形成的因素有：温度和季节；天然 NOM 浓度和性质；氯的投量和余氯浓度；溴化物浓度等。根据 1993 年 Singer 的报道[30,31]，DBP 的形成和转化的情况大致如下：THM 和 HAA 的形成受 pH 的影响，随着 pH 的增加，总有机卤化物 TOX 的形成量降低，在碱性情况下，许多卤代 DBP 趋向于水解；THM 和HAA 随接触时间的增加而增加，因此随余氯停留时间的延长而持续形成；季节对DBP 的形成有显著影响，夏季产生较多，冬季产生较少；不同季节水体中有机物的不同也会产生一定的影响；NOM 与 DBP 的形成成比例，但 NOM 的性质也影响DBP 的形成，Reckhow 等 1990 年发现 DBP 形成量随着活性芳香族化合物在 NOM中含量的增加而增加；DBP 的形成速率、分布受投氯量、游离氯残余量的影响，较高的投量有利于 HAA 的形成[32]。

在完善 DBP 毒性和形成机制研究的基础上，消毒副产物的控制成为现代给水处理的一项重要内容。消毒副产物的控制技术可以从以下 3 个环节入手：首先是消除 DBP 前体物，研究表明天然水源中 NOM 是 DBP 的主要前驱物，水中的 TOC含量就成为主要的控制指标；其次是改换氧化剂、消毒剂以及改良消毒工艺，减少DBP 的生成；再次是对已经形成的 DBP 的去除。消除 DBP 前驱物的主要工艺是强化混凝、膜过滤、活性炭吸附等，其中强化混凝被 USEPA 认为是最佳可行性技术。通过改良混凝条件，通过混凝实现有机物与水体的有效分离。改换氧化剂和消毒剂的要点是权衡消毒副产物的风险和微生物疾病风险。氯胺、二氧化氯、高锰酸钾、臭氧、紫外 UV、H_2O_2 以及它们之间的相互组合都是传统液氯消毒的替代方法，都各有所长，也各有其局限性。其中臭氧氧化消毒是比较好的替代工艺，目前在世界各地的水厂中使用比较广泛，但也还有些技术上的问题(如臭氧不稳定，存在时间比较短)，有待进一步研究解决。Jacangelo 等对 Cl_2、NH_2Cl 和 O_3 几种消毒组合工艺的研究表明：O_3+NH_2Cl 组合消毒对降低 THM 和其他卤代 DBP 最为有效[33]。对形成的 DBP 的去除工艺主要包括活性炭吸附、膜工艺、吹脱等。集成工艺去除技术(图 2-4)主要是综合上述工艺对 DBP 前体物去除、氧化消毒过程进行全面的控制以减少 DBP 及其危害。

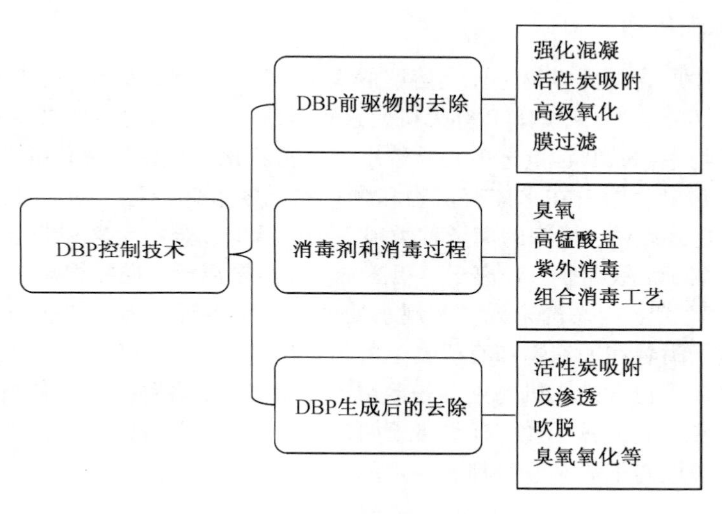

图 2-4　DBP 控制技术

综上所述，在控制 DBP 的技术中，综合经济、技术可行性考虑，强化混凝因地制宜、投资较少、运行成本较低，是比较适合推广使用的技术。人类生活水平不断提高，活动范围的逐渐扩大，各流域的水体都出现了不同程度的污染，原水水质呈逐年恶化的趋势。充分认识水体中有机物的性质，对认识和改进水处理工艺效率具有重要意义，成为当前研究的热点。但是，到目前为止，对天然水体有机物的检测还没有达到分子水平。^{1}H NMR 和 ^{13}C NMR 技术逐渐被广泛应用于天然有机物的官能团检测中，与交叉偏振和自旋技术结合，利用 C、H 同位素检测水中不同结构典型官能团的相对含量。此外，傅里叶变换红外光谱分析技术(fourier transform infrared, FT-IR)和 X 射线技术(X-ray / X-ray absorption fine structure)也被广泛应用在有机物官能团的定性分析中，辅以其他元素分析技术，能对水体有机物性质进行定性认识。随着气相、液相色谱检测技术的发展，通过适当的预处理，能对水体中的部分小分子有机物进行分子水平检测以及如 Pyrolysis-GC-MS 技术将天然有机物分为多聚糖(polysaccharide)、蛋白质(protein)、多羟基芳香物质(polyhydroxyaromatic)和氨基糖(aminosugar)4 类，应用于研究各类物质在混凝过程中的去除规律。

与此同时，水源水质突发性重大环境污染事故接连发生，自 2005 年 11 月 13 日松花江水污染事件发生到 2006 年 2 月 1 日的两个半月时间，国家环境保护总局已接到各类突发环境事件报告 45 起。其中较为重大的典型事件有松花江水污染事件、广东北江镉污染事件。以上多起环境事件进一步说明，由于布局性的环境隐患和结构性的环境风险，在今后一段时期内，突发性环境事件的高发态势仍将继续存在，饮用水安全形势不容乐观。

2.2.4　水体无机物

天然水中所含的无机物主要是溶解的离子、气体与悬浮的泥沙，其中悬浮物是颗粒物的一部分。另外，N、P 等无机元素也是水体无机部分的重要组成，但往往包含在有机物中，N、P 含量过多会导致水体富营养化等使水质恶化的严重结果[34]。一些重金属污染物附着在水体有机物和颗粒物上随水体迁移，对人体有较大的危害。天然水在运动中，溶解的离子种类很多，包括少数金属元素和非金属元素。有些离子如钙离子、镁离子、铁离子、铝离子、硫酸根离子、硅酸根离子等对混凝有一定的影响[35, 36]。但总的来说，常规水处理工艺对溶解性离子的处理效率是有限的，主要对于附着在颗粒物和有机物上的重金属及营养元素有一定的处理效率。

天然水体中包含的无机物主要是溶解的无机离子，溶解的离子种类很多，包括少数金属元素和非金属元素。有些离子如钙离子、镁离子、铁离子、铝离子、硫酸根离子、硅酸根离子等对混凝都有一定的影响[34, 35]。

2.3　典型区域原水水质特征

2.3.1　典型北方水厂原水水质变化

以天津(TJ)原水为例加以分析，具有以下主要特征：

(1) 黄河和滦河同为中国北方水系，具有相同的环境和地质背景特征。滦河水和黄河水水质具有很大的共性，如高碱度(>120 mg/L $CaCO_3$)、高硬度(>160 mg/L $CaCO_3$)、高 pH(>8.2)。同时，受各自流域和人为因素以及气候因素的影响，各自又表现出不同的特征。例如，滦河水主要在夏、秋高温季节作为饮用水水源，此时藻类繁殖旺盛，使滦河水具有较高浊度、叶绿素和藻类计数，蛋白质氮比例也较高。另外，黄河水流经地质复杂的中国西北、华北地区，具有更高的碱度、硬度和盐含量。

(2) 原水有机污染物污染严重，水体呈较为严重的富营养化。滦河水和黄河水中有机物含量大，化学需氧量常年在 4mg/L 以上。高藻期藻类计数最高达 14 000 万个/L，叶绿素高于富营养化标准值 1.5~10 倍，浮游藻类优势种为蓝藻、绿藻。在此期间浊度明显偏高，水质呈弱碱性，总氮、总磷超标。

(3) 水质表现出明显的季节性。水温在夏季 7 月和 8 月达到最高值，在 30℃左右，而在冬季 1 月和 12 月温度最低，在 5℃以下；部分理化和生物指标如浊度、碱度、高锰酸盐指数、氨态氮、叶绿素、藻类计数等季节性变化明显。在 1~3 月和 11 月和 12 月期间水温、浊度较低。7~9 月碱度、硝酸盐含量降低。由于水温影响水体生物繁殖生长，特别是藻类繁殖，水体的浊度、硬度以及氯化物、氨态氮、硝酸盐、叶绿素、叶绿素 a 含量和藻类计数都与温度表现出相关性。高温季节，有机氮与亚硝酸盐氮比值显著升高。根据原水对混凝效率影响最为显著的几个指标：碱度、温度、浊度、藻类及有机物含量和性质，可以将 TJ 原水按季节分为 6 个典型水质期：低温低浊黄河水(LTTY，1 月和 12 月)；春季黄河水(SprY，2~4 月)；早夏黄河水(ESumY，4 月和 5 月)；早夏滦河水(ESumL，5~7 月)；高温高藻期滦河水(HTAL 7~10 月)；秋季黄河水(AutY，10 月和 11 月)，如图 2-5 所示。

(4) 原水水质波动中表现出一定的稳定性。从图 2-5 中可以看出，虽然个别参数表现出一定的波动，氨态氮、高锰酸盐指数、总大肠菌群、挥发酚、pH 等指标偶有突发性超标，如 1987 年氨态氮最高值为 3.31mg/L，是国家Ⅲ类水体标准(0.5mg/L)的 6.5 倍，1990 年高锰酸盐指数为 18.30mg/L，是国家Ⅲ类水体标准(6.0mg/L) 的 3 倍。原建设部颁布的《城市供水水质标准》对饮用水原水的高锰酸盐指数提出了更高的要求，指出高锰酸盐指数应小于或等于 3mg/L，以此为标准计算，1990 年高锰酸盐指数超标 5 倍以上，但在 3 年中表现出明显的一致性，在各年度间水质变化不大。

另外以大型 MY 水库水质为例加以分析(表 2-1)，特征如下：

该水源浊度较低，绝大部分时间在 1NTU 以下，最高也小于 3NTU，属于典型低浊度水源水，具有常规混凝效果差、沉淀困难等处理特点。由于对水资源采取了严格的保护措施，水质较好，NH_3-N、NO_2-N 浓度均常年小于 0.1mg/L，NO_3-N 浓度随季节变化，最高也小于 1.2mg/L，有利于安全消毒，减少由于折点消毒产生的消毒副产物。

原水 COD_{Mn} 随季节有所变化，但其值并不高，平均在 3.0mg/L 左右，最高在 4.8mg/L，见图 2-6 所示。有机物组成不清楚，在一定程度上影响处理工艺的选择。水源水质较好，水中大肠杆菌常年在 350 cfu/L 以下，细菌总数为 100 cfu/mL，处于地表水Ⅰ类水质标准。

2.3.2　典型南方水厂原水水质变化

广州境内河流水系发达，河流众多，水域面积广阔，占全市土地面积的 10%。境内河流水系归属珠江三角洲水系。北、东部以丘陵区河流为主，流域边界明显，主要有流溪河水系、白坭河水系、东江北干流及其支流水系。南部为三角洲网河区，大小水道、河流纵横交错，水网密布，流域边界不明显，主要水道包括珠江广州江段、陈村水道、市桥水道、沙湾水道和虎门、蕉门、洪奇沥 3 个出海口。

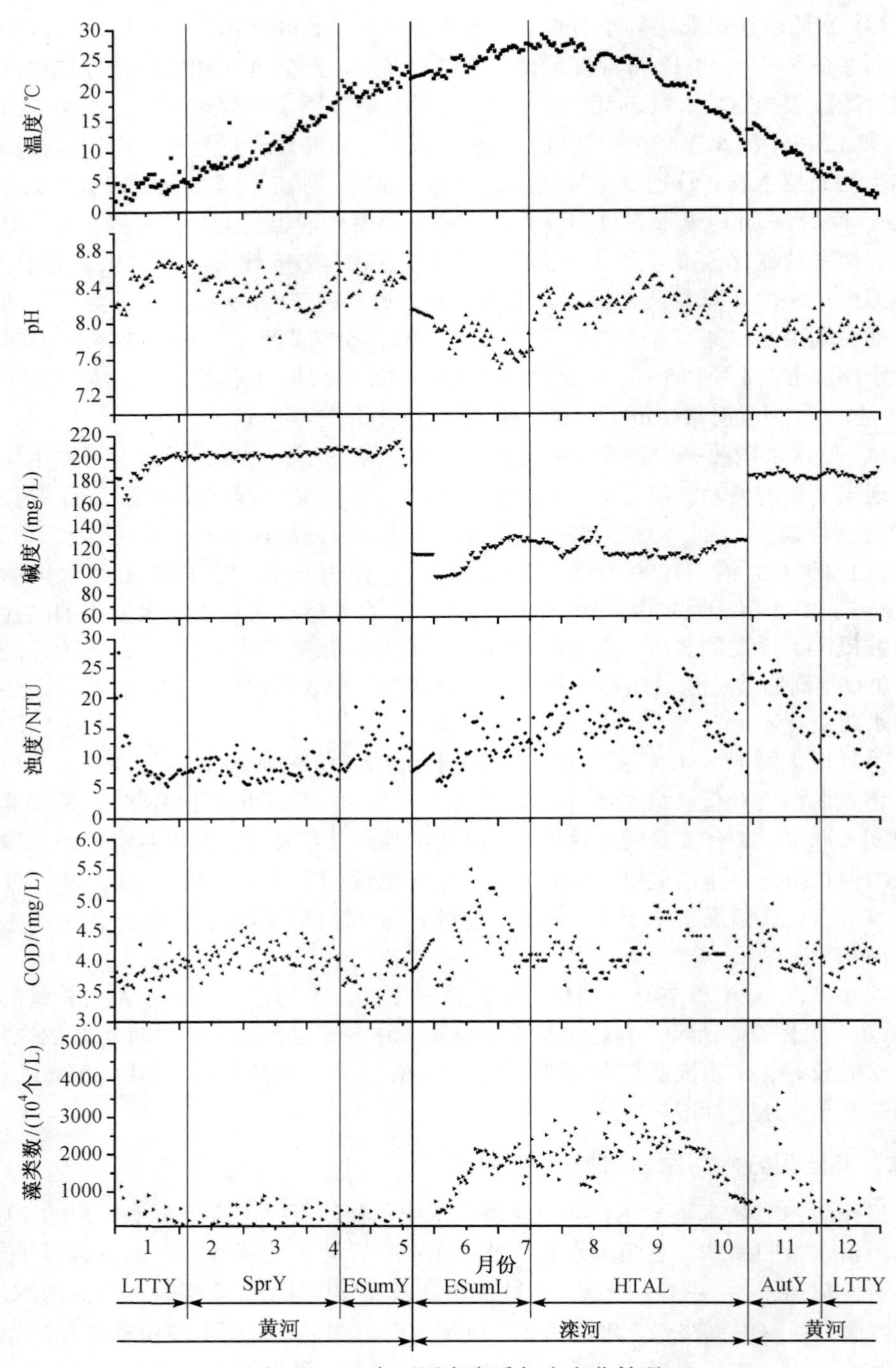

图 2-5　TJ 水厂原水水质年度变化情况

表 2-1　MY 水源水主要水质指标特征

COD_{Mn}/(mg/L)	0.88~4.8	浊度/NTU	0.36~2.7
氨态氮/(mg/L)	<0.06	色/度	<20
亚硝酸盐/(mg/L)	<0.05	pH	7.5~8.7
硝酸盐/(mg/L)	0~1.09	氯化物/(mg/L)	8~12
细菌总数/(cfu/mL)	2~100	硫酸盐/(mg/L)	30~38
总大肠菌群/(cfu/L)	6~315	氟化物/(mg/L)	0.2~0.4
总铁/(mg/L)	<0.05	总碱度/(mg/L)	80~140
锰/(mg/L)	<0.07	总硬度/(mg/L)	110~230
挥发酚类/(mg/L)	<0.002	钙/(mg/L)	55~126
氰化物/(mg/L)	<0.002	镁/(mg/L)	49~95
六价铬/(mg/L)	<0.004	阴离子合成洗涤剂/(mg/L)	<0.15
汞/(mg/L)	<0.0005	溶解性固体总量/(mg/L)	114~328
砷/(mg/L)	<0.001		

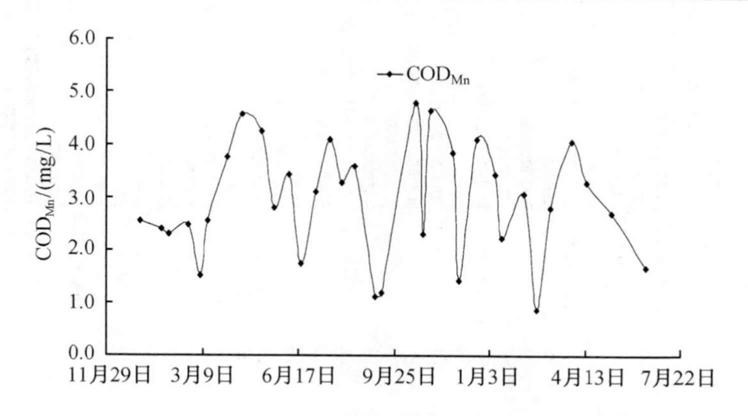

图 2-6　MY 水源 COD_{Mn} 变化

广州水系统呈现如下特点：

(1) 大多数河流属于潮汐河流，易受潮汐影响。由于广州毗邻南海，大多数河流属于潮汐河流，每天都经历两次涨潮和落潮，这就导致污水不能快速排放，需要加大污水处理，减少污染物的排放。由于潮汐的作用，在上游来水减少的时候，海水倒灌、咸潮上溯，会引起水源氯化物增加，不能取水；在洪水季节，恰遇天文大潮，会导致泄洪不畅。

(2) 丰水季节多台风、暴雨；枯水季节，水质性缺水。广州年均降雨量达1800mm，80%分布在 4~10 月，此时多暴雨，需要充分发挥 4 个人工湖的调节作用，并合理调度，来解决城市水淹问题。在每年的 11 月至翌年 4 月，为枯水季节，降水量少，对污染物稀释不利，河流易受咸潮的影响。

(3) 主要依靠地表河流水源，水库水源较少。广州市目前供水能力为 704 万 m^3/d，最大日供水 598 万 m^3/d。水源基本取自西北江干流、东江北干流和珠江支流流溪河水源，呈三足鼎立之势。其中地表河流水源占 95%，水库水约占 5%，地下水水源基本没有。由于是地表水源，基本没有调蓄设施，而且大部分河流为水运航道，沿线地区经济发达，桥梁道路纵横，容易受到突发性水质污染事故影响。

广州水源水水质特征：

1) 原水浊度的变化特征

从图 2-7 中可以看出，水厂原水浊度变化比较平缓，其幅度为 9~90NTU，平均稳定在 20~30NTU。在丰水期由于暴雨洪水的影响，浊度少量上升，但是一般不超过 100NTU。

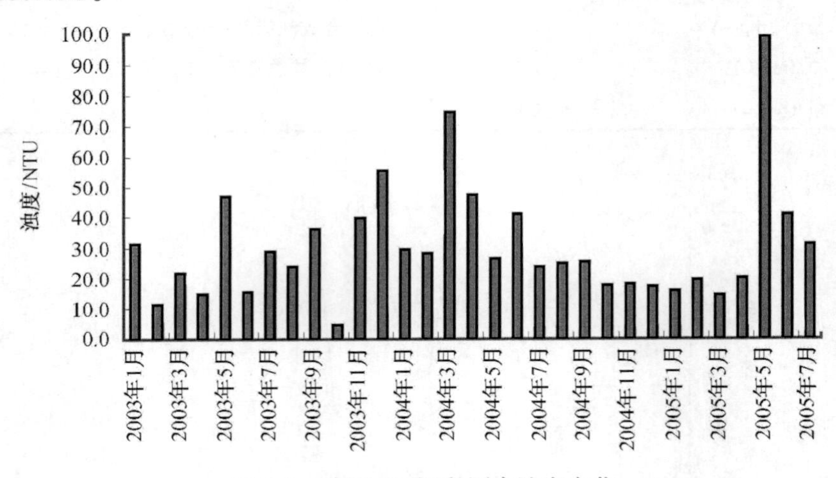

图 2-7 珠江 GZ 河段原水浊度变化

2) 原水中硫酸根含量的变化特征

原水中硫酸根含量的变化特征如图 2-8 所示。从图中可以看出，原水中硫酸根的含量比较高，其变化范围为 20~100 mg/L，而平均含量在 40mg/L 左右。部分时期咸潮严重，硫酸盐高达 200mg/L。

3) 原水中磷酸根含量的变化特征

原水中总磷含量的变化特征如图 2-9 所示。

从图 2-9 可以看出，原水中总磷的含量较高，其变化范围为 0.05~0.50mg/L，而平均含量在 0.10mg/L 左右。总磷变化没有明显规律性，主要与污水排放有关。在水处理中，磷酸根易与水体中的金属离子反应形成沉淀去除，所以磷酸根本身并不对絮体形成造成影响，而且管网水中存在一定的磷酸盐还有利于管网金属的稳定。

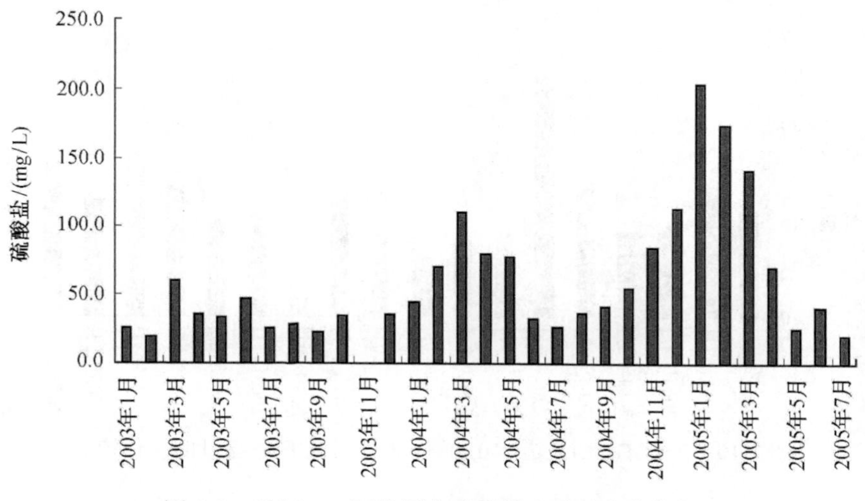

图 2-8　珠江 GZ 河段原水硫酸盐含量的变化特征

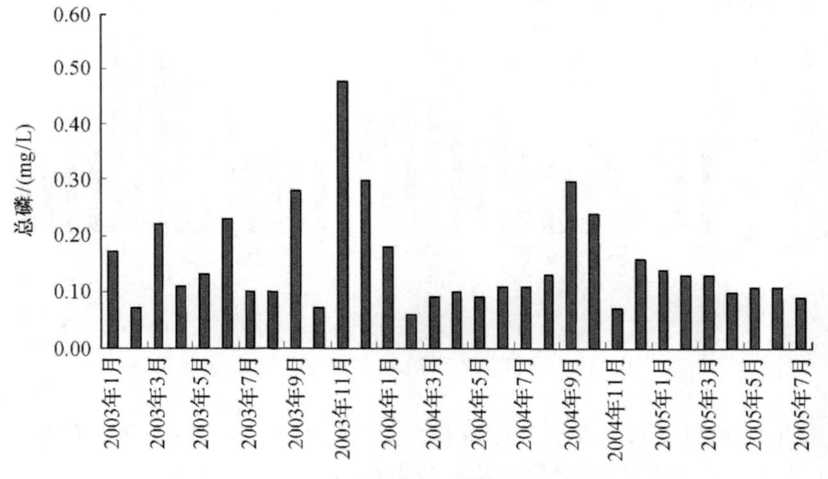

图 2-9　珠江 GZ 河段原水中总磷含量的变化特征

4) 原水中硅酸根含量的变化特征

硅是地壳中第二种含量丰富的元素，水中硅的主要来源为土壤矿物风化。在通常的 pH 范围内，单硅酸(H_4SiO_4)即 $Si(OH)_4$ 是水中溶解性硅的主要形式。溶解性硅浓度主要受 pH 控制，被吸附在多种无机物胶体颗粒表面上。原水中硅酸根含量的变化特征如图 2-10 所示。从图中可以看出，原水中硅酸根的含量变化范围为 5~25 mg/L，而平均含量在 12 mg/L 左右。因此，原水中硅酸根含量处于中等浓度范围。

5) 原水中总硬度的变化特征

原水中总硬度的变化特征如图 2-11 所示。

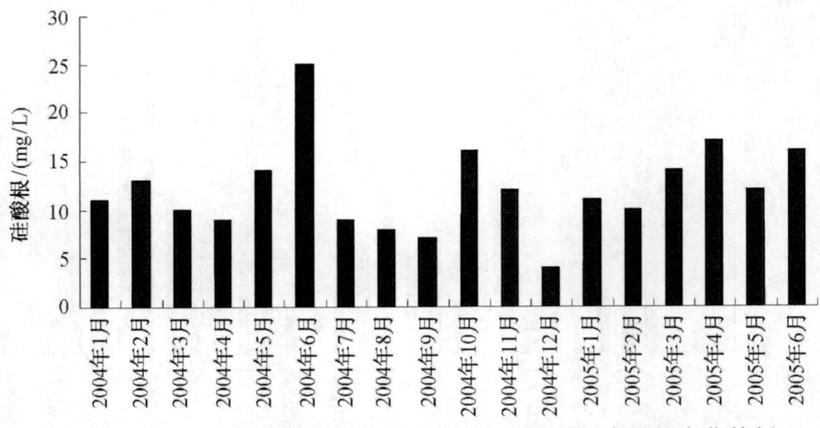

图 2-10　珠江 GZ 西航道(XHD)河段原水中硅酸根含量的变化特征

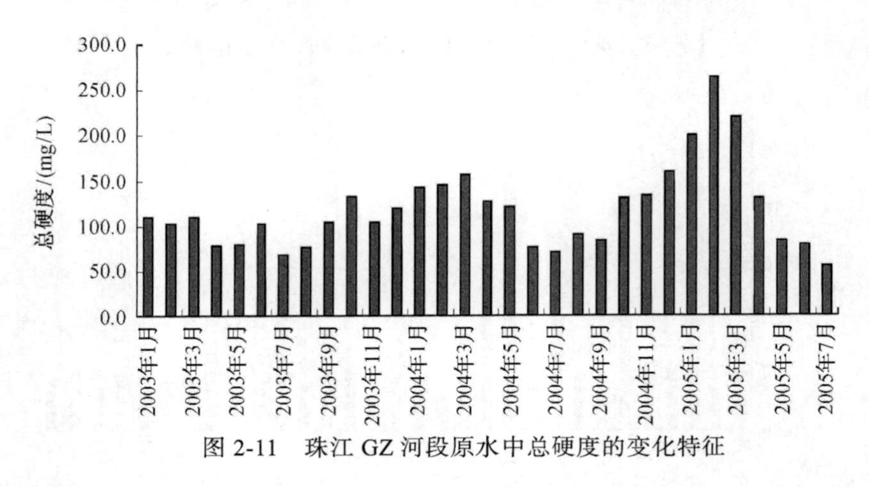

图 2-11　珠江 GZ 河段原水中总硬度的变化特征

从图 2-11 可以看出，原水中总硬度的变化范围为 50~250mg/L，而平均含量在 100mg/L 左右。总硬度的变化趋势与硫酸根相似。

6) 原水中碱度和 pH 的变化特征

原水中碱度的变化特征如图 2-12 所示。从图中可以看出，原水中碱度的变化范围为 50~150 mg/L，而平均含量在 70 mg/L 左右。夏季碱度明显偏低，需要投加石灰调节 pH。

原水中 pH 的变化特征如图 2-13 所示。从图中可以看到，枯水期的 pH 一般较高，普遍超过 7.0；而丰水期的 pH 一般在 7.0 以下。水质越好，pH 和碱度越低。

7) 原水中有机污染物的分析监测

珠江 GZ 河段原水中石油类污染物如图 2-14 所示。石油类化学成分主要为饱和烷烃、芳烃、环烷烃、不饱和烷烃、稠环和杂环化合物，不仅造成水体感官性状

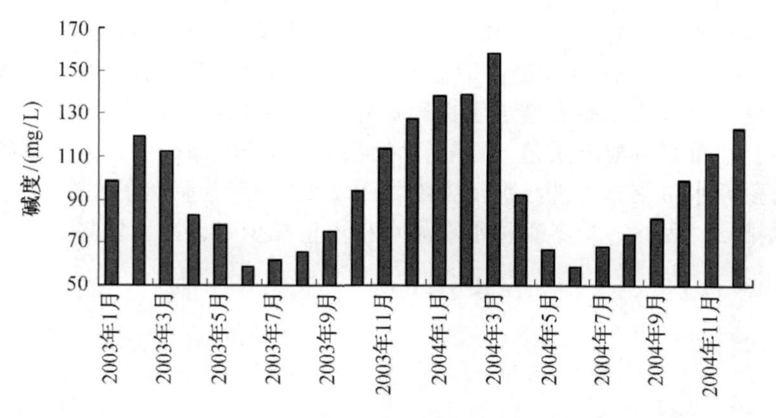

图 2-12　珠江 GZ 河段原水中碱度含量的变化特征

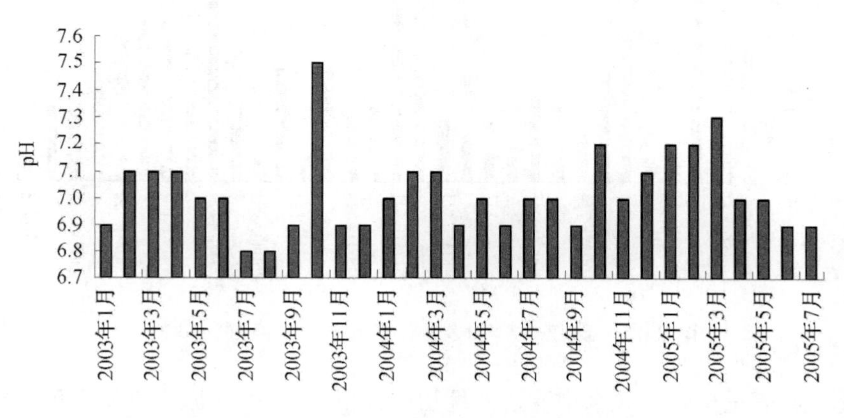

图 2-13　珠江 GZ 河段原水中 pH 的变化特征

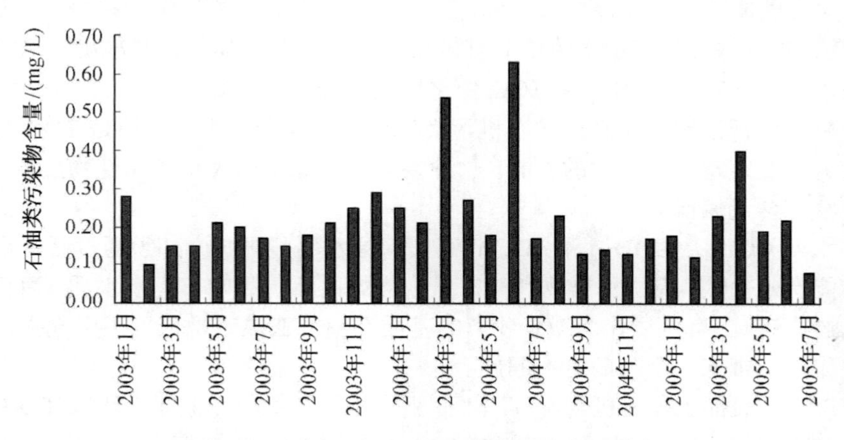

图 2-14　珠江 GZ 河段原水中石油类污染物

不良，而且对水处理工艺有不利影响。从图 2-14 中可以看到，石油类含量变化规律不明显，主要是因为 XHD 为经济运输航道，船舶随机排污是石油类的主要来源。

表面活性剂除对水质感官造成不良影响外，还可以增加水体中胶体颗粒的分散性和稳定性，严重影响混凝工艺。目前，常见的阴离子洗涤剂主要为烷基磺酸钠。珠江 GZ 河段原水中阴离子洗涤剂污染物如图 2-15 所示，阴离子洗涤剂主要来源为生活污水排放，因此，当冬季枯水期河水径流量减少时，浓度较高。

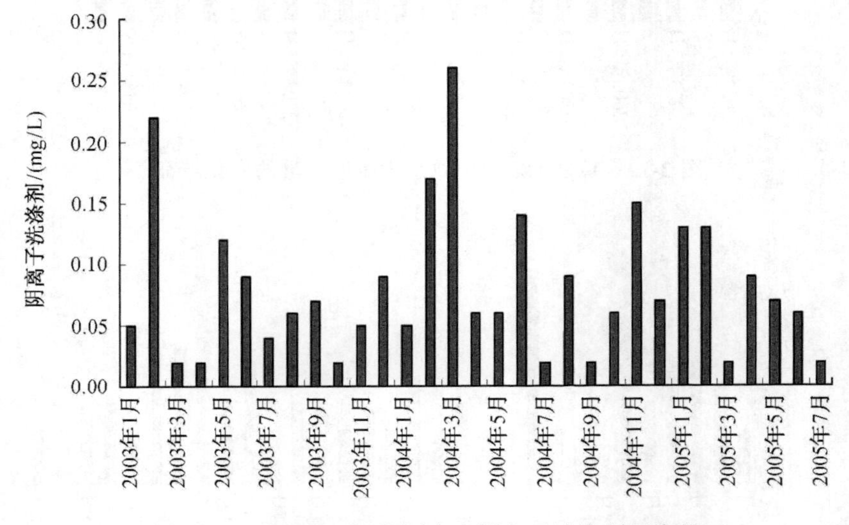

图 2-15　珠江 GZ 河段原水中阴离子洗涤剂污染物

化学需氧量反映了原水中受还原性物质污染的程度，还原性物质不仅包括有机污染物，也包括亚硝酸盐、亚铁离子、二价锰离子、硫化物等无机还原性物质。因此，化学需氧量是一个综合性的指标，主要分为重铬酸钾和高锰酸钾两种方法。而 TOC 是直接以碳含量表示水体中的有机物总量，相对更加科学和准确。珠江广州河段原水中 COD_{Cr}、COD_{Mn} 和 TOC 变化情况如图 2-16、图 2-17、图 2-18 所示。从图中可以分析得到，枯水期的有机污染情况明显高于丰水期，但是 TOC 与化学需氧量的情况表现出了一定的差异。这种差异说明原水的无机还原性物质偏多，与水体溶解氧含量偏低有关。

枯水期 COD_{Cr}、COD_{Mn} 和 TOC 较高引起原水明显异味，必须通过活性炭吸附手段才能有效去除。有机污染物和氨态氮浓度偏高不仅影响出厂水水质，而且对生产工艺造成影响。有机质作为微生物营养基质在南方亚热带地区可以引起强烈的滤池生化作用，带来一系列的生产问题。

SUVA 是表征水体有机物和 THM 前驱物特征的参数。监测表明珠江 XHD 河段原水在丰水期 254nm 处吸光度值在 0.06~0.08 之间变化，而水样 TOC 在丰水期

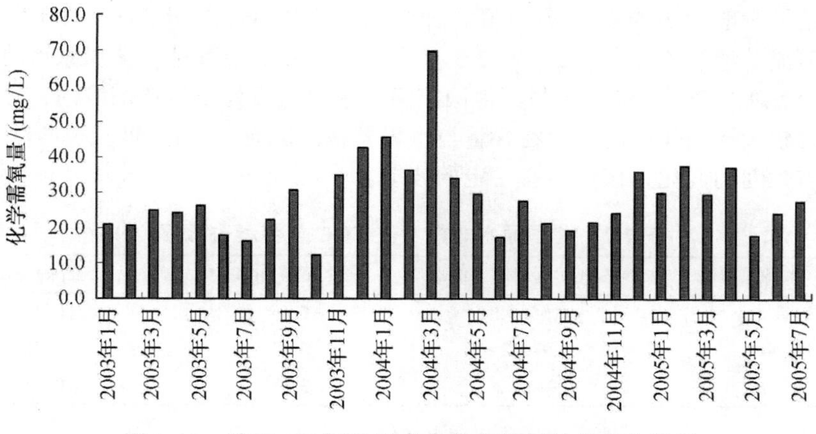

图 2-16　珠江 GZ 河段原水中化学需氧量的变化特征

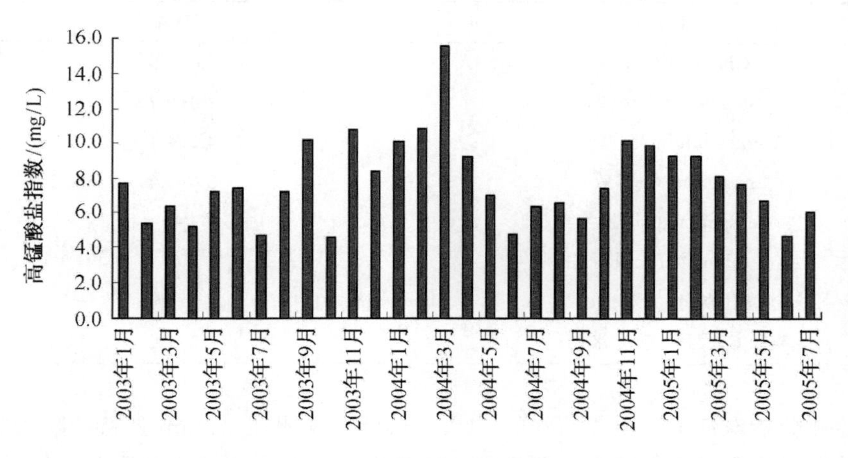

图 2-17　珠江 GZ 河段原水中 COD_{Mn} 的变化特征

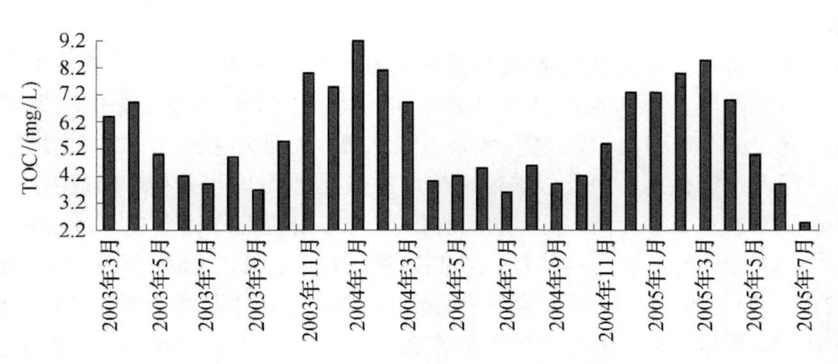

图 2-18　珠江 GZ 河段原水中 TOC 的变化特征

的分析结果一般为 3~4ppm。经计算，珠江原水的 SUVA 处于 2~3。对比世界上其他国家河流的特征值如表 2-2、表 2-3 所示。从表 2-3 中可见，珠江原水的 SUVA 偏低。但是总的来说，珠江水与其他国家河流水质组成处于可比范围内，对于混凝过程起着较大影响作用的有机物含量与世界其他河流有着类似的特征。当然，随着取样点与时间的变化，该值会有一定的波动。

表 2-2　美国原水非挥发性 TOC 与混凝去除率

水源	NV-TOC 范围/(mg/L)	平均值/(mg/L)	去除率/%
地表水	<0.05~9.8	0.65	0~75
湖水	0.9~9.2	3.33	0~79
河流	0.9~19.2	3.98	0~95

表 2-3　世界其他国家原水 SUVA

水源	SUVA
Grasse 河(美国)	4.6±0.6
Glenmore 湖(美国)	3.9±0.7
Tjernsmotjern 河(挪威)	4.2~4.3
Smaputten 湖(挪威)	3.6~4.4
Weesperkarspel(荷兰)	约 4.0
Rhine 河(法国)	4.2
富里酸(作为对比)	7.1
珠江 GZ 西航道(丰水期)	2~3

监测分析珠江 GZ 河段原水的 SUVA 偏低，说明在 254nm 处特征吸收的有机物占总有机物含量比例较少，这也在一定程度上表明了天然来源腐殖质物质偏少，TOC 主要来自微污染，即水体受到的生活污水污染。相应的珠江 GZ 段原水的 THM FP 较低。

原水水质特征是决定混凝投药与控制的基础。我国幅员广阔，随着不同区域、流域以及不同季节，原水水质具有显著不同的特征。同时因为水源供应渠道不同，如取用河流、水库与湖泊以及地下水等不同水源，而且随着季节水源的变化，有时候需要进行多水源供水，因此，进行常规水质数据的积累与分析，形成基本数据库具有十分重要的意义。“十一五”期间我国在这方面的工作将会进一步加强。

(1) 北方某河流水系具有共性，如高碱度(>120mg/L)、高硬度(>160mg/L)、高 pH(>8.2)。同时浊度高、叶绿素含量和藻类计数高，蛋白质氮比例也较高。原水有机污染物污染严重，水体呈较为严重的富营养化。水质表现出明显的季节性。水温、部分理化和生物指标季节性变化明显。可以将原水按季节分为若干个典型水质期。

(2) 南方某河流水源表现出一般河流水质的分布特征，碱度较低，处于碳酸平衡控制机制。水质呈现枯水期与丰水期变化特征。枯水期海水上溯导致盐度增加。夏季 6、7 月降雨比较集中，酸雨出现频率为 52.8%。水质变化主要原因与河流水质的季节性波动以及受污染源排放影响变化有关。原水的 SUVA 偏低，微污染。

(3) 北方某水库水源属于典型低浊度水，浊度小于 3NTU。由于采取了严格的保护措施，水质较好。高温季节水中，藻类繁殖引发颗粒态有机碳(POC)含量升高的现象。而该水体 SUVA 只有 1.69，属于较难通过混凝去除有机物的水体。

参 考 文 献

[1] 汤鸿霄. 对 21 世纪水资源问题的思考. Newton-科学世界, 1999 (3): 1

[2] 汤鸿霄, 钱易, 文湘华等. 水体颗粒物与难降解有机物的特性与控制技术(上卷). 北京: 环境科学出版社, 1999

[3] 汤鸿霄. 环境水质学的进展. 环境科学进展, 1993, 11(1~2): 1

[4] Stumm W, Morgan J J. 水化学. 汤鸿霄等译. 北京: 科学出版社, 1987

[5] 汤鸿霄. 环境纳米污染物与微界面水质过程. 环境科学学报, 2003, 23(2): 146~155

[6] Gibbs R J. Mechanisms controlling world water chemistry. Science, 1970, 170: 1088~1090

[7] Meybeck M. Global occurrence of major elements in rivers. *In*: Drever J J. Surface Ground Water, Wethering, and Soils. Oxford: Elsevier-Pergamon, 2003. 207~223

[8] 陈静生. 河流水质原理及中国河流水质. 北京: 科学出版社, 2006

[9] Crutzen P J, Stoermer E F. The anthropocene. Global Change Newsletter, 2000, 41: 17, 18

[10] Meybeck M, Richard H. The quality of rivers: from pristine stage to global pollution. Palaeogeography, Palaeoclimatology, Palaeoecology (Global and Planetary Change Section), 1989, 75: 283~309

[11] 国家环境保护总局. 中国环境公报. 2005

[12] 中国新闻网 http://www.sina.com.cn, 2008-12-10

[13] USEPA. Disinfectants and Disinfection Byproducts; Final Rule, Federal Register, 1998, 63(241): 69390

[14] USEPA.Enhanced Coagulation and Enhanced Precipitative Softening Guidance Manual, EPA, Office of Water and Drinking Ground Water, Washington DC, 1998. 20~50

[15] 建设部. 城市供水水质标准. 2005

[16] Deryagin B V, Landau L D. Theory of the stability of strongly charged lyophobic sols and of the adhesion of strongly charged particles in solutions of electrolytes. Acta Physicichim, URSS, 1941, 14: 733~762

[17] 魏群山，王东升，余剑锋等. 天然水体溶解性有机物的化学分级表征：原理与方法. 环境污染治理技术与设备，2006, 7(10): 17~20

[18] Verwey E J W, Overbeek J Th G. Theory of the stability of lyophobic colloids. Elsevier, Amsterdam, 1948

[19] Aiken G, Enangelo C. Soil and Hydrology: their effect on NOM. J AWWA, 1995, 87(1): 36~45

[20] Croue J P. Isolation of humic and non-humic NOM fractions: structural characterization. Environmental Monitoring and Assessment, 2004, 92: 193~207

vironmental Monitoring and Assessment, 2004, 92: 193~207
[21] Rebhum M, Lurie M. Control of organic matter by coagulation and floc separation. Wat Sci Tech, 1993, 27(11): 1~20
[22] 余小春, 张德和. 腐殖质的体积排阻色谱研究. 分析化学, 1991, 19(1): 36~39
[23] Vik E A, Carlson D A, Eikum A S et al. Removing aquatic humus from Norwegian Lakes. J AWWA, 1985, 77(3): 58~66
[24] Suffet I H. Aquatic Humic Substances Influence on Fate and Treatment of Pollutants. Washington: ACS, 1989. 387~408
[25] Randtke S J. Organic contaminant removal by coagulation and related process combinations. J AWWA, 1988, 80(5): 40~56
[26] 刘载芳. 藻类有机物对混凝和过滤过程的影响. 清华大学工学博士学位论文, 1991
[27] 徐晓白等. 有毒有机物环境行为和生态理论文集. 北京：中国环境科学出版社, 1990
[28] 周文敏. 环境优先污染物. 北京：中国环境科学出版社，1989
[29] Rook J J. Formation of haloforms during chlorination of natural waters. Water Treat Exam, 1974, 28(4): 234~243
[30] Singer P C, Harrington G W. Coagulation of DBP precursors theoretical and practical considerations. Proc, Water Quality Technol. Denver, Colorado: Conference American Water Works Assoc, 1993. 1~19
[31] Singer P C, Pyne R D, Ave M et al. Examining the impact of aquifer storage and recovery on DBPs. J AWWA, 1993, 85(11): 85
[32] Reckhow D A, Singer P C. Chlorination by-products in drinking waters: from formation potentials to finished water concentrations. J AWWA, 1990, 82(4): 173~180
[33] Jacangelo J G. Patania N L, Reagau K M et al. Ozonation: assessing its role in the formation and control of disinfection byproducts. J AWWA, 1989, 81(8): 74~84
[34] 许葆玖, 安鼎年. 给水处理理论与设计. 北京：中国建筑工业出版社, 1992
[35] Frederick W P. Water quality and treatment. IV Edition. Washington D C, 1990
[36] 范成新, 王春霞等. 长江中下游湖泊环境地球化学与富营养化. 北京：科学出版社, 2007

第 3 章　微污染水体有机物及其去除特征[①]

3.1　微污染水体 DOM 的分析表征

有机物的分析过程可以分为样品前处理和仪器分析两个部分。微污染水体溶解性有机物(dissolved organic matter, DOM)十分复杂，种类繁多，一直以来没有完全的方法做逐一分离分析。传统前处理分析，如液液萃取等，只能分析水体中不超过10%的有机物。而很多近几十年来出现的前处理和分析方法，如固相微萃取、超临界流体萃取等，都带有一定的选择性和目标性，只能从某个侧面或特定目标化合物的分析来了解水体有机物的特性。

另外，除了前处理技术的局限性，仪器分析也有较多局限。不同仪器有其特定的分析范围，一般也只能选择性地分析某些特定目标化合物或有机物的特定基团。如气相色谱首先要求有机物的可气化和不分解性，而水体大多亲水性、离子态有机物难以气化；而且，装配不同检测器的气相色谱仪即有不同测定范围，电子捕获检测器(ECD)对具有强亲电子基团(如卤素等基团)的有机物具有高灵敏度，对不带此类基团的脂肪族化合物则难以检测。质谱仪虽已广泛应用，但是由于受样品前处理、联用仪器(LC 或 GC)及本身谱库和灵敏度的限制，也不可能对天然水体中 DOM 做到逐一分析。核磁共振法也已用于有机物结构的检测，但是其要求物质纯度高，对于混合物，也只能检测部分基团在总体结构中的组成。由于类似原因，还有很多分析方法和仪器，对于有机物的分析均具有较强选择性和目标性，从而具有较多局限性。

对于大多水处理工艺研究来说，逐一分析有机物的变化不现实也无较大实际价值。常用总体指标 TOC(total organic carbon)、DOC(dissolved organic carbon)或COD(chemical oxygen demand)来指示水体中有机物的含量，但只能从总体上了解水体 DOM 的基本情况，不能掌握 DOM 的内在特性，对于水处理工艺研究的指导带有较大的模糊性和不确定性[1]。

3.1.1　AOM 分级表征的重要性与技术概况[2]

水体有机物(aquatic organic matter, AOM)会引起水的嗅、味、色及微生物生长等问题。而且 AOM 是消毒副产物(DBP)的前驱物，并可导致氯耗增加。开发廉价、高效的 AOM 去除工艺一直是现代水处理领域面临的挑战。因此，美国国家环境保

---

① 本章由魏群山、王东升、周永强撰写。

护局要求各水厂严格去除 AOM 以控制 DBP 的生成量，并推荐强化混凝为最佳可行性技术(BAT)。水体有机物的主要特征及其分析手段主要归纳在图 3-1 中。从图 3-1 可以看到，对应于 AOM 的不同特征和分析要求，可以采取多种单一方法或者将方法相互结合使用以获取重要的 AOM 组成、分布与特性信息。

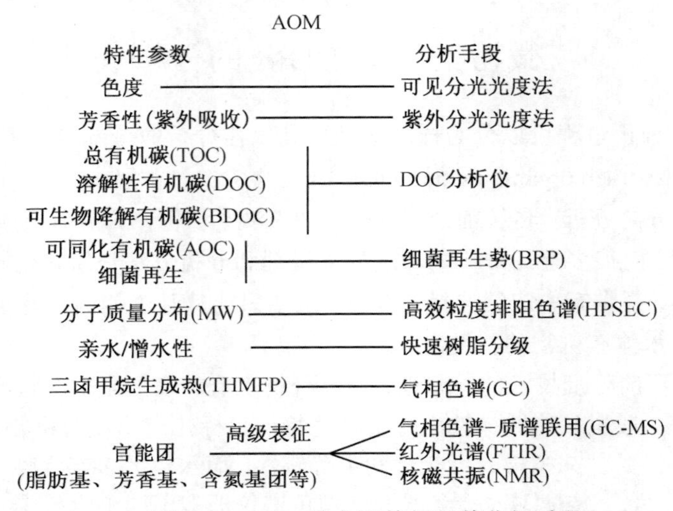

图 3-1　AOM 的主要特征及其分析手段

树脂分级法(resin adsorption, RA)是根据有机物在不同树脂上吸附特性的不同以及结合特定的化学调节手段(如调节 pH)将有机物按照憎水性(或疏水性)强弱及酸碱性强弱进行分级分离。此方法可以更详细、深入的考察有机物的内在组成特性，克服了常规 TOC、COD 等指标的模糊性和不确定性。使用此方法的关键在于对于所研究的对象，必须统一实验参数和操作方法。特别的，对于水样树脂体积比(W_r)的确定，还必须注意防止有机物在树脂上发生吸附穿透现象，这就要求树脂量必须满足分析对象的需求[1]。Leenheer 根据单质有机物在树脂上的吸附穿透曲线确定 W_r 值，并认为在一定 W_r 情况下，被树脂吸附比例达到 50%以上的有机物即为憎水性有机物，而穿透树脂比例达到 50%以上的有机物则为亲水性有机物。此方法的缺点是根据单质有机物确定的 W_r 值，往往并不适合其他有机物[3]。对于混合体系，即使各有机物吸附特性差异较大，也往往不能更好的给出恰当的分离点，如收集到的亲水性有机物中往往包含较大比例(甚至接近 50%)的憎水性有机物。图 3-2 表明溶解性有机物的化学分级方法与流程图。

在一般天然水体 DOC 浓度下，有机物在树脂上的吸附特性是决定有机物分级结果的主要因素，水样树脂体积比可以在一定范围内变化，且水样过柱流速对有机物分级吸附过程影响不大[1]。Chow 等因此将实验时间尝试缩短了一倍，并对不同过样时间的结果做了对比，重复性良好[4]。魏群山等发现对特定水体，过样速度可以在较大范围内变化，影响分级结果的主要因素是 DOM 组分本身的化学性质与树脂性质的相互关系，这也是建立快速分级方法的基础[1]。对于特殊水体，由于树脂吸附容量的限制，则需要稀释至一定浓度(一般接近天然水体)后加以确定 W_r 值及进行分级实验。当然，树脂对未知对象的适用性，建议做吸附穿透实验加以确认。另外，对于采用不同树脂以及不同操作方法，如不同 pH 调节顺序等产生的不同分级组分和结果上的区别，要根据不同的研究目的和对象的特征加以优化选择。例如，混凝中亲水性物质变化不明显，因此，建议在混凝研究中此部分组分可不作过多分级，以省时间加快分级过程[1]。

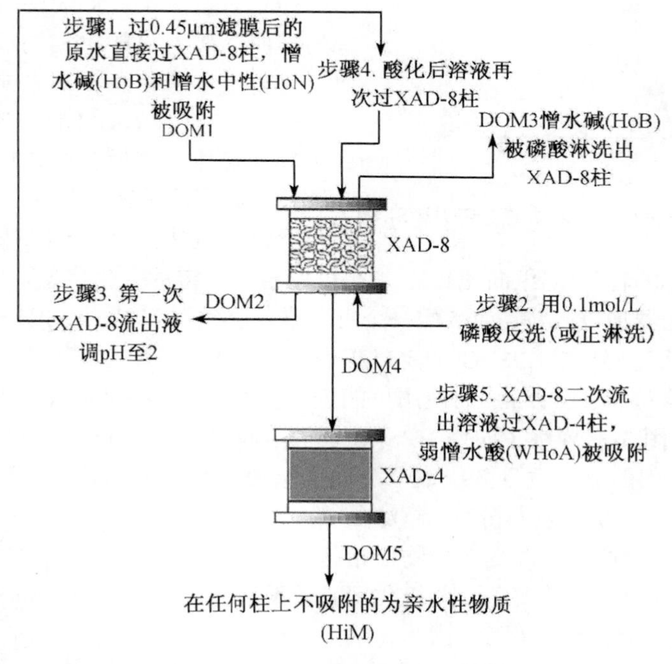

图 3-2　DOM 化学分级方法与流程图

但是，树脂分级方法的缺陷是其只能根据 DOM 的化学性质加以区分和分离各化学组分，而不能更详细、准确的区分各有机物在结构上的差异性，特别是化学反应结构，如氯化反应活性结构的差异性。即使配合 UV 检测，也难以准确反映 DOM 组分的氯化反应活性，往往需要进行 DBP 生成势实验加以明确。在 DOM 化学性质基础上，再根据其化学反应结构特征对其进行分级分离，将具有重要的研究意义。

HPSEC 可检测具有 UV 吸收的 DOM 组分的表观分子质量。HPSEC 是基于不同分子尺寸 DOM 组分的不同渗透过程将 DOM 进行分离。DOM 被淋洗通过多孔固相，大分子组分难以渗透进入固相微孔，因此流出速度快于易渗透吸附进入固相微孔的小分子组分。通过与聚苯乙烯磺酸盐标样保留时间的校正，可得到各流出组分的表观分子质量。由于受检测器的限制，此方法存在以下几种主要缺陷：一是由于HPSEC方法使用特殊标准溶液(如聚苯乙烯磺酸盐或葡萄糖等)来标定天然DOM的分子质量范围，所以若标准物质与DOM某些性质(如空间立体构型等)差异较大，则会影响分子质量定性结果的准确性；二是此方法要求DOM对UV须有一定的吸收响应，对UV无吸收的物质存在检测盲点。而且，对于UV吸收能力(即UV/DOC，单位物质量的UV吸收，常用SUVA替代表示)，不同物质无法给出准确的相对量大小，即无法进行不同物质的横向比较，只能对相同或相似物质的变化给出参考信息，即纵向变化比较。如同一HPSEC的UV响应色谱图中峰面积较大者并不能说明其物质的量就一定较高，而可能是因为其UV吸收能力较强所致。但是，对于不同谱图中相同(或同样保留时间)的物质(即纵向比较)，却是可以给出一定的变化信息。当然，如果将HPSEC的检测器加以改进，如装配一个可以进行在线测定的DOC分析仪，便可以克服这种缺陷；另外在HPSEC测定过程中，DOM也可能会与色谱柱中的凝胶发生化学作用，特别是缓冲溶液的使用可能进一步改变了DOM的原始状态，从而导致结果失真。图3-3列举了应用HPSEC表征不同水体DOM分子质量分布情况。

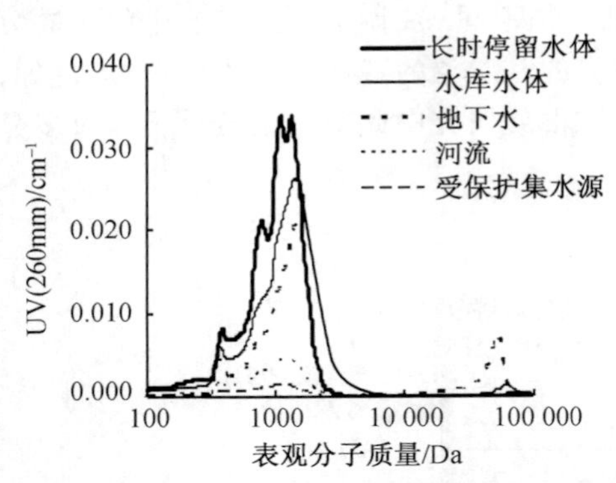

图3-3　不同DOM的分子质量分布(HPSEC)

另一种常用的分子质量分级表征手段是超滤，利用不同孔径的超滤膜及筛分原理将不同粒度有机物进行分离。超滤分级方法具有操作直接、简便且不改变有机物原始状态等优点，但是使用中要注意避免浓差极化现象的发生或尽量减弱浓差极化的程度。因为在浓差极化作用下，某些大于膜孔径尺寸的分子也会在浓度梯度力的作用下通过滤膜而导致结果出现偏差。

近年来，一种基于DOM特征的混凝投药控制新技术——S::CAN在线检测技术[Com::pass]逐步得到开发应用，其装置如图3-4所示。通常水处理混凝去除的焦点是颗粒态物质，而到近几十年来DOM的去除才得以重视。水源DOM的特性可以用SUVA加以表征。SUVA与DOM的组成及混凝剂投药量之间具有极好的相关性。Com::pass应用一种较为先进的SUVA表征技术，

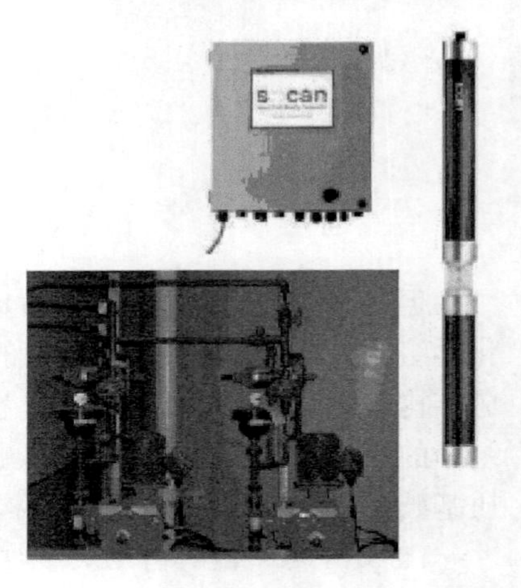

图3-4　S::CAN在线检测技术装置示意图

通过测定样品的 UV 吸收来表征原水中 NOM 性质并且确定混凝剂的投药量。其可以在两种状态下(即传统投药和强化混凝条件下)工作[2]。

3.1.2　化学分级表征

天然水体有机物特性研究的新方法——树脂吸附分级法(resin adsorption fractionation，RA)的应用开始于 20 世纪 60 年代末，利用不同化学性质的水体有机物在不同树脂上的吸附特征，结合特定实验方法将 DOM 进行分离分级，从整体了解 DOM 组成特性，并可对各个分级部分做深入研究，从而使更详细地了解 DOM 特性成为可能[1]。

1. 树脂分级概念与原理

树脂分级源于色谱分离法。根据迎头色谱分离原理，水样(假设只含有 3 种组分 A、B、C)从树脂柱上不断加入，首先吸附最弱的部分(或几乎不吸附) A 在柱上很快达到饱和最先流出；然后吸附稍强的部分 B 渐渐达到吸附饱和而第二个流出，这时流出的是 A + B 的混合物；吸附最强的 C 最后流出，这时流出的是三者的混合溶液(即各组分发生完全穿透)，计算各阶流出液的浓度差即可得到各组分含量，如图 3-5 所示。

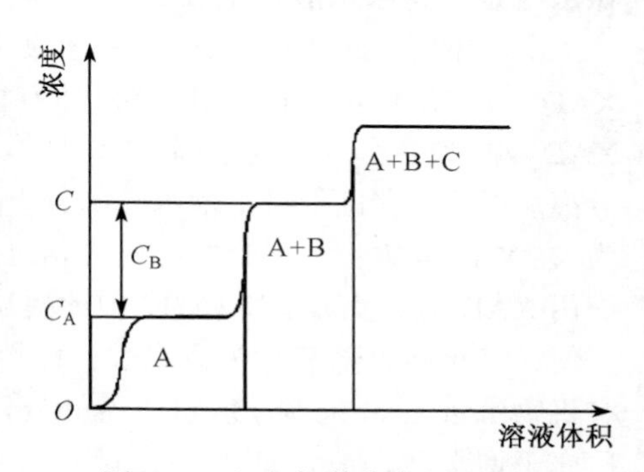

图 3-5　迎头色谱分离原理图

2. 树脂的选用和分级的定义

由于树脂吸附法对有机物的分级在一定程度上受具体操作方法的影响，因此对各分级部分的命名称为操作性定义。各研究者使用的树脂基本可分为两大类：非离子型吸附树脂和离子型交换树脂。使用最多的非离子型树脂以 Amberlite XAD 系列为代表，其中最常用的及性能最优的是 XAD-8(或 DAX-8)和 XAD-4 树脂[5, 6]。离子交换树脂则分为阳离子交换树脂和阴离子交换树脂两类。树脂的不同组合加上分级操作方法上的区别，使得各研究者对分级的定义各不相同。以一种较为广泛引用的 Leenheer 的方法[3]为代表，将 DOM 分为 6 个部分。

首先，水样不经任何化学调节直接过 XAD-8 柱后用稀酸反冲柱，反冲出的有机物称为憎水性有机碱(hydrophobic base, HoB)；过柱后的水样酸化至 pH 为 2.0 后再通过此 XAD-8 吸附柱，然后用稀碱反冲柱，反冲出的有机物称为憎水性有机酸(hydrophobic acid, HoA) (以下简称憎水酸)；吸附在柱上不能被反冲洗脱的部分称为憎水中性 (hydrophobic neutral, HoN) 部分，用甲醇洗脱回收，采用特定方法定量或吹干称量定量。第二次从 XAD-8 柱流出的水样中的有机部分，即在 XAD-8 上不吸附的有机物部分称为亲水性有机物。此水样先通过氢型阳离子交换树脂(如

Bio-Rad AG-MP-50)，被吸附的有机物部分称为亲水性机碱(hydrophilic base)，用 1.0 mol/L NH_4OH 正向淋洗回收测定；然后水样再通过阴离子交换树脂(如 Duolite A-7)，用 3.0 mol/L NH_4OH 反冲，亲水性有机酸(hydrophilic acid)(以下简称亲水酸)被回收至反冲液。在任何柱上都不吸附的部分称为亲水中性(hydrophilic neutral, HiN) 部分。

有的研究者采用此方法研究某些水体的 DOM，发现其中某部分很少而将之忽略不计[7]。因此，原水过 0.45μm 滤膜后第一步是直接将水样酸化至 pH 为 2.0，并只过一次 XAD-8 柱即转入下步操作，这样在 XAD-8 柱上只分离出憎水酸和憎水中性部分。有的研究者还把憎水中性部分忽略，而把憎水酸通过酸碱溶解分为腐殖酸(humic acid)和富里酸(fulvic acid)两部分[8]，同时还忽略了亲水碱。同样，其第一步做法也是先将原水酸化至 pH 为 2.0。

另一种于 20 世纪 90 年代初被广泛采用的方法是只采用非离子交换树脂 XAD-8 和 XAD-4 串联使用，将水体有机物分为腐殖酸、富里酸、憎水中性有机物、XAD-4 酸和亲水有机物 5 部分[9]。具体做法也是在第一步就将水样酸化，然后过柱分离。因此，它也忽略了憎水碱部分，同时未对亲水部分作进一步分离分级。并认为，在 XAD-4 树脂上吸附的有机酸相对于在 XAD-8 树脂上吸附的有机物是亲水的，而用 XAD-4 衡量则是憎水的，因此提出 XAD-4 酸的概念。但有的研究者[10,11]为了方便，直接将这部分称为亲水酸，而将从 XAD-4 柱流出的部分称为非吸附性亲水有机物(non-adsorbed hydrophilic solute)。实际上这部分(吸附于 XAD-4)有机物的性质介于憎水和亲水之间[8]。Aiken[5]也较早地论述了使用此两种非离子吸附树脂的原理和方法，指出非离子树脂相对于离子交换树脂分离有机物的优点是不受水体离子强度的影响，适用水体广。同时他建议水样不经浓缩直接进行分离分级，并指出原因：① 水样在浓缩状态下可能发生变化，水体有机物之间可能发生一定的化学作用如微絮凝等，从而可能改变有机物在树脂上的吸附行为；② 由于有机物在树脂上朗格谬尔等温吸附曲线为 L 形，因此，有机物对树脂的亲合力会随着浓度的增加而下降。

第三种方法是将前两者的结合[2]，即在 XAD-8、XAD-4 柱之后加一个阴离子交换柱(如 Amberlite IRA-958)，将水体 DOM 分为 4 个部分：原水酸化后在 XAD-8 上吸附的有机物为强憎水(very hydrophobic)有机物，并认为是腐殖酸；在 XAD-4 上吸附的部分为弱憎水(weakly hydrophobic)部分，并认为是富里酸；将从 XAD-4 柱流出的水样调 pH 至 8 后(而 Leerheer 方法中不调节 pH)通过 IRA-958 交换柱，被交换的部分为荷电亲水(hydrophilic charged) 部分，并认为是蛋白质、氨基酸和阴离子聚糖类；最后在任何柱上不被保留的物质为亲水中性部分，并认为是碳水化合物、醛类、酮类和醇类。

综上可知，对 DOM 分级的操作和定义还未完全统一，主要在于：

(1) 树脂的搭配使用各有不同，从而分级的定义及结果不同。非离子吸附树脂不受水体离子强度及电解质的影响，因此非离子吸附树脂的串联法备受推荐和采用。

(2) 对 DOM 的操作性定义有一定差别。首先，原水是否酸化后过柱，得到的分级结果即有很大不同：原水先不酸化过 XAD-8 柱，可分离出憎水碱和憎水中性物质，再酸化过 XAD-8 柱又可分离出憎水酸；而原水第一步就酸化过柱，只能分离出憎水酸和憎水中性物质部分，憎水碱受酸离子化后被并入亲水部分。其次，对在 XAD-8 和 XAD-4 上吸附的有机酸定义有所不同：一般都认为在 XAD-8 上吸附的憎水酸主要为腐殖酸(或胡敏酸)和富里酸[6,7]，并可把腐殖酸和富里酸统称为腐殖质(humic matter)；而 Bolto 却认为在 XAD-8 上吸附的憎水酸只为腐殖酸，而在 XAD-4 上吸附的是富里酸，这点与大多数观点相矛盾，但他把在 XAD-4 上吸附的有机物同时定义为弱憎水有机物则较为合理，与 Aiken 的结果基本一致[5]。

通过以上的讨论可以认为：

第一，较多的选用非离子吸附树脂比较多的选用离子交换树脂好，因为其受水体离子强度和电解质影响小，但若不选用离子交换树脂，对水体 DOM 的分级范围又将缩小，因此采用两种非离子交换树脂和一种离子交换树脂分级水体 DOM 较为合理。天然水体，若未受到严重的人为污染，其 DOM 的种类应以生物型有机物居多，腐殖类、蛋白质、氨基酸和聚糖类普遍存在，这些有机物在天然水体中大多以阴离子状态存在。而且，靠近人类活动区域的水体，由于表面活性剂的大量使用，也使水体阴离子有机物大量增加。因此分级 DOM，宜选择一种阴离子交换树脂。而天然水体阳离子以钙、镁等金属离子或铵根离子居多，阳离子交换树脂可不选用。在某些特殊研究中，若亲水部分无明显变化或离子组成特异，对于阴、阳离子树脂可根据需要加以取舍。

第二，Leenheer [3]方法是将水体 DOM 分成性质完全相对的两大部分——憎水部分(即憎水酸、碱、中)和亲水部分(即亲水酸、碱、中)，而天然水体有机物种类繁多、复杂，一般呈不均态连续分部——即按憎水—弱憎水—亲水过渡型连续分布(不均态指各个部分比例不同，变化多样)。因此，在 XAD-8 后再采用 XAD-4 分离出过渡型部分——弱憎水部分是十分合理的。并且酸化后水样中 DOM 在 XAD-4 上的吸附部分应称为弱憎水酸(weakly hydrophilic acid, WHoA)或 XAD-4 酸，而不建议认为是富里酸。

第三，对于不同水体，DOM 特性各异，第一步原水是否酸化后过 XAD-8 柱，即是否分离出憎水有机碱部分需实验说明，因为有的水体此部分占有相当的比例，不可随意忽略。如研究中国南北几大水系水体 DOM 时发现，憎水碱部分占水体总 DOC 的 5%~20%，并且在形成消毒副产物 THM(三卤甲烷)中起了重要作用[1]。

第四，分级法分为两类：一类为制备级(式)分离分级法(preparative fractionation

method)，20 世纪 90 年代前大多数的分级方法均为此法[3, 5, 6]；另一类为分析级(式)分级法(analytic fractionation method)，如文献[7]等。制备式分离分级法使用的树脂和水样量极大，一般为几十至上百升，涉及操作步骤繁多、复杂，如需碱液反冲、酸化沉淀、浓缩脱盐、有机溶剂索氏提取回收、冷冻干燥、称重等才能得到分级结果。这有很多弊端：① 使用 0.1mol/L NaOH 碱溶液反冲，容易引入较大本底。将不同批次的优级纯 NaOH 配成 0.1mol/L 溶液测定后发现其至少引入 0.5mg/L 或更多的 TOC 本底，这样的浓度已达到天然水体 DOC 的 10%~50%。② 分析测定步骤越多，引入误差越大，不利于得到准确的结果。特别是有的涉及离心沉降、重新溶解分散等步骤，使本来毫克级的天然水体有机物很容易吸附在各种器壁上而造成较大损失，从而带来较大误差。③ 树脂具有某些活性基团，某些有机物可与树脂发生不可逆吸附，即使用有机溶剂也不能洗脱。实验发现，XAD-8 吸附有机物后颜色发生变化，由白变为浅黄，按照 Leenheer 方法用甲醇索氏抽提后，发现仍有一些树脂颗粒不完全退色，说明某些有机物已经和树脂发生反应，因此，采用甲醇等溶剂洗脱回收并不完全。④ 制备式分级法必须采用大体积水样，使各分级部分得到的有机物质量较大，从而减小相对误差。

但是现代仪器的发展，使对样品量和样品浓度的要求越来越小，很多结果不需采用制备式分离也可获得，有的研究者只想在实验室规模得到分级结果，因此，分析级(式)分级法被大量运用，其具体做法就是将制备式分离分级法按比例缩小，各个部分的分级结果通过差值法计算获得。由于无制备过程，因此无回收率问题，只要做好实验室质量控制，即无显著性污染引入，无显著性 DOM 损失，实验有良好的重复性，即可得到可靠的结果。一般来说，它较制备式分级结果更为准确，因为涉及的测定步骤少，整个实验过程引入的系统误差小。但是利用差值法计算分级结果时不应采用如文献[13]的扣柱空白的方法，而是要在保证柱空白为零的前提下直接利用前后 TOC 差值获得分级结果(柱空白为柱淋洗液的 TOC 的前后差值)。当然，采用何类分级法，主要根据研究需要加以选取。若需要进行制备式分离分级，则需要采用将各个分级部分回收的操作方法。

3. 水样树脂体积比

水样树脂体积比(W_r)直接影响分离分级结果。

首先，一定量树脂的吸附量是一定的；其次，树脂对有机物的吸附遵循一定平衡关系，因此，一定的树脂对相应性质的有机物的专属吸附也不是完全吸附，而对其他性质的有机物也不是绝对的不吸附，因而一定量树脂分离不同体积的水样得到的结果必然不同。

对于一定水体，如何确定水样树脂体积比呢？

目前，常用的方法[3]，对于 XAD 系列树脂，认为在一定水样树脂体积比条件下，50%以上能在 XAD-8 上吸附的即为憎水性有机物，50%以上流出的即为亲水性有机物。具体做法是首先限定一个 50%分离容量因子 $k'_{0.5r}$(capacity factor)，或称为分配系数(distribution coefficient)，同时利用色谱保留公式 $V_E = V_0(1+k')$及理想单质有机溶液的迎头色谱穿透曲线(frontal chromatographic breakthrough curve)推导出 $V_{0.5r} = 2V_E = 2V_0(1+k'_{0.5r})$，其中 $V_{0.5r}$ 即为水样体积，V_0 为树脂的死体积，并认为它一般约为树脂体积的 60%~65%，这样即可计算出相应的水样树脂体积比 W_r。k'=平衡时固相上吸附的溶质量/V_0 体积溶液中的溶质量，以下在无专门说明情况下 k' 同 $k'_{0.5r}$。

这种做法有几个缺陷：

(1) 此法是建立在理想单质有机溶液的迎头色谱穿透曲线基础上的，溶液中只有一种有机物，与树脂的吸附作用没有其他物质干扰，曲线是非常对称的，因此，公式的系数是 2，但是对于复杂实际水样，这种理想假设状态不一定存在。

(2) 其分离分级的结果带有一定的人为限定性和随意性，限定不同的 k'即得到不同的分离分级结果，Leenheer 以实验结果证明了随着 k'的减小，分离分级结果往憎水方向移动。

(3) 限定一个 k'后，并不是说容量因子小于此值的有机物不吸附，或大于此值的有机物完全吸附，而是容量因子小于此值的有机物不到 50% 吸附，大于此值的有机物大于 50%吸附，因此，各不同性质的有机物在柱上仍然交叉吸附。

(4) 对于树脂的死体积 V_0 存在有不同的计算系数，从而也会影响分离分级结果。文献[3,14]认为 V_0 为树脂体积的 60%~65%，而树脂生产厂家“Supelco 公司”认为其离子树脂 IRA-958 的空隙率为 30%~40%。实际上，不同时期、不同批次生产的树脂、树脂的不同筛选方法、不同的装柱方法都会影响 V_0 的计算系数，因为不同时期不同批次的产品在颗粒粒径和孔径分布上必然不完全相同，这必将影响 V_0 的计算系数，利用不同筛孔的筛来筛选树脂颗粒会有同样影响；另外，装柱的松紧程度不同，也会影响 V_0 大小。

(5) 即使不同实验室、不同研究者限定同一 k'，但由于树脂表面积影响有机物的 k'[3, 5, 9]，不同研究者使用的树脂颗粒状态不同，树脂表面积不同，因此也可能影响结果可比性。

(6) 公式 $V_{0.5r} = 2V_E = 2V_0(1+k'_{0.5r})$的应用有个前提：这些有机物必须发生穿透，即在树脂上达到饱和分配平衡，且吸附作用相互独立或近似独立。

对于阴离子交换树脂的需要量取决于酸吸附 mequiv[37](milliequivalent of acid sorption)，而酸吸附 mequiv 是 pH 的函数。HCl 吸附 mequiv 与 pH 呈线性变化关系，如下：pH 1—9.5mequiv/g、pH 2—7mequiv/g、pH 3—4.5mequiv/g、pH 4—2mequiv/g。计算使用公式: $g = V$ (mequiv of salt/L)/ acid sorption。酸吸附量由入柱水样 pH 决定，如以上数据所示。V 为氢化饱和的水样体积，单位为 L。其中 g 为所需树脂质量，单位为 g。另外，mequiv of salt/L 可由原水电导率估算：mequiv of salt/L=12.5L，

其中 L 为 25℃下的比电导(电导率)，单位 mmho/cm。系数 12.5 为一般含多种盐的水体在 pH 为 5~9 条件下的平均系数值。对只含单盐的水体来说，此值为 8~20。由于酸在碱基态树脂上吸附动力过程缓慢，使用的树脂量应为计算量的两倍，且过柱流速不可超过 15 bed volumes/h(床体积/小时)。

4. 树脂净化方法

吸附树脂为有机高分子聚合物，在生产过程中必然引入了大量有机物，因此，树脂使用前必须要进行严格净化。

树脂的净化从文献上各个研究者的使用方法[3~14]来看基本相同，大体上分为三步(对 XAD 系列树脂)：① 用 0.1mol/L NaOH 浸泡清洗；② 用有机溶剂索氏抽提清洗；③ 树脂装柱后过水样前，用 0.1mol/L NaOH 和 0.1mol/L HCl 交替清洗。但是，各种方法在具体细节上各有不同，如第一步中，有的用 0.1mol/L NaOH 浸泡 5 天[6,16]，有的只进行简单冲洗[5]；又如第二步中，有机溶剂的使用就有很多种，有的研究者使用甲醇、乙腈、二乙醚索氏抽提各 24h[5~6]；有的研究者使用丙酮和正己烷索氏抽提各 24h[37]；有的就用甲醇、乙腈索氏抽提，但分别是 48h，且共进行两次[14]。国际上被引用最多的是文献[37]和[14]的方法。而且，对于不同的树脂，净化方法也略有区别，例如，对于阳离子交换树脂 AG-MP-50[37]用单一溶剂甲醇索氏抽提 24h，且没有第一步碱液浸泡，对于阴离子交换树脂 Duolite A-7 用单一溶剂丙酮索氏抽提 24h 净化[37]；而有的对于阴离子交换树脂(AG-MP-1)也只用甲醇抽提 24h[8]；还有的就用溶剂(甲醇、乙腈)搅拌清洗所有树脂，每次 2h[15]。

对于阴离子交换树脂，按照 Leenheer[37]清洗方法进行实验发现仍有大量污染引入。可见，树脂净化方法还未标准化。

5. 水样过柱流速

水样过柱时要求水体有机物在树脂上达到吸附平衡。有机物在树脂上吸附是一个物理化学动力过程，要满足平衡态吸附，必须控制过样流速，否则将导致结果失真。但是，速度无需太慢，否则无谓延长分析时间。因此，水样过柱速度有一个最佳范围或最佳值。对 XAD 树脂，文献使用 30 床体积/h、15 床体积/h、10 床体积/h、3 床体积/h 均有采用，不同研究者不尽相同[2~16]。

3.1.3 物理分级表征

对于测定有机物分子质量分布，目前最常采用的主要有两种方法：凝胶色谱法即 GPC 法 (Gel Permeation Chromatography 或称 HPSEC 法)和超滤膜法即 UF(Ultrafiltration)膜法。凝胶色谱法是在色谱柱中装填一定孔径分布的多孔凝胶作为固相。当液相水流经凝胶时，大分子有机物由于无法进入凝胶，而较快地通过凝胶色谱柱；小分子有机物可进入多孔凝胶内，分子质量越小的有机物在凝胶中运动的路径越长，因此，通过色谱柱的时间越长，而较迟随液相流出。这样，由于不同分子质量的有机物进入凝胶的能力大小和通过色谱柱时间的不同，从而按分子质量大小的先后次序出现在柱末端液相中。在 GPC 分析时，水中某些有机物会和凝胶产生离子相斥，而较快地通过凝胶色谱柱，导致所测的分子质量偏高；而某些有机物会与凝胶产生吸附或静电作用使运动受阻，导致所测的分子质量偏低。而且，GPC 分析前需用蒸发或冷冻方法对水样进行浓缩，这可能改变水中溶解性有机物的尺寸大小，从而影响分析结果。凝胶色谱法所得到的分子质量分布是连续性的。

超滤膜法分析结果会受到所选择的膜孔径分布、水温、所施的压力、水样的 pH 和离子强度、溶解性有机物的尺寸、形状以及有机物和膜亲合性等因素的影响。用超滤膜法可得到大量的分离水样，可用作进一步的分析。超滤膜法得到的分子质量分布是不连续的。Amy(1987)等比较了凝胶色谱法和超滤膜法[17]。结果表明，对同一水样，两种方法所得到的分子质量分布不同，GPC 测定的分子质量比 UF 膜法的偏高。由于两种方法均用已知分子质量的物质来分离，因此所得到的分子质量仅是表观分子质量(apparent molecular weight, AMW)，而非真正的分子质量。通过观察表观分子质量在天然原水中的分布和在水处理中的变化趋势，可了解它与水处理工艺的相关关系。用 UF 膜法测定有机物分子质量分布，方法简单，无需昂贵的分析设备，但需选用合适超滤膜。用于测定有机物分子质量分布的超滤膜要求亲水性，对有机物反应敏感。目前，国外大多采用 Amicon (Millipore)公司生产的 YM 系列超滤膜。

3.2　有机物分级方法的改进与操作

3.2.1　化学分级方法的改进

1. 水样树脂体积比 (W_r) 的理论分析

采用高分子吸附树脂柱动态吸附法研究水中 DOM 的分级特征，最关键和核心的问题是确定恰当而正确的水和树脂的体积比(即 $W_r = V_w/V_r$，其中 V_w 为过树脂吸附柱水样体积，V_r 为树脂湿体积)。树脂柱动态吸附法研究 DOM 的分级特征的基本原理，从表面上看，就是利用水中各类 DOM 在特定树脂上的吸附作用(主要为化学吸附作用)的不同得到分级结果，即能在树脂上吸附的 DOM 被树脂保留，不能在树脂上吸附的 DOM 随水溶液流出，从而将水中的 DOM 分级(fractionation)或分离(isolation)。

但是，任何 DOM 在任何树脂上的吸附既不可能为完全吸附，也不可能完全不吸附。可假设理想单质溶液在理想树脂上(吸附稳定而均匀)的迎头色谱穿透曲线(也即柱动态吸附特性曲线)，如图 3-6 所示。

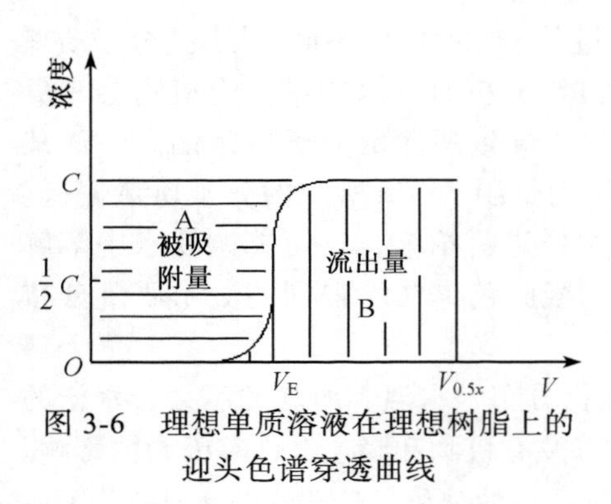

图 3-6　理想单质溶液在理想树脂上的迎头色谱穿透曲线

Leenheer[3]利用此曲线和色谱保留公式 $V_E=V_0(1+k')$，推导出 $V_{0.5r}=2V_E=2V_0(1+k'_{0.5r})$，其中 $V_{0.5r}$ 即为水样体积，V_0 为树脂死体积，一般为树脂体积的 60%(XAD 系列)。k'为容量因子或分配系数，平衡状态下，k'=固相中溶质质量/液相中溶质质量。认为在一定水样树脂体积比条件下，50%以上在 XAD-8 上吸附的即为憎水性有机物，50%以上流出的即为亲水性有机物。因此，首先限定一个 50%分离容量因子 $k'_{0.5r}$，再根据以上公式即可推导出实验所需的水样树脂体积比(W_r)。那么，k'大于 $k'_{0.5r}$ 的物质，在此水样树脂体积比 W_r 下，被吸附量大于 50%。同理，k'小于 $k'_{0.5r}$ 的物质，则被吸附量小于 50%。

由公式 $V_E=V_0(1+k')$，k'越大，吸附曲线的拐点则越后移，那么被吸附量也越大。并且，在一定 W_r 下，每一种有机物可以通过各自的吸附曲线(或根据已知的 k')定量计算出被吸附量和流出量，从而，可计算得到由它们组成的混合溶液在此 W_r 下的分级结果。

因此，对于 DOM，如果知道每一物质在树脂上的吸附特性曲线(或其对于树脂的 k')，那么，限定一个 $k'_{0.5r}$，即可定量计算出 DOM 在此树脂上的分级结果。若使用 XAD-8 树脂，即可得到憎水物质和亲水物质的相对含量(当然，这种结果具有人为限定性[18]，因为在树脂上吸附的必有亲水物质，穿过树脂柱的也必有憎水物质)。但是，DOM 非常复杂，不可能得到每个物质的 k'，因此，也不可能从理论上计算出它们在树脂上的分级结果，只能通过实验获得，结果与理论计算应当是一致的。

国际上，很多研究者采用了这种做法[3,6,10,14]：即先限定一个 $k'_{0.5r}$，再根据 $V_{0.5r}=2V_E=2V_0(1+k'_{0.5r})$公式计算出所需实验参数 W_r，然后通过实验得到分级结果。

如前所述，这种做法有几个缺陷。

下面给出另一种确定分级参数 W_r 的方法，即根据混合物溶液的迎头色谱穿透曲线来直接确定分级参数 W_r。迎头色谱的基本原理是：水样(假设含有 3 种组分 A、B、C)从树脂柱上不断加入，首先吸附最弱部分(或几乎不吸附的部分)A(k'最小)在柱上很快达到吸附饱和最先流出；然后吸附稍强部分 B(k'居中)渐渐达到饱和而第二个流出，这时流出的是 A + B 的混合物；吸附最强的 C(k'最大)最后流出，这时流出的是三者的混合物。

曲线上升阶段的拐点对应的横坐标就是各物质的保留体积 V_E。利用色谱保留公式 $V_E=V_0(1+k')$可计算出物质对于此树脂的 k'。其对于分级的理论意义如图 3-7 所示。

假设溶液只有两种组分 A 和 B(浓度为 C_A 和 C_B)，总浓度为 C。此溶液在含一定树脂体积 V_R 吸附柱上的迎头色谱穿透曲线如图 3-7 所示。A 在树脂上吸附作用很弱，很快流出，B 吸附作用较强，最后流出。那么理论上分级结果应该是：弱吸附物质 A 的含量为 C_A/C，应该等于图 3-7 中[面积(I+II)]/[面积(I+II+III)]的结果；B 的含量即 $1-C_A/C$ 或面积(III)/[面积(I+II +III)]。其中[面积(I+II+III)] = $C\cdot V_E^B$。但柱吸附实验所得的实际分级结果是(设总过柱体积为 V_E^B)：A 的含量为面积(II)/[面积(I+II+III)]，B 的含量为[面积(I+III)]/[面积(I+II+III)]，与理论结果都有一个误差，为面积(I)/[面积(I+II+III)]。这个误差是必然存在的，是由于 A 在柱上的微小吸附造成的(绝对不吸附是不存在的)，如图 3-7 中阴影部分 I 所示。如果面积(I)(或 V_E^A)较小，面积(I+II+III)(或 V_E^B，如图虚线所示 $V_E^{B'}$)较大，使此误差在实验控制误差以内，那么实验结果就是可接受的。如果设定控制误差 $\alpha\%$，那么根据面积(I)/[面积(I+II+III)]=面积(I)/[$C\cdot V_{Emin}^B$]=$\alpha\%$，即可计算出最小接受过柱水样体积 $V_{Wmin}=V_{Emin}^B$=面积(I)/[$C\cdot\alpha\%$]。显然，可接受最大过柱水样体积 $V_{Wmax}=V_E^B$，那么过柱水样体积即可在 $V_{Emin}^B\sim V_E^B$ 之间变化，则 $W_r(=V_W/V_r)$可在 $V_{Emin}^B/V_r\sim V_E^B/V_r$ 之间变化。

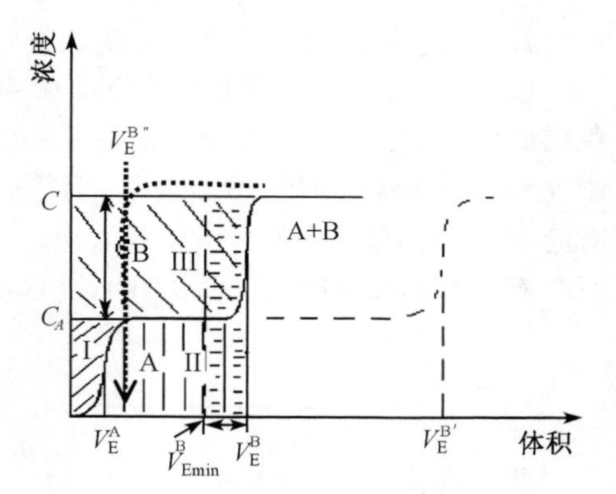

图 3-7 化学分级的理论意义

根据公式 $V_W = 2V_0(1 + k')$(其中 $V_0 = R\cdot V_r$，R 为树脂死体积占树脂湿体积的百分比)，可推算出，水样体积在 $V_{Emin}^B\sim V_E^B$ 范围内变化时相应的 Leenheer(1981)方法的 k'的变化范围为 $V_{Emin}^B/2RV_r-1\sim V_E^B/2RV_r-1$(或 $W_{rmin}/2R-1\sim W_{rmax}/2R-1$)，也即为可接受的 k'的变化范围。可以看到，V_{Emin}^B 与 V_E^B 差越大，则 k'可变化范围越大。

另外，如果 A、B 物质的 k'接近，根据公式 $V_E=V_0(1+k')$则知它们穿透曲线的各自拐点位置 V_E^A、V_E^B 靠近，如图 3-7 中 $V_E^{B'}$。因此，对于混合物溶液，如果其中所有物质的 k'无明显差别，那么溶液相应的迎头色谱穿透曲线则形如图 3-6 的单质曲线。对于无明显分级特征的天然水体 DOM，则建议与其他水体采用一致的分级参数 W_r，以便统一评价标准。当然，所获得的分级结果则称为操作性定义分级结果。

从原理图中我们还可以看出，如果要采用树脂对水体有机物进行富集，应该首先了解有机物在树脂上的分配系数 k'和在水体中的浓度，从而确定恰当的水样树脂体积比。如果超过上述的 W_{rmax}，有机物在树脂上已经吸附饱和，若此时增加水样体积不会增加有机物在树脂上的吸附量。

2. 不同水体 DOM 的迎头色谱曲线

图 3-8a 为北京水库原水 DOM 在 4mL XAD-8 树脂上的吸附特征曲线(即迎头色谱曲线)；图 3-8b 为天津黄河原水 DOM 在 15mL 树脂柱上的吸附特征曲线。由图 3-8a 中可以看到明显分级现象，且第一分级点即 V_{Wmax} 约为 200mL，W_{rmax} 约为 50，对应 k' =71。如果允许分级误差为 5%，那么 V_{Wmin} 约为 140mL，此时 W_{rmin} 约为 35，对应 k' =51 (R = 34.5%，原水 TOC 为 3mg/L)。因此对北京密云原水，W_{r} 应在 35~71。

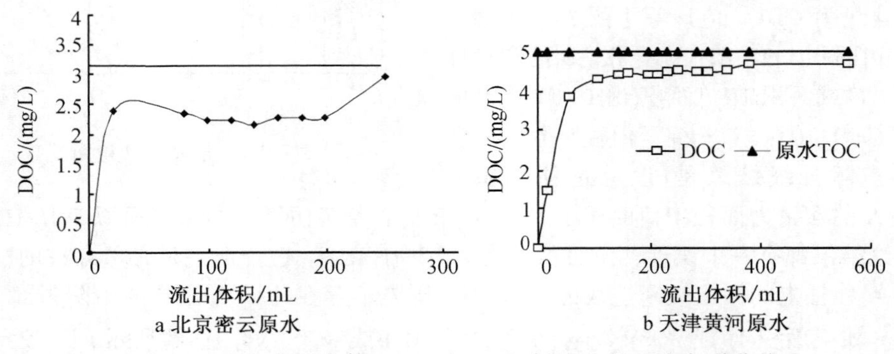

图 3-8　北方典型水体 DOM 在 XAD 树脂上的迎头色谱曲线

在图 3-8b 中可以看到，加样体积达到 550mL 左右时，仍未发生穿透，此时水样树脂体积比 W_{r} 约为 37，由此可知，$W_{\mathrm{rmax}}\geqslant 37$。根据前文所述原理，若允许误差 5%，可以计算出 W_{rmin} =29。因此，对天津黄河原水，W_{r} 满足≥29 即可。

图 3-9a 为深圳东湖原水 DOM 在 2mL 树脂柱上的迎头色谱曲线；图 3-9b 为广州珠江原水在 5mL 树脂柱上的动态吸附曲线。

同样，与天津黄河水体类似，深圳东湖原水在 1mL 柱上水样加至 80mL，即 W_{r} 至很高值(80)时仍未发生穿透现象，说明 W_{rmax} 可以达到一个很高的范围值；而加样体积在 10mL(W_{r}=10)左右，出现第一个突越拐点，根据 $W_{\mathrm{rmin}} = V_{\mathrm{Emin}}^{\mathrm{B}}/V_{\mathrm{r}}$ 可得，深圳东湖原水的 W_{rmin} 应为 10 : 1 即 10。因此，深圳东湖原水 DOM 在采用树脂吸

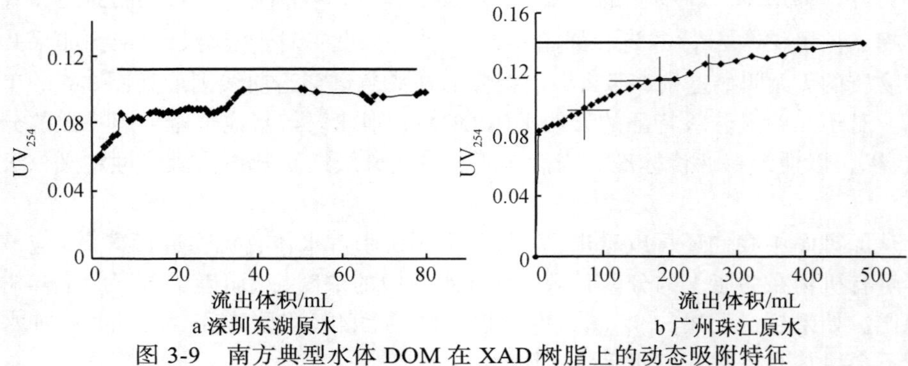

图 3-9　南方典型水体 DOM 在 XAD 树脂上的动态吸附特征

附分级方法时，其 W_r 应在 10~71。对广州水体，其 DOM 在树脂上的迎头色谱吸附曲线较为特殊，除第一阶出水有明显分级吸附外，其后吸附特征为渐变式，而不具有明显的分级特征。这存在两种可能：一种是此水体 DOM 中各有机物与树脂的结合常数没有明显的区别，从而树脂的有效吸附表面积对此有机物的吸附产生明显影响，随着有机物的不断吸附，树脂表面积的减少，可吸附的有机物也逐渐减少，从而表现出图 3-9b 的渐升式吸附曲线；另一种是此水体 DOM 中各有机物与树脂的结合常数(k')是渐变分布的，无明显分级差别，因此，在树脂上的吸附行为也是渐变的。此水体 W_{rmax} 可根据平均效应取值约为 200，因此 W_{rmax} 为 200：5 即 40。

综上所述，对于存在天然分级特性的水体 DOM，实验参数水样树脂体积比 W_r 的选择可以在一定范围内变化，确定方法是根据 DOM 在树脂上的迎头色谱穿透曲线确定 $V_E{}^B{}_{min}$ 及 $V_E{}^B$,从而确定 W_{rmin} 及 W_{rmax}；对于无明显分级特征水体的 DOM，则操作性限定(即直接限定)分级参数 W_r 即可，但尽量与其他水体实验参数保持一致性，以保证数据的可比性。根据原水 DOM 在 XAD 树脂上的第一级穿透曲线及考虑与文献结果的可比性，可初步确定分级参数□□水样树脂体积比(W_r)最小值为 35，此时对应的容量因子 k'约为 50。

3．水样过柱速度的确定

水样过柱时要求水体有机物在树脂上达到吸附平衡。有机物在树脂上吸附是一个物化动力学过程，要满足平衡态吸附，必须控制过样流速，否则将导致结果失真。但是，速度太小无谓延长分析时间。因此，水样过柱速度有一个最佳范围值。对 XAD 树脂，文献[3~30]中床体积/h 的速度均有使用。取北京密云原水在 XAD-8 柱上进行流速影响研究，结果表明流速对此类树脂吸附的影响并不显著[1]。由于本实验仅采用了一种原水，因此综合文献使用较多的 15~30 床体积/h，建议水样过柱流速均采用 15 床体积/h，以便各水体 DOM 采用同一标准参数进行分级表征。

4．树脂净化方法

吸附树脂为有机高分子聚合物，在生产过程中必然引入大量有机物，因此，树脂使用前必须要进行严格净化。

对于 XAD 树脂的净化，各个研究者的使用方法[3~16]基本相同，大体上分为三步：① 用 0.1 mol/L NaOH 浸泡清洗；② 用有机溶剂索氏抽提清洗；③ 树脂装柱后过水样前，用 0.1 mol/L NaOH 和 0.1 mol/L HCl 交替清洗。但是，各种方法在具体细节上各有不同，还未完全标准化。因此，本实验室对于 XAD 树脂的清洗也进行了实验研究：首先用甲醇索氏抽提 24h，然后用 0.1 mol/L NaOH 溶液、0.1 mol/L HCl 溶液分别清洗，记录淋洗溶液 DOC 随淋洗体积改变的变化过程，发现碱液淋洗出大量有机物，至第二倍树脂床体积时淋洗液 DOC 值达到最高，接近碱液本底值的 30 倍，可见淋洗过程是缓慢的化学溶解平衡过程，直至 5 倍床体积洗脱液 DOC 才接近本底值。因此，碱液清洗是必需的重要步骤。之后用 2 倍床体积酸液清洗，洗脱液 DOC 便接近酸液本底值。

在此给出完整的清洗步骤如下(适用 XAD 系列)：①树脂用 0.1 mol/L NaOH 浸泡 24 h，其中每隔一定时间换新碱液，共 5 次；②使用甲醇索氏抽提 24h；③树脂浸于甲醇中，然后以纯水替代清洗甲醇(倾倒法)10 遍；④树脂湿法装柱(装柱过程中液面始终高于树脂面至少 2cm，以防止引入气泡)，使用纯水约 1L。过水样前，以 6 倍床体积 0.1 mol/L NaOH(优级纯)淋洗过柱，流速不超过 30 床体积/h；接着以 3 倍床体积纯水洗去柱中残留碱液，然后用 2 倍床体积 0.1 mol/L HCl(优级纯)洗柱，最后以 8 倍床体积纯水淋洗过柱，前 5 倍床体积时纯水流速不超过 30 床体积/h，剩余部分淋洗速度可加快 1 倍；⑤分别用纯水和 0.01 mol/L 磷酸溶液模拟水样过柱，使纯水及酸液过柱前后的 DOC 值一致，表明树脂无有机物溶出(即柱空白为零)，即可接受水样过柱。否则，检查清洗过程，纠正并重新清洗。为保证实验质量，建议步骤 2~4 进行两次。

对于 IRA-958 阴离子交换树脂，按照 Leenheer 清洗方法清洗后进行实验[3]，发现仍有大量污染引入。因此，通过实验改进，给出清洗方法如下：阴离子交换树脂在用有机溶剂抽提前用酸(1 mol/L HCl)、碱(1mol/L NH_4OH)交替清洗至少 3 次，甲醇抽提 24 h 后，纯水洗去甲醇，装柱后再用稀酸(0.1 mol/L HCl)、碱(1mol/L NH_4OH)交替清洗至少 3 次，并随时监测稀酸淋洗液 DOC，保证酸淋洗液无有机物溶出后，用 1 mol/L NH_4OH (约 8 倍床体积)将其变为饱和碱基态，最后纯水清洗残留碱至淋洗液 pH 为 7 ~ 8 后即可接受水样过柱。若欲进行消毒副产物研究，铵离子的存在会影响氯化反应，应考虑使用其他碱液替代，如 NaOH。

5. 快速稳定化学分级方法的提出

根据上述研究和讨论可知，如果分析目的在于得到各分级组分的含量和基本性质，而无需对有机物进行回收浓缩，且样品数量较大时，那么分析式分级法最能满足分析要求。因此，综合前文的讨论，给出如下一种分析式分级定义及操作方法：

第一步原水不做任何 pH 调节直接通过 XAD-8 柱，然后用 10 倍床体积稀酸(0.1mol/L H_3PO_4)反冲或正淋洗，能被回收的部分即为憎水性碱，不被洗脱的部分为憎水中性部分；过柱后的水样酸化至 pH2.0，再过此 XAD-8 柱(或一新 XAD-8 柱)，被吸附的部分为憎水性酸(包括腐殖酸和富里酸)；然后，水样立即过 XAD-4 柱，被吸附的部分称为弱憎水酸或 XAD-4 酸；从 XAD-4 柱流出的水样直接过 IRA-958 柱，被吸附的有机部分称为荷电亲水部分；在任何柱上不被吸附的部分称为亲水中性部分。各有机部分含量按过柱前后的 DOC 差值直接计算获得(HoB 按有机碳质量守恒计算)，这样把水体 DOM 按照连续性分布分为憎水碱(HoB)、憎水中性部分(HoN)、憎水酸(HoA)、弱憎水酸(WHoA)、荷电亲水部分(HiC)和亲水中性部分(HiN)6 个部分。对于有的工艺研究，DOM 亲水部分无明显变化，可不使用阴离子树脂，那么 HiC 和 HiN 则可合为亲水物质(hydrophilic matter，HiM)。

Leenheer(1981)方法分离出的亲水酸包括在此方法的荷电亲水部分中，天然水体亲水碱一般含量较少，被并入此方法的亲水中性部分[3]。

本方法特点：分级组分广泛，包括了经典 Leeheer 方法的憎水碱和憎水中性部分，还包括了过渡性质部分——弱憎水酸或 XAD-4 酸；不采用可能引入较大污染的碱液，而只采用稀磷酸进行反洗，磷酸对 DOC 的测定干扰最小；也不采用可能改变有机物空间结构状态的甲醇进行回收，操作步骤少，系统误差小，且分析时间短，适应天然水体水质变化及其他水质项目，如消毒副产物分析。另外，由于 Supelite DAX-8(Supelco, U.S.A)与 Amberlite XAD-8 (Rohm Haas, U.S.A)的性质具相似性，在绝大多数情况下可以相互替代使用[19, 20]。

采用上述方法分别对北京密云水库水、天津黄河水和深圳东湖水库水的 DOM 进行化学分级表征并分别进行了重复实验，以了解该方法对不同水体的适用性，如图 3-10 所示。由图 3-10 可知，除仪器测量误差(3%~5%)，分级实验过程的误差可控制在 5%以内。表明此快速树脂分级法适于中国典型饮用水体的表征。

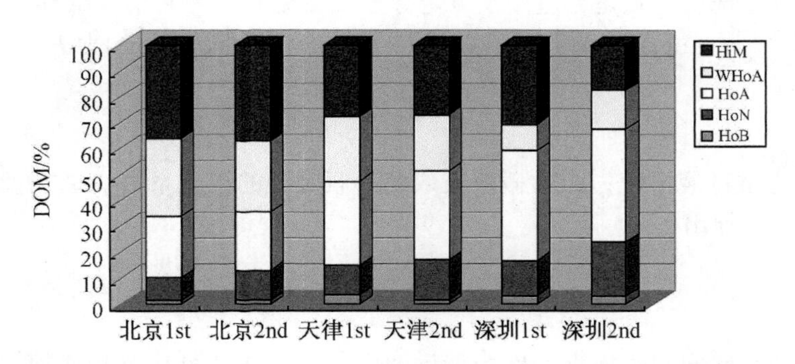

图 3-10　化学分级表征的树脂吸附法重复性和适用性检验

3.2.2　物理分级参数的确定

天然水体溶解性有机物(DOM)种类繁多，结构复杂，一直为国内外环境科学工作者的研究重点和热点。为了更深入的研究 DOM 内在组分的性质，分级分离式(fractionation and isolation)分析方法逐步得到运用和发展。其中，运用超滤方法，将 DOM 进行分子质量分级分析，在国内外已得到一定程度的运用。但是，对于超滤内在微观机制，特别是在 DOM 分级分析应用方面的优点和局限性有待进一步深入研究。

实际应用中，超滤膜对有机物的截留实际上不是完全按照分子大小和孔径大小的筛分原理发生作用的，而是有一定的渗透率和截留率，这是因为：①分子空间构型和状态的随机多样性：一定分子质量的有机物在溶液中的空间构型和状态是多样的，且通过膜孔径时的状态是随机的，因此，分子质量小于相应表观分子质量膜的孔径的有机物不一定能全部通过；② 膜孔径分布的不均性：在生产过程中，由于特殊的工艺过程，不可能得到孔径完全均匀的滤膜[21]。这样某些大分子有机物也能通过小孔径的超滤膜，因此，超滤膜生产厂家(Millipore，U.S.A)以对某分子质量有机物的98%截留率作为衡量其膜的孔径指标，并将膜的孔径以“截留分子质量”或“表观分子质量”等概念来表示；③ 浓差极化现象的存在[21]：在超滤过程中，由于膜的截留作用，在膜上方截留液的有机物浓度会逐渐升高，因此，会在膜的上下界面产生巨大的浓度梯度($\Delta C/\Delta L$)，这样某些大于膜孔径的大分子有机物在巨大的浓度梯度推动下，也能明显通过滤膜而进入渗透液，从而导致分级结果的失真，这是超滤膜实际应用中的最大不足。随着过滤体积的增加，浓缩比升高，截留液浓度也迅速增加，浓差极化现象越发明显和强烈。因此，对特定有机物或水体，确定适当的浓缩比即浓缩因子(concentration factor, $CF=V_0/V_r$,V_0为过膜原样体积，V_r为膜上剩余溶液或截留液体积)，是应用超滤进行有机物分级分析的关键。

1. 超滤过程的理论分析

为了判定选用的膜是否适用于测定分子质量分布，可利用 Logan 发展的一种数学模式[22, 23]。Logan 定义膜的截留系数(permeation coefficient)为 P。

$$P = \frac{C_p}{C_r} \tag{3-1}$$

式中，C_p为透过液浓度；C_r为截留液浓度。假定膜的截留系数 P 在分离过程中保持不变。可推导出：

$$C_p = PC_0\left(1-\frac{V_p}{V_0}\right)^{p-1} \tag{3-2}$$

式中，V_0为水样的初始体积；V_p为透过液体积；C_0为水样中某物质的初始浓度。

式(3-2)表明，C_p与膜的截留系数 P 和透过膜的体积 V_p 有关。P 越大，则 C_p 越接近水样的真实浓度 C_0。当 P 为 1 时，C_p=C_0。Logan 认为[22]，当 P>0.9 时，分离所得到的浓度可视为水样的真实浓度。在分离中，透过液与截留液的体积比是一个必须考虑的问题。由式(3-2)可知，当 P 一定时，随着 V_p 的增加，C_p 增加。

若引入浓缩因子 $CF= c/V_r= V_0/(1-V_p)$，那么式(3-2)可化为

$$C_p = PC_0\mathrm{CF}^{1-p} \tag{3-3}$$

可见，随着 CF 的增大，C_p也相应增加。

但此公式的缺陷是未能反映渗透液浓度 C_p的瞬间真实变化，且其推导式(3-3)与文献 [21, 24]的实验结果并不一致。

实际上，根据 $C_p=P \cdot C_r$ 的基本原理出发，可以采用迭代推导法，解出每一瞬间的 C_p的通用公式，并得出其与 CF 的关系(均以一种物质为讨论对象，P 为此物质的渗透系数)。

如图 3-11 所示，将过滤体积分解为 n 个 $\mathrm{d}V$，每个 $\mathrm{d}V$ 编号为 $\mathrm{d}V_1, \mathrm{d}V_2, \cdots, \mathrm{d}V_n$，且 $\mathrm{d}V_1 = \mathrm{d}V_2 = \cdots = \mathrm{d}V_n$。

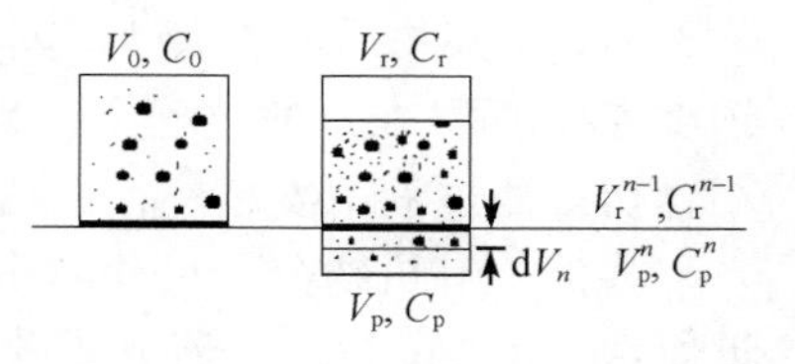

图 3-11　超滤分级原理图

那么，在第一个 $\mathrm{d}V_1$ 之前，膜上余液(截留液)体积和浓度为 $V_{r,0}=V_0$，$C_{r,0}=C_0$。

第一个 $\mathrm{d}V_1$ 过膜后，渗透液浓度为 $C_{p,1} = PC_0$，总体积为 $\mathrm{d}V_1=\mathrm{d}V$。

此时，膜上余液(截留液)体积和浓度可分别记为 $V_{r,1}$，$C_{r,1}$，并可计算：

$$C_{r,1}=\frac{V_0C_0 - C_{p,1}\mathrm{d}V_1}{V_0 - \mathrm{d}V_1}=\frac{V_0C_0 - PC_0\mathrm{d}V_1}{V_0 - \mathrm{d}V_1};\quad V_{r,1}= V_0 - \mathrm{d}V_1 = V_0-\mathrm{d}V$$

同样，第二个 $\mathrm{d}V_2$ 之后，渗透液浓度为 $C_{p,2} = PC_{r,1}$，总体积为 $\mathrm{d}V_1+ \mathrm{d}V_2=2\mathrm{d}V$。

此时，膜上余液浓度 $C_{r,2}=\dfrac{V_{r,1}C_{r,1} - C_{p,2}\mathrm{d}V_2}{V_0 - 2\mathrm{d}V}=\dfrac{V_{r,1}C_{r,1} - PC_{r,1}\mathrm{d}V}{V_0 - 2\mathrm{d}V}$；体积为 $V_{r,2}=V_0-2\mathrm{d}V$。

依此类推，可得第 n 个 $\mathrm{d}V$ 后，

$$\begin{aligned}C_{r,n} &= \frac{V_{r,n-1}C_{r,n-1} - PC_{r,n-1}\mathrm{d}V}{V_{r,n-1} - dV_n} = \frac{C_{r,n-1}(V_{r,n-1} - P\mathrm{d}V)}{V_{r,n-1} - \mathrm{d}V}\\ &= \frac{C_{r,n-1}[V_0 - (n+P-1)\mathrm{d}V]}{V_0 - n\mathrm{d}V}\end{aligned} \tag{3-4}$$

显然，$P\leqslant 1$，$C_{r,n}\geqslant C_{r,n-1}$。可见，如果某物质不能全部通过滤膜而是以一定比例渗透的话，那么膜上余液(即截留液)的瞬间浓度($C_{r,n}$)是逐渐增加的，瞬间渗透液的浓度($C_p = PC_r$)也是逐渐增加的。

并同时可计算：

$$\Delta C=\frac{(1-P)\mathrm{d}V}{V_0 - n\mathrm{d}V}C_{r,n-1} \tag{3-5}$$

因 $\mathrm{CF}_n=\dfrac{V_0}{V_0 - n\mathrm{d}V}$，因此可得

$$\Delta C= (1-P)C_{r,n-1}\frac{\mathrm{d}V}{V_0}\mathrm{CF}_n \tag{3-6}$$

且式(3-4)可化为

$$C_{r,n} = C_{r,n-1}\frac{[V_0 + \mathrm{CF}_n(1-P)\mathrm{d}V]}{V_0} \tag{3-7}$$

因此，

$$C_{p,n}=P\,C_{r,n-1}\frac{[V_0 + \mathrm{CF}_n(1-P)\mathrm{d}V]}{V_0} \tag{3-8}$$

所以，某物质的 P 越大，其滤过液的初始浓度($C_{p,1} = PC_0$)越接近其在原液中的浓度 C_0，而且在过滤过程中，ΔC 相对更小，滤过液浓度增加越缓慢。相反，P 越小，初始滤过液浓度越小，但增加迅速。

显然，有机物分子尺寸越小于膜孔径，其渗透率 P 越大，渗透液中浓度越接近原水中浓度；反之，若分子越大于膜孔径，P 越小，越容易被滤膜截留而得到浓缩。Guo[21]的实验结果和本理论推导结果完全吻合。如果是完全的筛分原理，则没有逐渐增加的现象。

特别的，在溶液大分子物质超滤提纯过程中，小分子会在膜上积累，浓度增加，从而影响大分子物质的提纯。即使小分子的渗透率 P 达到最大极限值 1(即此时小分子可以 100%通过滤膜)，但是其在截留液中的浓度仍为 $C_{r,n}=C_{r,n-1}=C_0$。因此，对于大分子有机物的分离提纯，为尽量减少小分子在最终截留液中的含量，应该采用多步分离—稀释—再分离的提纯过程。

天然水由于有机物组成的复杂性，各有机物往往互相影响、干扰，其中分子尺寸越接近膜孔径，对分级结果的干扰越大。即使对于较大尺寸的分子，由于在截留液中随浓缩因子的增加而逐渐浓缩，当浓度增加超过极限时，浓差极化现象严重[25]，其渗透率 P 不再保持恒定而可能急剧增加。此时，P、C_r 均急剧升高，从而有更多大分子有机物穿透滤膜进入渗透液($C_p=PC_r$)，干扰低分子有机物的分级提纯。

因此，对于天然水体溶解性有机物的超滤分级分离，目标是尽量让小于膜孔径的分子通过滤膜加以收集，而对大于膜孔径的分子加以截留。但是，由式(3-8)可知，小分子有机物(特别是接近膜孔径部分，P 离极限值 1 相对较远)在 CF_n 较小阶段仅按其自身渗透率的比例通过滤膜(即 $C_p=PC_0$)，未能达到其实际的真实通过量(即 $C_p = PC_0$)，因此，应待 CF、C_r 增加到一定值，总通过量达到原溶液中此物质的总量后，结束超滤过程。此处的浓缩因子(CF)可由以下方程求解

$$\int_0^{V_x} PC_{r,n}\mathrm{d}V = m_a$$

式中，$CF=V_0/(V_0-V_x)$，m_a 为此物质总量。

但是由于天然水体有机物的不确定性，其 P 也不确定，从而此 CF 点往往并不可由计算确定，需实验确定。

另外，还存在着其他分子的干扰，部分大于膜孔径的大分子有机物也会穿过滤膜进入渗透液，从而使结果失真，越接近膜孔径的大分子 P 越大，影响越明显。总体来说，大分子有机物 P 较低(相对小分子有机物)，但要特别注意的是在大分子浓缩到一定程度后的浓差极化现象的发生，会有大量大分子有机物穿透滤膜，而使分离分级结果严重失真。但是，由于天然水体有机物的多样性和各有机物性质的复杂性，在不确切了解有机物组成和缺少 P 数据的情况下，各有机物发生明显浓差极化现象的 CF 点是不可预知的，因此，也必须通过实验确定。

综上所述，对于天然水体有机物进行超滤分级分离时，既要尽可能使小于膜孔径的有机物分子通过滤膜(即采用较大 CF)，又要防止大分子有机物浓缩后产生的浓差极化现象。并且，由于各有机物和 P 均未知，因此，须通过实验确定恰当实验关键性操作参数 CF 值。

2. CF 值的确定

有研究者使用 CF=6[17]和 CF=12 左右[21]的值，特别是 Guo[21]根据其研究水体的实验结果认为，CF 应尽可能的大些，以保证渗透率 P 有限的物质充分通过滤膜，当然前提必须是尽量避免发生浓差极化现象。

先以有机物含量较低的深圳东湖水体 DOM 为研究对象，分别在各种滤膜上进行有机物过膜变化特征研究，以选择恰当的 CF。重点是探寻安全的 CF 范围，以避免浓差极化现象的发生。图 3-12a、b、c 为深圳东湖水体 DOM 分别在表观截留分子质量为 30kDa、10kDa 和 3kDa 超滤膜上的过膜变化曲线，即有机物过膜浓度与浓缩因子的关系。由图 3-12 可知，实验结果与上述理论推导结果完全一致，渗透液浓度随浓缩因子(CF)的增加而升高，甚至存在一定的正相关性。对于 30kDa 和 10kDa 滤膜(图 3-12a、b)，在 CF=6 左右，有机物已得到明显浓缩，渗透液已达到接近原水的浓度，虽然不能完全断定浓差极化现象的发生(因截留液浓度也在提高)，但是继续提高 CF 将可能使大量大于孔径的有机物穿透滤膜。对于 3kDa 滤膜(图 3-12c)，膜的截留效应更加明显，起始滤出水 UV 在 0.06 以下(上两膜起始滤液

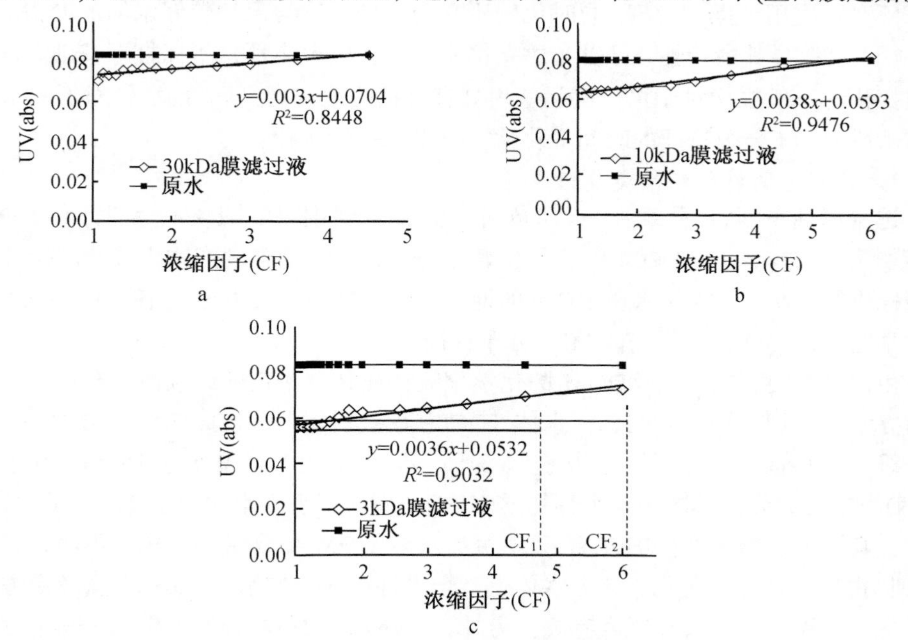

图 3-12　有机物通过各超滤膜时随 CF 的变化特征

a、b、c 所用滤膜分别为 30kDa、10 kDa、3kDa 滤膜

UV 均在 0.06 以上)。但同样至 CF=6 左右，渗滤液有机物浓度已至较高水平，因此，继续提高 CF 均增加浓差极化发生的可能性。当然，CF 也不可太低，否则渗滤液中有机物不具有全面的代表性。综上分析，为降低浓差极化发生的可能性和使分级后有机物更具代表性，对此水体可选取 CF=6 进行超滤分级实验，这与文献[17]一致，而文献[21]所建议的 CF=12 并不采用。本研究选取水体属低有机含量水体，对于其他高 DOC 含量的水体，更易发生浓差极化现象，更不宜采用 CF>6。所以为了使所有水体的分级表征采用统一标准，使结果具有直接可比性，设定所有超滤实验操作参数 CF 为 6。

3.3　典型水体 DOM 的分级表征

3.3.1　化学分级表征

不同水体水质内在特性不同，水处理方法和工艺应该与之相适应，以达到最佳水处理效果。因此，针对不同水体建立恰当的处理方法和工艺技术，首先要了解水体水质的特点和变化特征，了解不同水体的共性和个性，以做到有的放矢。虽然水质在不同时间季节，会发生变化，但是不同水体水质特征如果与其水质类型有一定联系，将极大方便水处理操作规范的建立。可以根据水质类型而设立不同要求，便于水厂实际应用和操作管理。同时比较研究受污染水体与保护较好水体的 DOM 分级特征，以探寻其中特性，可以为建立相关水体有机污染预警指标打下基础。研究水质变化的一般规律对于水厂实际应用具有直接的现实意义和价值，针对不同水体研究水质 DOM 分级特征的时间变化性，以发现一般规律。

1. 地域分级特征与聚类分析

选取深圳东湖、广州珠江、天津黄河、北京密云水体为南北方代表性水体，2005 年春季统一取样，进行 DOM 化学分级表征，通过 UV、消毒副产物生成势(THMFP)等指标进行分析，以探讨水质 DOM 的地域性分布特征。图 3-13 为各水体 DOM 的各化学组分的 DOC、UV、THMFP 分布特征。

由图 3-13 可知，水体 DOM 的化学分级特征具有一定的地域性分布特征。尽管南方水体深圳东湖、广州珠江水体 TOC 总量差别较大，但此两水体 DOM 的化学分级分布特征非常接近。南方水体(深圳、广州)DOM 以憎水酸(HoA)、憎水中(HoN)为主要成分，其次为亲水性物质(HiM)；而北京密云水库原水 DOM 以 HiM 为主，其次为弱憎水酸(WHoA)。天津黄河水体 DOM 中含量突出成分不明显，但 HiM 仍占较大成分。可见，北方水体更具亲水性，水体憎水碱(HoB)含量较南方水体更高，可能与其具较高碱度有关。另外，天津水体 HoA 含量也较高，与南方水体有一定接近性，这可能是因为都是河流水体水质的缘故。

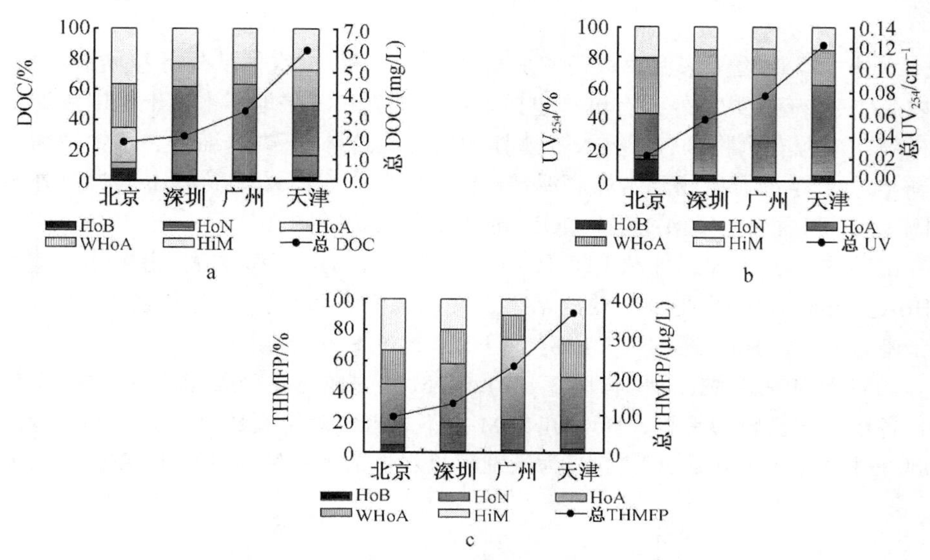

图 3-13　典型水体 DOM 的化学分布特征

从各化学组分的 UV_{254} 吸收方面看，两南方水体的特征表现也非常一致(图 3-13b)。深圳、广州水体 DOM 仍以 HoA、HoN 为主要 UV_{254} 吸收组分；北京密云水体以 WHoA 为主要 UV_{254} 吸收成分，另外 HoB 的 UV_{254} 吸收也较为突出；而此时，天津水体 UV_{254} 吸收分布特征与南方水体更加接近，似乎显示河流水体性质的一致性。

各化学组分对消毒副产物生成势的贡献如图 3-13c 所示。南方水体中 HoA 是主要的消毒副产物前驱物，其次为 HoN 或 WHoA。因此，为了减少南方水体在消毒工艺中可能产生的消毒副产物，降低 HoA 在水体 DOM 中的含量，应是水处理工艺选用和改进的关注重点。北京密云水体中，亲水物质仍是主要的消毒副产物的前驱物，HoA 也占有相当贡献。各化学组分的 THMFP 分布特征的地域区别性虽仍然存在，但较其他指标(如 DOC 分布)弱。且总的来说，DOC 高的组分其 THMFP 一般也相对较高，说明控制消毒副产物的最重要的途径是控制 DOC 的含量。

水体 DOM 化学分级特性具有一定的地域性特征，但不显著，受水体类型影响较大：南方两水体 DOM 分级特征表现较好的一致性(尽管 TOC 差别较大)，DOM 的典型特征都是 HoA 和 HiM 含量较高，特别是含有较多的 HoN(约 20%)；北方水体密云原水 DOM 的特征是 HiM 和 HoA 含量较高，但 HoA 所占比例不如在南方水体中突出，此 DOM 的典型特点是 HoB 含量相对(南方水体)较高(约 8%)，而 HoN 含量很少，表现出与南北方水体 DOM 存在一定差异性；北方两水体一致性相对较差，可能水体类型对 DOM 内在分级特征有更大的影响，即黄河水体与南方河流水体的 DOM 化学分级特征表现出一定的相似性。

2. 水质类型分级特征

水体中有机物按来源总体可将其分为外源有机物(水体从外界接纳的有机物)和内源(内生)有机物。外源有机物包括由地表径流和浅层地下水从土壤中渗沥出的有机物。内源有机物来自于生长在水体中的生物群体(藻类、细菌、水生植物及大型藻类)所产生的有机物和水体底泥释放的有机物[26, 27]。图 3-14a、b 为典型外源型(河流)水体和内源型(湖泊)水体 DOM 的化学分级特征图。

由图 3-14a 可知，外源型(河流)水体的特征是 HoA 和 HiM 占主体，其次是 WHoA。Imai(2001)也得到一致的结果，并认为河流型水体含更多憎水酸物质[7]。对于南方水体，HoN 还占较大比例，但也不超过 HoA 含量。

而对于内源型(湖泊)水体(图 3-14b)，DOM 的内在化学分级特征不明显，除 HoB 外，各组分比例较为平均，HoA 和 HiM 并不总占绝对主要成分。另一突出特征是 HoN 占相当比例(20%~30%)，成为区别河流水体的另一特点。HoB 在任何水体中

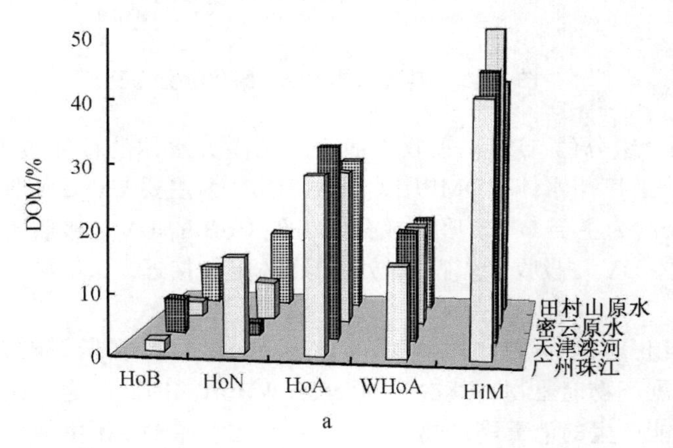

a

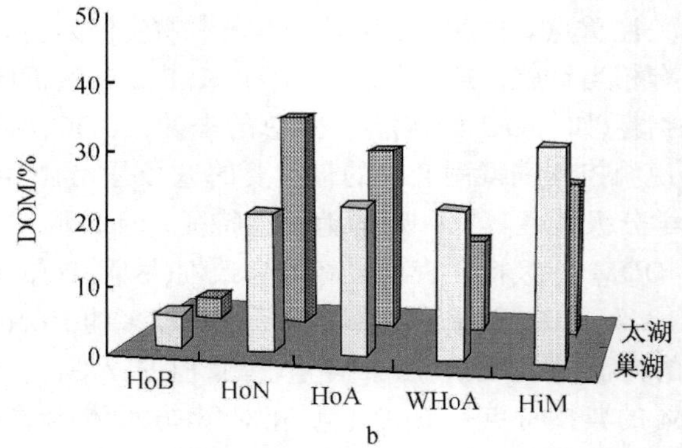

b

图 3-14　不同水体 DOM 的化学分级特征

a. 河流型水体(外源)DOM 化学分级特征

b. 湖泊型水体(内源)DOM 化学分级特征

含量均较低，可以忽略，与相关文献所研究的水体特征相似[7, 28]。

一般河流水和受较好保护的水库水的 DOM 均可认为以外源有机物为主，而湖泊水，特别是无外源水体交换的富营养化湖泊水中 DOM 应以内源有机物为主。由以上结果可见，不同水体 DOM 的来源，是决定 DOM 内在化学分级特征的重要因素。

外源性有机物主要为由地面径流和浅层地下水从土壤中渗沥出的有机物[27]，因此腐殖质含量较高，从而含有较高比例的 HoA 和稳定比例的 WHoA。而内源有机物来自于生长在水体中的生物群体(藻类、细菌、水生植物及大型藻类)所产生的有机物和水体底泥释放的有机物，因此主体有机物性质与外源性有机物必然不同，从而有不同的内在化学分级特征。

另外，通过比较不同类型水体 DOM 分布特征还可以发现，HoN 含量是两类水体区别最大的特征组分，因而可能是对于水体种类或受污染变化最为敏感的指标，因此，可以通过 HoN 的变化来监测或预测水体是否受到一定的有机污染，建立相关早期预警系统。

3. 季节变化特性

2005 年深圳东湖水体 DOM 各化学组分随时间的变化情况，如图 3-15a 所示。虽然深圳东湖原水 TOC 值在不同时间季节内发生了较大变化(1~2mg/L)，最大变化幅度甚至超过 100%，但是，从内在 DOC 化学分级特征来看，并没有发生根本的变化，HoA 和 HiM 在绝大多数取样时间内为主要成分(30%~40%)，另一特征是，HoN 占相对比例，为 10%~20%。

从各化学组分的 UV 吸收来看，内在分布特性也没有发生变化，HoA 和 HoN 是 UV 吸收的主要贡献组分(图 3-15b)。另外，从各化学组分的消毒副产物生成势(THMFP)来看(图 3-15c)，也具有一定的稳定性，大部分季节内 HoA 均为主要的消毒副产物前驱物，WHoA 和 HiM 是也是重要的消毒副产物。综合分析各化学组分的 DOC 贡献，可以发现，由于 WHoA 的较低 DOC%，其具有较高的消毒副产物生成能力(STHMFP，THMFP/DOC)。WHoA 的主要成分为富里酸，含有较多酚羟基，从而可能具有更高的消毒副产物生成能力。

但是，相对 DOC、UV 的稳定分布特征，各组分的 THMFP 随季节变化有一定波动，显示出影响 THM 的生成因素较多。而一些影响因素并不能通过树脂—化学分级方法显现出来，可能是因为树脂吸附(化学)分级法仅根据有机物基本的化学性质——憎水性强弱对 DOM 加以归类划分，而并不能显示出各 DOM 组分内在结构的细微区别。

DOM 的细微结构和官能团强烈影响其消毒副产物的生成能力和生成势，因此，天然水体 DOM 的内在化学分级特征具有一定的时间稳定性，但是在细微结构上可能会发生一定变化。这些变化影响各组分的氯化反应，从而影响其 THMFP 量。

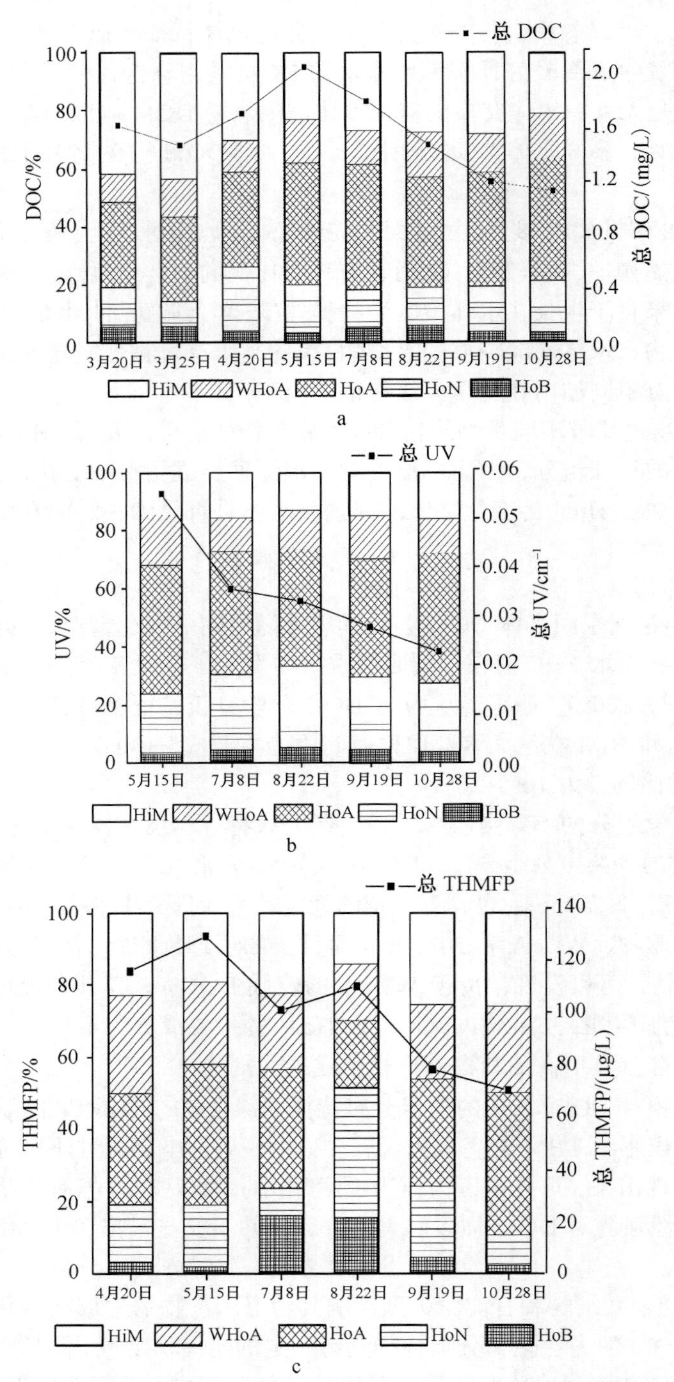

图 3-15　DOM 各化学组分的 DOC 含量、UV 吸收及 THMFP 随时间的变化

3.3.2　分子质量分级表征

1．典型水体地域分级特征

同样，选取上述南北代表性水体，于 2005 年春季统一取样，进行 DOM 分子质量分级表征，通过 UV、消毒副产物生成势(THMFP)等指标进行分析，以探讨水质 DOM 的地域性分布特征。

图 3-16 为各水体 DOM 的各分子质量组分的 DOC、UV、THMFP 分布特征。由图 3-16a 可知，从各分子质量组分的相对 DOC 贡献来看，南方水体仍表现出一定的一致性，即分子质量在小于 1kDa 和 10~30kDa 区间的有机物在两水体 DOM 中均占主体。这与化学分级特征类似。南北方水体 DOM 分子质量分布的主要区别在于第二主要成分(10~30kDa 和 3~10kDa)，南方水体 DOM 总体分子质量偏大于北方水体。

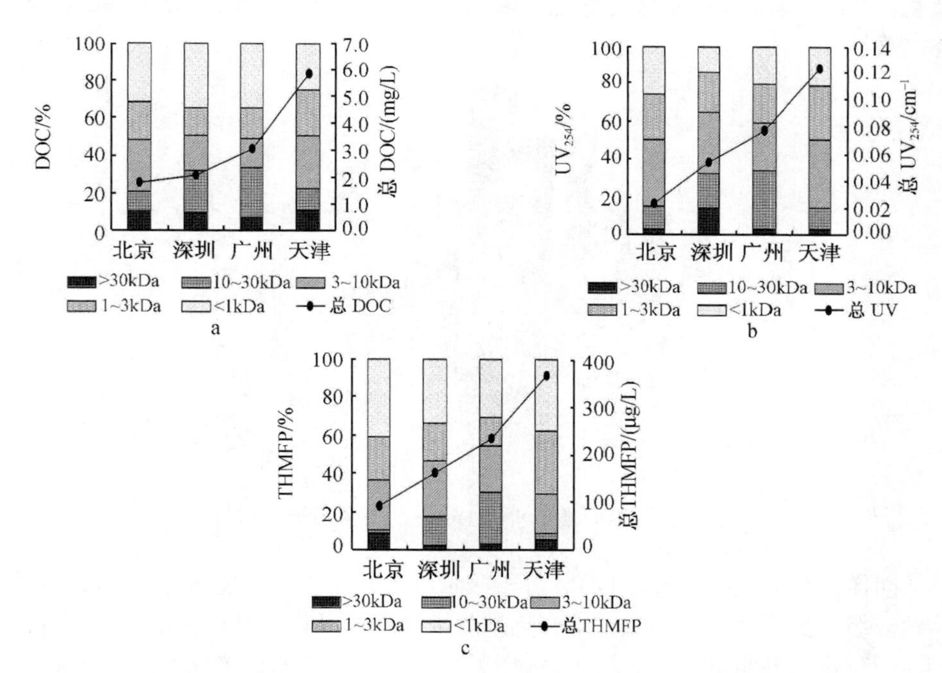

图 3-16　各水体 DOM 分子质量组分的 DOC、UV、THMFP 分布特征

但从 UV 吸收特征来看，北方水体表现一定的一致性，对 UV 吸收的主要贡献组分是 3~10kDa 部分，其次为 1~3kDa 和小于 1kDa；而南方水体一致性不强，这与 DOC%分布特征有所区别。但南北方水体的主要不同特征之一仍在于 10~30kDa 组分的不同的 UV 吸收。

各组分的 THMFP 与 UV 分布特征相似，北方水体较一致，小于 1kDa 的有机物为主要消毒副产物前驱物，其次为 1~3kDa 和 3~10kDa 部分，这均与它们较高的 DOC 含量有关；而南方水体一致性相对较弱，小于 1kDa 的有机物仍为主要消毒副产物前驱物，其次为 3~10kDa 或 10~30kDa 部分。消毒副产物前驱物更倾向分布于小分子质量范围，这与 DOC%分布有一定的一致性。因此，仍然可以看到，各组分的 DOC 含量仍是决定其 THMFP 大小的一个重要因素，即含量高的有机物其 THMFP 也相对较高。

2. 水质类型性分级特征

如图 3-17 所示，不同类型水体之间 DOM 分子质量分布特征的区别不如化学分级特征的区别明显，河流型(外源性)DOM 并无一致的特征，但所有水体的共同特征是小于 1kDa 部分所占比例始终最高，这与化学分级中亲水部分含量始终较高特征相对应，说明水体 DOM 亲水部分中可能大部分为分子质量小于 1kDa 的有机物。其他大多数相关水体的研究结果均表明，小分子有机物是天然水体 DOM 的主体[29, 30]。

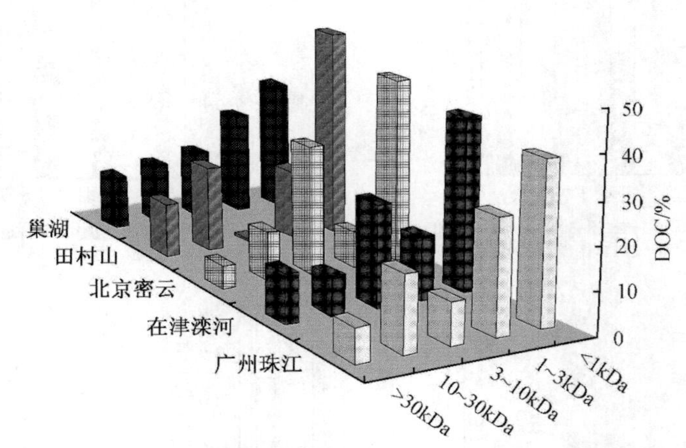

图 3-17　不同类型水体 DOM 的分子质量分布特征

同样，由于各不同水体 DOM 分子质量分布并无明显的规律特征，水体污染指示性分级特征不明显。但是，结合化学分级结果可以看到，1~3kDa 部分有机物可能为污染指示性组分之一。与在巢湖、广州、田村山原水的 DOM 化学分级特征中 HoN 占据相当比例相似，在这些水体 DOM 的分子质量分布特征中，1~3kDa 部分也都占较高比例。

3. 季节变化特性

如图 3-18 为深圳水体 DOM 分子质量分布特征随时间季节的变化特性。由图可知，深圳水体 DOM 的分子质量分布也具有一定的稳定性，基本特征为在大部分时间内以分子质量小于 1kDa 和 10~30kDa 的有机物为主，但各分子质量区间组分的 UV 吸收和 THMFP 有一定的变化。说明虽然某些有机物分子大小变化不大，但

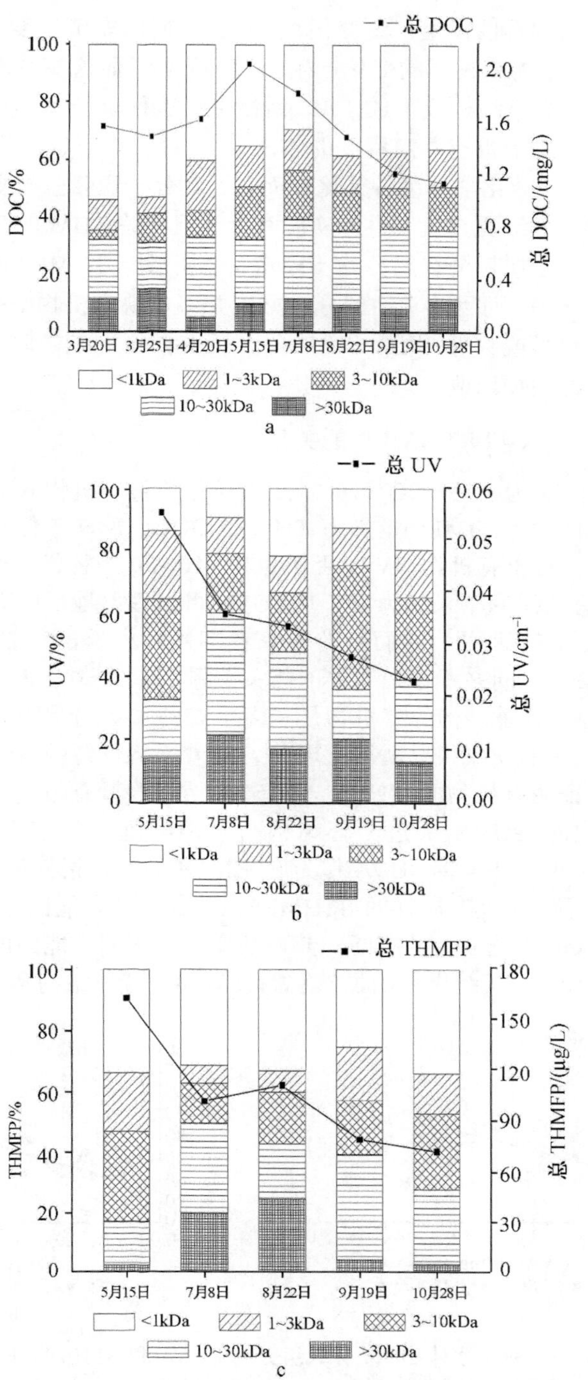

图 3-18　深圳水体 DOM 分子质量分布随季节变化特征

内在结构如光谱结构等已发生一定变化，显示出随时间季节温度、径流等条件的不同，从而对有机物结构或种类的变化产生一定的影响，而这些并不明显反映在分子大小上，但反映在光谱结构或生成 THM 活性上。这种分子大小与结构不确定性和弱对应性在其他水体上也有一定程度的体现[31]。

另外，与 DOM 的化学分级特征比较而言，其分子质量分布更加不稳定，说明根据化学性质归类分级更具代表性和实际意义。但相关 THM 的活性(THMFP)无论对于化学分级或分子质量分级组分均不稳定，说明影响 THMFP 的因素较多，如分子细微结构的变化等，而目前常用的分级方法并不反映有机物细微结构的变化，只能根据其基本的化学或物理性质加以归类，从而必然有一定缺陷，可在以后的分级方法中结合其他方法加以改进。

3.3.3　各组分 SUVA 和 STHMFP 的关系

SUVA 一般定义为 UV/DOC × 100，反映单位质量有机物对 UV 的吸收能力；消毒副产物生成能力(STHMFP)定义为 THMFP/DOC，反映单位质量有机物生成消毒副产物的能力。对于有机物 UV 能否作为其 THMFP 的替代指标，一直有着不同的认识和争论。有的研究结果认为 UV 及 SUVA 可以很好地反映有机物的消毒副产物生成势和氯化反应活性[32]。而有的研究者却得到相反的结果，认为有机物的 SUVA 与 STHMFP 之间并不存在明显的相关关系[33]。在这个认识中有个过程，即 Rook[34]发现多羟基芳香结构的有机物是三卤甲烷的主要前驱物。并且，芳环结构对 UV 有强烈吸收的现象很早就被发现[35]，随着分析仪器的进步和使用，经核磁共振谱研究同样证明有机物的 SUVA 与其芳环结构含量有很强的相关性，因此，人们常将有机物的 SUVA 通过芳环结构与其消毒副产物三卤甲烷的生成能力(STHMFP)联系起来，并常将 SUVA 作为 STHMFP 的替代指标使用[32]。但实际上，同样的芳环结构不一定具有同样的 STHMFP，芳环上的官能团对其 STHMFP 有着极大的影响。Chang [36]选取几种有同样芳环结构却有不同官能团的有机物进行氯化活性和 THMFP 研究，其结果表明虽然它们具有同样芳环结构和 SUVA，但它们的

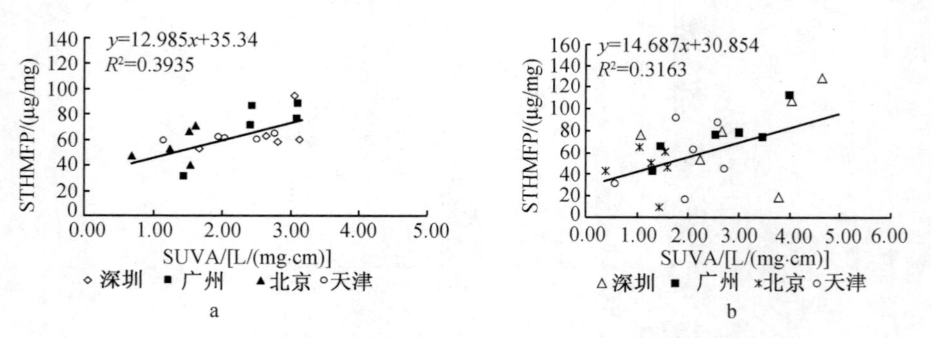

图 3-19　典型水体 DOM 分级组分的 SUVA 和 STHMFP 的关系

a. 化学组分；b. 分子质量

三卤甲烷生成能力(STHMFP)却明显不同。说明芳环结构上的支链官能团强烈影响其氯化活性和 STHMFP，而 SUVA 指标却无从反映。

本实验结果也说明对于 DOM 的各分级组分,SUVA 与 STHMFP 之间也不存在直接的相关性。Weishaar 等[33]对美国 34 个水体 DOM 整体 SUVA 和 STHMFP 研究也发现两者之间并不存在较强的相关性。因此 SUVA 在一定程度上较好的反映有机物的芳环结构比例,但可能难以完全适合作为(各种水体)有机物(整体或各分级组分)的氯化活性和消毒副产物生成能力的替代指标。所以,使用 SUVA 作为 STHMFP 替代应十分慎重并尽量以实验验证。

3.3.4　物理化学结合 DOM 分级

1. 化学组分的分子质量分布

在水处理中有机物的化学和物理性质均起着重要的作用,因此揭示各化学组分的分子大小和构成，对于研究其在水处理中的迁移、转化有着重要的基础性科学意义。图 3-20 是 2005 年 10 月深圳东湖原水 DOM 的化学分级结果,其中 HoA 被进一步超滤分级，其分子质量分布见图。由图 3-20 可以看到，深圳东湖原水中憎水酸(HoA)(一般被认为腐殖酸部分)的分子大小是有限的，大于 30kDa 的有机物比例很少(6%)，主体为 10~30kDa 的大分子有机物，且并不完全由大分子有机物组成，其中小于 10kDa 的有机物占 50%左右，且小于 1kDa 的有机物占 28%。可见从分子质量分布看，HoA 仍为复杂的多相混合体系。因此，在以后的研究中，不能简单的一概认为腐殖酸即为大分子有机物，尤其对于水体溶解性腐殖酸，其实际包含相当比例的小分子有机物。这可能是制约水体腐殖酸去除率的一个重要原因。

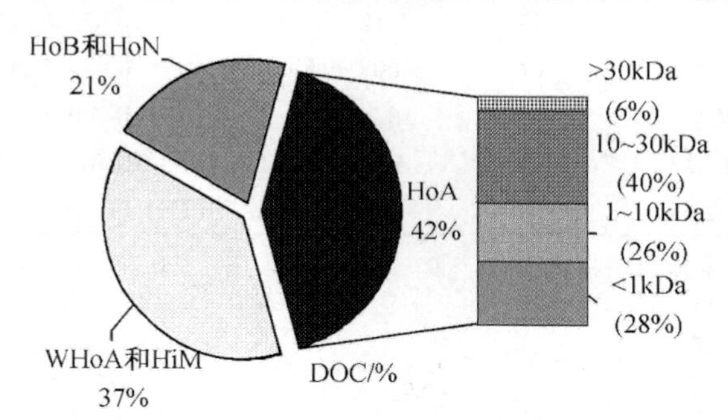

图 3-20　化学分级组分 HoA 的分子质量分布特征

图 3-21 是 HoBN(憎水碱和憎水中)的分子质量分布特征。由于 HoBN 含量较小，因此加以综合考察，并且只考察其三级分子质量分布。

同样，HoBN 在分子大小方面也属多相混合体系，其中，按 10kDa 划分，大小分子有机物各占 50%。综合以上结果可以看到，经树脂分级后的各化学分级组分，从分子质量分布看，仍为混合体系。因此，在水处理过程中，部分有机物虽同为一

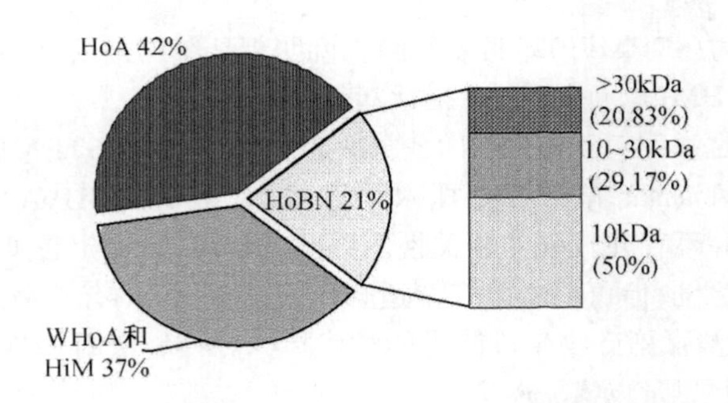

图 3-21　化学组分 HoBN 的分子质量分布

种化学分级组分，但由于其分子质量大小的不同，可能仍具有不同的去除率。

2. 不同分子质量化学组分有机物 SUVA 和 STHMFP 关系

深圳东湖原水中 HoA 和 HoBN 的各分子质量分级组分的 SUVA 与 STHMFP 的关系见表 3-1。由表可知，除个别组分(如 HoBN 的大于 30kDa 部分)无 THMFP 外，HoA 和 HoBN 的绝大多数物理组分的 SUVA 与 STHMFP 均表现出一定的正相关性。图 3-22 定量显示了各分子质量分级组分的 SUVA 和 STHMFP 具有较明显的正相关性，其中相关系数 r^2 为 0.9787。可见各化学组分中按分子质量划分，可能存在两极分化：有 UV 吸收但无明显 THMFP 部分和既有 UV 吸收也具有 THMFP 部分。对于后一部分，其 SUVA 和 STHMFP 有一定的正相关性。

表 3-1　深圳东湖原水 HoA 和 HoBN 中各分子质量组分的 UV 和 STHMFP 关系

HoA	>30kDa	30~10kDa	10~1kDa	<1kDa	HoBN	>30 kDa	30~10 kDa	<10 kDa
DOC	0.03	0.19	0.12	0.13	DOC	0.05	0.07	0.12
UV	0.0016	0.0049	0.0051	L*	UV	0.0012	0.0011	0.0038
THMFP	4.77	14.14	13.35	L	THMFP	L	2.78	9.00
SUVA	5.33	2.58	4.25	L	SUVA	2.40	1.57	3.17
THMFP/DOC	158.87	74.44	111.27	L	THMFP/DOC	L	39.77	74.98

注:*L* 表示低于仪器检测限。

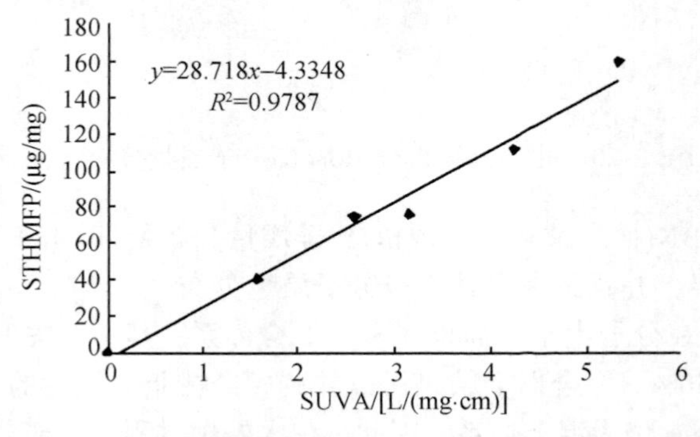

图 3-22　分子质量分级组分的 SUVA 和 STHMFP 的相关性

3. 物理组分的化学分级分布

以滦河原水为例，其小于 1kDa 有机物的化学分级组分如图 3-23 所示。图 3-23 表明：① 分子质量小于 1kDa 的有机物中以亲水物质为主 65%；② 除了亲水物质，其中还主要含有憎水酸(HoA)和弱憎水酸(WHoA)部分；③ 尽管分子质量较小，但较大比例(近 24%)的 HoA 存在，说明小于 1kDa 的有机物有被水处理工艺去除的可能。

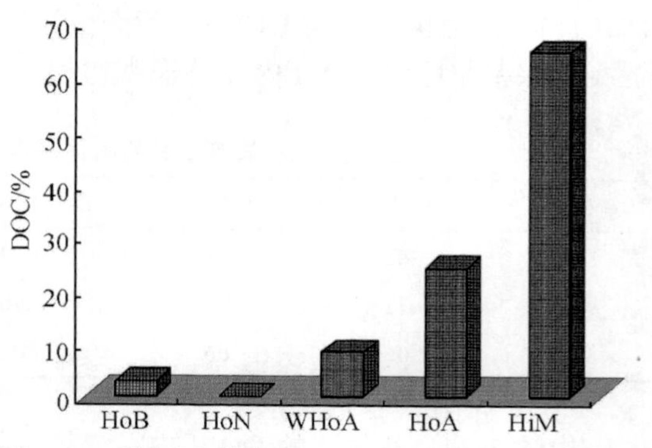

图 3-23　滦河水体小于 1kDa 有机物的化学组成

3.4　DOM 去除机制的分级研究

3.4.1　不同水体 DOM 的混凝去除率

不同混凝剂对 DOM 的去除特征已有较多的研究，但是已有的研究结果相互矛盾。有的认为铁盐对有机物具有最好的去除效果，而有的认为聚铝效果较好[37]。因此研究不同混凝剂对有机物的去除机制，必然不能脱离有机物的内在特性。1998 年 USEPA 颁布了消毒副产物规则(第一阶段)，制定了相关污染物的最高污染物浓度水平(MCL)和消毒剂/消毒副产物规则，并把 TOC 作为 DBP 前驱物的主要替代指标。根据原水碱度和 TOC 含量来规定饮水处理厂对 TOC 的混凝去除率目标。此规范优点是参照条件简单，便于工厂实际操作。但是有机物—混凝作用过程复杂，影响因素较多，特别是 DOM 内在特性也可能是影响混凝过程的最为重要的因素之一，因此适用范围可能有限。而且此规范是基于美国水体的大量实验数据而建立，对于中国或其他地域水体，适用性有待检验。

表 3-2 是实验中 3 个水体的水质基本数据及 3 种混凝剂收敛点处的平均 DOC 去除率。对应 USEPA 规则，发现它们并不完全符合规范中的 TOC 去除标准。广州水体高 DOC、低碱度、高浊度，按 USEPA 规则去除率应达到 45.0%，而实际水体平均去除率约在 29%，远不及规范标准。密云水体低 DOC、低浊度、高碱度，PAC 对此 DOC 去除率达 20.7%，高出规范的 15.0%，但硫酸铝对 DOC 去除效果与此标准吻合，显示出较好的一致性，这与 EPA 规范是以硫酸铝的应用效果为基础密切相关。滦河 1 月水体高 DOC、中碱度、低浊度，按规范去除率应在 25.0%，而实际平均去除率在 15.0%左右，硫酸铝更低。这表明，单一的以 DOC 和碱度来衡量 DOC 去除率，规范其所要达到的标准并不完全适合所有水体，有的水体在相同的

DOC 和碱度范围内平均 DOC 去除率达到或高于标准，有的低于标准。这说明 DOC 混凝去除率与原水 DOM 内在特征密切相关。

表 3-2　各水体平均 DOC 混凝去除率

水样	浊度	pH	DOC/(mg/L)	碱度	平均去除率/%
广州	10.1	7.41	5.24	48.0	29.17
密云	0.71	7.94	2.96	161.6	20.65
滦河	1.06	8.06	5.02	150.0	15.62

由图 3-24，各水体的 DOM 内在分级特征可以看到，各水体 DOM 内在化学组分分布特征既有共性又相互区别。各水体亲水组分(HiM)含量最高，占约 50.00%；其次为 HoA 或 WHoA；HoB 含量均较低，可以忽略；HoN 含量有所区别。广州、滦河水体 DOC 收敛去除率未能达到表 3-2 的目标，可能与其具较高含量 HiM 有关。但广州水体 DOC 平均去除率(26.17%)相对高于密云(20.65%)和滦河 (15.62%)，可能与其具较高含量的 HoN 密切相关，且可推测去除机制可能主要为吸附作用，反之亦然。如图 3-24 所示，HoN 越低，各水体 DOC 去除率也越低，滦河水体 HoN 含量几乎为零，因而去除率最低。

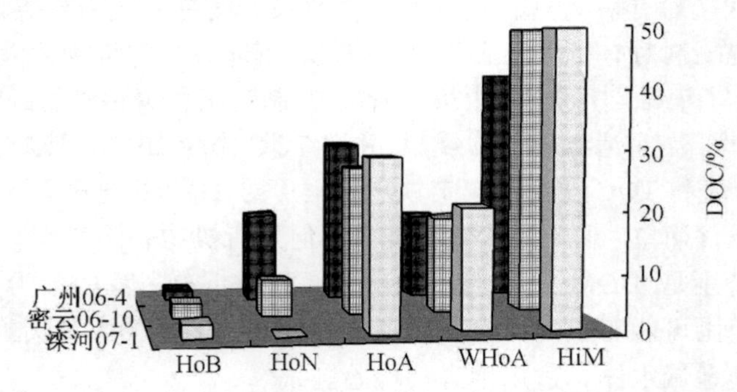

图 3-24　不同水体 DOM 内在化学分级特征比较

可见，DOM 的去除率与水体中 HoN 含量可能存在一定的正相关性，HoN 含量越高，DOC 混凝去除率越高。另外，密云、滦河水体的弱憎水酸(WHoA)含量很高，在 20%~25%，高于广州水体相应组分的含量(<20%)，但是，密云、滦河水体 DOC 去除率仍低于广州水体，说明此两水体中弱憎水酸(WHoA)部分含量在收敛点混凝投药量时对 DOC 总去除率的影响不明显。因此，所有水体表现出的与规范的不一致性表明，在一定的 DOC 与碱度内，溶解性有机物(DOM)的内在组成特征也强烈影响着水体整体 DOC 的去除率，仅以原水 DOC 和碱度来规定去除率标准在理论上和适用范围上均有一定的局限性。

3.4.2　分级组分的混凝去除特征及相互关系

1. 不同季节水体 DOM

图 3-25、图 3-26 是滦河水在最佳投药量(收敛点 1.2×10^{-4} mol/L)时混凝前后 DOM 化学分级组分与物理分级组分变化图。可以看出，化学组分中憎水酸(HoA)、憎水中性(HoN)有明显的去除，而亲水性物质(HiM)、弱憎水酸(WHoA)去除率较低，憎水碱(HoB)虽然也有去除，但因其含量非常小，影响可以忽略。物理组分中，分子质量级别在 10~30kDa 和 1~3kDa 去除率较低，分子质量在大于 30kDa 和 3~10kDa 范围的有机物去除率较大。特别是分子质量小于 1kDa 的有机物也有一定去除。

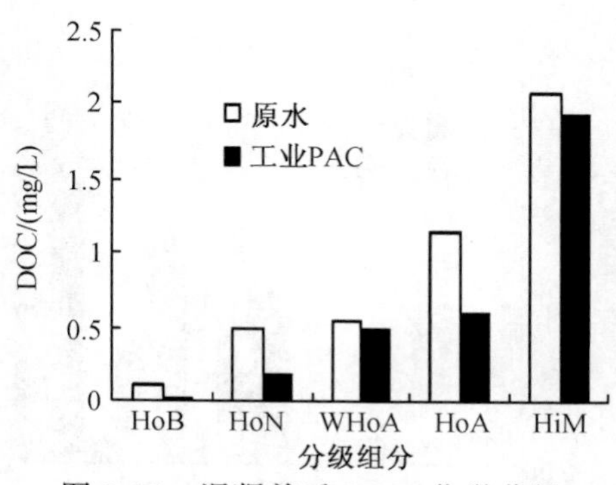

图 3-25　混凝前后 DOM 化学分级

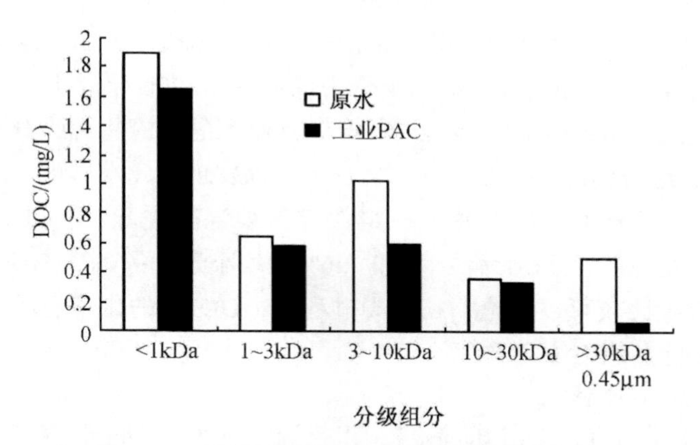

图 3-26　混凝前后 DOM 物理分级组分变化

图 3-27 是滦河水混凝前后(混凝条件同前)DOM 化学分级组分变化图，图 3-28 是滦河水混凝前后 DOM 物理分级组分图。与 2006 年 7 月相似，此月份原水 DOM 中憎水酸(HoA)及亲水物质(HiM)占主要成分且 HoA 有明显去除，而憎水中性物质(HoN)几乎未检测到，弱憎水酸(WHoA)也同 7 月相似，几乎无去除，憎水碱(HoB)含量仍很低。图 3-28 显示分子质量在 3~10kDa 之间及大于 30kDa 的有机物去除显著，分子质量在小于 1kDa、 1~3kDa 及 10~30kDa 之间的有机物去除率很小。

2. DOM 化学、物理性质相互关系

比较图 3-26 和图 3-28 可知，原水中强憎水部分 HoA 总有明显、稳定的去除表现，另一强憎水部分 HoN，若水体 DOM 中含有较高含量此组分，混凝中也较易被去除；对憎水性较弱部分如 WHoA 和 HiM 组分却去除不明显。另外，HoB 在此水体 DOM 中含量较少，其影响可以忽略。

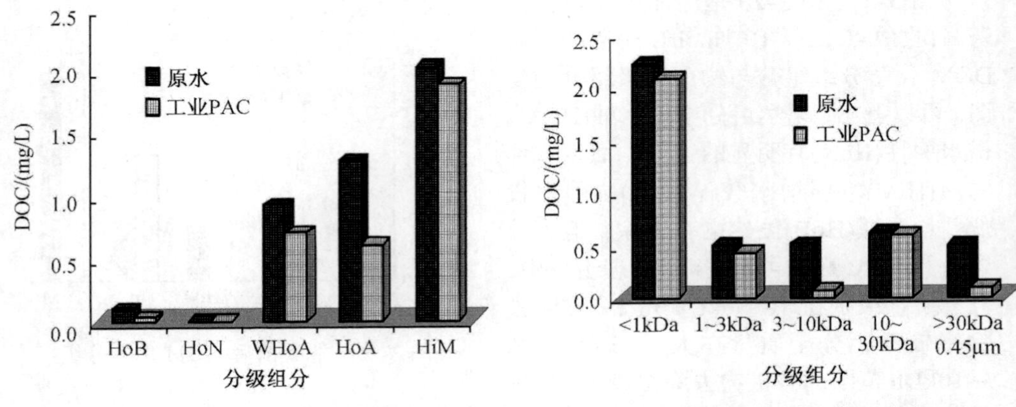

图 3-27　混凝前后 DOM 化学分级　　　图 3-28　混凝前后 DOM 物理分级

比较图 3-26、图 3-28 可知，分子质量为 3~10kDa 和大于 30kDa 有机部分有明显、稳定去除，而其他分子质量范围组分表现不一。2006 年 7 月原水 DOM 的小于 1kDa 部分也有一定的去除，而 2007 年 1 月原水的相应物理组分却无明显去除表现。特别的，综合两图(图 3-26、图 3-28)还可以发现，此水体可去除物理组分的分布并不连续，即分子质量大并不一定就容易被混凝去除，例如，两个月份的 10~30kDa 部分的去除率分别为 7.1%和 2.6%，均小于 3~10kDa 部分的 41.8%和 86.1%。综合以上比较可以推论，在混凝过程中，DOM 的化学性质更为重要，对 DOM 的混凝去除起相对主导作用。

3. 强化混凝去除特征

取当地原水进行混凝烧杯试验。PACl 投药量选为 1.5mg/L 和 3.0mg/L，其中 1.5mg/L 的投药量与生产条件一致，3.0mg/L 为选定的强化混凝剂量。原水、常规混凝沉后水及强化混凝沉后水各级组分 DOC 结果如图 3-29 所示。可见深圳原水中亲水性有机物和疏水性有机物各占约 50%；总体上常规处理 DOC 去除率(10%~20%)不高，通过强化混凝去除率(20%~35%)有所上升，原水、常规混凝沉后水、强化混凝沉后水 DOC 分别为 2.28mg/L、1.90 mg/L、1.78mg/L。混凝过程对亲水性物质 HiM 去除效果不佳，强化混凝稍有改善，但也不能很好地提高 HiM 去除率。混凝过程对憎水部分有较强去除，特别是对 HoN 的去除率在 85%以上；强化混凝中弱憎水部分(WHoA)得到明显去除，去除率达到 50%，显示提高混凝剂量可有效地改善对这部分有机物的去除。

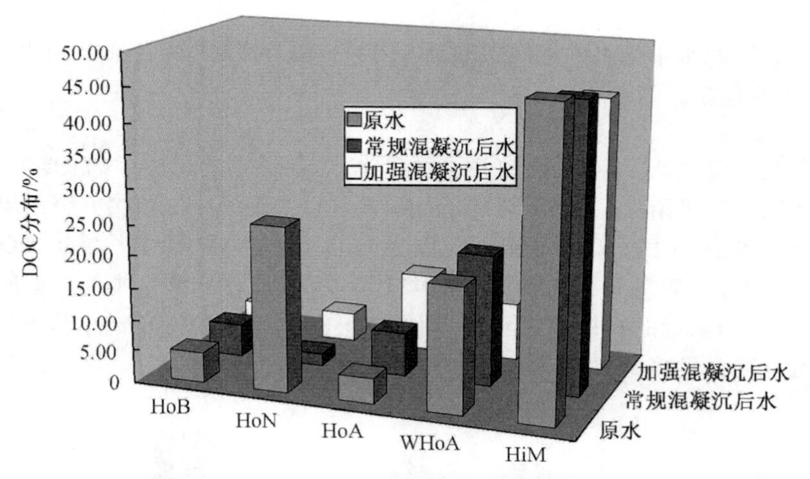

图 3-29　深圳水体 DOM 的化学组分在强化混凝中的去除特征

3.4.3　结合分级方法对 DOM 混凝去除过程

1.　小于 1kDa 有机部分

图 3-30 是滦河 2007 年 1 月原水混凝前后(混凝条件同前)小于 1kDa 组分的化学分级结果图。由图 3-30 可以看出，小于 1kDa 的小分子质量物质主要是亲水性物质(HiM)，因此，小于 1kDa 有机物的较低混凝去除率(图 3-28)必然与其强亲水性密切相关。

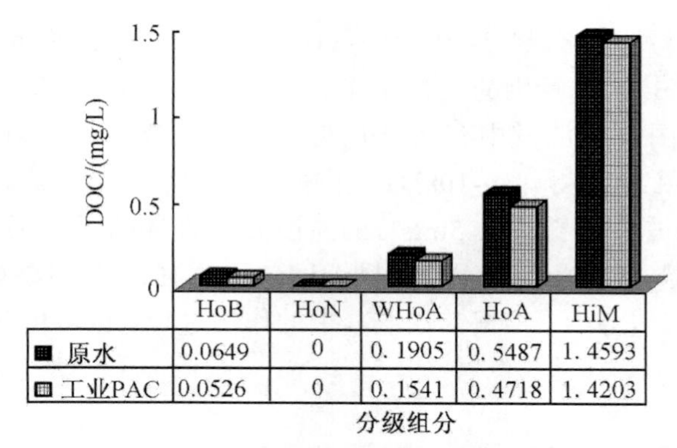

	HoB	HoN	WHoA	HoA	HiM
原水	0.0649	0	0. 1905	0. 5487	1. 4593
工业PAC	0.0526	0	0. 1541	0. 4718	1. 4203

图 3-30　DOM 中小于 1kDa 的有机物的化学分级分布特征

特别是小于 1kDa 有机物中还含有一定比例的憎水酸(HoA)和弱憎水酸(WHoA)，这使得小于 1kDa 的部分有机物被混凝去除成为可能。另外，图 3-30 中，混凝前后小于 1kDa 有机物中 HoA 无明显去除变化，说明 HoA 中仍可再分为易去除和难去除部分，1 月水体的小于 1kDa 的有机物中含有约 0.5mg/L 的难去除 HoA

部分。

此外，因原水中憎水中性物质(HoN)不存在(图 3-27)，所以小于 1kDa 组分中的 HoN 亦不存在。

2. 憎水酸

采用二步分级法揭示 HoA 的分子质量分布，即将包含 HoA 的 DOM 进行物理分级并将用树脂吸附去除 HoA 后的 DOM 再进行物理分级。两次分级结果比较计算，即可得到 HoA 的分子质量分布。图 3-31 是滦河 2007 年 1 月原水 DOM 中憎水酸(HoA)的分子质量分布结果。由图 3-31 可以看出，憎水酸基本为分子质量大于 30kDa 和小于 1kDa 的有机物。当然，其他各分子质量区间也有分布，其中 3~10kDa 部分的有机物含量略高。

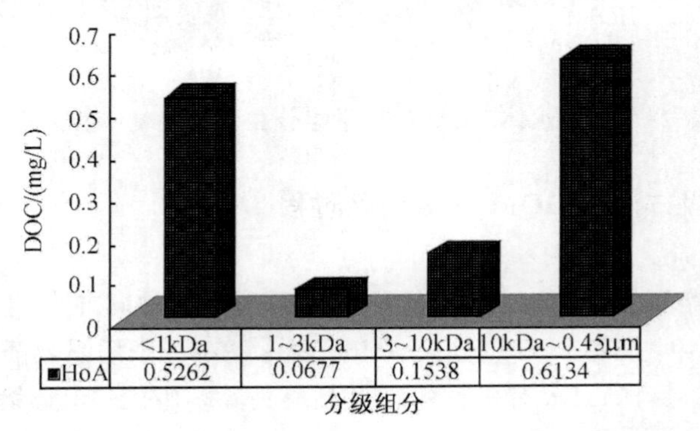

图 3-31 2007 年 1 月原水中 HoA 的分子质量分布特征

综合图 3-27、图 3-28、图 3-30、图 3-31，可以推出，HoA 中有 0.66mg/L(52.3%)易被混凝去除(图 3-27)，特别的是，按分子质量分布来看，此易被混凝去除部分并不连续(图 3-28、图 3-31)，其中有 0.15mg/L 的分子质量在 3~10kDa 区间的 HoA 易被去除，因为由图 3-28 得知 3~10kDa 范围的有机物几乎全部被去除，那么分布其中的 HoA 自然也被去除了。另 0.5mg/L 的易被去除的 HoA 分子质量大于 10kDa (图 3-28)，而分子质量在 1~3kDa 范围的和小于 1kDa 的 HoA 却不易被去除。这再次说明，单个化学分级组分中，根据其在混凝中的作用过程，也可再分为易去除部分和较难去除部分。

3.5 水厂工艺对 DOM 的去除特征

3.5.1 常规处理工艺

水厂常规工艺指混凝—沉淀—砂滤—消毒，其中混凝—沉淀—砂滤对有机物的去除效果直接决定了消毒工艺中消毒副产物的产率。目前，我国大部分水厂都采用这种常规工艺。对水厂各工艺段 DOM 的去除过程利用化学、物理分级方法，对 DOM 组分变化特征进行研究。

1. 对 DOM 化学组分去除特征

1) 混凝沉淀工艺

取广州 XC 水厂混凝沉淀前后工艺段出水，每 2h 取一次，一天共 4 次(8h)，与各工艺段后一天所取水混合后作为实验分析水样，以防止原水可能的变化对出水水质产生的冲击。各工艺段取水时间按其水力停留时间间隔，以尽可能反映同批原水在各工艺段的处理效果。图 3-32 为广州 XC 水厂混凝工艺对 DOM 化学组分去除特征变化图。由图 3-32 可见，混凝工艺对 DOM 的去除，主要在于去除了其憎水酸(HoA)和憎水碱(HoN)部分。

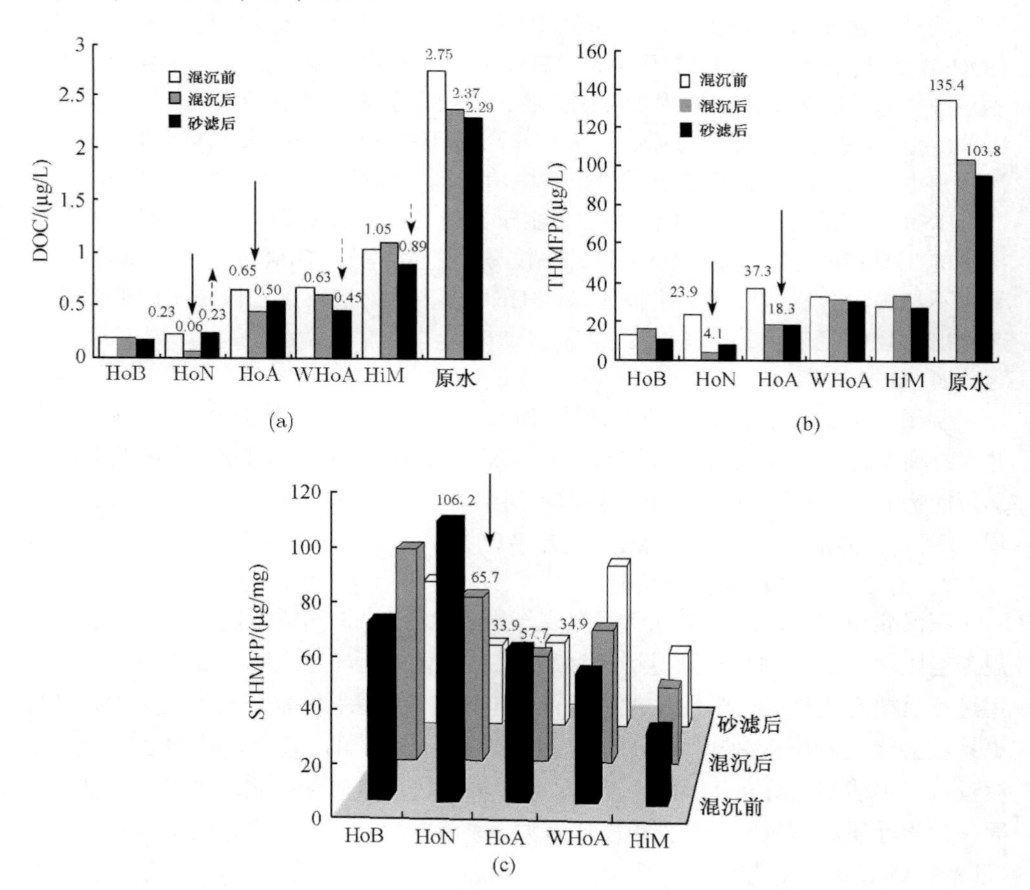

图 3-32　XC 水厂常规工艺段 DOM 化学组分去除特征

从绝对去除量来看(图 3-32a)，HoA 和 HoN 部分的 DOC 去除量不相同，HoN

去除量(0.17mg/L)低于 HoA(0.22mg/L)，但从各自去除率看，HoN 的去除率(约 75%)要远高于 HoA(约 35%)，因此，按去除率指标评价，HoN 是最易被去除的化学组分。因此，不同有机物具有不同混凝去除率，某些有机物在混凝中可以达到很高的去除率，因此，评价“混凝剂对有机物的去除性能”时应说明有机物类型。

进一步研究发现，虽然 HoN 的 DOC 去除量较 HoA 低，但从 THMFP(消毒副产物生成势)去除情况看(图 3-32b)，它们均相当于去除了 20μg/L 的消毒副产物(三卤甲烷)前驱物，说明此两部分有机物的消毒副产物生成能力的降低情况并不相同，HoN 的消毒副产物的生成能力有更显著的下降，如图 3-32c 所示(STHMFP 为 THMFP/DOC，表示单位 DOC 生成 THM 的量，即反映各有机物生成 THM 的能力)。

另外，由图 3-32c 还可见，尽管亲水物质(HiM)的 THM 生成能力最低，但其 DOC 含量最高(图 3-32a)，导致其对 THMFP 仍有较高贡献。由于其在混凝过程中不易被去除，成为最终出水中消毒副产物前驱物的重要组成部分。同样，弱憎水酸部分(WHoA)由于其具较高 DOC 含量和较高 STHMFP(与 HoA 相当)(图 3-32c)，在混凝中也不易被去除，从而也成为出水中消毒副产物前驱物的重要组成部分。

HoN 具有最高 THM 生成能力，但由于其最易被混凝去除，最终对混凝工艺段出水的 THMFP 贡献甚微；HoA 是另一较易被去除部分；HiM 和 WHoA 具较高含量且不易去除，它们和部分未被去除的 HoA 成为最终混凝工艺段出水中的消毒副产物前驱物的主体。

2）砂滤工艺

从图 3-32a 中可以看出，砂滤对总 DOC 几乎无去除，虽然 HoN 部分在砂滤工艺段有所增加(0.06~0.23mg/L)，但其对 THMFP 贡献(图 3-32b)甚微，说明此时的增加可能为砂滤池中自身微生物所致(即不同于具有较高 THMFP 的外源腐殖类有机物)。因此，砂滤工艺对总 THMFP 也几乎无去除。

2. 对 DOM 物理组分去除特征

在混凝中 DOM 的化学性质起主要作用。从图 3-33 同样可以看到，此水厂常规工艺段中，DOM 的分子质量分布变化无一定规律性。这说明混凝或砂滤工艺作用过程是按有机物的化学性质对其进行一定规律性的去除，即憎水性较强的有机物更易被去除。又由于各化学组分的分子质量范围是广泛的，使得具体被去除的分子质量区间可能随机分布。因此，分子质量组分的去除有时无一定的规律性表现。但同一化学性质的有机物，其分子质量越大，去除概率越大。同样，从总的去除效果(图 3-33)看，砂滤对有机物几乎无去除。部分分子质量区间的有机物发生变化，可能是由于砂滤床中微生物的作用，导致有机物间的相互转化而保持总碳的平衡，因此，砂滤对有机物的去除能力甚微。消毒副产物前驱物的变化结果类似。

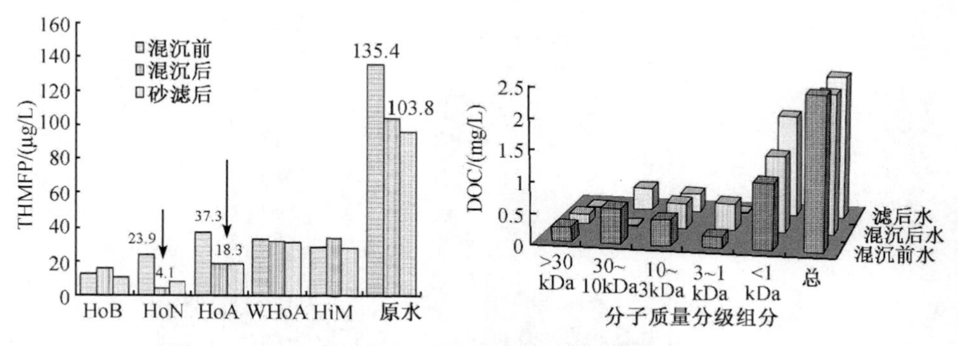

图 3-33　XC 水厂常规工艺段对 DOM 物理组分去除特征

3.5.2　强化处理工艺

1. 预臭氧工艺

1）预臭氧对 DOM 化学组分的去除

深圳梅林水厂的预臭氧投加量为 0.5mg/L，接触时间为 5~10min。

由图 3-34a 可知，预臭氧对 TOC 有一定的去除效果，但较为有限，去除率不到 10%。虽然有机物总量没有发生较大变化，但有机物的内在组分分布已经发生了显著变化。图 3-34b 清晰显示，憎水酸(HoA)显著减少(约减少 50%)，但弱憎水酸(WHoA)和亲水物质(HiM)均有明显增加，且 HoA 减少量(除去总 TOC 损失量)约等于 WHoA 和 HiM 两部分增加量之和。

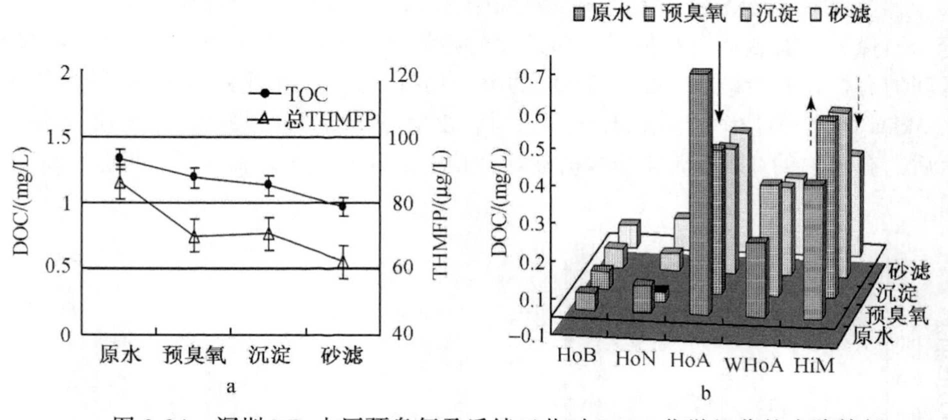

图 3-34　深圳 ML 水厂预臭氧及后续工艺对 DOM 化学组分的去除特征

由此可见，预臭氧对此南方原水 TOC 的去除能力有限，但可使憎水部分明显亲水化。图 3-35 显示预臭氧对各化学组分的 THMFP 的去除。由图 3-34a 可以看到，尽管预臭氧工艺对 TOC 去除有限，但对有机物的总三卤甲烷生成势(总 THMFP)有明显去除，去除率近 20%。这说明有机物经臭氧氧化后，内在组分可能发生明显变化，THM 的生成活性明显降低。

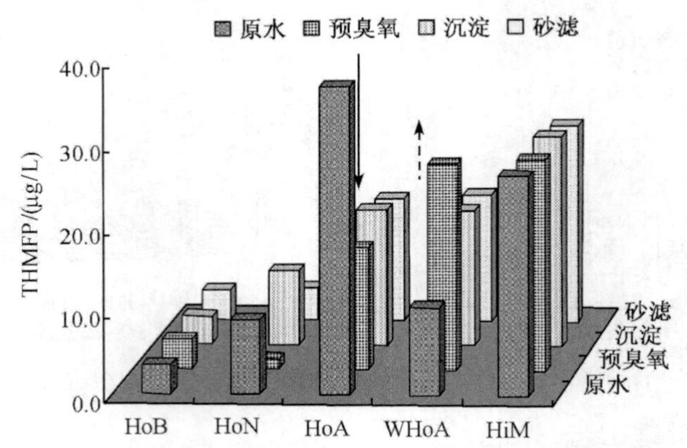

图 3-35　ML 水厂预臭氧及后续工艺对 DOM 化学组分的 THMFP

从图 3-35 可以详细看到，HoA 的 THMFP 下降最为显著，超过 50%，而 WHoA 的 THMFP 却有明显升高，显然这与其含量显著升高密切相关(图 3-34b)。特别的是，虽然 HiM 部分含量也明显升高(图 3-34b)，但其 THMFP 却无任何增加(图 3-35)，说明 HiM 增加的部分不具有 THM 生成活性。由此可见，在 HoA 转化为 HiM 的过程中，不仅化学性质发生明显变化(憎水性变为亲水性)，其内在结构也发生了根本变化，即其可生成 THM 的结构急剧减少，THM 生成活性显著降低。

2）预臭氧对 DOM 物理组分的去除

预臭氧对 DOM 分子大小的影响如图 3-36 所示。与化学性质变化相对应，其分子质量大小有整体向小分子方向迁移的趋势，分子质量大于 30kDa 和在 3~10kDa 区间的有机物有所减少，小于 3kDa 的有机物有一定增加(图 3-36a)。同样，尽管小于 3kDa 部分含量有一定增加，但是，其 THMFP 却仍有所降低，这再次说明预臭氧后，有机物的 THM 活性结构被破坏，相应的 THMFP 显著降低。但是，综合图

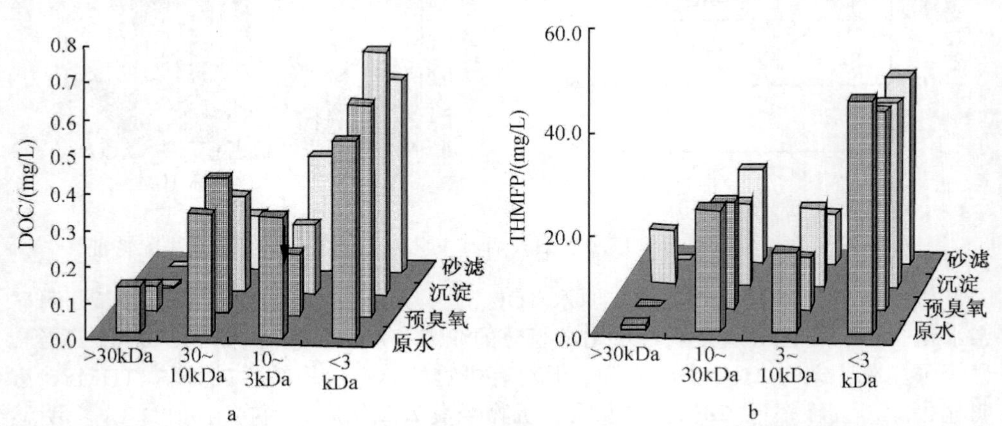

图 3-36　深圳 ML 水厂预臭氧及后续工艺对 DOM 物理组分的去除特征

3-34b 和图 3-36a 可以发现，小分子有机物的增加量要明显低于 HoA 向 WHoA 和 HiM 转化的量，说明 DOM 在预臭氧氧化过程中，大多数有机物仅仅是部分化学结构发生了明显变化(即更加亲水化及 THMFP 显著降低)，而分子本身未发生严重的解离现象，从而，绝大部分有机物在预臭氧化后仍保持其原来的分子大小和分子质量。这可能与预臭氧的臭氧投加量密切相关，预臭氧工艺的较低投加量，还不足以使 DOM 发生较大程度和较大范围的氧化分解。

3) 预臭氧对后续工艺的影响

预臭氧对混凝工艺的影响，在目前认识上还未统一。对于深圳梅林水厂，预臭氧工艺对后续工艺去除有机物的影响作用同样可如图 3-34 至图 3-36 所示。对于混凝沉淀工艺，由图 3-34a 可以看到，预臭氧后的沉淀对 DOM 已经几乎没有去除作用。显然，这与 DOM 的内在变化密切相关。DOM 的整体亲水化(图 3-34b)及分子尺寸的减小(图 3-36a)，降低了混凝沉淀工艺去除有机物的效能。

综合以上讨论可知，预臭氧对梅林水厂的混凝工艺的影响是负面的，它不利于后续混凝工艺对有机物的去除。另外，也从另一面说明，混凝沉淀对有机物的去除能力和效果与有机物内在性质密切相关。

2. 活性炭工艺

1) 粉末活性炭对化学组分的去除特征

2004 年 8 月取广州 XC 水厂粉末活性炭前后工艺段出水，此水厂以珠江水为原水。此水厂的活性炭工艺是在原水引水渠中投加粉末活性炭，通过粉末活性炭对有机物的吸附提高对 DOM 的去除率。部分粉末活性炭吸附有机物后可直接沉淀去除，其他部分则在混凝沉淀—砂滤工艺中去除。

如图 3-37 所示，粉末活性炭对多个化学组分(HoB、HoA、WHoA)均具有明显去除作用，可见粉末活性炭对有机物的去除具有一定的广谱性，但同时也具有一定的选择性，即主要去除的仍是具有一定憎水性的有机物，亲水物质(HiM)经此工艺后未见减少。

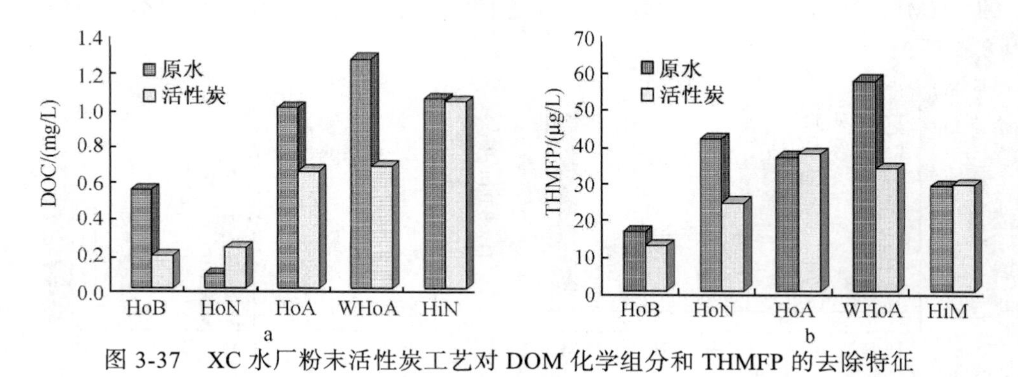

图 3-37　XC 水厂粉末活性炭工艺对 DOM 化学组分和 THMFP 的去除特征

从 THMFP 的去除看，去除的 HoA 和 HoB 部分并不为主要的 THM 前驱物。

结合图 3-37a、b 可以看到，HoN 部分具有最高的 THM 生成活性(STHMFP，THMFP/DOC)，经粉末活性炭工艺后，部分高 THM 生成活性的 HoN 被吸附去除，同时可能因微生物的作用，又产生部分低 STHMFP 的 HoN，从而使 HoN 虽含量上有所增加，但 THMFP 仍大大降低。

2) 粉末活性炭对物理组分的去除特征

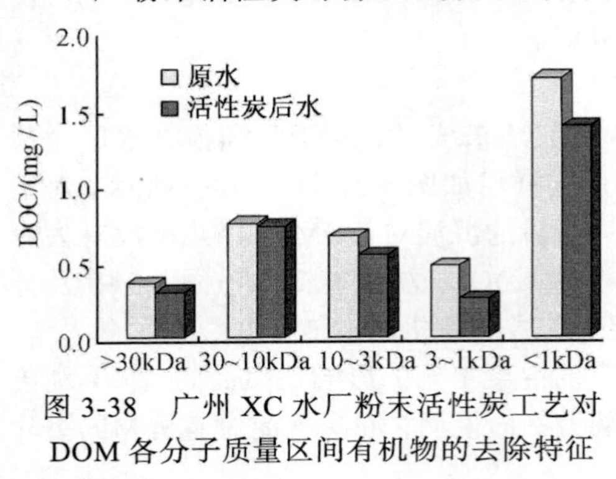

图 3-38　广州 XC 水厂粉末活性炭工艺对 DOM 各分子质量区间有机物的去除特征

图 3-38 显示了粉末活性炭对各分子质量区间有机物的去除情况。除 30~10kDa 的有机物外，其他区间均有去除，其中去除最明显的是小于 1kDa 和 1~3kDa 部分的有机物，表明此水厂粉末活性炭工艺更倾向于去除小分子的有机物。综合其去除 DOM 化学组分的特征(图 3-37)可知，此水厂粉末活性炭工艺主要去除的是小分子憎水性有机物。

3) 柱炭对化学组分的去除特征

由图 3-39 可知，同粉末活性炭性质类似，柱炭也倾向于去除憎水性有机物，且也具有一定的广谱性，即此原水中 HoN、HoA、WHoA 均有一定程度的去除，其中 HoA 去除最明显，去除量最高，约占去除前原水总 TOC 的 20%。与之相应，HoN 和 HoA 的 THMFP 也得到明显去除。但 HoA 的 THMFP 的有效去除，与广州粉末活性炭工艺有所不同，这可能是因为两原水化学组分的内在性质不同所致。广州珠江原水 HoA 的 DOC 约占 TOC 的 25%，但其 THMFP 仅约占原水总 THMFP 的 20%，而深圳 ML 柱炭前原水中 HoA 的 DOC 和 THMFP 均约占原水的 25%。可见，此深圳原水 HoA 的 THM 生成活性要相对强于珠江原水相应部分。因此，此柱炭工艺去除此 HoA 中高 STHMFP 的有机物概率更大，从而表现出 HoA 的 THMFP 有明显减少。当然，此两工艺的不同表现，还可能与它们不同的操作方式有关。

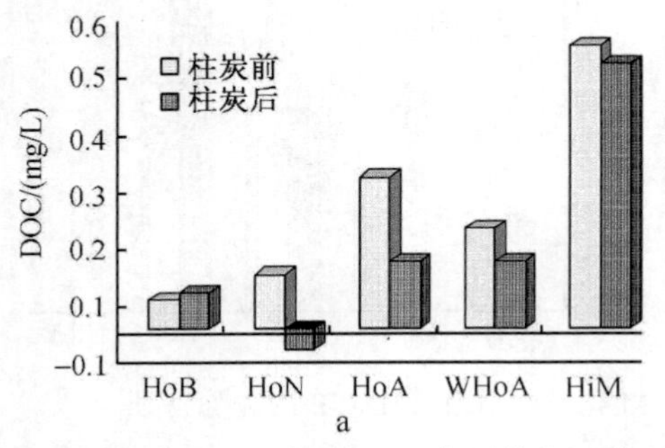

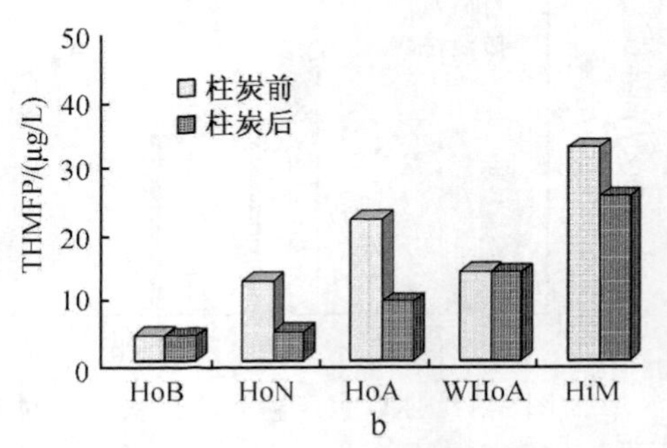

图 3-39　深圳 ML 水厂柱炭工艺对 DOM 化学组分和 THM 前驱物的去除特征

4）对物理组分的去除特征

与粉末活性炭同样类似，有多个分子质量区间的有机物得到去除(图 3-40)，但其中仍有不同的特征，即此水体 DOM 在此柱炭工艺下 3~10kDa 的有机物的去除最为显著，而前述广州粉末炭工艺倾向于去除小分子有机物(<3kDa)。这可能仍与其不同水质来源有关，即同一分子质量区间的有机物，由于来源不同，内在性质(如憎水等化学性质)便可能不同，从而导致同一分子质量区间的有机物有不同的去除表现。

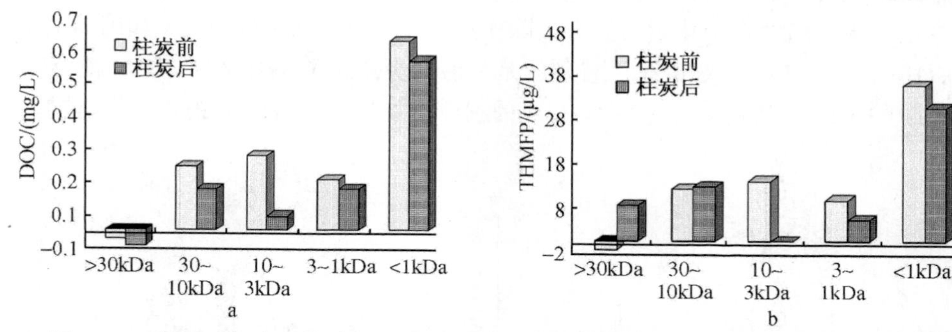

图 3-40　深圳 ML 水厂柱炭工艺对 DOM 分子质量组分和 THM 前驱物的去除特征

5）预臭氧—混凝—主臭氧—生物活性炭优化集成系统

2005 年秋季，再次取深圳 ML 整系统工艺段出水进行各分级组分分析(取样方法同前)。其中，活性炭为柱炭工艺。预臭氧投加量 0.5mg/L；主臭氧投加量为 0.7mg/L。图 3-41 表明，集成系统对 TOC 和 THM 的前驱物总去除率均较高，其中 TOC 的去除率约 50%；对 THM 前驱物的去除率更高，达到近 60%。对于系统最后出水的 THMFP，已远低于国家城市供水水质标准，就消毒副产物(三卤甲烷)控制指标看，已达到水质安全水平。

对 DOC 有一定去除的工艺为混凝、主臭氧和活性炭工艺，其中活性炭对 DOC 的去除最为有效；对 THM 前驱物的去除，预臭氧、主臭氧和活性炭工艺的效果较佳，其中预臭氧和活性炭工艺的效能最为突出。

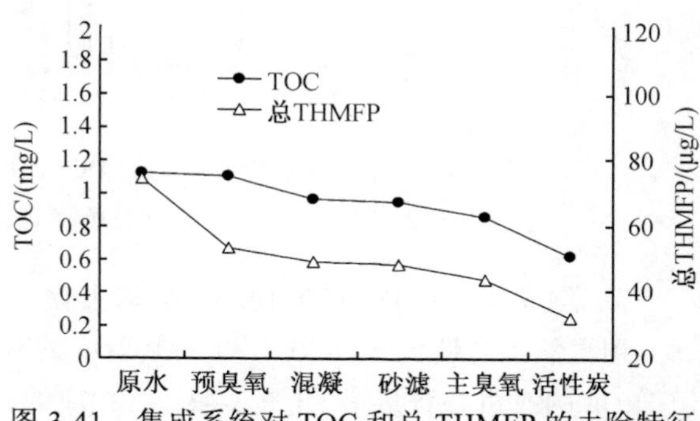

图 3-41　集成系统对 TOC 和总 THMFP 的去除特征

6）集成系统对 DOM 化学组分的去除

预臭氧虽然未对 DOC 有明显去除，但却使 DOM 发生了显著变化(同前面的结果类似)，即憎水性物质(HoN、HoA)减少，亲水物质(HiM)增加。特别是 HoN 的卤代活性显著降低，HoN 的 THMFP 降至 5μg/L 以下，从而使预臭氧工艺出水的总 THMFP 大大降低。

混凝对 DOM 仍有一定的去除效果，且去除的部分仍为 HoA。但其去除率不高，这与预臭氧使有机物亲水化作用密切相关。砂滤对 DOM 仍然几乎无去除作用。由于预臭氧已经使有机物结构发生了较大变化，因此主臭氧工艺氧化 DOM 改变其结构的亲水化作用有较大程度的减弱(图 3-42a)，只有较少部分的 HoA 和 WHoA 因部分卤代活性基团的改变而使 THMFP 有所降低(图 3-42b)。但又由于臭氧投加量较高，因此，有一部分 DOC(HoN)发生彻底氧化而被去除。

活性炭仍然对多个化学组分有去除作用，且相对于憎水性组分，如图 3-42a 所示，HoA 和 WHoA 明显减少。特别的是，活性炭去除了 WHoA 中 THM 前驱物的主体(图 3-42b)，活性炭工艺后 WHoA 的三卤甲烷生成势(THMFP)几乎降至零。

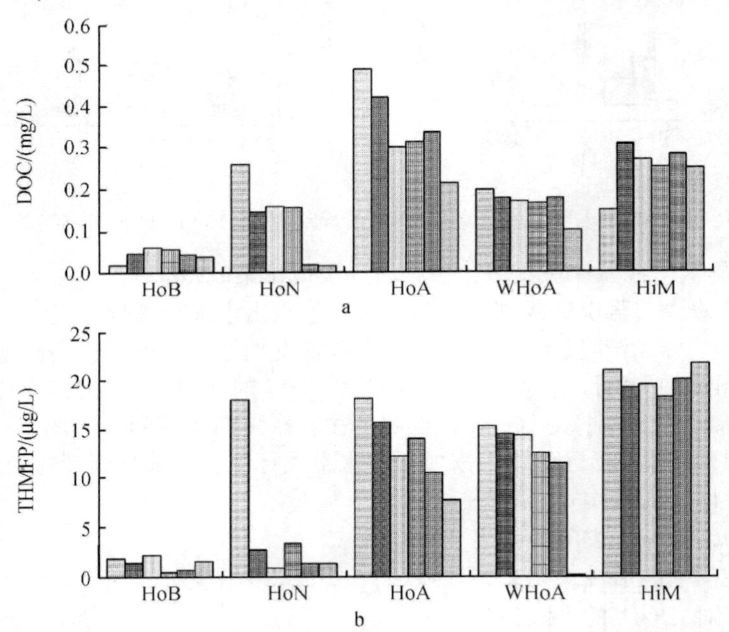

图 3-42　深圳 ML 集成系统对 DOM 化学组分及 THMFP 的去除特征

□ 原水 ■ 预臭氧 □ 混凝 ■ 砂滤 ■ 主臭氧 □ 活性炭

7) 集成系统对 DOM 的物理组分的去除

预臭氧工艺使大于 30kDa 和 3~10kDa 的有机物分解减少，而使 1~3kDa 和小于 1kDa 的有机物含量增加(图 3-43)。相应的，大于 30kDa 和 3~10kDa 部分有机物的 THMFP 显著下降，但小于 3kDa 部分的 THMFP 并不因为 DOC 的增加而增加，反而有所下降，说明有机物卤代活性基团因氧化分解而显著减少。10~30kDa 的有机物可能具有较高分子键能的稳定结构，因而不易被预氧化分解，此部分有机物中有相当部分为 HoA(见 3.3.4 节)。

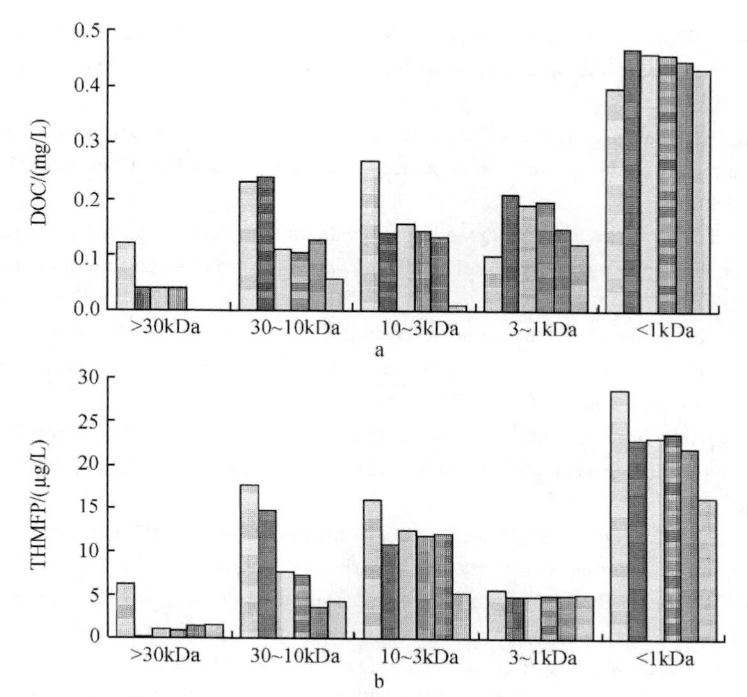

图 3-43　深圳 ML 集成系统对 DOM 物理组分及 THMFP 的去除特征

□原水 ■预臭氧 □混凝 ■砂滤 ■主臭氧 □活性炭

混凝对 10~30kDa 的有机物有明显去除(去除率约 50%)，由以上讨论可知，这可能与相当部分的 HoA 分布于此分子质量区间有关。与此相对应，此区间有机物的 THMFP 也明显下降，说明混凝工艺主要去除了 10~30kDa 中 THM 的前驱物。同样，砂滤对各分子质量区间有机物均无明显去除作用。

活性炭工艺使 3~10kDa 和小于 1kDa 的有机物又进一步被吸附去除，其中 3~10kDa 的有机物去除率近 80%，说明活性炭去除有机物的高效性和广谱性；相应的，此两区间有机物的 THMFP 也明显下降，去除率为 25%~50%，说明此活性炭工艺对 THM 前驱物也具有较高去除效率。

参 考 文 献

[1] 魏群山，王东升，余剑锋等. 水体溶解性有机物的化学分级表征：原理与方法. 环境污染治理技术与设备, 2006, 7(10): 17~20

[2] 周永强, Fabris R B, Drikas M 等. 溶解性有机物的快速表征技术及其应用. 供水技术, 2007, 1(5): 1~6

[3] Leenheer J A. Comprehensive approach to preparative isolation and fractionation of dissolved organic carbon from natural waters and wastwaters. Environmental Science & Technology, 1981, 15(5): 578~587

[4] Chow C W K, Fabris R, Drikas M. A rapid fractionation technique to characterize natural organic matter for the optimization of water treatment processes. J Water SRT–Aqua, 2004, 53:85~92

[5] Aiken G R, Thurman E M, Malcolm R L. Comparison of XAD macroporous resins for the concentration of fulvic acid from aqueous solution. Analytical Chemistry, 1979, 51(11): 1799~1803

[6] Malcolm R L, MacCarthy P. Quantitative evaluation of XAD-8 and XAD-4 resins used in tandem for removing organic solutes from water. Environmental International, 1992, 18: 597~607

[7] Imai A, Fukushima T, Matsushige K et al. Fractionation and characterization of dissolved organic matter in a shallow eutrophic lake, Its inflowing rivers, and other organic matter sources. Wat Res, 2001, 35(17): 4019~4028

[8] Bolto B, Abbt-Braun G, Dixon D et al. Experimental evaluation of cationic polyelectrolytes for removing natural organic matter from water. Water Science and Technology, 1999, 40(9): 71~80

[9] Aiken G R, Mcknight D M, Thorn K A et al. Isolation of hydrophilic organic acids from water using nonionic macroporous resins. Org Geochem, 1992, 18(4): 567~573

[10] Croue J P, Martin B, Deguin A et al. Isolation and characterization of dissolved hydrophobic and hydrophilic organic substances of a reservoir water. Natural Organic Matter in Drinking Water. American Water Works Association, Denver, 1994. 73~80

[11] Martin-Mousset B, Croue J P, Lefebvre E. Distribution and characterization of dissolved organic matter of surface waters. Wat Res, 1997, 31(3): 541~553

[12] Bolto B A, Dixon D R, Eldridge R J et al. The use of cationic polymers as primary coagulants in water treatment. In: Hahn V H H, Hoffmann E, Ødegaard H. Chemical water and Wastewater Treatment. Berlin: Springer, 1998. 173~185

[13] Imai A, Fukushima T, Matsushige K et al. Characterization of dissolved organic matter in effluents from wastwater treatment plants. Water Research, 2002, 36(4):859~870

[14] Thurman E M, Malcolm R L. Preparative isolation of aquatic humic substances. Environmental Science & Technology, 1981, 15(4): 463~466

[15] Marhaba T F, Doanh V. The variation of mass and disinfection by-product formation potential of dissolved organic matter fractions along a conventional surface water treatment plant. Journal of Hazardous Materials, 2000, 74(3):133~147

[16] Thurman E M, Malcolm R L, Aiken G R. Prediction of capacity factors for aqueous organic solutes adsorbed on a pporous acrylic resin. Analytical Chemistry, 1989, (50)6: 775~779

[17] Amy G L, Collins M R, Kuo G J et al. Comparing gel permeation chromatography and ultrafilitration for the molecular weight characterization of aquatic organic matter. J Am Water Work Ass, 1987, 79(1): 43~49

[18] Gadmar T C, Vogt R D, Evje L. Artefacts in XAD-8 NOM fractionation Int. J Environ Anal Chem, 2005, 85(6): 365~376

[19] Peuravuori J, Ingman P, Pihlaja, K et al. Comparisons of sorption of aquatic humic matter by DAX-8 and XAD-8 resins from solid-state C-13 NMR spectroscopy's point of view. Talanta, 2001, 55(4): 733~742

[20] Peuravuori J, Lehtonen T, Pihlaja K. Sorption of aquatic humic matter by DAX-8 and XAD-8 resins: Comparative study using pyrolysis gas chromatography. Anal Chim Acta, 2002, 471(2): 219~226

[21] Guo L, Santschi P H. A critical evaluation of cross-flow ultrafiltration technique for sampling colloidal organic carbon in seawater. Mar Chem, 1996, 55(1,2): 113~127

[22] Logan B E, Jiang Q. Molecular size distribution of dissolved organic matter. J Environ Eng 1990, 116: 1046~1062

[23] Logan B E. Theoretical analysis of size distributions determined with screens and filters. Limnol Oceanogr 1993, 38(2): 372~381

[24] Tadanier C J, Berry D F, Knocke W R. Dissolved organic matter apparent molecular weight distribution and number-average apparent molecular weight by batch ultrafiltration Environ Sci Technol, 2000, 34: 2348~2353

[25] Kiss G, Tombacz E, Varga B et al. Estimation of the average molecular weight of humic-like substances isolated from fine atmospheric aerosol. Atmos Environ, 2003, 37: 3783~3794

[26] Aiken G, Enangelo C. Soil and hydrology: their effect on NOM. J AWWA, 1995, 87(1): 36~45

[27] 贺北平. 水中有机物特性与饮水净化工艺相关性研究. 清华大学博士学位论文, 1996

[28] Fukushima T, Ishibashi T, Imai A. Chemical characterization of dissolved organic matter in Hiroshima Bay, Japan. Estuarine, Coastal and Shelf Science, 2001, 53:51~62

[29] Chin Y P, Aiken G, Oloughlin E. Molecular weight, polydispersity, and spectroscopic properties of aquatic humic substances. Environ Sci Technol, 1994, 28(11): 1853~1858

[30] Chin Y P, Aiken G R, Danielsen K M. Binding of pyrene to aquatic and commercial humic substances: the role of molecular weight and aromaticity. Environ Sci Technol, 1997, 31(6), 1630~1635

[31] Gang D. Clevenger T E, Banerji S K. Relationship of chlorine decay and THMs formation to NOM size. J Hazard Mater, 2003, A96(1): 1~12

[32] Edzwald J K, Becker W C, Wattier K L. Surrogate parameters for monitoring organic-matter and THM precursors. J AWWA, 1985, 77(4): 122~132

[33] Weishaar J L, Aiken G R, Bergamaschi B A et al. Evaluation of specific ultraviolet absorbance as and indicator of the chemical composition and reactivity of dissolved organic carbon. Environ Sci Technol 2003, 37: 4702~4708

[34] Rook J J. Haloformas in drinking water. J Am Water Works Ass, 1976, 68(3): 168~172

[35] Novak J M, Mills G L, Bertsch P M. Estimating the percent aromatic carbon in soil and quatic humic substances using ultraviolet absorbency spectrometry. J Environ Qual, 1992, 21(1): 144~147

[36] Chang E E, Chiang P C, Chao S H et al. Relationship between chlorine consumption and chlorination by-products formation for model compounds. Chemosphere, 2006, 64(7): 1196~1203

[37] 晏明全. 高碱度微污染水体强化混凝及系统优化研究. 中国科学院博士学位论文, 2006

第 4 章　优势混凝形态表征与作用机制①

4.1　高效混凝剂研究概况

混凝剂是混凝技术的核心之一，有关高效混凝剂的研制成为环境科学和工程技术领域十分活跃的研究课题。近几十年来，IPF 以其优异的絮凝性能、较宽的适应范围以及与有机高分子絮凝剂相比具有低毒或无毒性而得到广泛的应用，尤其是 PACl 正逐步成为 IPF 的主流产品。其中所含纳米形态 Al_{13} 被认为是 PACl 的最优絮凝形态[1, 2]。因此，Al_{13} 含量成为衡量 PACl 性能优劣的指标。"十五"期间提出的"纳米型 IPF 制备技术"（"863"课题：项目编号为 2002AA601290)明确提出纳米型絮凝剂中 Al_{13} 含量应在 70%以上，Al(Ⅲ)浓度应大于 2.0mol/L。

然而研究表明，在低 Al(Ⅲ)浓度下(一般小于 0.1mol/L)制备的 PACl，Al_{13} 含量可达 80%以上，而浓度大于 0.5 mol/L 的 PACl，其 Al_b 含量就急剧下降。更高浓度，尤其是 Al(Ⅲ)浓度大于 2.0 mol/L 的研究则较少。当前商品 PACl 中，液体总 Al 浓度一般在 2 mol/L 以上，其 Al_b 含量往往低于 30%(一般认为 Al_b 与 Al_{13} 存在一定的相关性)。即使在用喷雾干燥所得固体 PAC 产品中，Al_b 含量也仅为 40%左右。在高 Al(Ⅲ)浓度下，Al_{13} 究竟能否大量存在？如何获得高 Al_{13} 含量？导致高 Al(Ⅲ)浓度 PACl 中 Al_{13} 含量降低的原因是什么？这些都是必须一一回答的问题。一般认为，Al_{13} 具有强电中和、架桥能力，能使水中胶体颗粒物脱稳而去除，且由于 Al_{13} 处于纳米尺度，在混凝中可发挥其纳米效应。对 PACl 中纳米 Al_{13} 的混凝作用，或者其区别于传统铝盐的内在原因也需加以澄清。

无疑，对以上问题的解答都需要对 PACl 中有效形态 Al_{13} 的形成机制以及其性能有充分的了解。然而对于该形态的形成机制尚未达成共识。PACl 是 Al(Ⅲ)盐在强制水解或部分中和条件下形成的系列水解聚合中间产物，关于 Al(Ⅲ)水解过程和产物的统一认识也远没有完成。因此，围绕纳米 Al_{13} 形成转化及物化特性和混凝性能展开系统深入的研究，将对铝的水溶液化学基础理论的发展和丰富、新一代高纯(纳米型)聚合铝絮凝剂的研发以及絮凝机制的深刻理解都具有积极的理论和实际意义。近几年来，我国在高纯纳米聚合铝的基础理论及生产工艺研究方面进行了大量研发工作，其进展主要包括以下两个方面。

(1) 高纯纳米聚合铝絮凝剂的研究与开发。通过采用新的生产工艺和方法，提高聚合铝絮凝剂中高效纳米聚合形态的含量及品质，从而提高絮凝性能，降低药剂

---

① 本章由叶长青、王东升撰写。

用量。先后进行了电化学法(电渗析法和电解法)和膜法生产聚合氯化铝工艺的研究，其主要原理是利用超滤膜或电化学原理控制对铝溶液的加碱速度，以生产出高质量的聚合铝。但由于产品生产成本、产能及稳定性等方面的限制，这些新的聚合铝絮凝剂生产工艺尚未能在我国得到全面的产业化推广与应用。

(2) 进行以聚合铝为基础的复合型多功能絮凝剂的研究与开发。根据各种类型絮凝剂的絮凝特性及絮凝机制设计制备多功能复合型絮凝剂，充分发挥各种絮凝剂的优势互补和协同作用，提高其絮凝效能及应用范围，主要包括无机-无机复合型和无机-有机复合型两大类。无机-无机复合絮凝剂主要是通过在聚合铝制备过程中引入 Fe^{3+}、Ca^{2+}、Mg^{2+}、Zn^{2+}等阳离子及 SO_4^{2-}、SiO_3^{2-}、PO_4^{3-}等阴离子，从而制得各种离子嵌聚或共聚复合型 IPF。无机-有机复合絮凝剂主要向聚合铝类絮凝剂中加入阳离子型(聚丙烯酰胺、聚二甲基二烯丙基氯化铵等)、阴离子型(聚丙烯酸钠等)、两性、非离子型(聚氧化乙烯、聚乙烯基甲基醚等)以及天然(改性淀粉、甲壳素、纤维素等)有机高分子絮凝剂，将 IPF 的电中和、吸附卷扫作用与有机高分子的吸附架桥、络合作用相结合，从而提高其净水效能，降低药剂用量。此外，将聚合铝絮凝剂与其他氧化还原剂、络合剂、螯合剂复合制备具有特定用途的水处理药剂也是聚合铝今后发展的重要方向之一。

4.2　优势混凝形态研究与进展

4.2.1　铝(Ⅲ)水解化学概论[1]

Al(Ⅲ) 溶液化学的研究构成了水处理技术与混凝剂研制的重要科学基础，只有在铝的形态研究基础上才能指导性地开发新型高效的铝系混凝剂。而水处理混凝剂和混凝工艺的理论也在一定程度上丰富和发展了 Al(Ⅲ)的溶液化学。

铝是一种较为活泼的金属，通常以 Al(Ⅲ)的形式存在。铝离子半径小而带高的正电荷，在水溶液中通常缔合 6 个水分子，以六水合铝离子形式存在。这是一种八面体结构，配位水分子中带负电荷的 O 朝向 Al 离子，带正电荷的 H 则背离中心铝离子。强的 Al—O 结合减弱了水分子中的 O—H 键强，使得 H 容易脱离分子进入溶液，此即铝离子的水解。水解导致水体酸性增强，铝离子显露强路易斯酸性，同时也产生了各种复杂的水解产物。对于最简单的水解过程，可以描述成为质子逐步从 6 个水合分子中脱去的过程，铝离子电荷逐步减少，氢氧根结合逐步增多，形成一系列的单核羟基络合物。理论上，铝离子周围缔合的 6 个水分子都可以逐步脱去质子，最终使水解反应的单核产物带 3 个负电荷。但是当形成一个负电荷的时候，结构转型为四面体而不是八面体。

在铝水解反应过程中，生成的单体强烈趋于聚合反应生成二聚体、低聚体及高聚体等多种羟基聚合形态。聚合反应的结果是在两相邻单体羟基铝络离子的羟基之间架桥形成一对具有共边的八面体结构。随溶液 pH 的升高或 OH/Al 值增加，铝水解聚合反应会延续而生成复杂多变的各种羟基聚合物。

铝水解缩聚反应及生成物组成取决于多种环境因素，其中最主要的是溶液浓度与 pH。一般认为在低铝浓度($<10^{-4}$ mol/L)的酸性或碱性溶液中，铝水解优势形态为单体铝，根据逐级水解常数和铝浓度，可以预测单体形态随 pH 变化的分布。在较高铝浓度($>10^{-3}$mol/L)及碱化度溶液(OH/Al 值>2.0)中，铝水解优势形态以聚合形态为主。因此，在特定铝浓度及 OH/Al 值时，铝形态具有相对不同的分布关系。

铝盐水解研究已经有一百多年的历史，但至今对其确切的规律尚缺乏统一的认识，目前只有少数几种形态，如单体、二聚体以及 Al_{13} 等得到较大范围的公认。但就是对于这些公认的形态，也因为有多种多样的形成条件而表现各异。当前对水解机制及其水解产物的研究主要围绕六元环的核链模式以及 Keggin 结构的笼式模式进行。

1) 核链模式及其形态

Al(Ⅲ)在水中有强烈的水解聚合趋势，生成一系列不同形态的羟基络合物，除单体 Al 存在外，还有聚合形态的 Al，这些羟基络合物的形态分布随水解条件而异。铝多核聚合形态的存在最早由 Jander 和 Winkel 提出，他们是在测定碱式铝盐在溶液中的扩散系数时发现的。1952 年，Brosset 等应用电位滴定，并结合配位化学理论提出了 Al(Ⅲ)形态的核链模型雏形，此后又进一步提出一系列形式为 $Al[Al_2(OH)_5]_n^{3+n}$ 的 Al(Ⅲ)聚合形态，随后 Sillen 进一步发展了核链理论。此外，Matijević 等曾提出过 $Al_8(OH)_{20}^{4+}$ 聚合形态等。Hsu 等采用化学络合、渗析试验以及 X 射线衍射等方法进行研究，认为聚合物分子链是以环状结构相连，Stol 等也支持此结构模式，更在此基础上提出了 Gibbsite(三水铝石)碎片或者六元环模式，认为所有大的 Al—OH 聚合物其最小结构单元都是六元环状的$[Al_6(OH)_{12}]^{6+}$聚合物(Al_6)或者双六元环(Al_{10})，或统称为核链模式。此模式认为铝水解聚合产物呈连续变化分布，即从单体到多核聚合物、溶胶、凝胶直至沉淀、晶体都是以六元环连接。其空间结构则从线形、面型、体型发展。

而据此六元环模式推测的一系列铝形态结构，有的通过实验获得间接证实，但大多没有直接观测到证据。其中 Aveston 应用超离心法对水解铝溶液进行研究的结果则表明，水解铝溶液中仅存在$[Al_2(OH)_2]^{4+}$和$[Al_{13}(OH)_{32}]^{7+}$聚合形态。Mesmer 和 Baes 根据酸度测定结果认为，在水解铝溶液中除存在$[Al_2(OH)_2]^{4+}$和$[Al_{13}(OH)_{32}]^{7+}$外，甚至还有更大分子的聚合形态，如$[Al_{14}(OH)_{34}]^{8+}$、$[Al_{15}(OH)_{36}]^{9+}$等。Patterson 等采用光散射及浊度测定法研究了铝的水解聚合形态转化，进一步指出在 10^{-2}~10^{-5} mol/L、OH/Al 值为 0.5~2.5 的水解铝溶液中存在 Al_2~Al_{13} 水解聚合物，平均分子质量为 256~1430Da。

注意到具有核链结构的 13 个铝核聚体也是可能存在的，且有多种价态，将其空间结构假定为 3 个六元环连接起来的三环层状聚合体,其形态可以连续从高价态变为低价态，通式为 $Al_{13}(OH)_x(H_2O)_{48-x}^{(39-x)+}$ ($30 \leqslant x \leqslant 39$)。也有这些不同价态 Al_{13} 聚体的报道，如 $Al_{13}(OH)_{24}^{15+}$、$Al_{13}(OH)_{30}^{9+}$、$Al_{13}(OH)_{32}^{7+}$、$Al_{13}(OH)_{34}^{5+}$、$Al_{13}(OH)_{35}^{4+}$ 等。

2) 笼式模式及其形态

核链模式能解释滴定曲线上铝的形态逐步演化过程,虽然缺乏直接证据来证明其中的多数形态，但因为符合三水铝石的结晶规律，许多年来成为解释铝水解现象的主要模式。随着现代分析技术的发展，一类无法通过核链水解模式生成的具四面体结构的形态，如 Keggin-Al_{13} 和 Al_{30} 等被鉴定出来，对这类形态的生成和有关性质、功能的研究成为当前的一个热点。

Al_{13} 的正四面体模型最早由 Johansson 对碱式氯化铝的硫酸盐晶体和硒酸盐晶体进行 X 射线衍射研究后提出。Rausch 和 Bale 通过小角度 X 射线衍射(SAXR)分析，发现将 OH/Al(B 值)为 1.5~2.25 的水解铝溶液在 70℃加热 1h 后的聚合物旋转半径为 4.3Å，其构成为 $Al_{13}O_4(OH)_{24}(H_2O)_{12}^{7+}$，进一步证实了该结构。随后 Akitt 等应用核磁共振 NMR 对强制水解溶液中的 Al(Ⅲ)进行了大量的研究，也发现了这种具有高度对称性的形态。

据推测，Al_{13} 至少有 5 种异构体。所有这些异构体都有一个四配位的 AlO_4 中心结构，该结构在 ^{27}Al NMR 谱图中有强的特征共振峰，这个特点被利用来鉴定四面体结构形态的存在。外围有 12 个 AlO_6 的八面体结构，该结构因为有太宽的共振峰而无法从 NMR 图谱有效识别。ε- Al_{13} 外围 4 个面型三聚体 $Al_3(OH)_6$ 和中心 AlO_4 通过 4 个 μ_4-O 键合。其他异构体则可理解为外围的八面体三聚体围绕此 μ_4-O 键逐步旋转而成。分子中有 12 个 η-H_2O，根据与 μ_4-O 键相对位置不同，μ_2-OH 键可以分为数量均为 6 的两类，即顶角的 μ_2-OH^a 和其间的 μ_2-OH^b，分别在三聚体之间和内部起连接作用。ε-Al_{13} 在 ^{27}Al NMR 谱图中的共振峰在化学位移 62.5 ppm 处。

4.2.2　Al_{13} 的形成机制

在所有的水解形态中得到较好的确定且又较稳定的形态是 Al_{13},在很多领域得到应用。Al_{13}分子的半径约 1.08nm,聚集体粒径可以达到数百纳米。由于具有 Keggin 结构的形态及其聚集体具有不同的物理、化学及生物学性能，引起了人们的广泛关注，已成为目前国内外众多领域研究开发的前沿热点课题。20 世纪 90 年代初，对 IPF 聚合形态及混凝机制进行了大量的研究，发现无论其在形态结构特征、絮凝机制与效能等方面都与传统铝盐凝聚剂存在显著差异。大量混凝科学研究及应用实践表明，Al_{13} 形态是聚合氯化铝中的最佳凝聚絮凝形态，其含量多少反映了制品的絮凝效能，因而高 Al_{13} 含量成为当今聚合氯化铝絮凝剂生产工艺所追求的目标。

对 Al_{13} 的形成众说纷纭，主要根据前驱物的辨析可以分为两大类观点。一类认为需要以 $Al(OH)_4^-$ 为前驱物。该前驱物在加碱局部界面存在 pH 梯度条件下形成，然后与其他低聚体聚合生成 Al_{13} 形态，并认为 Al_{13} 是人工强制铝水解过程的产物。Akitt 等首先发现，Al_{13} 聚合形态的生成需要有 $Al(OH)_4^-$ 作为前驱物，即溶液中必须存在四配位的 $Al(OH)_4^-$。其后，许多研究者也相继指出，向铝溶液中加碱或滴碱过程中产生局部不均匀的高 pH 环境导致 $Al(OH)_4^-$ 的生成是 Al_{13} 聚合形态生成的先决条件。Baes 和 Mesmer 指出，Al_{13} 聚合形态只是在人工合成期间迅速生成，而在聚合熟化过程中并不会生成。上述研究结果还认为，Al_{13} 似乎只能是在浓度大于 10^{-3} mol/L Al，并且是在人为加碱过程中由于产生不均匀的 pH 环境条件下才生成。Bertsch[3]推测了铝水解聚合和 Al_{13} 生成的可能途径，如图 4-1 所示。

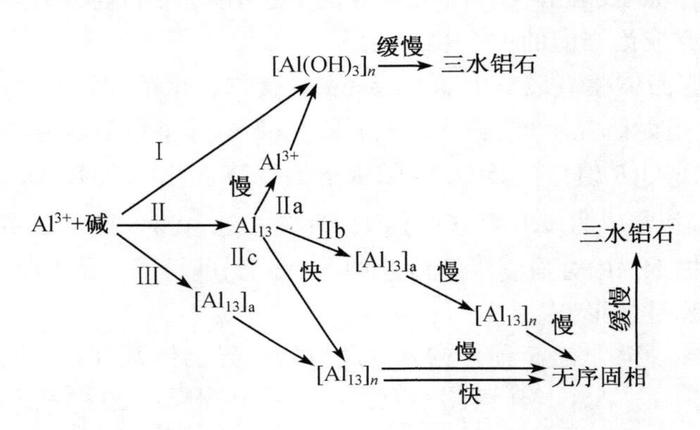

图 4-1　Al_{13} 生成的可能途径[3]

途径Ⅰ：当加碱速率过快时，溶液容易出现过饱和现象，生成大量 $[Al(OH)_3]_n$ 沉淀，Al_{13} 生成量很少。$[Al(OH)_3]_n$ 沉淀在熟化过程中，转化为三水铝石。

途径Ⅱ：在缓慢水解过程中，主要生成 Al_{13}。Al_{13} 可通过Ⅱa 途径分解为八面体的单核铝 Al^{3+}，或通过Ⅱb 途径形成物理聚集体 $[Al_{13}]_a$，随后通过离子架桥作用，缓慢转化为 $[Al_{13}]_n$。Al_{13} 类形态可长期(几个月甚至几年)保持介稳状态。

途径Ⅲ：当加碱速率较快时，Al_{13} 通过离子架桥作用，以 $[Al_{13}]_n$ 形式存在，Al_{13} 可通过Ⅱc 途径在 $[Al_{13}]_n$ 上沉积，$[Al_{13}]_n$ 再转化为几乎无序的固相。

这种 Al_{13} 形成机制得到了许多研究者的赞同，但也存在一些不能解释的实验现象，如作为前驱物的 $Al(OH)_4^-$ 如何在酸性环境下稳定。Vemeulen 等[4]指出，在任何铝盐碱化反应过程中，普遍存在着溶液局部高浓度的羟基，因而可导致凝胶沉淀物和 $Al(OH)_4^-$ 的生成。Wang 等[5]认为新生成的铝凝胶胶体可以作为保护层将 $Al(OH)_4^-$ 包围，使后者免受周围酸性环境的破坏，外层保护层溶解成为低聚体后再立刻与内层的 $Al(OH)_4^-$ 反应生成 Al_{13}。显然，在这种有胶体铝生成情况下，其受到保护的前驱物比无需保护的情况下少，后者情况下前驱物直接与本体溶液的低聚体反应生成的 Al_{13} 量必然较高，然而两者高温下却几乎有相同的 Al_{13} 产量。Parker 和 Bertsch[6]对在不同制备条件下 Al_{13} 聚合形态生成状况的研究表明，在 2×10^{-5} ~

5×10^{-3}mol/L 的铝溶液中，用 $NaHCO_3$、$CaCO_3$、MgO、NH_3 等作为碱化剂中和铝盐后，均含有一定数量的 Al_{13}。因而指出 Al_{13} 能够但并不始终是在这种不同 pH 或酸/碱度不均匀的溶液区间形成，在某些特定环境条件下也会形成，其含量则随铝浓度的降低而明显减少。

另一类观点则认为 Al_{13} 的形成不需要此四配位单体铝为前驱物。具体又有以下几种观点。

(1) Al_{13} 是当 Al 浓度和 pH 达到临界饱和度时的热力学产物。这种机制认为任何一种聚合物都是超过一定饱和度[称为“单核墙”(mononuclear wall)]的产物[7, 8]。这种单核墙可以用离子活度商(IAQ)表示，即

$$IAQ = [H^+]^3/[Al^{3+}] \tag{4-1}$$

Hem 等指出当 lgIAQ 低于−10.0 时，即生成 Al_{13}。

(2) Henry 等[9]提出了活性三聚体模式，认为活性三聚体$[Al_3O(OH)_6(OH_2)_6{}^+]$是一种强的亲核试剂，$Al_{13}$ 能通过其与单核铝 Al^{3+} 结合生成。Jolivet 等进一步指出平面铝三聚体与铝单体发生聚合反应，然后通过内部结构重排脱水，使中心 Al 原子的配位数由 6 降至 4 的四面体形成机制。其反应过程如下：

$$[Al_3(OH)_4(OH_2)_9]^{5+}+H_2O \longrightarrow [Al_3O(OH)_3(OH_2)_9]^{4+}+H_3O^+ \tag{4-2}$$

$$[Al_3O(OH)_3(OH_2)_9]^{4+}+ 3OH^- \longrightarrow [Al_3O(OH)_3(O_2H_3)_3(OH_2)_3]^+ +3H_2O \tag{4-3}$$

$$[Al(OH_2)_6]^{3+}+ 4[Al_3O(OH)_3(O_2H_3)_3(OH_2)_3]^+ \longrightarrow \{Al[Al_3O(OH)_3(O_2H_3)_3(OH_2)_3]_4\}^{7+}+H_2O \tag{4-4}$$

$$\{Al[Al_3O(OH)_3(O_2H_3)_3(OH_2)_3]_4\}^{7+} \longrightarrow [Al_{13}O_4(OH)_{24}(H_2O)_{12}]^{7+}+12H_2O \tag{4-5}$$

平面铝三聚体通过 Al 原子的极化作用使 μ_3-OH 脱质子[式(4-2)]，然后在 OH^- 作用下使相邻配位水分子脱质子聚合[式(4-3)]，生成$[Al_3O(OH)_3(O_2H_3)_3(OH_2)_3]^+$。由于此三聚体中的 μ_3-O 具有亲核性质，因此，4 个这样的三聚体与铝单体发生聚合反应[式(4-4)]，然后通过内部结构重排脱水，使中心 Al 原子的配位数由 6 降至 4，生成 Keggin 型 Al_{13} 形态[式(4-5)]。此机制存在的问题是式(4-5)的转化过程不清楚，同时平面铝三聚体及其转化形态并未被实验所证实。

(3) Michot 等[10]采用 EXAFS 和 NMR 光谱研究 Keggin 型$[Ga_{13}O_4(OH)_{24}(H_2O)_{12}]^{7+}$($Ga_{13}$)的形成机制，认为 Al_{13} 及 Ga_{13} 是由 3 个平面三聚体铝($[Al_3(OH)_4(OH_2)_9]^{5+}$)与四聚体铝聚合而形成的，其形成途径如图 4-2 所示。根据四聚体的结构不同，Al_{13} 的形成途径分为两种，一种是通过与含有 μ_2-OH 结构的共角四聚体结合形成 Al_{13} 的途径Ⅰ，另一种是与含有 μ_4-O 结构的共边四聚体结合形成 Al_{13} 的途径Ⅱ。然而这些结构都没有被实验证实。

(4) 最近，Vogels 等[11]采用尿素热分解法，在所谓均相的体系中研究了铝离子的水解，通过 ^{27}Al NMR 检测到产品中存在 Al_{13} 形态，提出了一种过渡态理论，认为 Al_{13} 形态是由两个铝的六聚体$[Al_6(OH)_{12}(H_2O)_{12}]^{6+}$与一个铝单体结合，形成过

渡态，最后再进行重组而成。

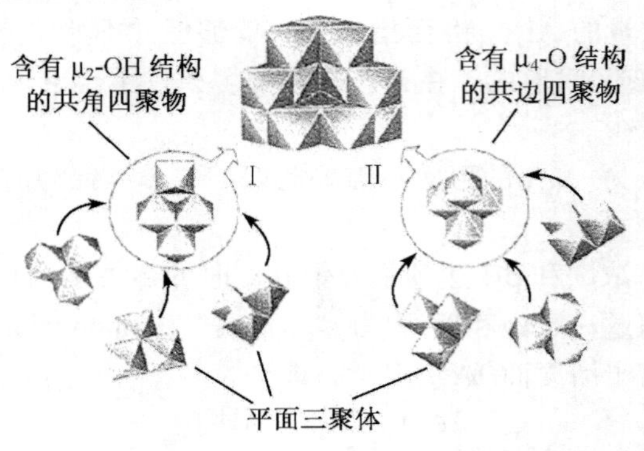

图 4-2　Al_{13} 形成途径[10]

综上所述，Al_{13} 形成机制非常复杂，还有很多不明确的地方需要深入研究。实际上，在局部高碱微区处往往有较低的 IAQ 值，从这个意义上来说，Al_{13} 的热力学基础的络合物形成和界面 pH 梯度理论是同一个问题的不同表述[1, 3]。其中四面体究竟是如何生成的微观机制还需要依靠分析技术的不断发展才可能有更明晰的了解。

4.2.3　Al_{13} 形成的影响因素

Al_{13} 形成的影响受众多因素的影响，如总铝浓度、加碱种类与速率、混合方式与条件、温度等。研究表明，在较广的总 Al(Ⅲ)浓度范围内，在高碱化度(OH/Al 值，*B* 值)条件下，PACl 的优势形态为 Al_{13}，尤其是总 Al(Ⅲ)浓度为 0.01~0.1mol/L。Al_{13} 的产量在高 *B* 值时，常常在 70%~95%的范围内，在更低或更高的浓度范围内，Al_{13} 的含量会减少。Kloprogge 等[12]应用 ^{27}Al NMR 分析对所制备的不同浓度、不同碱化度的 PACl 进行形态研究发现，在恒定 OH/Al 值条件下(0~2.4)，随着总铝浓度的增大，单体和自由铝离子的含量相应升高；二聚物的含量也随之升高，并且在总铝浓度为 0.15~0.75mol/L，OH/Al 值为 1.5~2.2 时有一最大值；OH/Al 值在 2.2 附近时，Al_{13} 的含量达到最大值，随着总铝浓度的升高，含量逐渐降低，并且当总铝浓度大于或等于 0.5mol/L 时，整个 OH/Al 值范围内(0~3.0)，均无 Al_{13} 生成。

Furrer 等[13]的研究表明，Al_{13} 的电荷会随 pH 增加而大量减少，这种电荷的减少会使聚阳离子间的斥力降低，而趋于聚集。由于强制水解溶液的 pH 主要由单铝核形态间水解平衡控制，在更稀的溶液中，由于 pH 更高，Al_{13} 更倾向于转化成 Al_c。而在更高的浓度范围内，Al_{13} 的含量会减少，可能的解释是由于高 Al(Ⅲ)浓度导致溶液 pH 降低，使溶液缺少 $Al(OH)_4^-$ 前驱物而阻止了 Al_{13} 的形成。$GaAl_{12}$ 共聚物形成的研究也为该观点提供了支持。显然，pH 是临界协变量[3]。

大量的研究表明，分析所得的 Al 单组分含量通常随 *B* 增加而线性降低，而

Al_{13} 则随碱化度线性增加，Parker 和 Bertsch 提出了一个概念模型[6]，聚合态 Al 的总量在 $B\leqslant 2.46$(Al_{13} 的结构比)时是 B 的线性函数。也即，所加入的碱都定量地用来形成 Al_{13}(有时是 Al_c)。因此，Al_{13} 的最高百分含量在任一给定 B 值是 $B/2.46\times 100\%$。相反，Al 单组分的量就是 Al_t 与 Al_{13} 最高含量之差。

加碱速率对 Al_{13} 形态含量影响显著。许多文献指出，缓慢中和有利于 Al_{13} 的形成，而快速中和则有利于 Al_c 的形成。然而，也有其他的研究表明，最大的 Al_{13} 含量出现在快的加碱速度[6]，但最佳的加碱速度随 Al_t 和 B 值而异。不同研究的比较是没有意义的。第一，因为碱的浓度不同，达到预定 B 值所需的体积不同；第二，如用极其慢的加碱速度，实验中先生成的 Al_{13} 已在熟化。在终点时 Al_{13} 可能转化成 Al_c。这种比较可用碱的 moles 注入速率加以改进，或用可以达到预定 n 值所需的总的时间来表示[14]。

加碱方式有多种，如连续注入、逐滴滴加、一次性加入碱液、加入固体碱等。Kloprogge 和 Berstch 等从各自的实验得到一致的结果，即连续注入方式相对滴加方式或一次性加入方式能生成更多的 Al_{13} 和更少的无定形沉淀物(Al_t 浓度=3.34×10^{-2} mol/L，OH/Al 值=2.5)。

溶液总铝浓度较 0.1mol/L 高得多时，提高制备温度可得到高含量的 Al_{13}。在大多数研究中，加热可获得澄清的溶液，并可在室温下保持稳定。但如果加热时间过长，Al_{13} 形态也不稳定，会转化成为与 Al_{13} 相比有更高聚合度的形态。Kloprogge 等[15]利用 ^{27}Al NMR 法测定，在低于 85℃的条件下，不同温度制备 OH/Al=2.4 的硝酸铝溶液中 Al_{13} 含量没有明显变化，但温度高于 85℃则 Al_{13} 含量降低。

Akitt 和 Farthing[16]发现采用较弱的碱 Na_2CO_3 制备的 PACl 中 Al_{13} 含量更高，并且可得到更高 Al(Ⅲ)浓度的 PACl。此后，有研究者对其他弱碱制备 PACl 进行了考察，发现不仅 Na_2CO_3，其他弱碱也能用于制备 PACl，且相对于强碱能获得更高的 Al_{13} 含量[3]。

实验发现，在滴碱过程中一般都会有沉淀产生。Perry 和 Shafran[17]通过改变离子强度、阴离子以及碱的种类对加碱过程的沉淀进行了研究。发现在低离子强度下，以硝酸铝和氯化铝溶液为原料，苛性钾或碳酸氢钾为碱化剂的体系有最佳的 Al_{13} 含量，而且在熟化期内仍然会有大量的 Al_{13} 生成。初期体系生成沉淀，使得溶液中铝形态间差异明显，经过 24 h 的熟化期后这种差异减小 。这种变化和铝盐溶液中相对于无定形沉淀的过饱和状态密切相关[17]。碱的种类对此过程无大的影响，但会改变滴碱过程中的 pH-B 滴定曲线形状，曲线上生成大分子聚合铝的转折点一般是 B=2.5，但该值按 $KHCO_3$>KOH>NH_4OH 的顺序降低，而与碱的强弱没有对应关系。碱的种类也改变了沉淀开始生成的 B 值和沉淀的溶解速度。加苛性钾时，很低的碱化度就有大量细小的沉淀生成，但是很快溶解，加 $KHCO_3$ 则在较高的碱化度时(B>1.0)才有可见的沉淀。可能是在碱加入处产生了对平衡的局部扰动，不同的碱有不一样的局部扰动效果，而这种局部扰动又对生成的无定形沉淀的大小、浓度、溶解度有很大关系。

硫酸根的加入改变了铝(Ⅲ)的聚合-沉淀途径，无法制得 Al_{13}。当 $2.6<B<3.0$ 时，氯化铝和硝酸铝溶液的加碱中和产生了固体沉淀，硫酸铝则在 $B=2.0$ 就有了。在很广的 pH 范围，硫酸根可以与单体铝以外层和内层络合。根据 Henry 等[9]的活性三聚体理论，即 Al_{13} 通过活性三聚体的亲核作用与单核铝 Al^{3+} 结合生成，硫酸根的存在阻止了 Al_{13} 的生成，可能是因为：① 降低了铝单体对亲核试剂攻击的敏感度；② 降低了上述三聚体亲核活性；③ 延迟或阻止了一般三聚体 $Al_3(OH)_4(H_2O)_9^{5+}$ 向一价活性三聚体的水解转化；④ 二聚体的稳定化阻止了三聚体的生成。

混合搅拌速度、混合方式，甚至反应器的形状同样也影响 Al_{13} 的生成。Vermeulen 等[4]认为在大多数中和过程中，OH^- 浓度通常是不均匀的，会出现局部浓度增大现象，导致溶液远离平衡态而生成胶状沉淀。如果能降低这种不均匀，即有更好的分散性，则能减少大的聚合物，甚至是胶状沉淀含量，而生成更多的 Al_{13}。总的趋势是：搅拌速度越大，能越快速混合均匀，越有利于 Al_{13} 的生成。这与 Parker 和 Bertsch[6]实验结论基本一致，认为是由于不同的混合条件导致铝与碱接触界面面积变化，因而影响了 Al_{13} 的生成。

综上所述，制备 PACl 的过程中，Al_{13} 含量的影响因素众多且复杂，对这些现象的解释主要是四面体 AlO_4 为 Al_{13} 生成必需前驱物的局部高碱微区理论，这在实验室制备较低浓度 PACl 条件下通常是成功的。然而对于很多现象，尤其是在高浓度和工业 PACl 的制备条件下，用此理论解释则存在一些困难。

4.2.4 形态鉴定方法

铝的形态分析方法有两大类。一类是间接方法，由于铝的各种形态随着聚合度变化，其物理尺寸大小以及与有关化学性质，如与试剂反应的化学反应动力学和结合力等方面都有区别，因此，可以设计利用这些差异的方案，将各形态加以分离鉴定。该方法实际上需要借助某种分离手段，对样品可能有干扰而带来误差。这类方法包括：根据尺寸大小差异分离的超滤、尺寸排阻色谱等；根据形态与树脂的亲合力差异分离鉴定的离子交换方法、层析法；根据反应动力学差异分离的分光光度/荧光光度分析，沉淀分离也属于此类。另一类是直接测试法，即通过仪器将具有已知特定结构的物质加以直接鉴定，使用的仪器有 NMR、XRD、SAXS、IR 等，这类方法一般不需外加分离手段，对样品形态干扰较小，很多是定性分析，但是 ^{27}Al-NMR 已经发展成为一种能够定量鉴定 Al_{13} 以及铝单体的较为成熟的方法。其中根据铝形态与 Ferron 试剂反应动力学差异的 Ferron 法因为灵敏度高、样品用量少、可重复性好、价廉、操作容易等特点而应用最为普遍。当前，Ferron 法和 ^{27}Al-NMR 法是铝形态研究用得最多的两种方法，因此，将对二者做较详细介绍。此外，随着量子理论的发展，结合仪器测试结果进行量化计算和分析，已经成为一种获得更多铝形态微观结构的有效途径。

1. Ferron 法

Ferron 逐时络合比色法(简称 Ferron 法)是一种根据不同形态 Al 与 Ferron 试剂反应动力学的差异确定形态分布的分光光谱分析方法。使用的比色试剂 Ferron 是 Oxine(8-羟基喹啉)的一种衍生物，而 Oxine 也是较早用来与 Al 比色的试剂，因此，Ferron 法可以溯源到 Oxine 法。Okura 和他的同事认为能与 Oxine 立即反应的 Al 形态是单核铝，并以此定量区分单核和多核铝形态。Turner 进一步完善该方法，将铝形态分为 3 种：首先与 Oxine 反应的部分是 Al_a 形态，包括 $Al(H_2O)_6^{3+}$、一羟基以及二羟基单核铝，以及高 pH 溶液中的四羟基铝形态；与 Oxine 慢反应的 Al 形态定义为 Al_b；最终呈反应惰性的部分为 Al_c。但他同时认为，最初的反应可能包含有小的聚合物形态，如二聚体。Al_c 是一种或多种形式的胶体固相。

Oxine 较难溶解，用量较大，该方法分析程序及操作步骤复杂费时，以后逐渐被 Ferron 法所代替。最早使用 Ferron 测试铝形态的是 Hem 和 Roberson，Ferron 与铝络合的显色产物吸收波长在 370 nm 以下。后来发现即使酸化的样品，仍然有部分铝难以测出，可能是 Gibbsite 微晶，修改 Ferron 法后认为短期内(未明确)反应测出的铝是带 3 个和 2 个正电荷的单体铝以及相对较少的聚合铝。目前，较广泛采用的是 1971 年由 Smith[18]改进并发展的 Ferron 法，其原理与 Turner 采用的 Oxine 法相似。Ferron 法由于不需要萃取，而且是在 pH 为 5 而不是强酸性(pH 为 1.5)条件下检测，比 Oxine 法操作更简单，样品干扰少。根据与 Ferron 反应的动力学差异也可将铝归纳出 3 种形态：短时间内立刻反应的 Al_a，可能是单体(未得到证明)；随后较长时间段内反应的 Al_b，是聚合铝；以及不反应的 Al_c，是固体铝颗粒。Al_b 随着熟化时间减少。在电镜下观察，发现被 0.1μm 滤膜截留的氢氧化铝颗粒(有些因太小而无法用 X 衍射确定)具有 Gibbsite 的六边形几何形貌。基于这些现象，他们得出结论：Al_c 是由 Gibbsite 微晶颗粒组成，能通过 0.1μm 的过滤器的多核形态应具有相似的分子结构。此后，这种分类方法在铝盐合成、废水处理以及毒性研究等领域都得到很好的应用。

很明显，Ferron 法依据时间来划界并定义单体铝和聚合铝形态属于一种操作性定义，实际操作中对于时间的选择为 30~90s 不等，容易带来较大的随机性。Bertsch 等结合 NMR 和 Ferron 法研究发现，Al_a 不仅仅是单体还有低聚体。Ferron 法还存在其他有机、无机离子的干扰，一般可通过加掩蔽剂来解决。Bersillon 等改进了测定单体铝的方法，即预先混合包括了 Ferron 试剂、乙酸钠、盐酸、羟胺掩蔽剂等溶液的比色缓冲溶液，尽量减少操作导致的反应延迟时间。该混合液熟化 5 天以上，选择 30s 的时间作为单体和聚合体的分界，结合 Na_2SO_4 沉淀法将聚合体加以细分，得到中等及高等聚合铝形态，这些结果与聚铝中不同大小聚合物的 Gibbsite 碎片模型相一致。

Jardine 和 Zelazng[19]意识到以人为选择的时间来区别单体和聚合物是比较困难的，需要采用动力学拟合的方法来克服。因为只要反应的速度常数差别足够大，用这种方法就可以更精确地确定 Al 的形态，并可以推广至几种反应平行进行的体系。他们还指出，Ferron 的用量应足够大，以使 Ferron/Al 的物质的量比大于 50，由此，反应的动力学可以按假一级处理。进一步的研究又认为，也可以用假二级反应描述。Parker 等[20]用类似的方法进行研究，认为单核铝与 Ferron 的反应可用假二级近似，而多核铝与 Ferron 的反应则用假一级反应更为精确。他们拟合得到的速度常数(k 值)与混合溶液的 Ferron 浓度在对数坐标上呈线性关系，并认为如果求值合理，在统一实验条件下，Al_{13} 的 k 值应该是恒定的，并可以据此来准确的定量形态。更有研究指出，在实验误差范围内，不管是何种碱化度，何种铝浓度，在一定的老化时间内，生成的(相同的)形态都具有和 Ferron 反应的恒定不变的速率常数。Akitt 用 NMR 的结果也证明了这一点。然而由于各研究者具体的实验条件不同，拟合得到的 k 值往往相差较大，更主要的是，由于没有合理的解析方法，同一实验室内的 k 值也很难统一，这增加了依据 k 值判断铝形态的不准确性。因此，目前 Ferron 法普遍还是依据时间来对铝形态进行 Al_a、Al_b、Al_c 分类。

即使这样，仍有一些研究者结合两种方法，研究 ^{27}Al-NMR 测定的 Al_{13} 和 Ferron 法测定的 Al_b 之间的关系，认为 Al_b 可以准确地反映 Al_{13} 的含量[20]。在 Al 浓度很低($<10^{-4}$ mol/L)且 ^{27}Al NMR 法很难检出的情况下，Ferron 法可以发挥独特的优势。然而，Wang 等[5]最近的研究表明，Al_{13} 形态仅是在实验室缓慢碱化条件下形成，并在 $B\geqslant1.8$ 溶液中成为优势形态，此时 Al_b 形态可视为 Al_{13} 形态。而在 $B<1.8$ 情况下，Ferron 法的 Al_b 形态比 Al_{13} 形态占优势。此外，在简单铝盐模拟混凝过程中测得有很高的 Al_b 含量，然而其表现明显不同于经过预制且含有较多 Al_{13} 的 PACl 的混凝过程。若在其他配体存在情况下，Al_b 与 Al_{13} 也往往不可等量齐观，如硅铝并存的体系中 Al_b 和 Al_{13} 的区别就很明显[21]。

一般认为铝的各种聚合形态与 Ferron 试剂络合反应是 Ferron 试剂的磺酸基对羟基铝中配位羟基的取代反应。由于空间位阻，Ferron 试剂并不直接取代聚合铝中的羟基，而是通过聚合铝在实验条件下解离成为小的羟基铝离子后才发生反应。因此，Ferron 试剂的络合取代反应速率在某种意义上反映了溶液中羟基聚合铝分子的大小以及转化能力的情况。这被认为是 Ferron 法中各种形态的动力学差异的根源，理论上，这些差异可以由反应动力学速度常数来反映。如果将形态划分为 Al_a 与 Al_b，两者与 Ferron 的反应可分别用如下方程进行描述：

$$Al_{at} = Al_{a0}\exp(-k_a t) \tag{4-6}$$

$$Al_{bt} = Al_{b0}\exp(-k_b t) \tag{4-7}$$

总的动力学方程为

$$(Al_s-Al_t)/Al_a = [\exp(-k_a t) - \exp(-k_b t)]\,Al_{a0}/Al_s+\exp(-k_b t) \tag{4-8}$$

式中，Al_{a0}、Al_{b0} 分别为溶液中 Al_a、Al_b 的初始待测量；Al_{at}、Al_{bt}、Al_t 为某一时刻与 Ferron 结合的各产物量及总量；$Al_s = Al_{a0} + Al_{b0} = Al_a + Al_b = Al_t - Al_c$，即与 Ferron 最终结合的总量。根据实验数据可求出其动力学速率常数 k_a 及 k_b。

另外，由于 Al_b 的形态范围较广，仅用一个速率常数往往不能拟合所有实验数据，而且，羟基聚合铝溶液与 Ferron 显色反应的时间动力学曲线的斜率也时常出现拐点。因此，有研究者提出将 Al_b 及 k_b 进一步分为两段[1]，分别定为 Al_{b1}、Al_{b2} 和 k_{b1}、k_{b2}，并设想 Al_{b1} 反映的是以 OH 桥键结合的初聚物形态含量，而 Al_{b2} 则为以 O—O 桥键结合的中聚物形态含量。国内还有学者[22]认为可通过数学拟合分析得到准确的铝单体含量，Al_b 反应时间则根据络合曲线的“平台”来判断，仍属于根据时间判断形态的方法。

2. ^{27}Al-NMR 法

核磁共振(NMR)是基于某些磁性原子核在很强外磁场的作用下，可以分裂成两个或两个以上量子化的能级，如果此时用一个其能量恰等于裂化后相邻两能级之差的电磁波照射，则该核就可能吸收能量，发生能级跃迁，同时产生核磁共振信号，得到核磁共振谱。磁性核的共振条件是由核的本质(μ 和 I)所决定的，不同的原子核由于 μ 和 I 不同，发生共振的条件不同。只有自旋量子数为奇数的原子核才有自旋现象，才能发生核磁共振。^{27}Al 核的自旋量子数 I=5/2，因此也可以产生核磁共振现象，但具有四极矩。^{27}Al 核的磁旋比 $\gamma=1.40\times10^7\ T^{-1}\cdot s^{-1}$，共振频率为 52.114 MHz(磁场为 4.6975 T 时)，Larmor 频率为 1.5×10^7c/s。

^{27}Al 核磁共振法(^{27}Al-NMR)是广泛用于直接测定铝水解溶液中形态分布特征的重要检测手段，它可定量地测定水解铝溶液中共存的铝化学形态信息。Akitt 等[23]在 20 世纪 70 年代将 ^{27}Al NMR 方法应用于铝盐的水解研究中，他们认为：Al-27 核具有较高的 NMR 响应以及高的共振频率，比较适宜于进行 NMR 研究。尽管由于它的四极矩使得谱线变宽，影响了它在结构分析中的应用，但随着先进技术的出现和在 Al 谱中的应用，谱图质量已较早期有了很大的改观。高质量的磁体、高强度的磁场、频锁、多核双共振以及 FT 技术的结合使得 ^{27}Al NMR 方法成为铝的形态鉴定中非常有力的手段。研究表明：位于从 $Al(H_2O)_6^{3+}$ 共振峰向低场位移约 63ppm 的响应峰是 Al_{13} 的特征谱峰，在 Al—O 四面体配位的特征区域，而 Al_{13} 结构中的另外 12 个八面体配位的 Al 则使得谱带变宽，这是由于不对称的环境产生了大的电场梯度，因此，它们通常只在非常高频的磁场或在升高温度(>50℃)时才能观察到。支持 63ppm 谱线为四面体配位 Al 结构的证据主要基于两点：首先是前面提到的化学位移在四面体 Al 的特征区域；其次是该处的响应峰非常尖锐，这意味着四面体铝所处的环境具有非常高的对称性，相应也就具有低的电场梯度，同时也未与其他 Al 形态发生交换。其他研究，如采用 ^{17}O NMR 与 ^{27}Al NMR 结合，以及对 Ga-Al 混合水解溶液用 ^{71}Ga NMR 和 ^{27}Al NMR 结合方法的研究结果都支持 63ppm 为 Al_{13}

形态响应峰的结论。此外，通过置换反应，Al_{13}-SO_4 晶体溶于 $BaCl_2$ 溶液获得纯 Al_{13} 溶液也从质量平衡方面为 63ppm 为 Al_{13} 形态特征峰提供了证据。

Al 水解溶液的 ^{27}Al NMR 谱的其他响应峰也有大量的报道，皆归纳于表 4-1 中。从 Al 单向低场位移的相当宽的响应峰被认为是初聚形态，最初被指认为 $Al_2(OH)_2{}^{4+}$ 形态，为碱式硫酸铝晶体结构单元以及硒盐的同晶形体。而 Akitt 和 Elder 等的研究证明初聚体不是二羟基二聚体。基于电位和其他研究，初聚体通常为 ^{27}Al NMR 谱在 Al 水解溶液中观察到的小的聚合物，如二聚体和(或)三聚体，其 OH/Al 值约为 2.5。关于初聚形态也有大量的讨论，据认为较二羟基二聚体的 OH/Al 值更高，由此提出的结构包括二聚体 $Al_2(OH)_5{}^+$或三聚体 $Al_3(OH)_8{}^+$或 $Al_3O_2(OH)_4(H_2O)_8{}^+$。它们似乎是 Al_{13} 的前驱体。

表 4-1　Al(Ⅲ)水解溶液的 ^{27}Al NMR 共振峰及其对应的形态

化学位移/ppm	对应形态	参考文献
八面体配位		
约 0	$Al(H_2O)_6^{3+}$	[23]
约 3~4	初聚体	[23]
约 8~12	Al_{13} 或 Al_{p1}, Al_{p2}, Al_{p3}	[23, 24]
约 17	$GaAl_{12}$	[25]
四面体配位		
约 63	Al_{13}	[23, 24]
约 65	AlP_1	[24]
约 70	AlP_2	[24]
约 75	AlP_3	[24]

从 $Al(H_2O)_6^{3+}$ 向低场位移 10ppm 的宽响应只有在增高温度或在高场的宽响应中才能观察到。通常被认为是 Al_{13} 结构中的 12 个八面体 Al 的相当宽的谱线，说明 Al 是在很大的电场梯度的非对称环境中，先前关于在四面体 Al 与约 12:1 相连的由 NMR 积分得到的质量平衡的争论为这种指认提供了证据。此外，近来有关 Ga-Al 形态的形成和特性研究采用了先前讨论的复分解方法，为这种指认提供了直接确定的证据，$GaAl_{12}$ 形态证实更尖锐和更强的低场化学位移(约 17ppm)相当于 Al_{13} 结构中 12 个八面体配位 Al 的响应峰。在 $GaAl_{12}$ 中，八面体 Al 由于其具更有序的结构和环境屏蔽，现象正如预计的一样：与 Al 离子(0.5Å)相比，较大的 Ga 离子(0.62Å)为四面体配位提供了更理想的空间。

在具有较高 Al 浓度(10^{-2}mol/L 以上)和较高 *B* 值的 Al 水解溶液，Al_{13} 是聚合铝的主要形态。Fu 及其同事[24]在升高制备温度或熟化温度的较高 Al 浓度溶液中研究发现，在 ^{27}Al NMR 中 Al 四面体特征共振区域有其他的非 Al_{13} 谱峰，他们认为

这些形态为类 Al_{13} 聚合物，非常像 Al_{13} 单元的缩聚产物，并用 AlP_1、AlP_2、AlP_3 形态来解释这些形态的结构。在用金属 Al 在 85℃制备的水解溶液中，在反应初期可观察到 AlP_1 形态，但随时间和共生的 AlP_2 和 AlP_3 形态的出现而消失。更确切的信息是通过熟化由复分解反应制备的纯 Al_{13} 得到，熟化温度为 85℃。最初的 AlP_1/AlP_2 的形成都伴随着 Al_{13} 的消失和 Al 单体的出现。在反应进行 80h 后，随着 AlP_3 的形成，相应的 AlP_1 完全消失，AlP_2 的量减少(图 4-3)。在实验中，四面体 Al 的共振基本不变，意味着 Al_{13} 是通过 AlP_1 作为中间体转变成 AlP_2，最后生成 AlP_3。在 AlP_2、AlP_3 中的 Al 四面体的对称性较 Al_{13} 的低得多，这表现为谱线变宽严重($\nu_{1/2}$=20、270、318、210，分别是 Al_{13}、AlP_1、AlP_2、AlP_3)。凝胶色谱(GPC)揭示出聚合物颗粒的大小关系为：$AlP_3>AlP_2>AlP_1>Al_{13}$。分别对 GPC 馏分进行 ^{27}Al NMR 分析，结果支持上述观点，观察到的共振对应于特定的聚合物形态。基于这些实验认为 AlP_1 的结构是有缺陷的 Al_{13} 结构，即一个 Al 八面体从基本的 Al_{13} 结构中脱出，形成了 $Al_{12}O_{39}$ 单元，而 AlP_2 结构含有二个 AlP_1 单元($Al_{24}O_{72}$)，AlP_3 含有 3 个或更多的单元，但文章中并无证据说明这些聚合物形态可在非高温制备或熟化的溶液中形成。

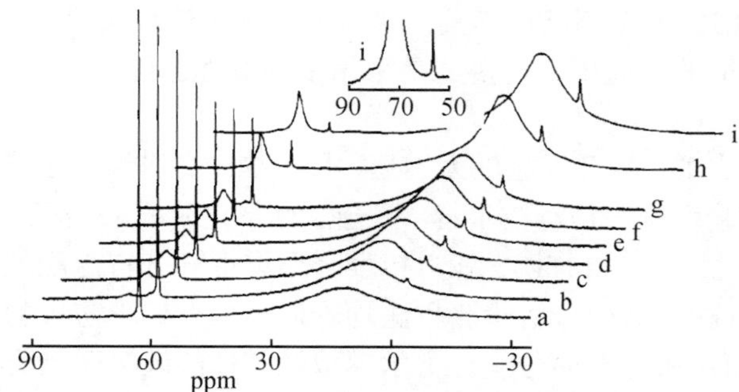

图 4-3　0.035mol/L $[Al_{13}O_4(OH)_{24}(H_2O)_{12}][Cl_7]$ 在 85℃条件下熟化的 ^{27}Al NMR 谱图
共振频率为 130.3 MHz。熟化时间
a. 0；b. 6；c. 12；d. 18；e. 24；f. 30；g. 38；h. 80；i. 130 h。放大部分为四面体区域[24]

而 Allouche 和 Huguenard 利用 ^{27}Al NMR 对 Al_{13} 转化为 Al_{30} 进行了系统的研究，发现在无铝单体存在的条件下，即使在较高温度下 Al_{13} 也比较稳定；而在有铝单体存在的条件下，这种转化速度明显加快[25,26]。

近年来由于 MAS 技术引入固体 ^{27}AlNMR 而使得对固体样品的深入研究成为可能。Alllouche 等应用 3QMAS 固体 ^{27}Al NMR，并结合 XRD 对 Al_{13} Mogel^{15+}、Al_{13} ε-Johansson^{7+}以及 Al_{30} δ-Taulelle^{18+}3 种不同的聚铝离子进行了研究[27]。研究表明，Al_{13} Mogel^{15+}为 3 重轴对称，13 个 Al 以 3:3:3:3:1 占据 5 类不同的位置，其中中心 Al(Ⅲ)为八面体配位；Al_{13} ε-Johansson^{7+}为镜面对称，13 个 Al 以 2:2:2:2:2:2:1 占据 7 类不同位置，其中中心 Al(Ⅲ)为四面体配位；Al_{30} δ-Taulelle^{18+}为 Cc 非中心

对称，二个非等价 AlO_4 占据分子中不同位置。

除 ^{27}Al NMR 外，^1H NMR 以及 ^{17}O NMR 也被用于 Al(Ⅲ)水解聚合的研究中。Akitt 等研究纯 Al_{13} 溶液的 ^1H NMR 谱图发现在 Al_{13} 的结构中的 H 可分为端基水中 H(7.6 ppm)和两种羟桥中的 H(约 3.9ppm)，其化学位移与自由水中 H(4.3ppm)不同，也即 Al_{13} 中含有一种类型的配位水、两种类型的羟基。Alasdair 等近年来应用 ^{17}O NMR 对 Al_{13} 与 H_2O 中的 O 交换速率和机制进行研究，以推测矿石表面的反应机制。研究表明，与中心 Al(Ⅲ)相连的 O 未与 H_2O 中 O 发生交换。由于在 Al(Ⅲ)的水解产物分子中 O 键无重键，而 Al(Ⅲ)水解溶液的 ^{17}O NMR 谱几乎相同，因此，^{17}O NMR 技术所能提供的结构信息相对有限，其应用也不如 ^{27}Al NMR 广泛。

此外，国际上出现了利用形态特性分离并加以直接检测的仪器分析技术和方法，Schmid 等采用等速电泳(isotachophoresis，ITP)技术成功分离鉴定了铝单体，其原理是利用各种聚合铝形态在外加电场下有不同的离子淌度特性对其加以分离，并通过测出有关物理参数，如电导率、pH 等表征铝形态的含量。用毛细管电泳(capillary zone electrophoresis，CZE)技术分离特定 F-Al 形态也有报导。这类技术和方法一般不需要外加试剂，响应时间快，灵敏度高，因而备受瞩目，然而由于发展还不成熟，对铝的形态测试也不具广谱性，应用受到很大限制。目前，在水解铝溶液形态分布特征的研究中，更多的是采用多种方法的综合。

3. 量子化学计算

由于铝的水解、聚合反应极为迅速，且产物中各种形态复杂多变，现行的各种分析仪器及实验手段均是对铝水解、聚合过程特定阶段的表征，很难对其瞬时变化进行跟踪。同时，除 ^{27}Al NMR 能对铝聚合形态中部分特定配位结构和化学环境的铝原子进行表征外，其他分析检测方法均难以对聚合铝形态中的各个铝原子化学性质进行表征。而从头计算的分子动力学模拟及其他经验分子动力学计算方法由于能够对各种聚合铝形态中的各个铝原子及氧原子的电荷密度分布、电子构型及 Al—O 键长、各原子间的重叠布局等进行定量计算，并能模拟铝水解聚合的各个瞬时过程，因而较之于其他实验研究方法具有一定的优势，关于铝水解聚合形态的分子动力学模拟计算也成为当前聚合铝溶液化学研究的热点之一。

Loring 和 Casey[28]采用 Gaussian 98W 软件包对 Al_{13}、$GaAl_{12}$、$GeAl_{12}$ 等铝水合阳离子中水化水分子的平均 Al—O 键长进行了计算，研究表明计算平均 Al—O 键长与采用 ^{17}O NMR 法所测得的水化水分子与溶液间的交换速率系数之间具有很好的相关性。Rustad 采用分子动力学(MD)模拟研究了 Al_{13}、Al_{30} 水合阳离子中桥连 OH 及端基水分子脱 H^+能力的大小及影响因素，表明溶液中的 Al_{30} 分子中不同含氧官能团的 B 酸相对强弱顺序为：$4\text{-}\eta H_2O>5\text{-}\eta H_2O>1\text{-}\eta H_2O\approx 2A\text{-}\eta H_2O>2\text{-}\mu_3OH\approx 2B\text{-}\eta H_2O>>(1, 2, 3, 4, 5\ \mu_2\text{-}OH)$。Tossell[29]采用 HFT、HFPT、DFT 理论对自由气相条件下 Al_{13} 中 ^{27}Al 及 ^{17}O 原子的核磁共振性质(化学位移、屏蔽常数、电场梯度

等)进行了研究。Lubin 等采用分子动力学模拟的从头计算法(AIMD)研究水分子簇(n=6~16)中 Al^{3+}的溶剂化作用，结果表明 Al^{3+}与临近水分子强烈的相互作用导致第一层水化壳中水分子键高度极化，当另外的水分子形成第二层水化壳后，质子从第一层转移到第二层的能量减小。Pophristic 等[30]采用 AIMD 方法对气相和水溶液相中的 Al_{13} 进行计算，表明室温下，Al_{13} 在水溶液中稳定，其分子直径约 10Å。计算所得结果与采用 X 射线粉末衍射对碱性氯化铝测试所得结果相互验证。

4.3　Ferron 法的优化解析及 k 值判据

^{27}Al NMR 的测试是一种可靠的铝形态鉴定技术，但由于昂贵的仪器和较低的灵敏度限制了该方法的广泛应用。Ferron 法则比较廉价而应用广泛。该方法依据不同大小或聚合程度的 OH—Al 聚合物与 Ferron 反应的动力学差异将溶液中的铝形态分为 3 类，即立刻反应的部分(Al_a)、缓慢反应的部分(Al_b)以及不反应或者极缓慢反应的部分(Al_c)。这实际是一种人为的划分，在操作上需要人为取舍反应时间，往往认为 30~60s 内反应的部分是 Al_a，1~120min 之间反应的部分是 Al_b，余下的部分则是 Al_c。由于各种制备条件的影响，部分中和铝盐溶液内的形态分布也千差万别，这种简单的处理和分类阻碍了该方法的标准建立。

很多研究发现，Ferron 法的 Al_b 在一些特定情况下与通过 NMR 鉴定的 Al_{13} 有很好的对应关系，故 Ferron 比色法常被采用以代替昂贵的 NMR 测试手段，期待通过 Al_b 的测定来替代具有 Keggin 结构的 Al_{13} 含量。然而建立在仍然有诸多人为因素的时间判据基础上的 Al_b，其与 Al_{13} 的这种对应关系应该审慎应用，例如，在硅铝复合体系中，这种关系就明显不成立。随着研究的不断深入，两者之间关系究竟如何，已经成为一个亟待解决的问题。

实际上，Al-Ferron 逐时络合比色曲线能够给出丰富的信息。有研究者针对 Ferron 法的时间划分混乱情况提出数学拟合的解决方案[19, 20, 22]。Jardine 和 Zelazny 采取数学模拟的方法来解析这些曲线，得到一些很有用的信息，指出在 Ferron 浓度足够大的情况下，各种羟基铝与 Ferron 反应是准一级反应，如果形态间的 k 值差别足够大，可以通过动力学方程的解析表现出来；Parker 和 Bertich[20]则认为单核铝与 Ferron 的反应可用假二级近似，而多核铝与 Ferron 的反应则用假一级反应更为精确，并指出 Al_{13} 应该有恒定不变的 k 值。国内有研究者将曲线分为两段，并认为 Al_b 由 Al_{b1} 和 Al_{b2} 组成，Al_{b1} 反映的是以 OH 桥键结合的初聚物形态含量，而 Al_{b2} 则为以 O—O 桥键结合的中聚物形态含量，都有各自的 k 值。

Al-Ferron 络合反应实际是 Ferron 试剂的磺酸基对羟基铝中配位羟基的取代。这种取代反应速度因为各羟基铝的结构、大小等不同而有差异，但是在一定条件下，任何一种形态应该有恒定的表观反应动力学常数(k 值)，可以据此将形态区别。然而由于缺乏有效合理的解析手段，传统拟合方法得到的各形态 k 值很难统一，因此，目前 Ferron 法的应用大部分依然停留在以时间为判据的 Al 形态的 Al_a、Al_b、Al_c 分类层次。这种分类方法难以及时准确的捕捉铝形态的变化，因此，有必要对 Ferron 法的解析进行一些改进，以建立一种较科学的以 k 值为判据的 Ferron 法。

4.3.1 优化解析方程的建立

部分中和铝盐可以简单视为铝单体和多核铝聚体的二元体系，这两种形态都可以与 Ferron 反应生成不可逆的产物，反应如下：

$$n\mathrm{A}+\mathrm{R}\xrightarrow{k_a}\mathrm{C} \tag{4-9a}$$

$$m\mathrm{B}+\mathrm{R}\xrightarrow{k_b}\mathrm{C} \tag{4-9b}$$

式中，C_A、C_B 分别为单体铝和聚合铝的浓度(mol/L)；C_R 为 Ferron 试剂的浓度(mol/L)；C_C 无分别的 Al-Ferron 反应产物浓度(mol/L)；k_a、k_b 分别为铝单体和聚体的正向反应速度常数；n、m 分别为反应物 A、B 的反应级数。

实验采用的[Ferron]/Al>50，使得 Ferron 浓度足够高，则反应速度常数可以表示为

$$-\mathrm{d}C_A/\mathrm{d}t = k\,\mathrm{R}\,C_A{}^n = k_a C_A{}^n \tag{4-10a}$$

$$-\mathrm{d}C_B/\mathrm{d}t = k\,\mathrm{R}\,C_B{}^n = k_b C_B{}^m \tag{4-10b}$$

式中，t 为反应时间，积分后得

(1) 当 n，m 均不等于 1 时：

$$C_{A_t} = \sqrt[n-1]{1/[k_a t(n-1)+1/C_{A_0}^{n-1}]} \tag{4-11a}$$

$$C_{B_t} = \sqrt[m-1]{1/[k_b t(m-1)+1/C_{B_0}^{m-1}]} \tag{4-11b}$$

(2) 当 n=m=1 时：

$$C_{A_t} = C_{A_0}\mathrm{e}^{-k_a t} \tag{4-12a}$$

$$C_{B_t} = C_{B_0}\mathrm{e}^{-k_b t} \tag{4-12b}$$

式中，C_{A_0}、C_{B_0} 分别为单体铝和聚合铝的初始浓度(mol/L)；C_{A_t}、C_{B_t} 分别为单体铝和聚合铝在反应时间 t 时的浓度(mol/L)。

考虑到 A、B 都与 Ferron 生成无区别的产物，则有

$$\mathrm{C}_t = (C_{A_0} - C_{A_t}) + (C_{B_0} - C_{B_t}) = (C_{A_0} + C_{B_0}) - C_{A_t} - C_{B_t} = C_\infty - C_{A_t} - C_{B_t} \tag{4-13}$$

式中，$C_\infty = (C_{A_0} + C_{B_0})$ 为反应最终平衡时的产物浓度；C_t 为反应时间 t 的产物浓度。

将式(4-11)和式(4-12)的任意两个公式代入式(4-13)中并经过适当变化则可以得到尚未反应的形态浓度(以铝表示)。有 3 种形式，分别为

(1) 全为(准)一级反应：

$$C_{\infty}-C_t=C_{A_0}e^{-k_a t}+C_{B_0}e^{-k_b t} \tag{4-14a}$$

(2) 全为非一级反应：

$$C_{\infty}-C_t=\sqrt[n-1]{1/[k_a t(n-1)+1/C_{A_0}^{n-1}]}+\sqrt[m-1]{1/[k_b t(m-1)+1/C_{B_0}^{m-1}]} \tag{4-14b}$$

(3) 反应物之一为非一级，其余为一级(这里假设单体铝为非一级，聚合铝为一级)：

$$C_{\infty}-C_t=\sqrt[n-1]{1/[k_a t(n-1)+1/C_{A_0}^{n-1}]}+C_{B_0}e^{-k_b t} \tag{4-14c}$$

大多数分析都是基于式(4-14)系列展示的($C_{\infty}-C_t$) vs. t 曲线展开，主要手段是通过最小二乘回归的数学方法对其进行拟合获得定量依据。

对于非常复杂的式(4-14b)和式(4-14c)，一般采用非线性拟合的方法获得其中的参数，而对于一级反应的式(4-14a)，进行一定变型后，再取对数，得到式(4-15)进行线性拟合。

$$\lg C_{B_t}=\lg C_{B_0}-(k_b/2.303)t \tag{4-15}$$

可见，从 $\lg C_{B_t}$ vs. t 曲线的线性拟合可以得到斜率，进而计算反应物 B 的速度常数，更主要的是对 $t=0$ 的延伸，得到 C_{B_0} 值，即反应物 B 的初始浓度。理论上，这种方法很好地解决了实际 Ferron 法因为操作上有时间的延迟而无法确切知道初始浓度的问题。

经过仔细分析式(4-15)的推导过程发现，此公式实际上暗含了 3 个假设：①一级反应；② 反应体系只考虑单体铝(A)和 Al_{13}(B)；③单体铝反应非常迅速，对后面的反应没有影响，只考虑了聚合铝的影响。实际上，在只有单体铝和聚合铝存在的"二元"体系中，单体铝的速度常数是聚合铝的 10 倍以上[19, 20]，故该假设是合理的。一个关键的问题是如何获得 C_{B_t} 值，以往是将总铝的吸光度减去 t 时刻的吸光度得到，本书则根据假设，将不能参与反应的 Al_c 对应的"吸光度"去除后再减去 t 时刻的吸光度(即所谓的 Al_c 修正)得到，以实验室提纯的 Al_{13} 为例，将两种方法进行对比，结果如图 4-4 所示。

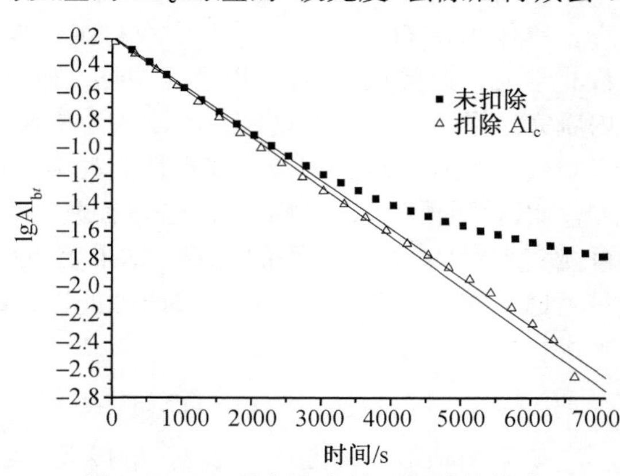

图 4-4　Al_b 剩余浓度的一级线性拟合

如图 4-4 所示，没有经过 Al_c 校正的曲线只有在早期表现成线性，不久即向上弯曲，这与线性假设不符，这被解释由于 Al_b 的组分复杂(此处即没有考虑 Al_c)导致的偏离，去除 Al_c 对应的"$\lg Al_{bt}-t$"后，这个拖尾现象基本消除，几乎在整个扫描区间呈直线，这与假设基本吻合，这说明

只要选择合适的 Al_c 修正值，基于一级假设的线性转换和解析的结果是完全符合实际的。同时也证明了单体铝的影响确实可以忽略。此外，未经修正的线性拟合结果随选择的拟合区间变化剧烈，表 4-2 是取 2~10min 和 2~20min 的拟合结果，可以看出，不管消除 Al_c 的影响与否，都有很大的偏差，尤其是计算的 f_b (Al_b 含量)，比起实际测出的 Al_b 含量(0.94)都要高出许多。拟合时间区间的选择对拟合结果影响很大，具有较大的随机性。说明这种基于简单的一级一元反应关系还有待改进。实际上，这里的 Al_c 校正非常重要，如果能够获得确切的 Al_c 含量，并加以校正，则"$\lg Al_{bt} - t$"曲线应该具有更好的线性，而且拟合结果也该具有更高的可信度和可重复性。而这种确切的 Al_c 获得，反过来又需要更好的拟合结果去决定，所以选择倒置的剩余反应物含量随时间变化函数(4-14)系列来进行拟合走了弯路，不如直接用产物函数(4-13)进行拟合，不过这需要采取非线性拟合方式，可以利用 origin 软件自带的非线性拟合功能实现。以后的数据处理都是使用该软件完成。

表 4-2 Al_c 修正前后的线性拟合结果

修正	拟合区间	k_b/s^{-1}	Al_{b_0}	f_b
修正前	2~10 min	0.000 81	0.6588	1.03
	2~20 min	0.000 67	0.6364	0.996
修正后	2~10 min	0.000 82	0.6338	0.992
	2~20 min	0.000 55	0.6377	0.998

以上的分析和实验表明，Al-Ferron 反应体系用一级动力学方程来模拟是可行的。对实验数据做了大量的非一级拟合以及一级非一级组合的拟合(结果没有列出)都表明一级动力学拟合完全可以描述 Al-Ferron 反应过程。此外，在反应体系中到底存在几种反应物质(即反应方程的"元"数)也要充分考虑。如前所述在后续处理中单体铝的影响可以忽略，这里将单体铝暂按传统 Ferron 法得到的 Al_a 表示。一般而言，单体铝在 OH—Al 体系中是始终存在的，但是由于其与 Ferron 反应的速度常数非常大，通常在 $2min^{-1}$ 以上，根据文献[19]给出的数据计算，基本上在 30~60s 内就完成了反应，甚至更快，可以认为是瞬间完成的，所以实验室长期以来用 60s 来划分 Al_a 有一定合理性。如果认为在第一反应时间(通常是 60s)得到的吸光度是 Al_a，以后不再考虑它的反应，也不考虑它对吸光度的贡献，实际操作过程中也不可能实现对 Al_a 反应过程的检测，结果表明这样处理是合理而且有效的。这样方程只考虑多核铝聚合物的形态，按两种处理，即相对快的 A 形态和相对慢的 B 形态来进行二元拟合，即

$$C_t = C_{A_0}(1-e^{-k_1 t}) + C_{B_0}(1-e^{-k_2 t}) \tag{4-16}$$

如果两种形态的速度常数 k_1、k_2 接近，实际上就是一种形态。忽略单体铝的"二元"拟合通常能够满足本实验条件下数据的处理要求，如果还有第三种更慢的形态

存在，则认为在实验时间范围内是不与 Ferron 反应产生吸光度的惰性物质，已经属于传统意义的 Al_c 范畴了。

再考虑吸光度和方程式(4-16)中的浓度的对应关系，过去都是简单处理为过零点的正比关系，如此根据式(4-17)得到式(4-18)或式(4-19)，根据物理含义的不同定义而有其他形式，但很多情况下其拟合结果都与实际物理意义不符，因此，有必要做更精细的分析。实验采用的是不过原点的线性关系来确定二者关系，即

$$C' = aA' + b' \tag{4-17}$$

式中，C' 为物质浓度；a、b' 为系数，由标准铝液做出的工作曲线给出；A' 为吸光度。将式(4-16)中所有的浓度都以吸光度表示，最终得到拟合工作曲线的解析方程：

$$Y_t = 2b + (A_1 - b)(1 - e^{-k_1 t}) + (A_2 - b)(1 - e^{-k_2 t}) \tag{4-18}$$

式中，Y_t 为经过 Al_a 修正后 t 时刻吸光度；b 为与仪器状态和 Ferron 性质有关的系数；A_1、A_2 分别为快慢两种聚合形态完全反应平衡后产生的吸光度；k_1、k_2 $(k_1>k_2)$ 则分别为两形态的表观一级反应速度常数。

至此，根据 60s 时间确定 Al_a (或单体铝)之后的 Ferron 法优化解析方程建立。在 Al_a 含量较低的样品处理中也有很好的重复性，该方法仍然没有把 Al_a 和 $Al_{单}$严格区别。一般认为单体铝与 Ferron 的反应瞬间完成，其产生的吸光度 A_0，作为新的独立变量加入方程，则拟合式(4-18)还有进一步的优化形式：

$$Y_t = A_0 + b + (A_1 - b)(1 - e^{-k_1 t}) + (A_2 - b)(1 - e^{-k_2 t}) \tag{4-19}$$

如果忽略低聚体的影响，式(4-18)可以和式(4-19)通用，其中经过 Al_a 修正的曲线更直观，式(4-19)则是直接处理数据更简捷。

4.3.2　铝形态的反应 *k* 值

1. 简单铝盐

在单体铝为主的铝盐溶液体系中，Ferron 扫描曲线仍然出现上升的过程，不久即出现一个平台，这说明了铝盐的水解现象。对简单铝盐(AC 为 $AlCl_3$, AS 为硫酸铝)的扫描曲线进行拟合分析，表 4-3 是拟合结果，进行了 Al_a 修正和没有 Al_a 修正的比较。拟合结果有 k_1 和 k_2 两个值$(k_1>k_2)$，分别对应与 Ferron 反应相对快的和相对慢的两类形态。拟合回归系数均超过 0.98，因此结果可信。由表 4-3 可知，一般方法拟合的 k 值变化缺乏规律性，同一类形态的 k 值可相差数个数量级，过去这都被归结为实验因素或体系复杂的原因，然而经过修正后的结果则显示，其 k 值比较有序，对同一类形态快的一般是慢的 100 倍，两者相差 2 个数量级。而对于快的 k_1 值(主要由它产生吸光度的变化)又有基本稳定的变化范围，即 k_1 为 $(0.01 \pm 0.003)s^{-1}$，这类物种能与 Ferron 快速反应，一般在 300~1200s 内反应结束进入平台，被计入 Al_b。如果 k 值较大，且含量较大，则必然有部分被计入 Al_a，使

Al_a 含量偏高。慢的 k_2 为$(0.0002\pm0.0001)s^{-1}$，或者更低。经过计算，这类物质与 Ferron 完全反应需要 10h 以上，对这类的归属，当然属于传统的 Al_c 范畴。其中 0.1mol/L 硫酸铝的 k_2 值更低，相差了一个数量级，说明 Al_c 包含了不同的形态。这与体系的水解程度有关。这种水解属于自发水解，并导致水体酸性增加。自发水解产生了一些低聚合度的产物，根据计算以低聚体为主。研究表明在自发水解的产物中没有 Al_{13} 成分[1]，因此可以推论铝盐自发水解产生的两个 k 值不可能是由 Al_{13} 的形态产生。

表 4-3　简单铝盐溶液的 k 值

样品	一般拟合			优化拟合		
	k_1/s^{-1}	k_2/s^{-1}	R^2	k_1/s^{-1}	k_2/s^{-1}	R^2
0.001mol/L AC	0.068 34	0.000 17	0.9933	0.012 26	0.000 12	0.9957
0.05mol/L AC	0.066 88	0.004 67	0.9823	0.009 86	0.000 22	0.9894
0.001mol/L AS	0.1802	0.01	0.9947	0.007 63	0.000 21	0.9977
0.1mol/L AS	0.097 29	0.007 49	0.9997	0.010 24	0.000 03	0.9952

2. PACl

图 4-5 是不同碱化度 PACl 与 Ferron 反应的时间扫描曲线，其形态见表 4-4，其中 B=2.2 的 PACl 最稳定，Al_b 含量最高，在 Ferron 法的扫描曲线中，表现出典型 PACl 的 Ferron 比色特征，即吸光度起初以几乎线性的速度较快上升，过了 1500s 上升速度逐渐变缓，到了 4000s 左右基本不再变化，B 为 1.2~2.0 的 PACl 都有这种特点(为简化视图，图中只给出了 B=2.0 的曲线)，整个曲线变化过程比较稳定。而在 1.2 以下，各 PACl 的扫描曲线明显可分为三段：第一段，曲线首先迅速升高，持续时间约 500s；第二段，在随后的 2500s 内转而以较为缓慢的速度增加；第三段，到了 4000s 后则又基本达到平台，吸光度不再变化。而对于 B=0 的 PACl (即 $AlCl_3$ 溶液，简写为 AC)，甚至不出现中间缓慢升高的过程，直接快速升高后进入平台。B>2.2 的 PACl 则一直呈缓慢的上升，在考察的 2h 时间内始终没有出现平台，且也有较高的 Al_b 含量。

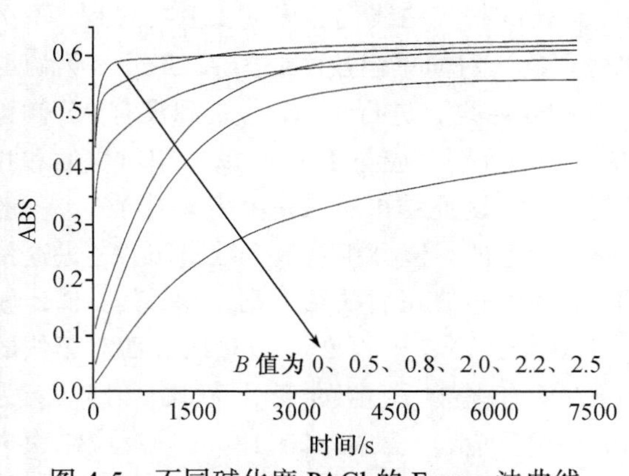

图 4-5　不同碱化度 PACl 的 Ferron 法曲线

表 4-4　各 B 值 PACl 的形态和 k 值

B	NMR 法		时间判据法		k 值判据法				
	Al_m/%	Al_{13}/%	Al_a/%	Al_b/%	F_m/%	F_t/%	k_1/s^{-1}	k_2/s^{-1}	R^2
0	82.90	0.00	87.90	12.30	61.16	0.00	0.013 65	0.0001	0.9958
0.5	56.30	23.70	76.40	24.10	67.25	15.07	0.011 98	0.000 75	0.9967
0.8	49.40	35.40	66.10	32.00	41.74	27.37	0.019 99	0.000 84	0.9970
1.0	43.50	41.80	56.20	42.90	38.82	38.25	0.017 01	0.000 61	0.9999
1.2	39.00	50.80	47.40	51.20	43.39	49.57	0.000 59	0.0015	0.9980
1.5	25.40	54.70	37.70	60.10	33.86	58.82	0.001 10	0.0007	0.9998
1.8	21.00	76.70	27.00	70.80	21.27	75.61	0.001 15	0.0007	0.9998
2.0	13.60	81.90	18.00	80.30	14.78	79.70	0.000 93	0.000 93	0.9998
2.2	5.80	76.70	9.40	83.80	5.49	80.39	0.000 93	0.000 09	0.9980
2.5	0.00	37.90	1.80	48.60	0.04	40.21	0.000 80	0.000 11	0.9998

对于如此复杂多变的曲线变化，可以通过数据拟合的结果分析阐释。表 4-3 列出了优化拟合的速度常数，并把相对应的含量也列于表中。由表可知，以 B=1.2 为界，小于此值的 PACl 其 k_1 值和简单铝盐的 k_1 值有相同的取值范围，在 0.01s^{-1} 以上，此时 Ferron 法曲线在 500s 内呈迅速上升，而大于此 B 值 PACl 的 k_1 值则比其低一个数量级，为 0.001s^{-1} 左右，介于简单铝盐形态所具有的 1×10^{-2} 和 1×10^{-4} 数量级的两个 k 值之间，显然这是聚合铝中特有形态所对应的速度常数 k 值(范围)。对于 Al_b/Al_{13} 含量较高的 PACl，如 B=2.0、2.2，该典型 k 值为 0.0009 s^{-1}，推测是 Al_{13} 的特征 k 值。经计算，该典型特征值对应的形态在 3500s 内有 95%参与与 Ferron 的反应，在 Ferron 法曲线中表现出在 4000s 左右开始进入缓慢变化的平台，直到 7200s 反应 99%以上，基本反应完全。正是该 k 值所对应形态的存在，使得该形态占优的 PACl 的 Ferron 法曲线具有平稳变化的特征。在较低 B 值(<1.2) PACl 的拟合结果中，由于还有更高的 k_1 值，具 PACl 特征的 k 值以 k_2 形式出现，曲线上表现为第二段较缓慢生长的部分，其中第一段迅速生长的部分由相对更快的 k_1 值形态产生。

AC 溶液则没有此特征值，表明此物种的缺位，其扫描曲线则表现为吸光度迅速升高后直接达到平台。前面已经分析，造成这个吸光度迅速升高的形态，应该就是低聚体铝，其速度常数特征值 k_1>0.01s^{-1}。实验结果表明 AC 溶液的 k 值除了此低聚体的特征值之外，另有就是极慢反应形态的特征值，在 0.0001s^{-1} 以下。该缓慢反应特征值在高 B 值 PACl 中也有出现，并且由于含量较丰，使得该 PACl 的 Ferron 扫描曲线不同于 Al_b 含量较丰的 PACl，没有平台，或者平台出现时间很晚，整个形状一直呈缓慢上升态势，2h 内该速度常数值为 0.0001s^{-1} 的形态有 50%参与了反应，使得该部分被计入 Al_b。

3. Al_{13}

根据 PACl 的实验推测 Al_{13} 的反应动力学常数特征值是 $0.0009s^{-1}$，用提纯的 Al_{13} 做进一步验证。图 4-6 是实验室提纯 Al_{13} 的扫描曲线，经过核磁共振表征其 Al_{13} 含量为 93%，对其 Ferron 法的扫描曲线进行优化拟合，表 4-5 中的拟合结果表明，k_1 和 k_2 值均为 $0.000\ 87s^{-1}$，和 $PACl_{22}$ 的值很接近。说明该 k 值与 Al_{13} 的这种对应关系确实成立，k 值的重合还表明反应体系形态高度均一，完全可以按照一元对待，即该体系基本上就是 Al_{13} 的一元体系了。实际上提纯的 Al_{13} 溶液杂质少，单体和高聚物几乎可以忽略。在其他成分含量很低的情况下，优化拟合和一般拟合是一致的，进一步用一元拟合也有很好的可信度。这时候 Al_b 与 Al_{13} 相等的关系基本成立。

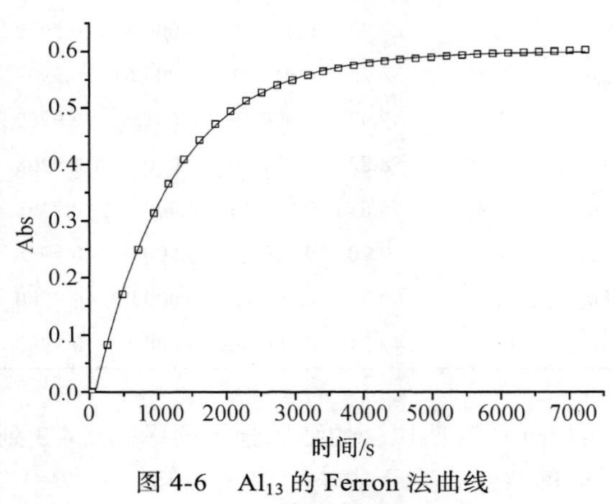

图 4-6　Al_{13} 的 Ferron 法曲线
(实线为拟合结果)

表 4-5　Al_{13} 的含量及其 k 值

方法	k_1/s^{-1}	k_2/s^{-1}	R^2	F_t	Al_b	Al_{13}
优化拟合	0.000 87	0.000 87	0.9995	93.35%	93.05%	93%
一元拟合	0.000 87	—	0.9995	96.68%		

4. 高聚物

表 4-6 是 Al_{13} 长期静置一年以后的凝胶重新水溶后样品和稀的氯化铝强制水解(外加碱使得 B=2.2，记为 Al_{22})并熟化 8 个月的形态。分析表明，两者的主要成分都是 Al_c，占 89%以上，但是仍然有 5%的 Al_b 含量。而图 4-7 核磁共振的鉴定结果没有发现 Al_{13}，显然这时传统 Ferron 法的 Al_b 不能表征 Al_{13}。

表 4-6　Al_{13} 凝胶和强制水解产物的形态

项目	Al_t/(mol/L)	Al_a/%	Al_b/%	Al_c/%	Al_{13}/%
GEL	0.021	13.61	5.13	81.26	—
Al_{22}	0.001	9.73	4.12	86.15	—

这两种样品的 Ferron 扫描曲线如图 4-8 所示。以 Al_c 成分为主的样品其 Ferron 扫描曲线的特点是在扫描过程中吸光度随时间极缓慢的增加，其中凝胶的曲线只有

在初期有较明显的上升，而水解产物则几乎都是一条直线。对它们的优化拟合结果列入表 4-7 中，Al_{13} 凝胶的 k_1 值较大(>0.014s^{-1})，属于低聚体的 k 值特征，对应的形态 F_1 应该是低聚体，只占总铝的 2.4%，所以曲线只在极短的时间内完成迅速上升，剩下的曲线爬升过程主要由低的 k_2 值对应形态 F_2 引起。k_2 值很低，属于慢反应的特征值，而且含量也只有 8%，所以曲线爬升幅度很小，拟合的单体占 13%，接近时间判据法的 Al_a，剩余不可测的部分占 77%。比较表 4-6 和表 4-7 可知，凝胶测试的 Al_b 由两种非 Al_{13} 的形态构成：一是绝大部分的低聚体 F_1，二是少部分的慢反应形态 F_2，该形态在 2h 络合比色时间内反应了 55%。铝盐强制水解产物长期熟化后也能与 Ferron 比色，显示了两种“活性”形态，其 k 值分别为 0.000 37s^{-1} 和 0.000 02s^{-1}，都不是 Al_{13} 的特征值，这和 NMR 鉴定的结果一致。二元拟合得到的两种形态中，相对较快的第一种形态 F_1 在 2h 内反应了 93%，但该物种含量极微，对体系吸光度，亦即 Al_b 基本没有贡献。而第二种形态虽然反应更慢(表现为曲线升高非常缓慢)，

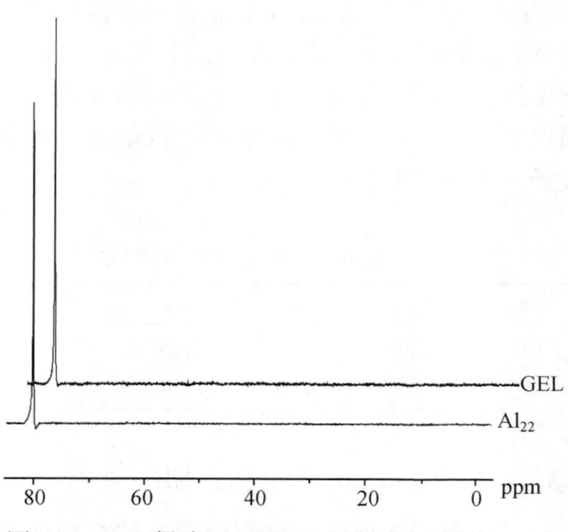

图 4-7　Al_{13} 凝胶(上)和 AC 强制水解产物(下)的 NMR 图谱

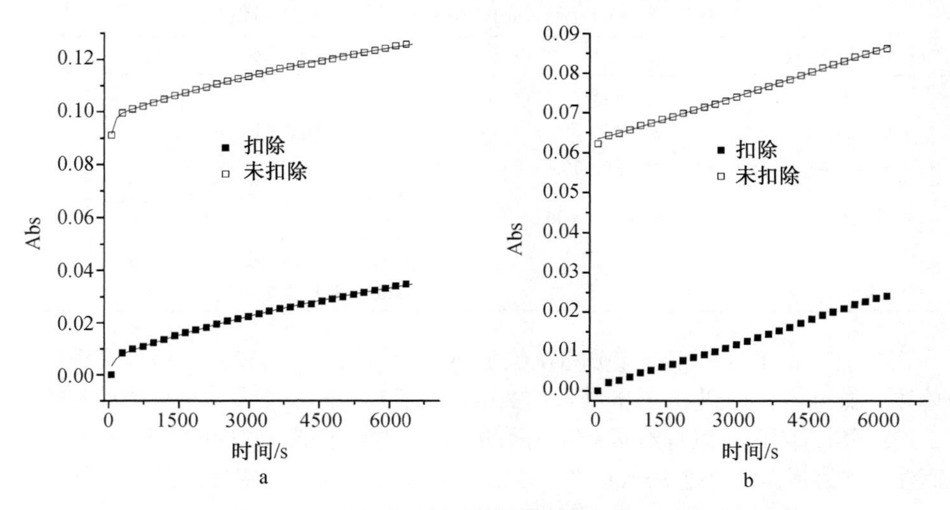

图 4-8　Al_{13} 凝胶和铝水解产物的 Ferron 法曲线

a. 凝胶；b. 水解产物(实线为拟合结果)

2h 内只反应了 13%，由于其含量较高(为 33%)，2h 内反应 13%的贡献产生了有 4%的 Al_b 假象(表 4-6)，明显此 Al_b 非 Al_{13}(图 4-7)。此外还有一种形态没有拟合出来(没有 k 值)，即可认为是不反应的第四种形态 F_u，占总铝的 58%。由此可知，F_u 和 F_2 间仍然存在一些区别，而在传统 Ferron 法的分类中，全部 F_u 形态和 87%的 F_2 形态被计入 Al_c，约为 87% (表 4-6)。

表 4-7　Al_{13} 凝胶和强制水解产物的 k 值及其相应的形态

凝胶	F_m/%	F_1/%	F_2/%	F_u/%	k_1/s^{-1}	k_2/s^{-1}	r_2
gel	12.69	2.43	7.76	77.12	0.014 54	0.000 13	0.9991
Al_{22}	9.13	0.00	32.54	58.33	0.000 37	0.000 02	0.9993

4.3.3　改进 Ferron 法-k 值判据

将各种铝形态的 k 值综合归纳的结果列于表 4-8。由表可见，铝盐水解形态的速度常数呈现不连续但是很有规律的分布。k 值随着聚合程度的增加呈数量级的下降趋势，如从单体的 0.3s^{-1} 到低聚体特征的 0.01s^{-1}，然后是表征 Al_{13} 特征的 0.001s^{-1}。在本实验条件下，发现熟化 Al_{13} 的典型 k 值为 0.000 87s^{-1}，而在制备的 PACl 中，该特征值稍高，为 0.001~0.004s^{-1}，可能是 Al_{13} 不太纯的缘故。随着 Al_{13} 进一步熟化，k 值将下降到 0.0004~0.0006s^{-1}，也许仍然含有四面体结构。最后当 k 值降至 0.0001s^{-1} 以下，形态完全转化成为不具四面体结构的 Gibbsite 碎片或者无定形沉淀、凝胶等形态。

表 4-8　各 OH-Al 形态的 Ferron 反应速度常数(k)

Ferron 反应活性	k/s^{-1}	对应的 cage-model 形态	简称
瞬时反应	>0.3	单体	F_m
快速反应	>0.01	低聚体，如 Al_2、Al_3、Al_6 等	F_o
中速反应	0.001±0.0005	Al_{13}	F_t
慢速反应	0.0001~0.0005	Al_{13} 聚集体 Al_{30}，或有一定活性的 Gibbsite 碎片单元	F_{u1}
惰性，或极慢反应	<0.0001	非常稳定的大聚合体，包括胶体、Gibbsite 碎片微晶、sol、gel 等	F_{u2}

实际上 k 值的这种不连续分布反映了 Al(Ⅲ)的笼式水解模式，该模式中铝形态为单体、低聚体，再到 Keggin 结构的 Al_{13}，最后到 Gibbsite 大型聚合物或其碎片，呈不连续分布。因此可以将不同 k 值所属的形态与这种水解模式中的各形态对应起来，从而建立 k 值判据的改进 Ferron 法，详见表 4-8。依据 k 值，铝形态至少分为 5 种、

(1) 瞬时反应的单体，一般数秒至数十秒内完成络合比色，记为 F_m。

(2) 快速反应的低聚体，k>0.01s^{-1},一般在 5~20min 内与 Ferron 反应完毕，记

为 F_o。

(3) 中等反应速度的 Al_{13} 及其前驱体，$k>0.001s^{-1}$，记为 F_t。稳定的 Al_{13} 一般在 7200s 才基本反应完全，因此传统 Ferron 法的时间判据法中应该选择 2h 后读数才有可能较准确测出 Al_{13} 含量。

(4) 缓慢反应部分，$k>0.0001s^{-1}$，目前还不能知道其确切结构，可能是较小的 Gibbsite 碎片，或者是通过 Al_{13} 反应途径转化过来的变形体，Al_{30} 等溶胶，记为 F_{u1}。这部分形态因为也能参与 Ferron 的显色反应，使得有一部分被计入传统 Ferron 法的 Al_b 中。

(5) 极缓慢或者不反应的部分，在曲线中基本不产生吸光度的贡献，可能是 Gibbsite 微晶，或者是 Al_{13} 转化过来的尖晶石/拜耳石，最终转化成为 Gibbsite 结构[3]，记为 F_{u2}。

以上各形态都与笼式水解模式中的形态有很好的对应，根据 k 值可以确立此对应关系。为了区别，k 值判据得到的形态以“F”和对应笼式水解模式中某形态的英文单词头一个小写字母的组合表示，如“F_m”表示 k 值判据法得到的单体铝(monomer)。表 4-8 中，将反应活性较低的两类形态分别记为 F_{u1} 和 F_{u2}，但有时候难以也无必要区别而统称 F_u(unreactive)。需要说明的是，在有的拟合中，得到的两个 k 值非常接近，甚至相同，当是同类形态的特征值，这时候需要合并两者含量；而有的拟合中因为存在一些过渡类型，不能决定其确切归属。故为了说明和讨论方便，在这些场合则笼统以 F_1、F_2 分别表示 k_1、k_2 所对应的形态。

4.3.4　NMR 法与 Ferron 法-k 值判据法的比较

铝盐水解体系 3 种聚合形态速度常数的特征值大体确定，对于其中典型的 PACl 特征值 $0.001s^{-1}$ 对应的形态是否是 Al_{13} 可以通过与 NMR 的鉴定结果比较获得验证。图 4-9 是各 B 值 PACl 的 ^{27}Al NMR 核磁共振图谱，图中 80ppm 是内标 $Al(OH)_4^-$ 的化学位移，B 值大于 0.5 的 PACl 均可在位移 62.5ppm 出峰，表明 Al_{13} 的存在，而且其强度先逐渐升高后下降。零处的单体铝的峰强度则随 B 值线性减少。对其积分面积计算可得到单体铝(Al_m)和 Al_{13} 的百分含量(表 4-4)。由表中数据绘出的图 4-10，直观地比较了 k 值判据法、时间判据法以及 NMR 3 种方法的关系。由图 4-10 可知，时间判据 Ferron 法得到的 Al_b 和 k 值判据 Ferron 法得到的形态 F_t 和 NMR 方法测定的 Al_{13} 含量结果比较一致。总体而言，F_t 比 Al_b 更接近 Al_{13}。一般 F_t 值低于 Al_b 值，而在碱化度高于 1.2 且低于 2.5 的聚合氯化铝溶液，三者比较一致，这是因为这时候的 Al_{13} 含量较高，2 h 内吸光度的增加主要由 F_t/Al_{13} 贡献，在其他形态的干扰可以忽略的情况下，Al_b 反映了 Al_{13} 含量。B=2.5 时，由于缓慢反应的形态占据了相当份额，但是也贡献了 2h 内的吸光度，所以 Al_b 含量比其余二者要高，F_t 则始终非常接近 Al_{13} 含量。对 $B<0.8$ 的 PACl，则是 Al_b 含量接近 NMR 的 Al_{13}

含量。然而当 B=0 检测不出 Al_{13} 之际，仍有相当的 Al_b 含量，此时的 F_t 值和 Al_{13} 则完全相同，均不可测，更接近实际。

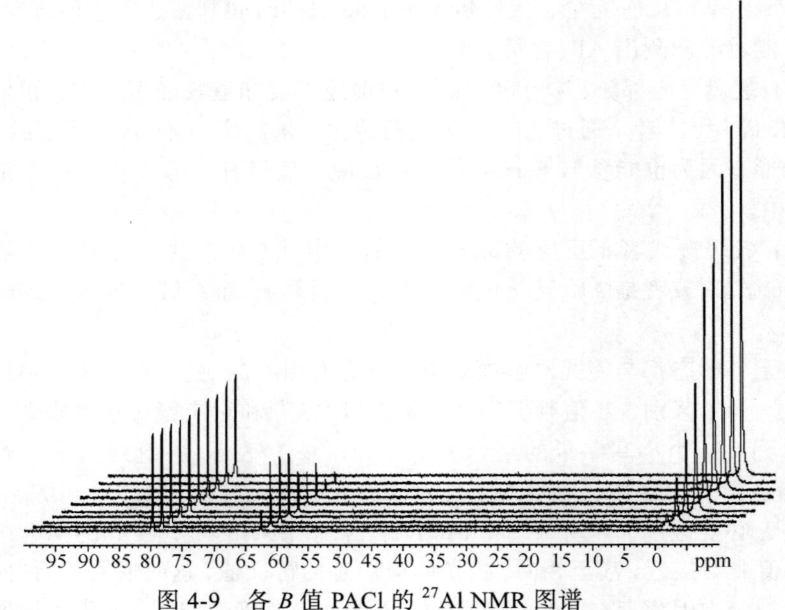

图 4-9　各 B 值 PACl 的 ^{27}Al NMR 图谱

(从上往下依次为 B 0、0.5、0.8、1.0、1.2、1.5、1.8、2.0、2.2、2.5)

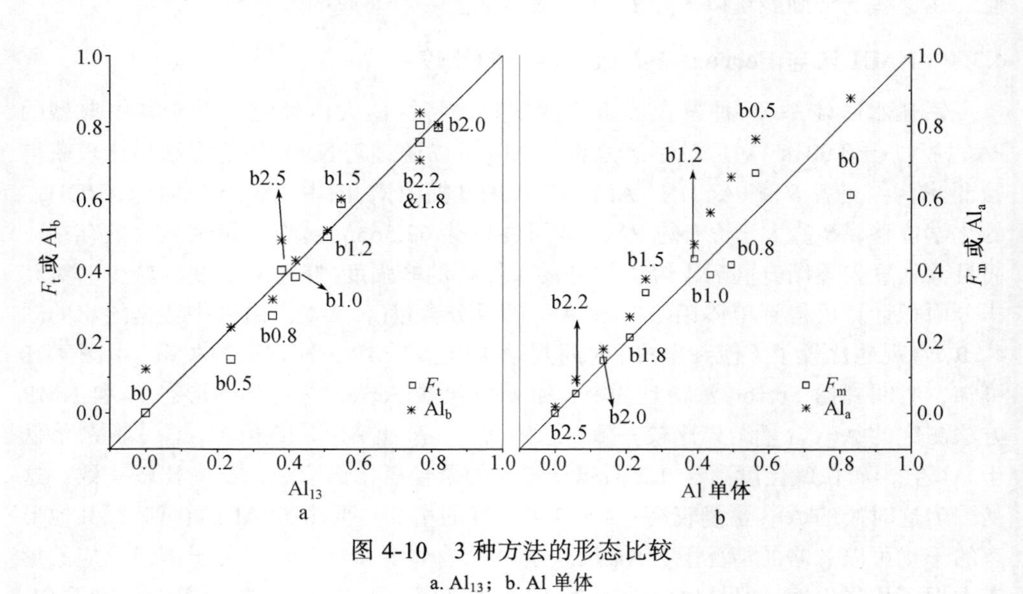

图 4-10　3 种方法的形态比较

a. Al_{13}；b. Al 单体

对于单体铝的测定，时间判据法的 Al_a 值与 NMR 的单体铝(Mono)结果比较离散，而速度常数 k 值判据法的 F_m 与 Mono 仍保持良好的 1:1 对应。只是在 AC 溶液中，F_m 明显低于 Mono 和 Al_a。Al_a 高于 F_m 和 Mono 可以理解，因为 Al_a 测试的是 60s 内与 Ferron 反应的形态，对于 k 值为 $0.01s^{-1}$ 的低聚体，此时刻一般反应了 45%，因而被计入 Al_a 使得 Al_a 含量增加，在低聚体含量较低的 PACl 体系，该增量可以忽略，但是对于低聚体含量较多的低碱化度的体系，其影响就不可忽视了，这表现为低碱化度下 Al_a 大大高出其余两者，而在高碱化度下则三者比较接近(图 4-10b)。AC 溶液由于 NMR 仪器的分辨率较低，低聚体的峰难以分离检出，往往也被并入 Mono 部分处理，所以该值比 F_m 要高。

应该指出的是，因为目前还不能将所有形态完全分离出来，优化拟合得到的 k 值是一种表观常数，铝水解—聚合—沉淀反应的复杂性和不断演化，使得不可能唯一确证某一种形态的 k 值，而且该值与实验条件，如 Ferron 混合比色液浓度、储存时间、品种、温度、铝的浓度、操作因素等都有关系，但是这些数据在同一实验室统一条件下有很好的可比性。笼式模式中水解铝形态呈不连续分布，不连续的 k 值分布一定程度上支持了这种模式，因此，依据 k 值来划分铝盐溶液的各种形态，尤其是 Al_{13} 的鉴定是合理可行的。

4.4　改进 Ferron 法的应用

4.4.1　铝盐的自发水解

实验考察了 1mmol/L AC 溶液的自发水解过程，图 4-11 是 Ferron 法的扫描曲线，都有逐渐升高的现象，尤其是水解初期，升高明显，随后变缓，说明铝盐有更大聚合态的产物。对曲线进行优化拟合解析后可知自发水解产物的 k 值分别为 $k_1>0.01s^{-1}$，$k_2<0.0002s^{-1}$，分别对应于快速反应部分的低聚体和缓慢反应的 Gibbsite 小分子碎片，而没有 Al_{13} 形态的特征 k 值。由表 4-9 可知，各时期的水解形态比较稳定，均以单体铝为主，其含量占总铝的 90%~92%，除此之外也有少量的低聚体(以 F_1 表示)形态，占 2%~4%，其余的为极缓慢或(和)不反应形态即 F_2+F_u，其中 F_2 是通过拟合的 k_2 值对应的形态，只是表征了剩余形态的一部分，可缓慢与 Ferron 反应，另一部分则用 F_u 表示，基本不与 Ferron 反应。初期水解产生的 F_2 部分含量稍高，

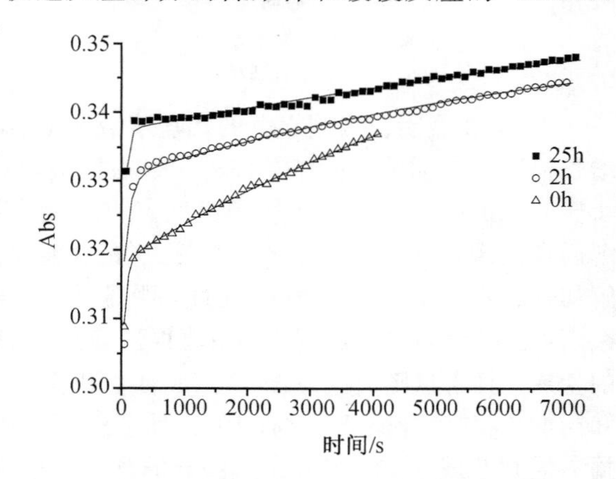

图 4-11　1mmol/L Al(Ⅲ) 的自发水解
(实线为拟合结果)

达到 9%，不反应部分几乎没有，随后逐渐增多，但总体变化不大，整个自发水解过程始终没有出现 Al_{13}。

表 4-9　铝盐自发水解的 *k* 值及其形态

熟化时间	k_1/s^{-1}	k_2/s^{-1}	$F_m/\%$	$F_1/\%$	$F_2/\%$	$F_u/\%$
0h	0.019 33	0.000 12	88.50	2.40	9.00	0.10
2h	0.009 96	0.000 13	91.10	3.30	4.20	1.40
25h	0.021 32	0.000 06	92.60	3.70	2.50	1.10

4.4.2　铝盐的强制水解

当铝盐在水解进程中与外来氢氧根作用时即发生所谓的强制水解反应。为了测试方便，仍选择 0.001mol/L Al 的 AC 体系，考察其强制水解过程。预先配好含有一定碱度的去离子水，使其中自由氢氧根浓度与后续投加铝离子浓度比(相当于 *B* 值)为 2.2，按照混凝操作程序设置了快慢搅拌以及静置过程，用 *k* 值判据的改进 Ferron 法追踪其形态的变化。时间扫描结果如图 4-12 所示，为了清晰，数据做了 Al_a 修正处理，看出水解 9h 后曲线有明显的中速反应形态特征的增长。然而经过更长时间的熟化，曲线呈现了高聚物的增长特征。对其进行优化拟合得到 *k* 值和形态，结果如图 4-13 所示。

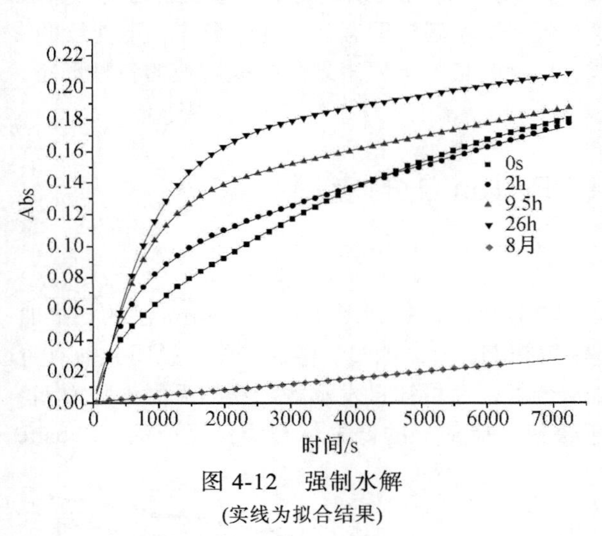

图 4-12　强制水解
(实线为拟合结果)

图 4-13 表明，强制水解的铝盐溶液与 Ferron 反应动力学曲线可以用二元指数增长描述，表明体系除了单体外，还有两类形态，一类形态(F_2)的 *k* 值(以 k_2 表示)小于 $0.0003s^{-1}$，明显属于较慢速反应(F_{u1}，水解初期出现)或不反应的形态(F_{u2}，水解后期出现)，另一类形态(以 F_1 表示)的 *k* 值(k_1 表示)为 $0.001 \sim 0.004s^{-1}$。在强制水解初期，k_1 值稍大于 F_t 特征值而又明显低于快速反应的 F_o 特征值，其归属比较复杂。而在随后的水解过程中，该值很快降至 F_t 特征值范围，说明了强制水解有 Al_{13} 的生成，且含量随时间逐渐增大[图 4-13(b)]，但和 Al_b 含量不能重合。由图 4-13(b) 知初期 F_1 的含量很低，只有 10%，明显低于 50%的 Al_b 含量，Al_b 主要由 F_2 形态(根据 *k* 值判断属于 F_{u1})组成，这部分的含量高达 50%，根据 *k* 值计算，F_2 在 2h 内的比色时间段反应了 70%，所以这时候的 Al_b 表征的主要是慢反应的形态(F_{u1})。随着

水解的进行，F_1(即 Al_{13})的含量逐渐升高，贡献给 Al_b 的吸光度份额也增大。过了一天以后达到最高点，占总铝的 40%，成为 Al_b 中的主要构成，而较慢反应部分减少，完全不反应的部分增加。k_2 对应的 F_2 表示的形态也比较复杂，在强制水解初期是慢反应部分，后期则是不反应部分，故在图 4-13b 中表现出较大的波动。在更长时间(8 个月)的水解之后，Ferron 法曲线基本是平台，吸光度增长非常缓慢，中速反应的形态虽然也可拟合出来(有 k_1 值)，但是该含量极低，表明 Al_{13} 基本消失，转而以基本不反应的 F_{u2} 形态占优势，因为有一定的反应速度，故在时间判据的 Ferron 法中仍然有一定的 Al_b 含量。

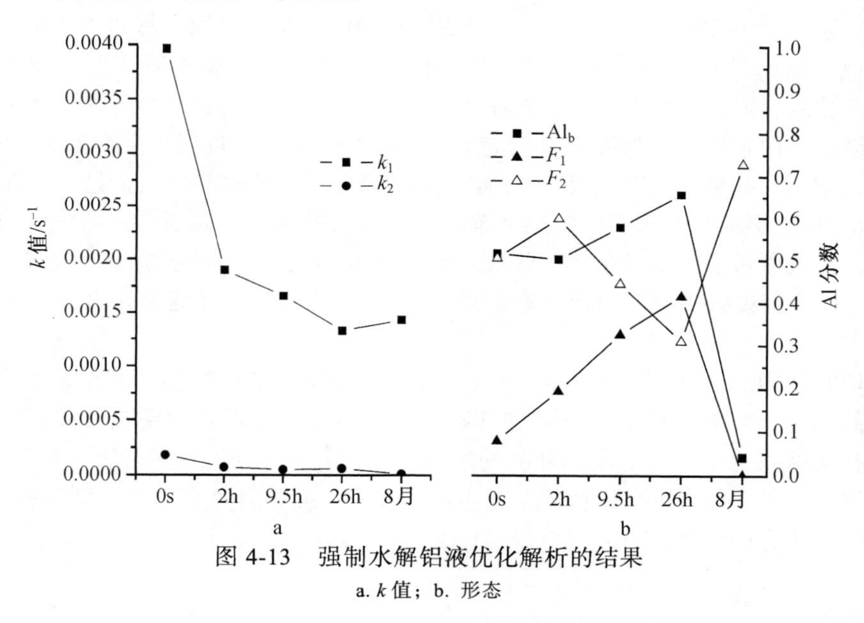

图 4-13　强制水解铝液优化解析的结果

a. k 值；b. 形态

比较自发水解和强制水解的 k 值，强制水解初期存在一种未知的 F_1 形态，其 k_1 值和后期 Al_{13} 的特征值有所差别，但又和低聚体特征值相差更远，推测该未知 F_1 形态可能具有类似 Al_{13} 的特征，而且后期这种特征更明显，所以初期的这种形态更可能是属于水解进程中低聚体向 Al_{13} 转化的中间体，其结构可能初步形成了中心四面体 AlO_4[11]，但是没有完全闭合，与 Ferron 反应的活性比较大，故表现为介于 F_t 和 F_o 的 k 值。也可能是外来羟基攻击低聚体，使之变型重组产生平面三聚体[9]，也会产生这种过渡状态的 k 值。或者是另外一种所谓的立方烷结构的 15 个正电荷的 Al_{13} 的形态，这种形态在水溶液中很不稳定，很快消失，可能最终向 Keggin-Al_{13} 转化。而在没有外来 OH^-的自发水解中，该形态不出现，而只有快的低聚体和不反应或极慢反应部分。从热力学角度考虑，外来 OH^-实际上是创造了低的 IAQ 氛围，有可能突破单核墙，从而有 Al_{13} 的生成。而在自发水解中，依靠铝核自身的极化作用不可能突破此单核墙，所以 Al_{13} 的生成概率极低。这意味着加

碱是形成 Al_{13} 的一个必要条件。

注意到稀至 0.001mol/L 的 AC 强制水解溶液其 Al_{13}(Al_b)含量明显低于相同 B 值但浓度较高的情况，这表明浓度太低不利于 Al_{13} 的生成，稀浓度下自发水解占优势，强制水解受到抑制，可能是 OH^-浓度和低聚体浓度导致反应物有效碰撞太低，也有可能是稀释条件下，热力学的单核墙难以突破的缘故。

4.5　Al_{13} 的亚稳平衡与转化

实验室制备 PACl，一般需要控制条件使溶液在制备过程中尽量不产生沉淀并始终保持澄清状态，通常采用的手段是降低铝盐的浓度和加碱速度以及强烈搅拌，沉淀的生成往往被看做 Al_c 或者 Al_c 的前驱物，对 Al_{13} 的生成不利，但一直缺乏有说服力的根据。在低温下有沉淀生成但是在后来熟化过程中又会消失，其 Al_b 含量也较高。研究认为最初生成的铝凝胶沉淀物再溶解的产物主要是 Al_b 形态。^{27}Al NMR 检测结果则表明，加热溶解这种凝胶后的溶液则表现为 Al_{13} 聚合形态，因此认为这些最初生成的凝胶沉淀相主要是由离散的 Al_{13} 形态稳定聚集的。最近 Al_{13} 从铝溶胶凝胶中得到检出也有报道[31]。这些沉淀/凝胶究竟是否为 Al_{13} 的聚集体则没有定论。

通常认为 Al_b 和 Al_{13} 的关系一致，而且 Al_{13} 瞬间生成[6]，然而此结论大都建立在样品熟化一段时间后进行测试的基础上，很多研究发现在长期熟化过程中 Al_{13} 含量会逐渐减少[32]，而对新制样品的短期熟化过程缺乏研究。实际上，在 PACl 制备过程中，尤其是高浓度原料的工业生产过程中，沉淀的生成几乎不可避免。因此沉淀的转化方向和影响方式，涉及 Al_{13} 的最终转化。

4.5.1　新制 PACl 的短期熟化行为

图 4-14 是新鲜制备的 0.025 mol/L $PACl_{22}$(碱化度为 2.2)在 3 天熟化期内的 Ferron 法曲线，各曲线都在 3000s 内开始出现平台，具典型的 PACl 溶液 Al-Ferron 比色特征。但是各熟化期仍有区别。t=0 时刻，吸光度值差别较大，未熟化 PACl 有最高的吸光度，随着熟化的进行，该值逐渐减少，伴随 Al_b 的增加。

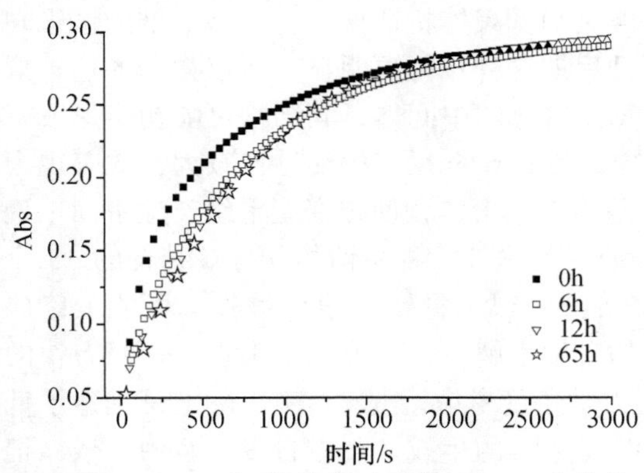

图 4-14　$PACl_{22}$ 短期熟化过程的 Ferron 法曲线

$Al_{13}/Al_b/F_t$ 在碱化度 1.0~2.5 且熟化相当时期的 PACl 形态分析中比较一致，然而对图 4-14 Ferron 法曲线进行优化解析却发现，这种规律在新制 $PACl_{22}$ 熟化过程中有不同表现(图 4-15a)：F_t 随熟化时间变化的曲线和 Al_{13} 的曲线基本重合，表明 F_t 确实表征了 Al_{13} 及其变化规律，而 Al_b 曲线则始终位于这两者之上。尤其在熟化初期，明显偏高，只有在熟化 3 天以后三者才比较接近。在熟化过程中，Al_{13}/F_t 含量随时间延长剧烈升高，新鲜制备的 PACl 其 Al_{13} 含量只有 45%左右，经过 3 天的熟化之后达到 74%。Al_b 在 10h 内从初期的 68%到 10h 后的 76%，此后即进入“稳定期”(3 天后为 78%)，升幅不明显。经计算，Al_b 在初期高出 Al_{13} 的部分是由 k_2 值对应的形态(为方便说明，暂以 F_2 表示，根据表 4-9，应该是 F_{u1})部分产生，因为该形态的 k_2 值较高，2h 内反应了 93%。随着熟化的进行，k_2 值减少，使 F_2 在 2h 内只能反应 40%，而且 F_2 本身的含量也降低，使得这部分对 Al_b 的贡献可以忽略，此时的 Al_b 和 Al_{13} 有良好的对应。因此，$Al_{13}/Al_b≈1$ 的关系只有在 Al_{13} 形态进入稳定期后才成立。

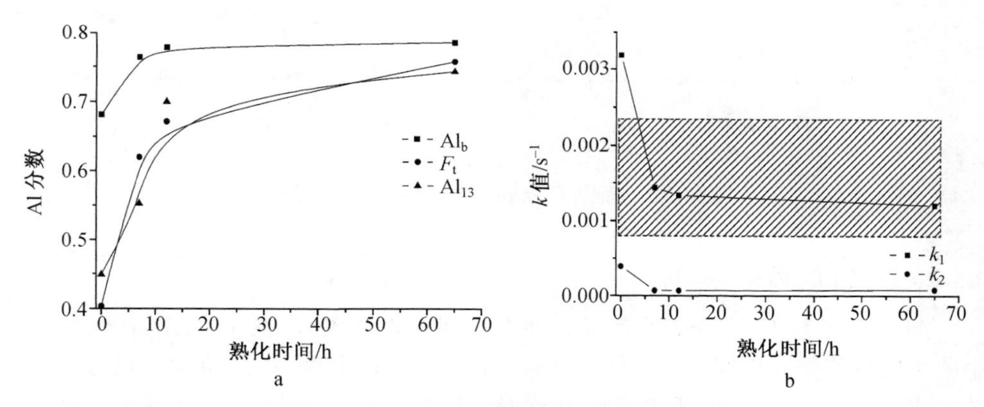

图 4-15　新制 0.025mol/L $PACl_{22}$ 的熟化过程

a. 形态；b. k 值

图 4-15b 是新制 $PACl_{22}$ 的 k 值在熟化时期的变化特征。k_1 值在新制备的 PACl 中明显大于 Al_{13} 的典型 k 值，而随熟化又很快降到 Al_{13} 特征 k 值附近。由上述的比较表明，熟化初期较高的 k_1 值(高达 $0.004s^{-1}$)可以归属于四面体结构的 Al_{13} 或者类 Al_{13} 物质。k_2 在初期较高，随后也降低。其对应的形态，考虑到 F_t 含量在初期略低于 Al_{13}，可能此时的 F_2 也有某种四面体的构型特征，但因无法确知反应机制而无法准确判断。

提高 $PACl_{22}$ 的浓度到 0.1mol/L 也有类似现象发生(图 4-16)。新鲜制备的 PACl 的 F_t 含量明显低于 Al_b，在随后的熟化过程中很快升高，最后达到与 Al_b 一致(图 4-16a)。而由前面 0.025mol/L 的比较，可以将此 F_t 视作 Al_{13}，也表明 Al_{13} 在加碱完毕之后存在一个演化过程，相较于低浓度的情况，这个过程缩短，Al_{13} 的演化进度变快，因此，Al_b 和 F_t/Al_{13} 离散程度也变小。图 4-16b 表明初期有较高的 k 值，无

论 k_1、k_2 都是一种过渡状态的 k 值，很快就降低，分别落入 Al_{13} 的 k 值和慢反应的 k 值附近，这和极稀 Al 浓度时的强制水解过程表现一样。只不过在相对较高浓度的 PACl 制备过程中，这种过渡状态容易实现向 Al_{13} 的转化。即使加碱完毕，仍然存在一个 Al_{13} 不断生成的亚稳平衡过程。一般地，Al_b 含量高于真实 Al_{13} 含量，因此，传统 Ferron 法的 Al_b 测量往往掩盖了 PACl 在熟化过程中 Al_{13} 仍在大量生成的事实。

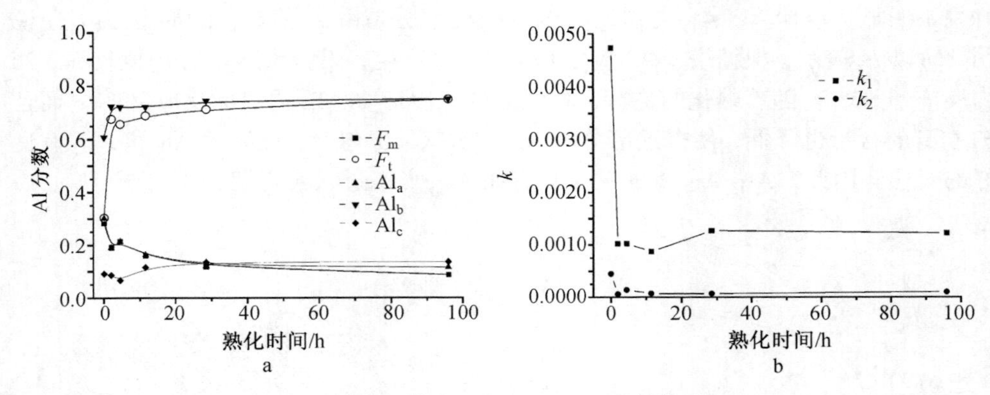

图 4-16　新制 0.1mol/L $PACl_{22}$ 的熟化过程

a. 形态；b. k 值

4.5.2　PACl 的稀释

Al_{13} 的生成需要一个熟化时间，而在更高浓度 PACl 产品中，Al_{13} 在熟化过程中的生成可能受到抑制。一旦存在有利于这种转化的条件，比如稀释，就会有 Al_{13} 的生成。图 4-17 是 2mol/L $PACl_{25}$ 在稀释过程中 NMR 鉴定结果，随着稀释时间的延长，63ppm 处的峰从无到有，并逐渐增强，表明了 Al_{13} 的逐渐形成，稀释推动了有利于形成 Al_{13} 的亚稳平衡。稀释后，原高浓度 PACl 体系不利于 Al_{13} 生成的环境被破坏，转而进入利于形成的熟化过程。

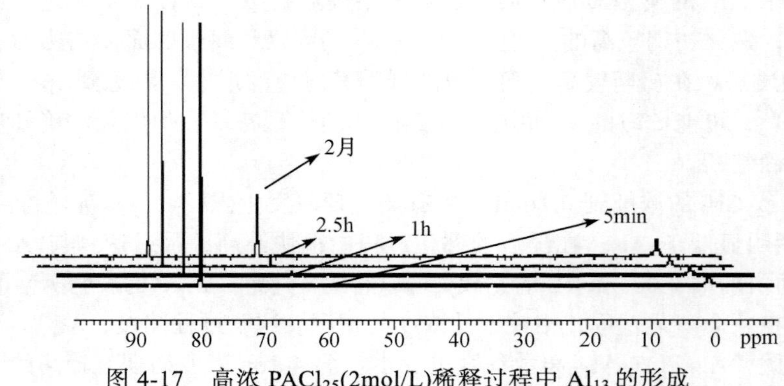

图 4-17　高浓 $PACl_{25}$(2mol/L)稀释过程中 Al_{13} 的形成

稀释过程中碱化度的作用也可以通过该种假说来解释，以 1mol/L 的 $PACl_{10}$ 和 $PACl_{22}$ 为例，图 4-18 比较了两种碱度 PACl 在稀释过程的形态变化。

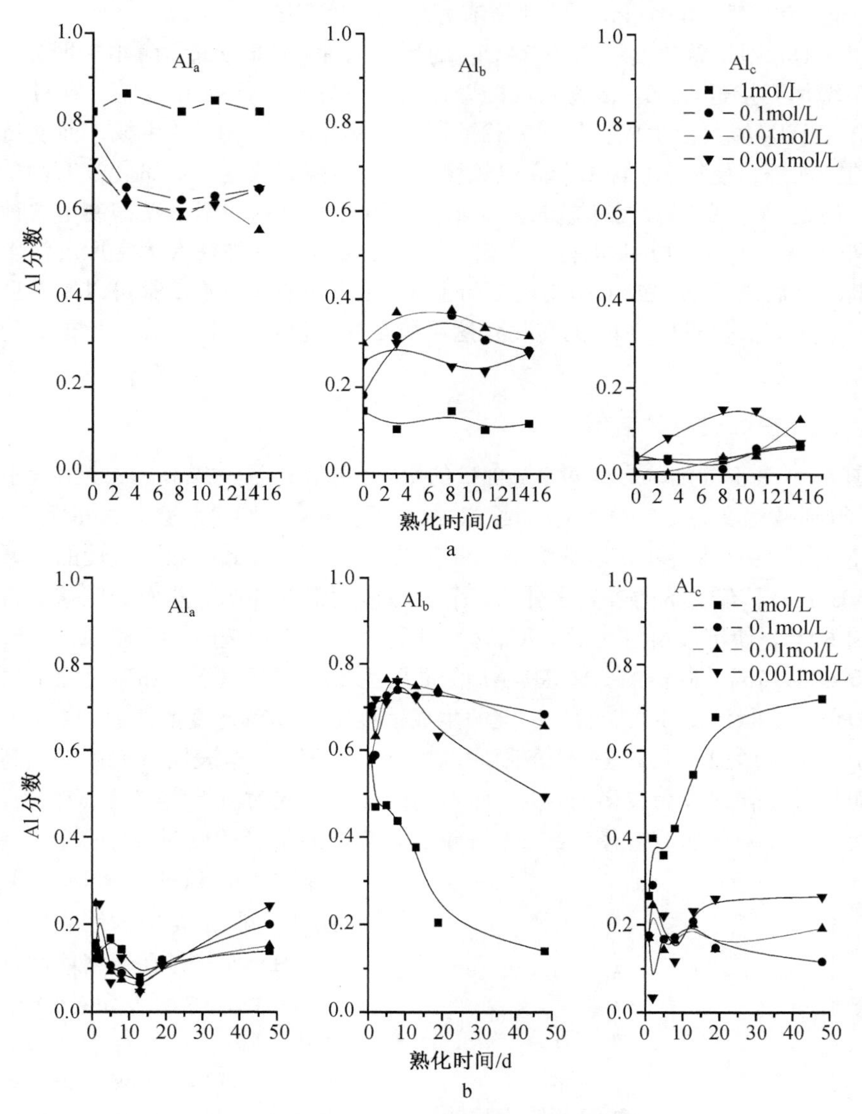

图 4-18　高浓度 PACl 在稀释过程的形态变化

a. $PACl_{10}$；b. $PACl_{22}$

图 4-18a 是碱化度 B=1.0 的稀释情况，$PACl_{10}$ 以 Al_a 为主，在稀释过程中 Al_a 下降明显，Al_b 则从稀释前的不到 20%升高到 35%，这是因为稀释促进了 Al_{13} 的介稳平衡，形成了利于转化成 Al_{13} 条件，但是因为原有的碱化度不足，所以升高有

限。此外，稀释倍数也有影响，稀释 1000 倍使得铝浓度过低(0.001mol/L)，过低的铝浓度则阻碍这种生成 Al_{13} 的强制水解的进行，而向自发水解方向进行，使得其 Al_c 增加最为明显。0.01mol/L 的稀释浓度是比较理想的。

图 4-18b 则是碱化度较高的 $PACl_{22}$ 的稀释情况。这时 Al_b 含量增加明显，从不到 50%增加到接近 80%。因为较高的碱化度，体系有很低的 IAQ 值，条件一旦合适就会有 Al_{13} 的大量生成。然而太稀的浓度仍然不利于 Al_{13} 的生成，而使自发水解的趋势加强，使得 Al_c 含量升高也较快。热力学因素决定了高碱化度有高的 Al_{13} 含量，但是 Al_{13} 的形成是个较长的亚稳平衡过程，过高的铝浓度抑制了这种平衡向有利于 Al_{13} 生成的方向进行。常温下往高铝浓度加碱往往有无定形沉淀生成，工业上的高温高压条件或可抑制沉淀的生成，或促进沉淀转化，都可以制得澄清的产品，但是无法促进向 Al_{13} 的转化，这可能是高浓度产品中 Al_{13} 含量很低的主要原因。

4.5.3 Al_{13} 在沉淀中的溶出

图 4-19 是不同加热方式对 Al_b 含量的影响。体系是往 0.5mol/L AC 溶液中缓慢加碱，得到碱化度为 2.2 的 $PACl_{22}$ 溶液。常温下，加碱完毕之后会有大量沉淀生成，静置 3 天后会自然溶解，溶液澄清，此时的 Al_b 含量很低，除了最慢的加碱速度(0.55mL/min)下有 50%的含量之外，其余加碱速度都有 40%，然而加完碱后再立刻加热到 60℃，使沉淀溶解之后，Al_b 含量升高明显，达到 70%；当体系在加碱过程中保持 60℃高温，制得的 PACl 其 Al_b 含量高达 85%。高温下，加碱过程中也观察到有白色云雾状沉淀生成，而且沉淀的生成速度随着加碱速度增加而增快，但沉淀的量不会持续增加，在加碱完毕的短时间内会很快消失，这表明沉淀可以在高温下溶解而且可以转化成为较多的 Al_b，而不同的加热方式对沉淀溶解后 Al_b 的含量影响很大。在高温下加碱有最佳的 Al_b 含量，而且此时加碱速度对 Al_b 的生成基本没有影响。这和早期 Bertsch 等[33]报道的不同，这是因为制备条件不一样。Bertsch 是在铝溶液浓度很低(3.34×10^{-3}~3.34×10^{-2}mol/L)且常温条件下制备，此过程没有肉眼可见的沉淀。这里的实验表明，高浓度有大量的无定形沉淀，但是加热很快使之溶解，并且溶解之后能够得到高的 Al_{13} 含量。慢速加碱过程中形成的沉淀经过及时的加热处理能够转化成为 Al_{13}。

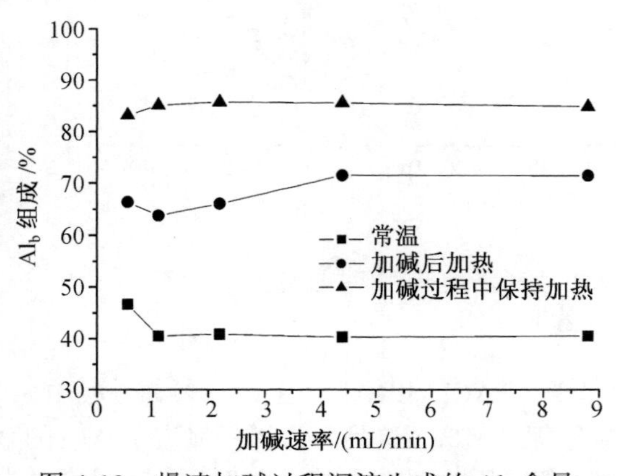

图 4-19　慢速加碱过程沉淀生成的 Al_b 含量

1. 沉淀的原位溶解

快速混合后得到的浑浊体系和慢速加碱得到的不同，为了区别，本书将快速方法得到的体系记为 *CaBb*。将刚混合的 *C*0.2*B*2.2 体系立刻置于自制的恒温反应器内搅拌溶解，这种溶解方式因为没有分离沉淀而称为在原有环境中的“原位溶解”。实验考察了 3 个温度下的溶解的情况，分别为 20℃、40℃和 60℃，3 个温度溶解后的形态和溶解所需时间如图 4-20 所示，为了比较，并将常温下慢速加碱的结果作为参考。低的浓度下慢速加碱方式得到的 *C*0.2*B*2.2 体系(即 $PACl_{22}$)在加碱完之后也会有致浊物质，但继续搅拌 2h 后即澄清，其 Al_b 含量很高，占总铝 81%。然而快速混合得到的体系浑浊，含有大量白色沉淀，需要继续搅拌 9h 以上才能变清，其 Al_b 含量则降低了 10%。将浑浊体系在升高的温度下搅拌变清之后该 Al_b 含量又回到慢加法的正常水平。这时候的溶解或变清时间为2h，且随着温度升高，所需溶解时间也减少，相应地 Al_b 含量也有少量增高。混合得到的体系在室温下变清后的 Al_c 含量最高，而随温度升高而逐渐减少。加热促进溶解，且溶解后 Al_c 转化成为 Al_b。慢速法的 Al_a 含量最多，Al_c 最少。可能是快速混合的体系含有大量的沉淀核，在溶解过程中较难转化。

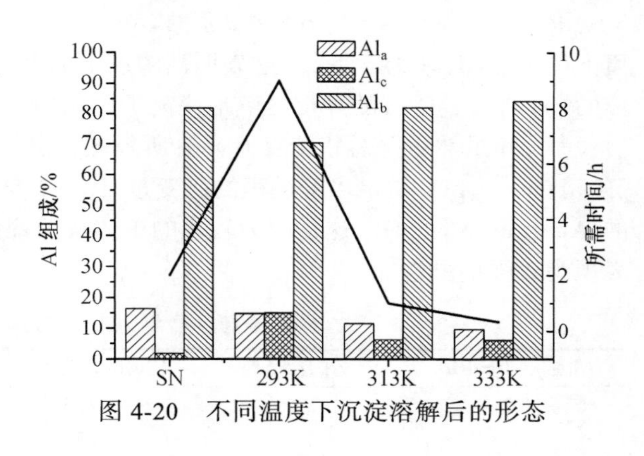

图 4-20　不同温度下沉淀溶解后的形态

2. 沉淀分离后的异位溶解

1) 碱化度的影响

将快速混合的沉淀立刻离心分离后再置于恒温反应器内用一定去离子水溶解。反应温度为 60℃，这种溶解称为异位溶解，考察了 *B* 值从 2.0~3.0 体系的异位溶解情况。体系的初始浓度为 0.5mol/L (*B*=3.0 时为 0.1mol/L)。结果如图 4-21 所示。经过取样分析后发现，异位溶解后的溶液的碱化度和原体系的碱化度变化不大。所有分离后的沉淀，除了 *B*>2.4 的沉淀异位溶解需时较长外，其他 *B* 值沉淀都能在 60℃下 2h 内溶解，表 4-10 表明异位溶解后溶液的 Al_b 含量与 *B* 值密切相关。在 *B*<2.4 时，有较高的 Al_b 含量(70%)，而最佳的 Al_b 溶出发生在 *B*=2.2，和许多的研究一致[8]。而当 *B*>2.4 时，其含量迅速降低，而 Al_c 迅速升高。Al_a 也随 *B* 值增加而减少，在 *B*=3.0 时降为零，这说明 *B* 值太高的沉淀难以转化成为 Al_{13}，高 *B* 值的体系，大部分铝都以沉淀的形式存在，而这种沉淀结构已经发生变化，不同于低碱度时的沉淀，难以转化。

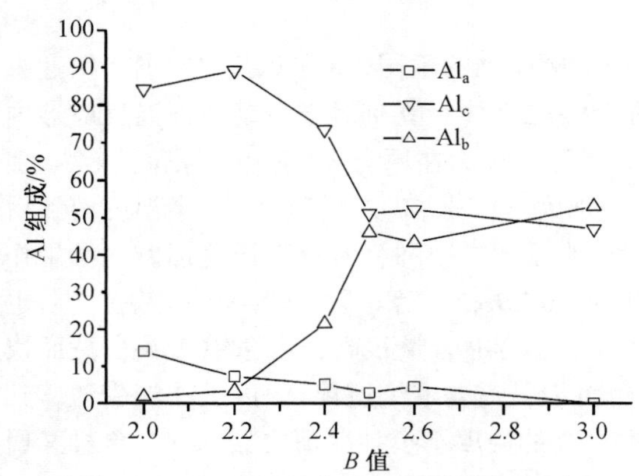

图 4-21　沉淀的异位溶解中 B 值的影响

2) 浓度的影响

选择 B=2.2，改变铝盐初始浓度的体系异位溶解的结果列于表 4-10 中。很明显，浓度从 0.2~2.0 的沉淀都有很高的 Al_b 产量，这点与缓慢加碱制备方法显著不同。在缓慢加碱方法的制备中，浓度有非常大的影响，一般超过 0.5mol/L 时 Al_b 含量急剧降低[15]，而异位溶解后却始终保持在 80%以上，其中浓度为 0.5mol/L 时，该值几乎为该 B 值下的 Al_B/Al_b 理论含量[6]，这表明高浓度下的沉淀也能够转化为 Al_b。这可能与溶液的 pH 有关，所有的异位溶解都脱离了原来的较强酸性环境，在去离子水中溶解后，其 pH 虽然也随总铝浓度升高有所降低，但是都为 3~4.3，是 Al_{13} 生成的理想 pH 范围[31]。pH 是铝水解过程的协变量[3]，pH 与样品中 Al_a 的含量有联系，最大的 Al_a 有最小的 pH。这是因为较多的单体或低聚体仍然有继续水解聚合的趋势，表现为较强的酸性。

表 4-10　各种浓度下的异位溶解

Al_t 浓度/(mol/L)	Al_a 组成/%	Al_b 组成/%	Al_c 组成/%	pH
0.2	9.59	83.33	7.08	4.23
0.5	7.27	89.26	3.46	4.32
1.0	9.71	87.56	2.73	4.06
2.0	16.67	80.4	2.93	3.95

表 4-11 是样品熟化 3 个月后的形态，结果表明 Al_b 含量很稳定，只有少量降低，而 Al_c 升高较为明显，这和常规慢加法制备 PACl 的特征相同，都是由 Al_{13} 的性质决定的。

表 4-11　熟化 3 个月后的形态

样本	Al_a 组成/%	Al_b 组成/%	Al_c 组成/%	Al_t 分数	pH
c0.5	5.78	79.89	14.33	0.10	4.35
c1.0	7.78	75.64	16.59	0.14	4.20
c2.0	14.48	76.64	8.88	0.20	4.01

4.5.4　Al_{13} 的鉴定

慢速加碱法、原位溶解法以及异位溶解法均得到总铝为 0.1mol/L，B=2.2 的样品，样品熟化 2 周后的 ^{27}Al NMR 图谱(图 4-22)显示，三者都在化学位移 62.5 ppm、

0 处有尖峰，分别表明 Al_{13} 和铝单体的存在。对上述位移峰进行面积积分计算得到 NMR 鉴定的形态，并和时间判据 Ferron 法的形态列于表 4-12，两种方法测出的形态比较一致，再次表明在 Al_{13} 含量很高的情况下，Ferron 法的 Al_b 可以很好表征 Al_{13}，同时证明无论是原位还是分离后的沉淀，在溶解时都能转化成 Al_{13}。

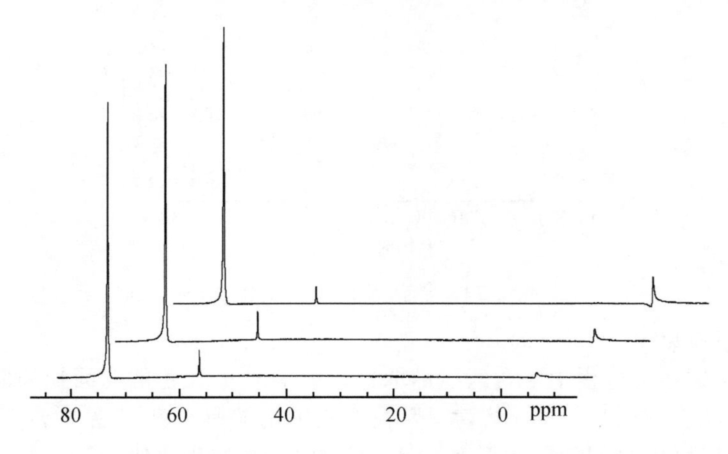

图 4-22　3 种制备方法样品的 ^{27}Al NMR 图谱
(从上到下依次为：慢加法、原位溶解及异位溶解)

表 4-12　样品形态的 Ferron 法和 NMR 鉴定的比较

制备方法	Ferron/%			NMR/%		
	Al_a	Al_b	Al_c	Al_m	Al_{13}	Al_u
慢加法	13.13	84.79	2.10	10.1	81.41	8.49
原位溶解	9.59	83.33	7.08	7.53	81.84	10.63
异位溶解	9.17	90.05	0.77	3.22	94.38	2.40

4.5.5　沉淀转化 Al_{13} 过程的 Ferron 解析

上节指出，快速混合铝盐和碱液产生的沉淀在合适的条件下，比如加热溶解，能够转化成为 Al_{13}。本节则继续讨论沉淀的溶出过程，不过选择在室温下，以碱化度分别为 2.2 和 2.6 较为典型的两个体系为对象，利用 k 值判据法研究两个典型体系在混合后自然放置过程中的形态变化，加深对沉淀转化规律的认识。

1. B=2.2 体系的熟化过程

1) 熟化过程的浊度和 pH

图 4-23 是 C0.2B2.2 体系在自然熟化过程的浊度和 pH 变化，很明显，由于快速混合很快生成大量的沉淀，使得体系在初期有较大的浊度，但是在 5h 内很快变清，浊度降为 0.8NTU，低碱化度的沉淀容易溶解。体系的 pH 也随时间变化，其规律是短期内降低然后增加最后又降低，但是变化范围不大，从混合结束瞬间的

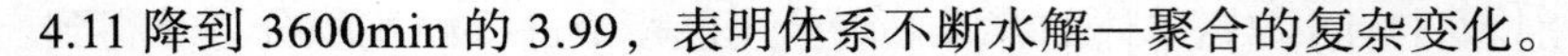
4.11 降到 3600min 的 3.99，表明体系不断水解—聚合的复杂变化。

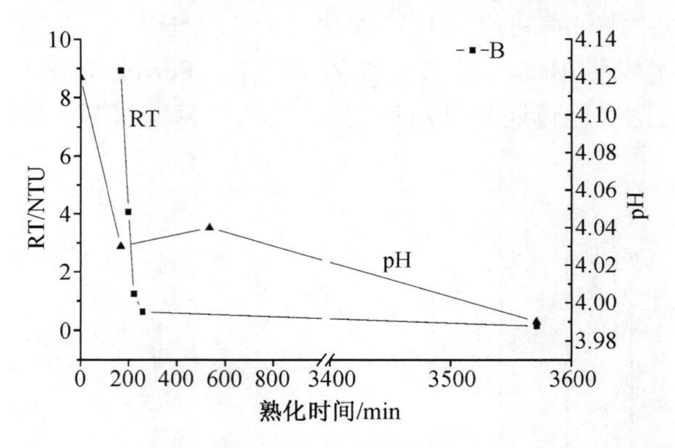

图 4-23　熟化过程的浊度和 pH

2) 形态变化

图 4-24 是熟化过程中各时间段内取样进行 Ferron 比色的时间扫描曲线。各扫描曲线的形状变化明显，大体规律是从混合初期的缓慢上升(不见平台)到后期的较快上升，最后可以看到稳定的平台，呈典型的 PACl 扫描曲线特征。而且平台的稳定值也随熟化期增大，这意味着 Al_b 的增加反映了沉淀向 Al_b 的转化。

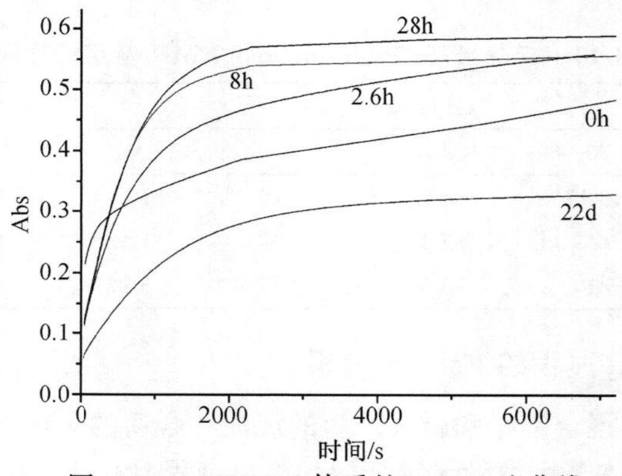

图 4-24　*C*0.2*B*2.2 体系的 Ferron 法曲线

根据上述 Ferron 法曲线，通过时间判据得到 Al_b 形态，同时进行优化解析，可以得到不同形态 k 值及其分布特征。图 4-25 示出 k_1 值和 k_2 值($k_1>k_2$)在熟化过程的变化，图 4-26 则是根据 k 值判据法的形态，与 Al_b 的比较。由此可见 Al_b 和 F_t/Al_{13} 不是任何时候都具有对应关系。初期的 k_1 值特别大，为 $0.0087s^{-1}$，是低聚体的特征值，对应形态 F_o。而 k_2 值则是 $0.000\,32s^{-1}$，对应形态 F_{u1}，同时并没有出现中速反应形态 F_t。因此，该体系初期的形态由单体 F_m、低聚体 F_o、慢反应形态 F_{u1} 以及不反应形态 F_{u2} 四部分组成。其中 F_o 和 F_{u1} 分别占总铝的 17%和 38%，而 Al_b 实际上是这两者以一定比例加权之和，根据 k 值可以计算各自的权重值，分别为 Al_b 的 60%和 90%。由此计算的 Al_b 为 44%，与实测的 Al_b 值完全吻合。2.6h 后的 k_1 值迅速降为 $0.0019s^{-1}$，落入 F_t 的特征值范围，并且一直都稳定在这个范围。这表明，体系在熟化近 3h 后，已经出现了 Al_{13}，而且含量在不断增加。同时 F_u 逐渐减少，低聚体已经完全消失，单体则几无变化。可以推测体系在混合初期含有未知的浊度物质，很可能是 F_u 形态，该形态在熟化过程会向 Al_{13} 转化，而低聚体参与了这个转化过程。注意到当有 Al_{13} 出现而且含量较多的时候，Al_b 的含量与 F_t 的含量才比较接近，所以在熟化后期可以 Al_b 值代替 F_t 或者 Al_{13}。

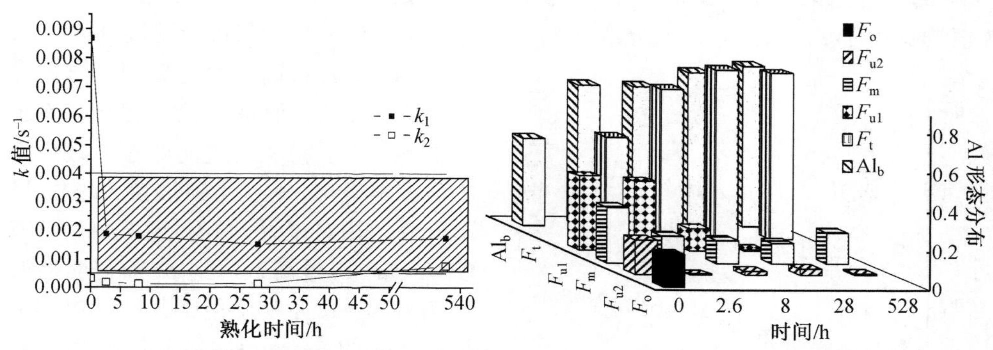

图 4-25　$C0.2B2.2$ 体系熟化过程的 k_1、k_2 值　　图 4-26　$C0.2B2.2$ 体系熟化过程的形态

3) 过滤和加热的处理

表 4-13 是对体系过滤和加热溶解处理后的形态，与原混合体系不同，过滤后的溶液 k_1 值都在中速反应特征值范围，F_t 含量也很高，而没有低聚体，可能是操作上的时间延迟带来的变化，因为在过滤操作和比色分析的过程都有 5~20min 的延迟，这个延迟很可能对于低聚体的转化已经足够。低聚体参与反应的过程比较快，并可推测 Al_{13} 的四面体结构也是由此低聚体转化而来。体系熟化后，虽然已有四面体的结构，但是 k_1 值仍然高于典型的 Al_{13} 特征值，可能是在转化过程中 Al_{13} 的

表 4-13　$C0.2B2.2$ 体系过滤和加热溶解的形态和 k 值

样品	F_m/%	F_t/%	F_{u1}/%	F_{u2}/%	F_o/%	k_1/s^{-1}	k_2/s^{-1}
0h 混	27.72		37.71	17.87	16.70	0.008 67	0.000 32
2.6h 混	13.25	51.24	35.04	0.47		0.001 88	0.000 18
0h 滤	18.39	76.63	3.28	1.71		0.001 57	0.000 23
2.6h 滤	5.46	83.25	4.38	6.90		0.001 57	0.000 2
0h 溶	1.41	88.18		10.41		0.001 65	0.000 85
2.6h 溶	4.30	95.68		0.01		0.001 35	0.000 67

注：混，为混合体系原液；滤，为体系滤液，前面数字为原混合体系的熟化时间。

外围八面体水合分子 η-H_2O 活性较高的缘故，或者中心四面体还没有完全被包围，也可能是由 Al_{13} 不稳定的异构体导致。体系熟化 2.6 h 的滤液 Al_{13} 含量继续增加，这表明虽然低聚体的转型比较迅速，但是完全的反应仍然需要时间，从而导致水体的 pH 不断变化和 Al_{13} 不断向液相的溶出。在加热溶解的样品中，Al_{13} 的含量更是高达 90%左右，加热明显促进了此转化过程。

2. *B*=2.6 体系的熟化过程

图 4-27 是 *B*2.6 体系在不同时期的 Ferron 法扫描曲线，各熟化期曲线都没有出现平台。其中混合初期的曲线有升幅较大的增长，有高达 83%的 Al_b 含量，然而表 4-14 的拟合结果表明，其形态没有 F_t/Al_{13}，此时的 k_1、k_2 值均为 0.000 27s^{-1}，根据 *k* 值判据属于 F_{u1} 部分，这部分占 90%，F_{u1} 在 2h 内有 85%参与反应而被计入 Al_b，导致 Al_b 含量很高。熟化后期，出现了 F_t 的特征 *k* 值，但是 F_t 含量很低，不超过 12%，这说明 Al_{13} 也能够在高碱化度的沉淀中溶出，不过受到很大的局限(讨论见后)。相对来说，只有慢加法样品(即 $PACl_{26}$)的 F_t 最高，达到 55%(仍明显低于 78%的 Al_b 含量)，使得其扫描曲线更具有 Al_{13} 的 Ferron 比色特点，慢速加碱有利于 Al_{13} 的生成。这里所有的 Al_b 都显著大于 F_t，再次说明以时间为判据的 Al_a、Al_b、Al_c 分类方法来分析形态及其演变有很大局限性，根据 *k* 值判断得到的形态分布则更符合实际。

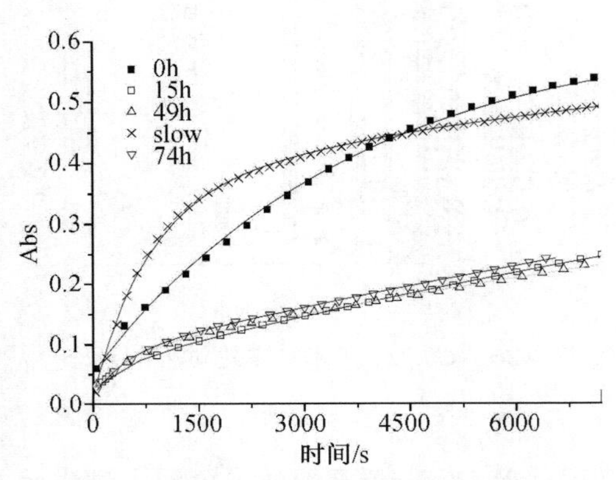

图 4-27　*C*0.2*B*2.6 体系的 Ferron 法曲线
(“slow”为慢速加碱法得到的 $PACl_{26}$，实线为拟合结果)

表 4-14　*C*0.2*B*2.6 体系熟化过程的 *k* 值和形态

T	k_1	k_2	R^2	Al_b/%	F_t/%	可能形态
0h	0.000 27	0.000 27	0.9989	82.91	0	F_u, F_m
15h	0.002	0.000 04	0.9997	37.21	6.45	F_m, F_t, F_u
49h	0.002 06	0.000 04	0.9987	32.65	10.13	F_m, F_t, F_u
74h	0.002 12	0.000 03	0.9993	34.27	11.43	F_m, F_t, F_u
$PACl_{26}$	0.001 29	0.000 12	0.9993	78.36	55.13	F_m, F_t, F_r

图 4-28 是高碱化度混合体系在熟化过程中的 *k* 值判据形态分布。在混合初期，只有 F_{u1} 和 F_m 两种形态，且以前者占绝大部分，并因为有一定的活性表现出很高的 Al_b 含量(表 4-14)，不同于 *B*2.2 体系的情况(图 4-26)，在混合初期，*B*2.6 体系没有低聚体。继续熟化过程中，*B*2.6 体系很快转为以极慢反应的 F_{u2} 为主，同时开始

出现 F_t，但是 F_t 生长也极其有限。可能是在高碱化度下，大量的 OH^- 消耗了绝大部分的单体铝，通过自发水解途径形成了慢反应的 F_{u1}，而由于缺少低聚体，难以形成过渡状态的 Al_{13} 前驱体，使得 F_t 含量增加非常有限，大部分 F_{u1} 继续保持沉淀状态，进而转化成为反应更慢的 F_{u2}，这部分形态更难逆转，可能是具三水铝石结构的凝胶和微晶[34]。由此可见在 B=2.6 且一次混合的情况下，低聚体寿命很短，形成以 F_{u1} 为主的体系，而在缺乏低聚体的环境中，该 F_{u1} 是难以生成 F_t 或其前驱体的；而在极缓慢的加碱情况下，体系经历了有利的低碱度发育过程，该过程中低聚体有充分的时间反应和转化，对 F_t 生成有利，但是碱过量以后 F_m 的量不足以维持该转化进行，使得 F_t 的生长不及在低碱化度情况下的生长。

图 4-29 是 B2.6 混合体系在熟化过程中的滤液(过 0.45μm 膜)形态分布。过膜后滤液的总铝浓度很低，这是 F_{u1}/F_{u2} 成为大的胶体颗粒或沉淀，且难以转化的必然结果，而因为体系仍然存在 Al_{13} 的溶出过程，而大的 F_u 又不溶于水中，使得过膜后的溶液 F_t 含量占优。而在混合初期的滤液仍以 F_u 为主，这也说明了初期的 F_{u1} 粒度较小，而且 F_t 生成反应的滞后性比较大。

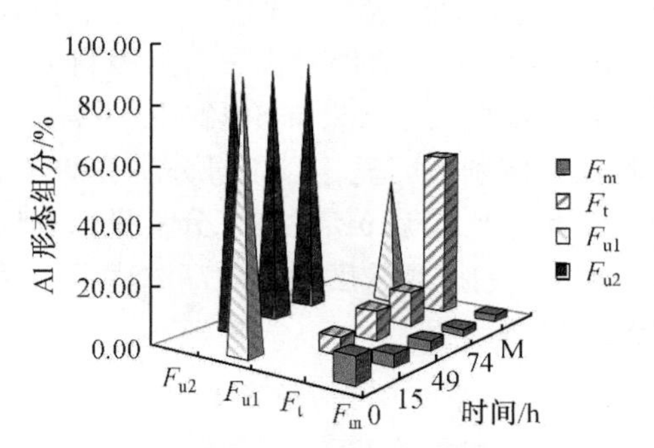

图 4-28　高碱度体系熟化过程的形态分布

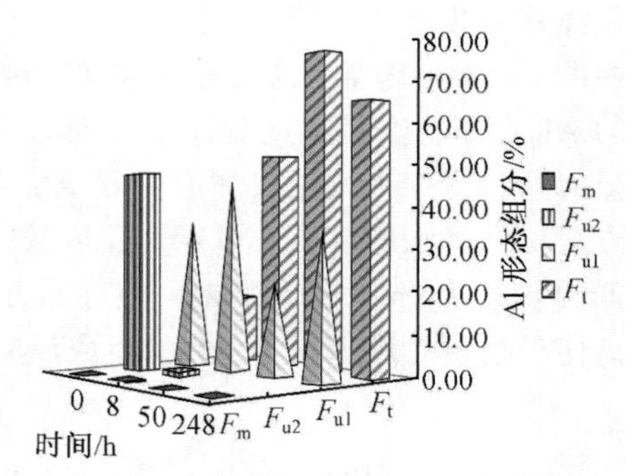

图 4-29　高碱度体系滤液的形态分布

4.6　高浓 PACl 的制备

工业产品 PACl 尽管浓度很高，但其 Al_{13} 的含量极低，一般不高于 20%，以 Al_b 表示一般不高于 40%。通常实验室采用往低浓度铝盐溶液(一般为 0.1mol/L)中缓慢滴加 NaOH 碱液的方法，虽然可以制得高达 80%以上含量的 Al_{13}，但显然由于浓度太低，不利于较大规模的生产。而在较高 Al 浓度下的加碱又无法制得高 Al_b 的产品，为此，在前面的研究基础上提出了分步投加的工艺，使 PACl 中既有较高铝浓度又不致 Al_{13} 含量过低，并在后期 Al_{13} 分离提纯中取得了预期的效果。

分步投加是指将原料按一定配比和剂量分批投加在原有反应体系中，在不影响 Al_{13} 的含量基础上使得产品的总铝浓度逐步提高。其中的原料分别是铝盐[结晶氯化铝($AlCl_3·6H_2O$)]和碱[无水碳酸钙($CaCO_3$)],分别用以提高产品的浓度和碱化度两个参数,这又根据提高参数的顺序分为先碱后铝(简称 B+A 法)、先铝后碱(简称 A+B 法)以及同时投加的 AB 或 BA 法。A+B 法是先投加铝盐固体，反应一定时间后再投加碳酸钙粉末；B+A 法则是相反；AB 或 BA 法则是同时投加原料进行反应。

4.6.1 3 种方法的初步比较

图 4-30 比较了 3 种分步投料法的形态和 pH，每一步反应时间都控制在半小时内，有的过程(如加碱增 *B* 值)会产生沉淀，但在随后的加铝反应中都会很快溶解，溶液一般在 30min 的反应过程中澄清。A+B 法中，首先投加氯化铝固体，使其碱化度下降，由于其总铝浓度增加，使得 Al_b 份额下降，但是经过计算其实际含量基本没有变化，除了 Al_a 增加以外，没有显著改变其余形态的分布，原有的 Al_b 继续保持稳定，在随后加碱以增加碱化度的步骤中，Al_a 向聚合形态尤其是 Al_c 形态转化，而 Al_b 增加幅度较小。所有反应温度维持在 60℃，该温度比较温和，在反应时间内，体系的 Al_b 没有降解，但最终含量不会太高。B+A 法则是先投加碳酸钙粉末，使体系碱化度适当增加，初期生成沉淀明显，然后再加酸性氯化铝固体溶解，使其中的 Al_b 含量增加。这两种方法在浓度小于 0.9mol/L 时，有明显高于普通投料方式的 Al_b 含量，但是超过 0.9mol/L 时，碱和铝的分步投加，都只有 50%左右的 Al_b 含量，这和常规一次性投加产生的 Al_b 含量相比，区别不明显，只不过分步法的 Al_c 含量比常规法的要高，可能是反应较完全的结果。比较其 pH 发现，分步投加有较低的 pH，0.9mol/L 看来是一般加碱方法生成 Al_{13} 的瓶颈浓度。在较高浓度下，无论何种投加顺序都使得 Al_b 的生成反应受到抑制。

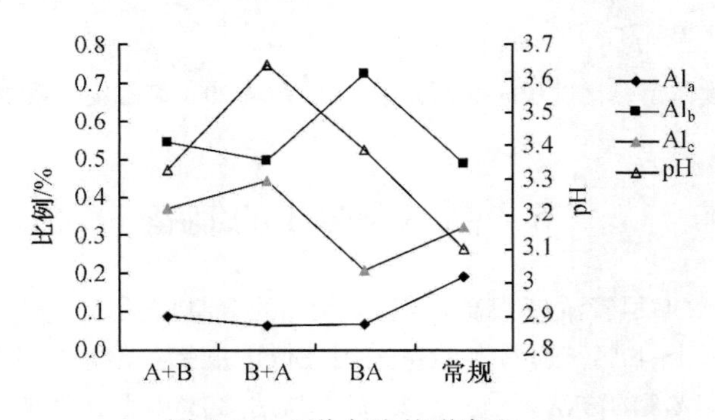

图 4-30 3 种方法的形态和 pH

然而碱和氯化铝混合后的分步投加效果明显不一样。反应最终得到 *B* 值为 2.2，总铝浓度接近 1.0mol/L 的 PAC。从其最终形态来看，比较 3 种方法以同时投加的效果最好。在浓度逐渐增加的过程中，其 Al_b 含量始终保持在 70%以上，可能在高浓度下，Al_c 向 Al_b 的转化更有其特殊性，这需要结合 *k* 值判据的形态来说明。

4.6.2　$B=2.2$ 高浓 PACl 中 Al_{13} 的形成

1. A+B 法

在先加氯化铝后加碳酸钙的 A+B 法中，各步骤的产品 Ferron 法曲线如图 4-31 所示。初始步骤(step 0)即分步加料前的低浓度 PACl，是由固体碳酸钙粉末投入浓度为 0.5mol/L 氯化铝溶液中制得。投料后很快生成白色沉淀，在高温和剧烈搅拌情况下，20min 内白色沉淀又很快消失，溶液迅速变清，最后得到 B=2.2 的 0.25mol/L PACl，从反应动力学常数来(表 4-15)判断，其 Ferron 扫描曲线的升高主要由 F_t 组分产生，所以其 F_t 含量和 Al_b 含量相差不大。第一次加入氯化铝后(step1 A)，其 Ferron 扫描曲线基本和加入前的平行，经过计算，加入的氯化铝 94%以低聚体形式存在，其 k 值为 $0.055s^{-1}$，只有 6%与原来的沉淀部分(F_u)反应形成了 Al_{13}，紧接其后加入碳酸钙以补足原来的碱化度，其扫描曲线又和最初的重合，意味着第一次加入的铝原料只是通过自发水解迅速生成 F_u，而 Al_{13} 似乎没有提高，第二步加铝和加碱也是这样的过程，但是在第二步的加碱之后 F_t 的吸光度达到第一次加铝以后总的吸光度，亦即前一步的 F_u 转化成 F_t，使得 Al_{13} 的浓度有所提高。最后一次加料完毕的时候，其 F_t 的吸光度甚至超过了此前一次加铝后产生的吸光度与原有 F_t 产生的吸光度之和，这说明了 Al_{13} 的形成需要经历单体铝—沉淀(F_u)—Al_{13} 的过程，同时也说明 Al_{13} 形成反应的滞后性。在高浓度下，这种滞后性更明显。造成这种滞后性的原因可能是由于高浓度的黏度增加，反应物分子间的活度降低。正是这种滞后性，使得 Al_{13} 的含量不会太高。预期进一步的熟化会有更多的 Al_{13} 生成，但是高浓度下低温熟化时，Al_{13} 的生成非常缓慢，而在高温下，Al_{13} 容易发生进一步聚集和变形，也不宜在高温下熟化太长时间。这也是工业上高温高压条件下制得的产品 Al_{13} 含量不

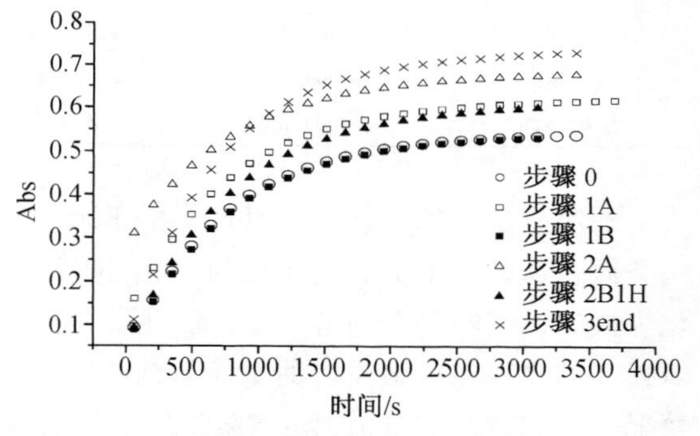

图 4-31　A+B 法各步骤产物的 Ferron 法曲线

表 4-15　A+B 法各步骤产物的拟合 k 值及 F_t 形态

步骤	k_1/s^{-1}	k_2/s^{-1}	R^2	F_t/%
步骤 0	0.001 33	0.000 07	0.9997	84.78
步骤 1A	0.001 32	0.000 1	0.9998	77.69
步骤 1B	0.003 38	0.001 29	0.9996	76.88
步骤 2A	0.001 25	0.000 07	0.9999	47.61
步骤 2B	0.001 27	1.32×10^{-7}	0.9998	68.66
步骤 3end	0.001 46	5.70×10^{-6}	0.9998	57.32

高的主要原因。

2. 其他方法

表 4-16 是铝和碱混合后同时投加的 BA 分步法中，各步骤投料后所得产品的 k 值和 F_t 含量，其主要成分的 k_1 值也都落在 F_t 的特征范围，说明产品含有大量 Al_{13}，尤其是初始阶段，Al_{13} 含量高达 90%，可能是由于钙离子的引入有高于一般加碱方式的 Al_{13}。另外，同样的碱种，此 BA 法的 Al_{13} 高于前面的 A+B 法，造成此结果可能的原因是前者在加碱初期没有搅拌，而后者在加碱过程始终进行剧烈的机械搅拌，生成的沉淀得到很好的分散后，向 Al_{13} 的转化作用得到加强和改善。

表 4-16　BA 法各步骤的 k 值和 F_t

步骤	k_1/s^{-1}	k_2/s^{-1}	R^2	F_t/%
步骤 0	0.001 47	4.81×10^{-6}	0.9997	90.96
步骤 1	0.001 37	4.72×10^{-6}	0.9994	85.91
步骤 2	0.001 42	2.77×10^{-6}	0.9997	80.68
步骤 3end	0.001 24	4.21×10^{-6}	0.9996	70.70

在第一步骤的投料下，其产品的 Ferron 法曲线和原样基本重合，这点和 A+B 法类似，都说明了沉淀转化成为 Al_{13} 的滞后性，然而不同的是，此时的 Al_{13} 被转化生成的速度略高于前者，这在后面第二步的投料过程中表现更明显，这是因为同时投加的原料在接触反应的瞬间立刻产生新鲜的活性较高的沉淀，并在激烈搅拌的情况下得到较好的分散，在高温作用下有效地促进了下一步的转化，沉淀转化成为 Al_{13} 的滞后效应得到最大限度的降低，所以 BA 法有最佳的 Al_{13} 含量。

B+A 法是先碱后铝的分步投料方法，如果先加碱生成的沉淀不能得到及时的溶解，就会逐渐变成不可逆的沉淀而无法转化，而后需要投加过量的铝液来增加酸性，在溶解过程中，Al_{13} 才能得到转化并使其含量不断增加。

当然，高浓度下的 pH 也可能是制约 Al_{13} 生成的重要因素[31]，而分步投加法可以有效的避开过低 pH 的影响(图 4-30)，因为每步都是按照配比“中和”的产物。在混合同时投加的 BA 法中，pH 的稳定性保持得更好，这也可能是其有最高的 Al_{13} 产量的原因。

4.7　Al_{13} 的形成机制

4.7.1　PLI-Al_{13} 的介稳平衡

综合前面的工作，提出 Al_{13} 的形成机制，如图 4-32 所示。在没有外来氢氧根的情况下，铝离子作为酸性物质，使周围水合水分子极化脱质子，而以羟基结合的方式进行自发水解，并进一步聚合，再水解、再聚集交替进行，最后产生大环空间网状高聚物，所有产物都是六配位的结构，大分子的结构单元是六元环。而主要产物是低电荷单体和低聚体，还有少量的大分子聚合物，这类聚合物的六元环很稳定，与 Ferron 反应表现出很强的惰性，但是因为没有外来氢氧根的结合，含量一般很少，铝盐形态仍以单体铝为主。这即自发水解的核链模式(途径Ⅰ①、Ⅰ②)，最终产物是 Gibbsite 晶体，没有 Al_{13}。

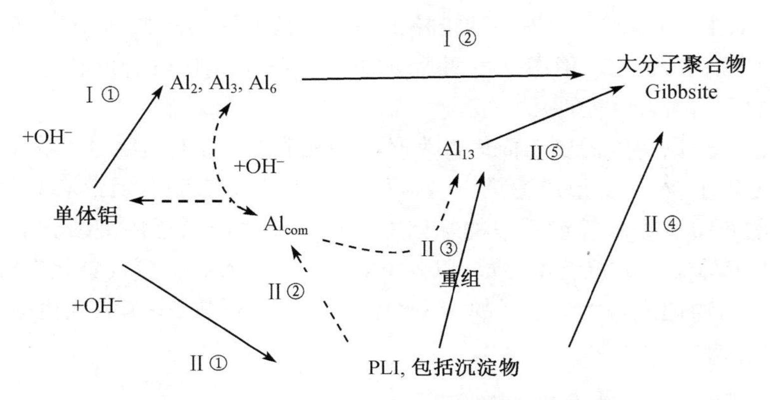

图 4-32　Al_{13} 的 PLI-Al_{13} 介稳平衡形成示意图

而在外加碱的情况下，体系在整体或局部很容易达到较低的 IAQ(途径Ⅱ①)，($IAQ=[H^+]^3/[Al^{3+}]$)，形成一类不同于 Gibbsite 的中间产物，这里定义为 PLI(product formed in low IAQ)。这类产物在后面的重组中转型为 Al_{13}(途径Ⅱ③)。考察多种 Al_{13} 制备方法的 k 值发现，在初期都有略高于 Al_{13} 特征的 k 值，说明 PLI 的转型重组可能经历了先产生具高度活性的介于低聚体和 Al_{13} 之间的类 Al_{13} 的复合物质(Al_{com})，然后此物质迅速转化重组成为 Al_{13} 的过程(途径Ⅱ② + Ⅱ③)。该转型速度不是很快完成，因为对常温下新制样品立刻进行 NMR 鉴定分析发现，Al_{13} 在初期含量极少，而在熟化进程中大量出现，说明该产物初期缺乏四面体结构，四面体结构是在随后熟化期间的重组转化过程中产生。介稳产物能够存在相当长的时间，从介稳产物到 Al_{13} 是个较长期的介稳平衡，即 PLI-Al_{13} 的介稳平衡。体系同时存在向 Gibbsite 结构转化的反应，在某些条件下，该反应得以增强，Ⅱ④步骤占主导，而使得生成 Al_{13} 受阻。同时已生成的 Al_{13} 也是一种中间产物，也会向热力学稳定的 Gibbsite 结构转化(途径Ⅱ⑤)，所以，同核链模式一样，Gibbsite 结构也是这种笼式模式的最终产物。

需要说明的是 PLI 是一种热力学产物[7]，在加碱情况下很容易产生，而且大多数情况下是以沉淀形式出现，只有在转化成为 Al_{13} 以后才成为可溶解态。而在加碱速度较快的情况下，PLI 来不及转化则很快生成肉眼可见的沉淀，生成 Al_{13} 的介稳平衡在固液界面发生；不排除在极慢速加碱情况下，介稳产物可能以溶解状态出现，介稳平衡在液相进行。

这里涉及四面体结构究竟如何获得，对此问题众说纷纭。最早 Akitt 等认为是局部碱过量的四配位的 $Al(OH)_4^-$产生的，以后 Bertsch[35]提出类似的理论，并认为这种四配位的单体形态直接成为 Al_{13} 的四面体来源。但是很多的现象无法解释，Bertsch 后来的研究[6]也认为这种解释不是唯一的。Henry[9]认为 Al_{13} 是通过活性三聚体 $Al_3O(OH)_6(OH_2)^{6+}$，作为一种亲核试剂的亲核作用与单核铝 Al^{3+}结合生成。Vogels 等[11]则认为 Al_{13} 形态是由两个$[Al_6(OH)_{12}(H_2O)_{12}]^{6+}$聚合形态与一个铝单体聚合形成的中间络合物变形后生成。

以上这些理论有的需要四面体做为必需的前驱物，有的则绕过了这种要求，从热力学角度给出 Al_{13} 的形成途径，这两种观点都因为有各自的证据而存在，在缺乏更有效的直接证据和检测手段的基础上，这种并存局面还将持续。本书阐述的 Al_{13} 从无四面体结构的沉淀中生成，以及 PACl 制备中 Al_{13} 的缓慢熟化生成的事实，用四面体前驱物理论是无法解释的，在此提出的 PLI-Al_{13} 的平衡模式更倾向于一种热力学平衡关系。

4.7.2　对影响 Al_{13} 生成参数的认识

对于实验室 PACl 制备条件的影响及作用机制，较多的是用局部高碱微区(或有 pH 梯度)形成四面体前驱物的理论来解释，并认为 Al_{13} 是一种人工条件的产物。实际上也可以根据低 IAQ 的热力学产物的形成以及对该物质与 Al_{13} 介稳平衡是促进还是抑制的角度来解释。

1. 碱化度

碱化度需要足够的高，才有利于 Al_{13} 生成，这由低的 IAQ 热力学因素决定，在这个意义上，碱化度实际不属于操作条件的“人工”因素。但是太高的碱化度不利于 Al_{13} 的生成，这时生成的沉淀主要是六元环结构聚合物，介稳平衡受到抑制而自发水解得到加强。具体机制不明，可能是原有的介稳产物大量吸附结合后续加入的 OH^-，使得该结构丧失了笼式模式转化的活性。也可能大量的消耗了 Al^{3+}，使得介稳平衡缺乏必要的原料，如低聚体，所以碱化度有个合适的范围。

2. 加碱速度及分散手段

加碱速度不宜太快。如果整体达到较低的 IAQ 或者加碱速度过快，由于溶度积规则大量无定形沉淀首先生成，如果没有及时溶解，就沿着所谓的核链模式转化，恰恰在形成了该大量沉淀的条件下往往不具备及时溶解和转化的可能，因此该沉淀被操作者视作不会形成 Al_b/Al_{13} 的 Al_c。实际上很多报道都指出无定形沉淀或溶胶能够转化成为 Al_{13}[36]，或可归结为这种沉淀本身就带有四面体结构，但是本章的实验不支持此观点，而认为无四面体结构的 IAQ 产物进行后发重组形成 Al_{13} 更为合理。只不过在太快的加碱速度下生成大量的沉淀，重组或介稳平衡在固液界面进行，沉淀的保护作用和传质限制，使得此时的介稳平衡受阻，但是只要有合适的碱化度和合适的 IAQ 产物，该沉淀仍然拥有转化成为 Al_{13} 的“势”，适时的溶解或稀释则是促进介稳平衡的有效手段，溶解之后进入液相的就是 Al_{13}，这在本书和诸多的文献(如文献[37])都有论述。其他如高效分散手段如高速剪切、超声等也是通过促进沉淀溶解来加速介稳平衡向 Al_{13} 生成方向发展。而慢的加碱速度使得大部分的 IAQ 产物成为可溶态，或者粒度细小，有更大的比表面积，介稳平衡在液相中进行，速度更快。

3. 温度

适当的加温利于 Al_{13} 的生成。升高温度降低了反应活化能，是促进 PA 介稳平衡最有效的手段，这个过程大大缩短了生成 Al_{13} 介稳平衡的时间，Akitt 和 Farthing[16] 高温下制得的 Al_{13} 即认为是迅速生成的 Al_{13}。另外，高温也促进沉淀的溶解平衡，进而促进 PA 介稳平衡。在很快的加碱速度下，升温促进溶解的作用很明显。这时候快速加碱过程中形成的肉眼可见沉淀随即很快溶解，而最终产品具有与低的加碱速度下相同的 Al_b/ Al_{13} 含量。故而高温下，加碱速度的影响可以忽略。单独分离低温下的沉淀再通过高温溶解也有很高的 Al_{13}，这也证明了温度的重要作用。但是温度不宜太高，Al_{13} 的转化速度随温度升高而加强，太高的温度使得 Al_{13} 向更高的分子聚合。所以温度也有一个最佳范围，以 60~80℃温和的条件为宜。工业上高温的条件使得即使生成了 Al_{13} 也被转化。

4. 铝盐浓度

高铝盐浓度严重抑制 A_{13} 生成。从热力学角度考虑，高铝盐浓度体系的酸性过高使得合适的 IAQ 条件难以达到。即使有低的 IAQ 而导致沉淀的生成，但是该沉淀具有不同于低浓度下的特点，得不到很好的分散和转化，可能是高浓度的 pH、黏度、离子活度等原因造成。本书认为 1.0 mol/L 是化学方法制备高浓度 Al_{13} 的瓶颈，还有待突破。工业上高温溶解高浓度的铝沉淀，也是不利于 Al_{13} 的生成，而是生成了更大更稳定的非 Al_{13} 聚合物，并且不可逆转。这种大聚合物的生成大量消耗了 Al_{13} 的生成势，导致在后来的有利于其生成的稀释过程中 Al_{13} 含量也远低于理论含量。

太低的浓度也不利于强制水解反应，而利于自发水解。可能是铝浓度足够稀，使得这种 IAQ 条件不容易满足，这时候往往快的加碱速度反而是有利的。因此，自然界中 Al_{13} 的存在值得质疑。此外，硫酸根的引入则是生成了更稳定的硫酸根配位的沉淀，难以达到合适的 IAQ 值，所以硫酸根的存在使 Al_{13} 含量极低，而去掉硫酸根以后，又会有 Al_{13} 生成，这可归因于 IAQ 的恢复。

综上可知，Al_{13} 的适宜溶出条件为 Al_t 浓度 <1.0mol/L，$2.0<B<2.4$，温度控制于 60~80℃，且分散良好。体系不宜引入太多硫酸根。

4.8　Al_{13}的静电簇效应

经历了 20 世纪六七十年代激烈的争论，现在趋于这样的认同，即简单铝盐或铁盐的混凝是先经历了水解—聚合—沉淀，后经历吸附—混凝过程，而无机高分子絮凝剂则是直接吸附—混凝过程[1]。一般认为 PACl 的混凝以电中和为主[2]，而简单金属盐的适量投加即可以通过电中和使胶体脱稳，继续增加投药量则会产生大量无定形沉淀，这些沉淀会裹挟网捕细小的水体颗粒，产生卷扫网捕作用，增加了浊度的去除率。简单铝盐的两种混凝模式都涉及沉淀的生成和电荷的中和，故Dentel[38]将以上两种混凝机制通过沉淀电中和混凝模型(precipitation charge neutrallization，PCN)加以统一和定量，并应用在 PACl 的混凝中。但由于无机高分子絮凝剂中成分复杂，有关其混凝机制和定量模式还有待深入研究。

高分子絮凝剂和简单金属盐混凝剂的差异缘于其形态的组成和演化。已经有研究表明，无机高分子絮凝剂含有高效的混凝成分，如聚合氯化铝(PACl)中的Al_{13}[39]。Wang 等[40]提到在 PACl 的混凝中，其聚合形态的静电簇效应起重要作用。然而对此静电簇效应还缺乏细致深入的了解。

4.8.1　电中和能力比较

用 PACl 混凝处理高岭土悬浊液的结果如图 4-33 所示。体系ξ电位随投药量的增加而从负变正，然后到达一个平台。 但是在低投药量时，各 PACl 的曲线有较明显的分别，高碱化度的(如 2.2、2.5)显著位于低碱化度的(如 0、1.0)上方，这意味着高碱化度的絮凝剂具有更高的电中和能力，能更快地降低胶体的负电荷。所有 PACl 的持续投加都使胶体电荷由负转正，其中电荷为零的投药量称为等电点投药量(IED)，该值表明胶体在此投药量下达到“完全”的电性中和。混凝剂电中和能力高者，使颗粒

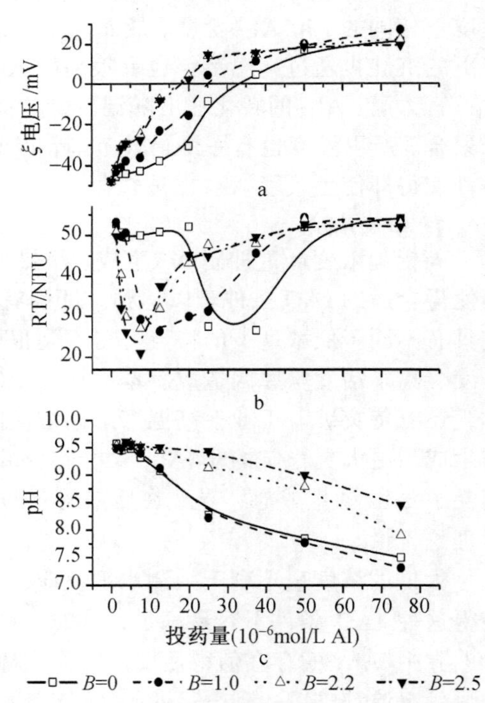

图 4-33　0.5mmol/L $NaHCO_3$、50mg/L 高岭土悬浊液的混凝曲线

a. ξ-投药量；b. 余浊-投药量；c. pH-投药量

物电荷为零的 IED 值低。由图 4-33a 可知，各 PACl 的 IED 值按照碱化度由高到低的顺序依次为 17μmol/L、17.5μmol/L、24μmol/L 和 33μmol/L Al，故各 PACl 的电中和能力由大到小的顺序为 $PACl_{25}$~$PACl_{22}$>$PACl_{10}$> $PACl_0$，与各药剂形态的比较可知，电中和能力高的 PACl，其中 Al_b(或 Al_{13})含量也更高，这说明 Al_b 确实是发挥电中和作用的主要形态。因此，可根据其中 Al_b 形态含量将 PACl 分为 H 型(Al_b 含量大于 75%)、L 型(Al_a 含量大于 90%)以及介于其间的 M 型。

图 4-33b 的余浊-投药量曲线中，脱稳区间也随着所用 PACl 电中和能力的高、中、低的顺序先后出现，相应浊度最佳去除点分别为 7μmol/L、13μmol/L 和 32μmol/L Al，这一方面表明电中和能力越高，所需混凝剂的药量越少，出现脱稳的时间越早。在此意义上，在低碱度水体混凝中，电中和是混凝脱稳的主要模式。另一方面，通过最佳投药点与各自 IED 值的比较可以发现，各种絮凝剂电中和的具体模式不尽相同：对 L 型的 $PACl_0$，其最佳混凝区域的投药量恰好在 IED 值附近很小范围内，即胶体的负电荷得到较“完全电中和”，这是传统的电中和模式；其余 PACl 其最佳混凝投药量则比各自 IED 值低许多，尤其是 H 型药剂，在黏土颗粒仍然带有较高负电荷(约–30mV)即有很好的混凝效果。此时胶体颗粒电荷虽然得到一定的中和，但具有不同于传统电中和模式的特点，即不需要“完全电中和”。

图 4-33c 是混凝后 “pH—投药量” 曲线，混凝后 pH 随着投药量增加而减小，但是减小程度随着所用药剂的类型变化。H 型的 PACl 其曲线明显位于 L 型、M 型 PACl 的上方。这表明更低碱化度的药剂投入水体中要消耗更多的水体碱度，从而使 pH 降低更厉害。进一步表明低碱化度的混凝剂投入水体后会产生明显的水解反应，导致水体 pH 剧烈变化，而高碱化度的 PACl 中，Al_b 和 Al_c 形态增加，这种水解反应不明显，导致水体 pH 变化平缓。其中稍许的 pH 降低也是其中较少量的 Al_a 形态参与水解的结果，当然不能排除高稳聚合形态的进一步水解聚合反应也会发生，其具体机制还有待研究。随着 Al_b 含量的增加，pH 降低趋势变缓慢，这也表明 Al_b 的确具有相对较强的抗水解能力，和 Al_{13} 具强的耐酸碱性能相一致。

在此将使得体系电荷为零的 pH 定义为零电点(PZC)，PZC 与最佳混凝的 pH 范围的关系也随着所用药剂的类型变化。如 $PACl_0$，其最佳浊度去除时的 pH 范围是 7.6~7.9，结合 “ξ-投药量” 曲线，PZC 值恰好在此范围内，表明胶体几乎完全达到电荷中和而混凝，与以往的研究一致。但是对其他 PACl，相应的最佳混凝 pH 却高出它们的 PZC 值，此时，胶体仍然带有相当量的负电荷，尤其是当 B=2.2 和 2.5 时，高达约–30mV。这个现象可用新近提出的静电簇混凝作用来解释[40, 41]，详见后面讨论。

4.8.2 絮体生长动力学

图 4-34 的 FI 指数图显示 FI 在快速搅拌结束后迅速增加，表明絮体的生成，

在慢速搅拌阶段絮体缓慢生长和变大，但不同的 PACl 有不同的表现。图 4-34a 中 $PACl_0$ 的 FI 曲线显示，只有在接近 IED 的投药量(38μmol/L 附近)才有显著絮体增长，其余投药量的 FI 曲线都是基线，没有絮体生成；而在 H 型 PACl 的混凝中，极低的投药量(5μmol/L)下就有 FI 迅速增长并出现最高的 FI 值(图 4-34c，d)，随着投药量的增加，FI 指数值逐渐减小，意味着复稳趋势随着投药量的增加逐渐加强。有趣的是，在较高的投药量，$PACl_{22}$ 和 $PACl_{25}$ 表现较大的区别。如在 38μmol/L 和 75μmol/L 投药量时，$PACl_{22}$ 的 FI 曲线呈基线，已经复稳，而 $PACl_{25}$ 的 FI 曲线表明絮体始终存在，这或许是 Al_c 或者 Al_{13} 的聚集体形成的絮体。$PACl_{25}$ 较难于复稳，这可能和 $PACl_{25}$ 中较多的 Al_c 含量有关。这些 Al_c 也许会有进一步的水解最终成为氢氧化铝沉淀，随之某种程度上迁移了正电荷颗粒间的静电斥力。M 型的 PACl 则显示出最宽广的混凝范围(图 4-34b)，具有高低两种类型絮凝剂的特点。在实验所用的最小 5μmol/L 投药量下，M 型即有一定的 FI 值增长，说明有一定的絮体生成，与 H 型类似，但不如后者的 FI 值高。前者 FI 值随着投药量增加而升高，其最大的 FI 值出现在 25μmol/L 投药量下，正是该药剂的 IED 值，该行为又类似于 L 型絮凝剂，此后逐渐复稳。M 型絮凝剂的这种过渡行为和其具有介于 H 型和 L 型之间的 Al_b 含量相称。需要指出的是，在 L 型的混凝中，其在 IED 值附近的混凝动力学曲线具有最高的 FI 值和最大的斜率，表明絮体生长最快、最大，这是完全电中和的特点。

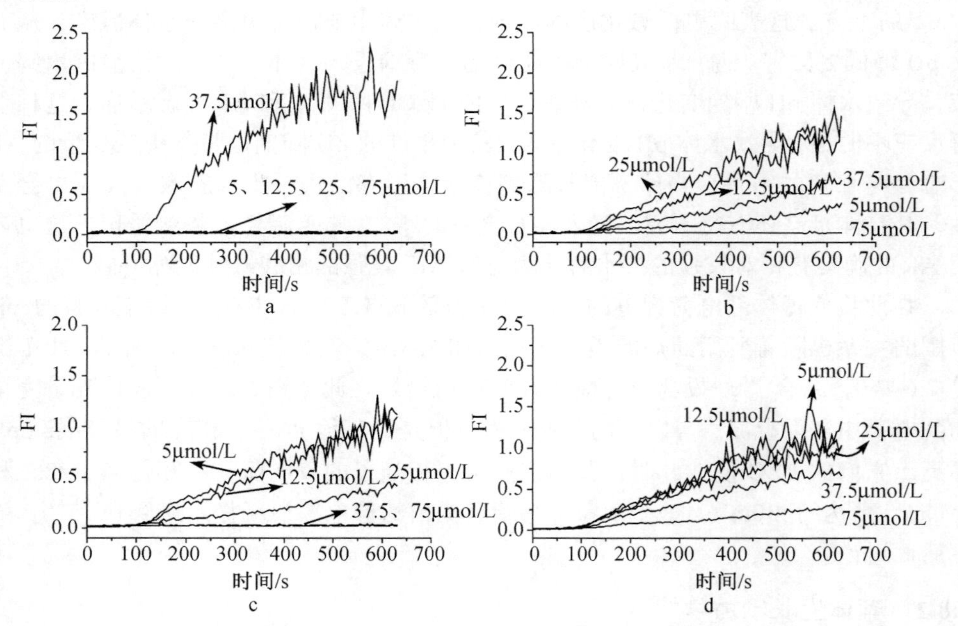

图 4-34　投药量对混凝指数 FI 的影响

a. $PACl_0$；b. $PACl_{10}$；c. $PACl_{22}$；d. $PACl_{25}$

4.8.3　静电簇效应

以上从多方面阐述了 H 型和 L 型铝系混凝药剂具有诸多不同的混凝行为，Al_b 含量决定药剂类型及作用方式，并指出可用静电簇效应来解释这些混凝行为的差异。图 4-35 图示了 H 型和 L 型都有“静电簇”形成，主要差别是 L 型的静电簇混凝效应要求胶体颗粒的“完全电中和”，H 型的则不必需。具体说来，H 型药剂经过预制含有大量高正电荷量的 Al_b 形态，通过前面章节可知该形态主要是 Al_{13}，在一般酸、碱体系中能保持较好的稳定性，且有较强吸附能力，在混凝过程中能迅速吸附在胶体颗粒部分表面上，形成“静电簇”，这些静电簇又因其带有较强的正电荷，与周围颗粒物裸露表面(“静电簇—胶体表面”)形成较强静电吸引力，降低 DLVO 理论中的势能垒，导致颗粒间的有效碰撞效率大大提高，从而使得颗粒物在仍然带有电荷的情况下发生脱稳、混凝。因此，H 型药剂的投药量也很小。应该说，静电簇效应也是一种电中和现象，只不过不需要电荷的“完全中和”。静电簇主要是由 Al_b/Al_{13} 形态产生，是 H 型 PACl 的混凝特点。

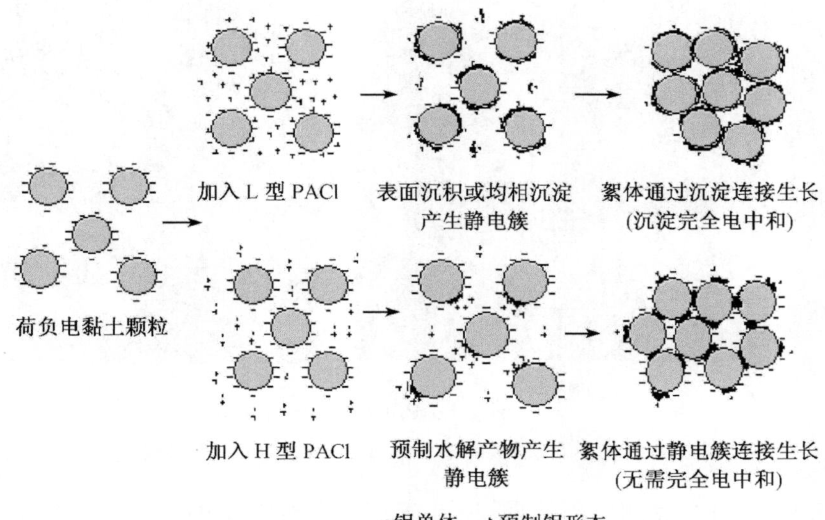

图 4-35　静电簇混凝示意图

L 型药剂则以 Al_a 为主要成分，Al_a 在水中很不稳定，会迅速先进行水解、沉淀等反应，造成水体 pH 的急剧下降，其产物吸附或沉积在胶体表面，也形成“静电簇”，使胶体“完全电中和”而脱稳、混凝。James 和 Healy[42]指出，胶体颗粒表面的沉淀作用可在比其溶液相对较低 pH 时发生，伴随表面吸附形成表面包裹层而导致新的表面形成，电荷变号是由于金属氢氧化物凝胶或沉淀物包裹在胶体颗粒表面所致。此时的静电簇由水解产物——无定形氢氧化铝沉淀构成，该沉淀根据水质条件或异相沉积在胶体表面或在本体中均相生成，由于该静电簇电荷较弱，只有在将胶体电荷较完全中和的情况下，才能与周围的基本呈中性的静电簇产生作用，形成所谓的沉淀电中和混凝。因此，L 型药剂的混凝也可把吸附在颗粒物表面的反应产物视为静电簇，只不过这里的静电簇需要“完全电中和”才起作用，此时的静电簇效应是“静电簇-静电簇”间的碰撞。因为不残余电荷，这种结合使得絮体增长迅速，并且容易长大，图 4-34a 的 FI 有最高的斜率和最大的 FI 值都说明这点。

为了直观的验证这些静电簇效应，选取有理想球形形状的硅微球(直径 2 μm)絮体观察，结果如图 4-36 所示。L 型药剂在 IED 投药量时产生的絮体中，球形硅微球大部分被沉淀包裹，只有少部分裸露，是完全电中和的结合，絮体疏松粗大，平均粒径在 30 μm(图 4-36a)。而提纯的 Al_{13} 在低于 IED 值投药量下的絮体，大部分硅微球裸露在外，其间通过 Al_{13} 静电簇联结，絮体细密，粒径只有 10 μm(图 4-36b)。这些结果与 FI 的结果是一致的。

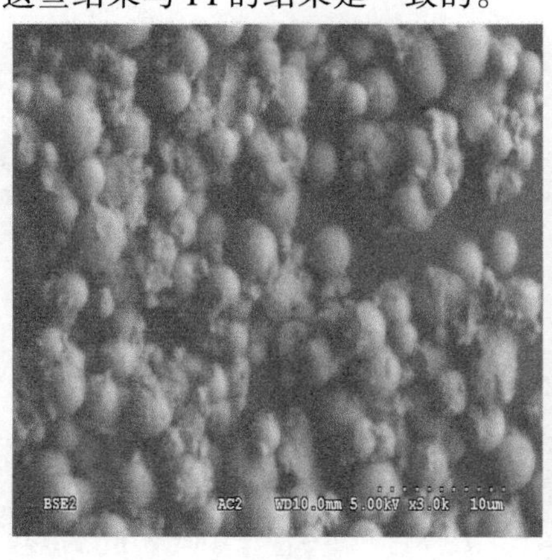

a

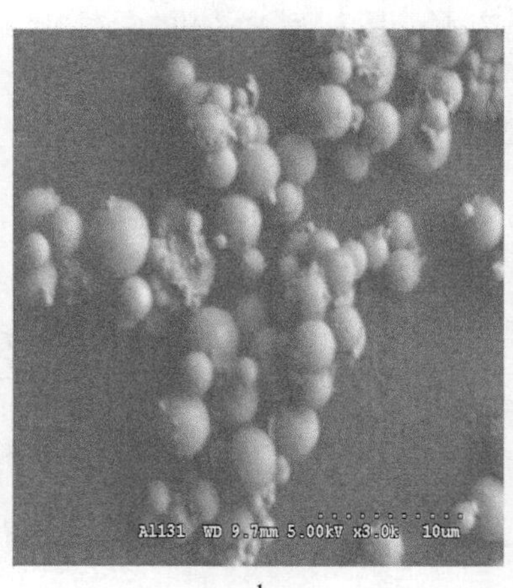

b

图 4-36 静电簇的 SEM 图片

a. $PACl_0$ 混凝中的簇-簇桥联；b. Al_{13} 混凝中的静电簇-胶体表面结合

L 型药剂的混凝中，沉淀承担了电荷完全中和者的角色，因此影响无定形沉淀生成的参数，如投药量、pH、碱度、其他与铝络合配体的存在与否等都将会严重影响混凝效果。这些因素相互作用，不可孤立开来。长久以来都将控制水体 pH 作为混凝重要参数，认为混凝的技术就是控制 pH 的技术。这是将铝盐水解简化处理成无定形沉淀并为唯一电中和者的必然推论，对于简单水体和 L 型混凝剂的使用有一定准确度。本书 L 型药剂的最佳投药量和 pH 都是各自的 IED 和 PZC 就是一例。在此基础上建立的定量模式也比较成功[38]。但在无机高分子絮凝剂，尤其是 H 型的应用中，因为静电簇效应不需要完全电中和，情形将发生变化，PZC 和 IED 不再严格对应最佳混凝点。图 4-33b 显示 $PACl_{25}$ 有最佳的浊度去除率，可能与其

中较高的 Al_c 含量有关。Al_c 由于有相对较大的尺寸、较弱的电荷，而更易于形成静电簇间的架桥桥联，而更能发挥静电簇的迅速混凝而投药量低等优势。

参 考 文 献

[1] 汤鸿霄. 无机高分子絮凝理论与絮凝剂. 北京：中国建筑工业出版社, 2006

[2] Tang H X, Luan Z K. The differences of behaviour and coagulating mechanism between inorganic polymer flocculants and traditional coagulants. Chemical Water and Wastewater Treatment: Ⅳ Springer-Verlag, 83~93

[3] Bertsch P M. The Environmental Chemistry of Aluminum. Boca Raton, FL: CRC Press, 1989

[4] Vermeulen A C, Geus J W, Stol R J et al. Hydrolysis-precipitation studies of aluminum (III) solutions. I. Titration of acidified aluminum nitrate solutions. Journal of Colloid and Interface Science, 51: 449~458

[5] Wang S, Wang M, Tzou Y. Effect of temeratures on formation and transformation of hydrolytic aluminum in aqueous solutions. Colloids and Surfaces A, 2003, 231: 143~157

[6] Parker D R, Bertsch P M. Formation of the "Al13" tridecameric aluminum polycation under diverse synthesis conditions. Environ Sci Technol, 1992, 26: 914~921

[7] Stumm W, Morgan J J. Aquatic Chemistry. 2d ed. New York: John Wiley, 1981

[8] Hem J D, Roberson C E. Aluminum Hydrolysis Reactions and Products in Mildly Acidic Aqueous Systems. Chemical Modeling of Aqueous Systems II American Chemical Society, Washington DC, 1990. 429~446

[9] Henry M, Jolivet J P, Livage J. Aqueous chemistry of metal cations: hydrolysis, condensation and complexation. Structure and bonding, 1992, 77: 153~206

[10] Michot L J, Emmanuelle M P, Lartiges B S et al. Formation mechanism of the Ga13 Keggin ion: a combined EXAFS and NMR study. J Am Chem SOC, 2000, 122: 6048~6056

[11] Vogels R, Kloprogge J T, Geus J W. Homogeneous forced hydrolysis of aluminum through the thermal decomposition of urea. Journal of Colloid and Interface Science, 2005, 285: 86~93

[12] Kloprogge J T, Seykens D, Geus J W et al. The effects of concentration and hydrolysis on the oligomerization and polymerization of Al (III) as evident from the ^{27}Al NMR chemical shifts and linewidths. Journal of Non-Crystalline Solids, 1993, 160: 144~151

[13] Furrer G, Ludwig C, Schindler P W. On the chemistry of keggin Al_{13} polymer 1. Acid-base properies. J Colloid Interf Sci, 1922, 149: 56, 67

[14] Bi S P, Wang C Y, Cao Q et al. Studies on the mechanism of hydrolysis and polymerization of aluminum salts in aqueous solution: correlations between the "Core-links" model and "Cage-like" Keggin-Al_{13} model. Coordination Chemistry Reviews, 2004, 248: 441~455

[15] Kloprogge J T, Seykens D, Geus J W et al. Temperature influence on the Al_{13} complex in partially neutralized aluminum solutions: a ^{27}Al nuclear magnetic resonance study. Journal of Non-Crystalline Solids, 1992, 142: 87~93

[16] Akitt J W, Farthing A. Aluminum-^{27}nuclear magnetic resonance studies of the hydrolysis of aluminum (III). Part 4. Hydrolysis using sodium carbonate. J Chem Soc, Dalton Trans, 1981, 1617~1623

[17] Perry C C, Shafran K L. The systematic study of aluminium speciation in medium concentrated aqueous solutions. Journal of Inorganic Biochemistry, 2001, 87: 115~124

[18] Smith R W. Reactions among equilibrium and non-equilibrium aqueous species of aluminum hydroxy complexes. Adv Chem Ser, 1971, 106: 250~256

[19] Jardine P M, Zelazny L W. Mononuclear and polynuclear aluminum speciation through differential kinetic reactions with ferron. Soil Sci Soc Am J, 1986, 50: 895~900

[20] Parker D R, Bertsch P M. Identification and quantification of the "Al_{13}" tridecameric aluminum polycation using ferron. Environ Sci Technol, 1992, 26: 908~914

[21] 高宝玉，岳钦艳，王占生等．聚硅氯化铝的形态分布及转化规律 III.Al-Ferron 逐时比色法与 ^{27}Al-NMR 法的比较．环境化学, 2000, 20: 13~17

[22] 卢建杭，刘维屏．Al-ferron 络合比色动力学特征与聚合铝溶液形态．环境化学，1998，17: 576

[23] Akitt J W, Elders J M, Fontaine X L R et al. Multinuclear magnetic-resonance studies of the hydrolysis of aluminum(III) . Part 9. Prolonged hydrolysis with aluminum metal monitored at very high magnetic-field. Journal of the Chemical Society-Dalton Transactions, 1989, 1889~1895

[24] Fu G, Nazar L F, Bain A D. Aging processes of alumina sol-gels: characterization of new aluminum polyoxycations by aluminum-27 NMR spectroscopy. Chemistry of Materials, 1991, 3: 602~610

[25] Bradley S M, Kydd R A, Yamdagni R. Study of the hydrolysis of combined Al^{3+} and Ga^{3+} aqueous solutions: formation of an extremely stable $GaO_4Al_{12}(OH)_{24}(H_2O)_{127}+$ polyoxocation. Magn Reson Chem, 1991, 28: 746

[26] Allouche L, Taulelle F. Conversion of Al_{13} Keggin ε into Al_{30}: a reaction controlled by aluminum monomers. Inorganic Chemistry Communications, 2003, 6: 1167~1170

[27] Allouche L, Huguenard C, Taulelle F. 3QMAS of three aluminum polycations: space group consistency between NMR and XRD. Journal of Physics and Chemistry of Solids, 2001, 62: 1525~1531

[28] Loring J S, Casey W H. A correlation for establishing solvolysis rates of aqueous Al(III) complexes: a possible strategy for colloids and nanoparticles. J Colloid Interf Sci, 2002, 251

[29] Tossell J A. Calculation of the structural and NMR properties of the tridecameric $AlO_4Al_{12}(OH)_{24}(H_2O)_{12}^{7+}$ polycation. Geochim Cosmochim Acta, 2001, 65: 2549~2553

[30] Pophristic V, Balagurusamy V S K, Klein M L. Structure and dynamics of the aluminum chlorohydrate polymer $Al_{13}O_4(OH)_{24}(H_2O)_{12}C_{17}$. Phys Chem, 2004, 6: 919~923

[31] Nofz M, Pauli J, Dressler M et al. ^{27}Al NMR study of Al-speciation in aqueous aluminum-sols. J Sol-Gel Sci Techn, 2006, 38: 25~30

[32] Bottero J Y, Axelos M, Tchoubar D et al. Mechanism of formation of aluminum trihydroxide from keggin Al_{13} polymers. J Colloid Interface Sci, 1987, 117: 47~57

[33] Bertsch P M, Thomas G W, Barnhisel R I. Characterization of hydroxy-aluminum solutions by aluminum-27 nuclear magnetic resonance spectroscopy. Soil Sci Sci Am J, 1986, 50: 825

[34] Tsai P P, Hsu P H. Aging of partially neutralized aluminum solutions of sodium hydroxide/

aluminum molar ratio=2.2. Soil Sci Sci Am J, 1985, 49: 1060~1065

[35] Bertsch P M. Conditions for Al_{13} polymer formation in partially neutralized aluminum solutions. Soil Science Society of America Journal, 1987, 51: 825~828

[36] Akitt J W, Farthing A. ^{27}Al NMR studies of the hydrolysis and polymerization of hexa-aquoaluminum(III) cation. J Chem Soc Dalton Trans, 1972, 604~610

[37] Turner R C. A second species of polynuclear hydroxyaluminum cation, its formation and some of its properties. Can J Chem, 1976, 54: 1910~1915

[38] Dentel S K. Application of the precipitation-charge neutralization model of coagulation. Environ Sci Technol, 1988, 22: 825~832

[39] Bottero J Y, Cases J M, Fiessinger F et al. Studies of hydrolyzed aluminum chloride solutions. 1. Nature of aluminum species and composition of aqueous solutions. J Phys Chem, 1980, 84: 2933~2939

[40] Wang D S, Tang H X, Gregory J. Relative importance of charge neutralization and precipitation on coagulation of kaolin with PACI: effect of sulfate ion. Environmental Science & Technology, 2002, 36: 1815~1820

[41] Ye C, Wang D, Shi B et al. Alkalinity effect of coagulation with polyaluminum chlorides: role of electrostatic patch. Colloids and Surfaces A: Physicochemical and Engineering Aspects, 2007, 294: 163~173

[42] James R O, Healy T W. Adsorption of hydrolyzable metal ions at the oxide-water interface (I, II). J Colloid Inter Sci, 1972, 40: 42~46

第 5 章　混凝剂的优化与筛选①

5.1　不同形态的相对重要性与稳定性

由于铝的两性化学特征和强烈趋于水解聚合反应，取决于原水水质特征、铝浓度及 pH[1, 2]，在投加入水后发生一系列的水解反应，生成各种铝羟基多核络离子，如 $Al_2(OH)_{24}^{+}$、$Al_6(OH)_{15}^{3+}$、$Al_7(OH)_{12}^{4+}$、$Al_8(OH)_{20}^{4+}$、$Al_{13}(OH)_{34}^{5+}$ 等，最终生成氢氧化铝-$Al(OH)_3$ 沉淀。根据 Al-Ferron 逐时络合比色法的测定结果[3, 4]，铝的水解聚合形态可大致分为 3 类：Al_a，单体形态；Al_b，二维片状聚合形态；Al_c，三维溶胶形态。在特定铝浓度及 OH/Al 值时，3 类形态具有相对不同比例的分布关系。通过预加碱能显著提高铝盐中 Al_b 的含量，尤其是 Al_{13} 的含量。研究发现聚合铝投入水中后，其聚集体将在一定时间内具有稳定性而保持其原有形态，并立即吸附在颗粒物表面，以其较高的电荷及较大的分子质量发挥电中和及黏结架桥作用[5, 6]。因而制备高含量 Al_{13} 形态成为各种混凝剂生产厂家所追求的目标。

5.1.1　聚合铝混凝过程中的形态分布

混凝剂投加后水解反应形成不同形态水解铝离子的电中和能力和粒度大小显著影响混凝。聚合铝投加到水体后继续水解，混凝效果最终取决于混凝剂投加后形成的水解形态，而不是完全取决于投加前的形态。因而，认识混凝剂投加过程中混凝剂形态转化规律对认识混凝剂混凝机制具有非常重要的意义[2, 7, 8]。

试验采用试剂纯 $AlCl_3{\cdot}6H_2O$ 配制而成碱化度为零的聚合铝，计为 $PACl_0$；聚合铝 $PACl_{10}$、$PACl_{20}$、$PACl_{22}$ 和 $PACl_{25}$ 为实验室通过缓慢滴碱法制备的碱化度 *B* 值分别为 1.0、2.0、2.2 和 2.5 的聚合铝溶液；$PACl_I$ 为碱化度为 60%的工业 PACl；$PACl_E$ 为电化学方法生产的碱化度为 2.3 的聚合铝。采用 Al-Ferron 法[4]和 ^{27}Al NMR 法[9]对其中的 $PACl_0$、$PACl_E$、$PACl_I$、$PACl_{22}$ 和 $PACl_{25}$ 进行了分析测定。分析结果如图 5-1 和表 5-1 所示。

聚合铝水解形态的混凝性能研究分两部分，一部分考察在不同投药量下各种聚合铝的混凝性能，以秋季黄河水(W1)试验结果为例，另一部分为考察 pH 对各种聚合铝混凝效果的影响，用高温高藻期滦河水(W2)试验结果为例，两次试验原水水质见表 5-2。

---

① 本章由晏明全、王东升撰写。

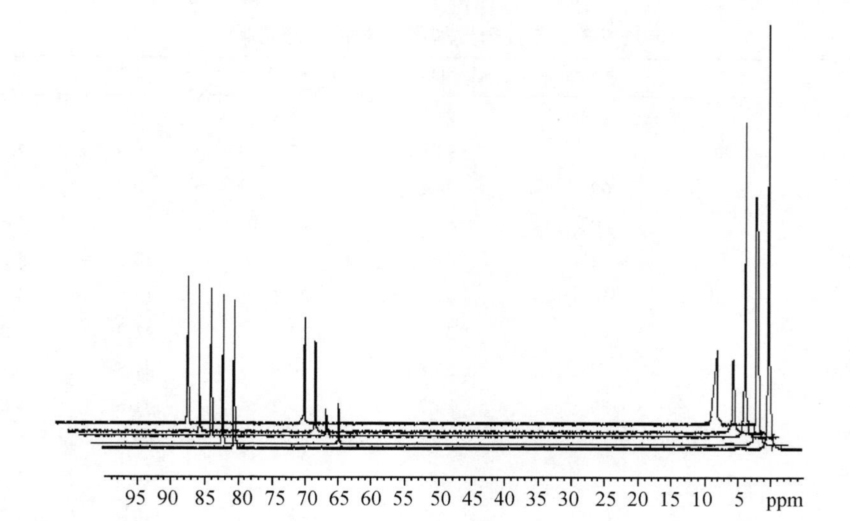

图 5-1　各种聚合铝 ^{27}Al NMR 法表征结果

表 5-1　Al-Ferron 法和 ^{27}Al NMR 法对各种聚合铝分析测定的结果

PACl	Al_t	Ferron 法/%			^{27}Al–NMR 法/%		
		Al_a	Al_b	Al_c	Al_m	Al_{13}	Al_{un}
$PACl_0$	0.200	91.9	8.1	0	100	0	0
$PACl_I$	0.207	40.00	38.54	21.46	53.22	22.71	24.07
$PACl_E$	0.190	17.79	10.96	71.25	79.99	10.46	9.55
$PACl_{22}$	0.101	17.81	61.50	20.69	24.68	64.29	11.03
$PACl_{25}$	0.107	5.45	77.78	16.77	24.53	73.85	1.62

表 5-2　试验原水水质

水样	*t*/°C	pH	碱度/(mg/L)	DOC/(mg/L)	浊度/NTU	UV_{254}	Ca^{2+}/(mg/L)	Mg^{2+}/(mg/L)
W1	13	8.15	185	4.5	7.87	0.108		
W2	16.7	8.24	116	4.2	8.02	0.056	70	30

为研究混凝剂投加后的形态分布变化，将浓度为 0.1mol/L Al 不同碱化度的聚合铝投加到含 10^{-3} mol/L $NaNO_3$ 的水中，稀释 200~2000 倍，在混凝剂投加前和投加后 2min、1h 分别用 Ferron 法测定形态分布，考察稀释对混凝剂形态分布的影响。表 5-3 是目标浓度为 2×10^{-4}mol/L Al 混凝剂混凝过程形态变化试验结果。试验结果表明，向碱度较低的水中投加聚合铝，稀释 200~2000 倍，稀释前后 pH 的变化很小，对混凝剂中形态分布的影响不是很明显。

为研究 pH 对聚合铝投加后的形态的影响，在配水中进行 pH 对混凝剂投加后形态分布影响试验。试验将浓度为 0.1mol/L Al 不同碱化度的聚合铝投加到加入 5×

表 5-3　混凝剂投加稀释对铝形态影响

PACl	*B*	时间/min	Al_a组成/ %	Al_b组成/%	Al_c组成/%	pH
		0	91.9	8.1	0.0	3.03
$PACl_0$	0.0	2	93.6	6.4	0.0	4.34
		60	94.8	5.2	0.0	4.32
		0	60.7	21.2	18.1	3.66
$PACl_{10}$	1.0	2	61.5	20.0	18.5	4.64
		60	61.3	21.1	17.6	4.61
		0	23.6	34.5	41.9	3.94
$PACl_{20}$	2.0	2	23.8	34.9	41.3	4.89
		60	24.2	34.2	41.6	4.88
		0	7.3	40.1	52.6	5.32
$PACl_{25}$	2.5	2	6.9	44.6	49.5	5.32
		60	7.5	42.1	50.4	5.34

10^{-4} mol/L $NaHCO_3$ 和 $NaNO_3$ 的水中，稀释 200~2000 倍，在混凝剂投加前用 0.2mol/L 或 0.05mol/L 的 NaOH 或 HCl 控制混凝 pH。在混凝剂投加后用 Ferron 法测定形态分布，考察原水 pH 对混凝剂混凝过程中形态分布的影响。图 5-2 是 2×10^{-4}mol/L Al 时 pH 对混凝剂投加影响的部分试验结果。

结果表明聚合铝混凝后的形态分布受pH显著影响，尤其是低碱化度的聚合铝。在 pH 3~11，Al_a 首先随 pH 升高逐渐减少，然后又逐渐增加，在理论最低溶解度对应的 pH 6.5 左右达到最低值；与此相对应，Al_b 首先随 pH 的升高而升高，然后随 pH 的升高而降低，在 pH 6.5 左右达到最高值；Al_c 表现出和 Al_b 相同的规律，但其变化幅度不像 Al_b 那样显著，而且达到最高浓度在 pH 8 左右。各种碱化度的聚合铝随 pH 的变化表现出相同的规律，但其变化的幅度随碱化度的升高而降低。预制的中聚体和高聚体在混凝过程中相对比较稳定，而低聚体和单体在混凝过程中随 pH 显著变化。随着 pH 的升高，首先转化成中聚体 Al_b，然后进一步转化为高聚体 Al_c。在偏酸性条件下，低碱化度的聚合铝中大量 Al_a 在混凝过程中生成 Al_b，碱化度越低，Al_b 含量越大，而高碱化度的聚合铝 Al_c 含量较高，混凝过程中 Al_b 含量相对较少；在碱性区域，由于预制的 Al_b 在混凝过程中能稳定存在，聚合铝中预制的 Al_b 含量越大，混凝过程中 Al_b 含量越大，Al_c 含量越低。

图 5-3 是不同碱化度聚合铝在不同 pH 下混凝后分别在 2min 和 1h 时用 Ferron 法进行形态分析对比试验结果。可以看出，聚合铝中预制的 Al_b 能在混凝剂投加后稳定存在，而混凝剂投加后现场形成的 Al_b 不能稳定存在，会逐渐聚集，转化成 Al_c。碱化度越低的聚合铝，其在偏酸性条件下混凝过程中生成的 Al_b 越多，但是这部分 Al_b 不像预制的 Al_b 那样稳定，部分重组转化成 Al_c，Al_b 含量逐渐减少，Al_c

含量相应地增加。

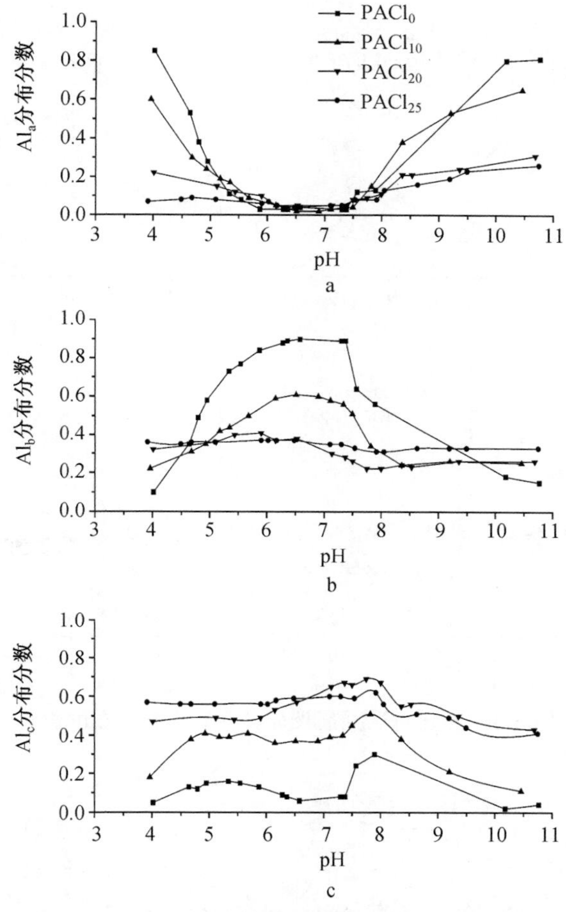

图 5-2　pH 对混凝剂投加稀释后形态分布的影响

5.1.2　聚合铝混凝过程的形态重要性

从图 5-4~图 5-6 可以看出，不同碱化度聚合铝对 DOC、UV_{254} 和浊度的相对去除效果表现出不同规律。在常规投药量下，对 DOC 的去除能力从高到低依次为 $PACl_{25}$、$PACl_{22}$、$PACl_I$、$PACl_E$、$PACl_0$。当投药量增加到 0.16mmol/L，$PACl_0$ 对 DOC 的去除率最好。各种聚合铝对 UV_{254} 的相对去除效率不同于 DOC，去除能力从高到低依次为 $PACl_E$、$PACl_{22}$、$PACl_{25}$、$PACl_I$、$PACl_0$。聚合铝对浊度的去除随投药量变化表现出不同规律，在较低投药量下，$PACl_E$ 对浊度的去除效果和 $PACl_{22}$ 相当，优于 $PACl_I$。其他各种聚合铝对浊度的相对去除效果和对 DOC 的相对去除效率基本一致。当投药量升高到 0.08mmol/L 以上时，除 $PACl_E$ 外，各种聚合铝的絮体开始复稳，余浊度升高，此时各种聚合铝对浊度的相对去除率和 UV_{254} 一致。

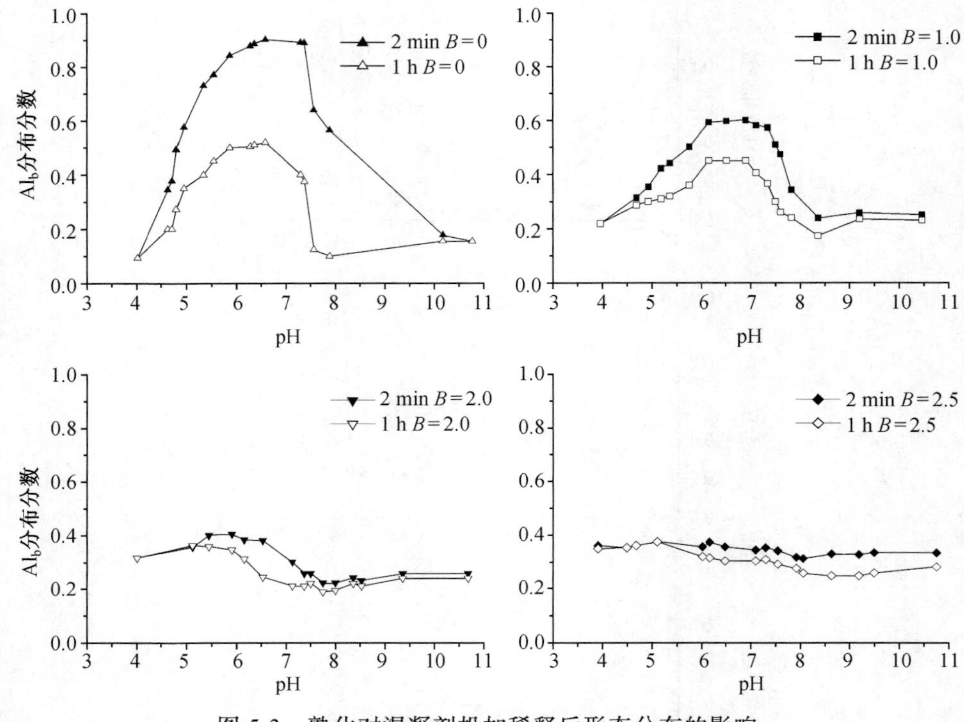

图 5-3 熟化对混凝剂投加稀释后形态分布的影响

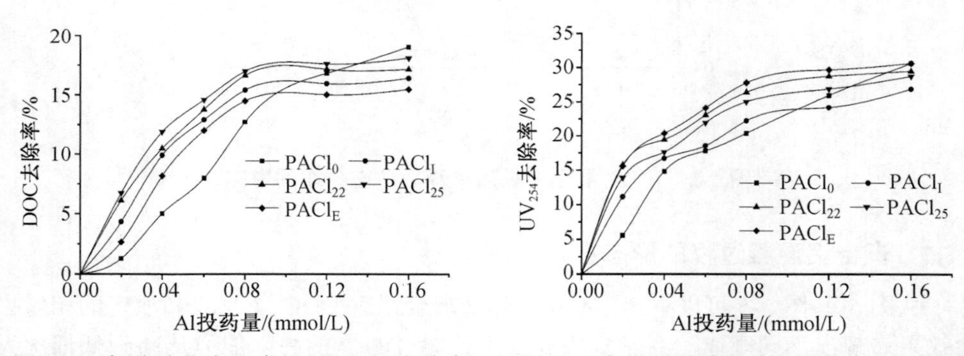

图 5-4 各种碱化度聚合铝对 DOC 去除率　　图 5-5 各种碱化度聚合铝对 UV_{254} 去除率

从图 5-7 看出，除 $PACl_0$ 在高投药量下混凝后 pH 降低到 7.45 外，混凝过程发生在 pH7.7~8.25。结合前述形态分析结果，在常规投药量下 DOC 的去除率与 Al_b 含量一致。当投药量增加到 0.16mmol/L 时，$PACl_0$ 混凝后 pH 降低到 7.45，如图 5-2 所示，在此 pH 下，$PACl_0$ 中 Al_b 含量显著升高。Al_b 是 3 种形态中对 DOC 去除效果最有效的形态。$PACl_E$ 中 Al_c 含量最高，$PACl_0$ 中 Al_c 含量最低。Al_c 的含量和 UV_{254}

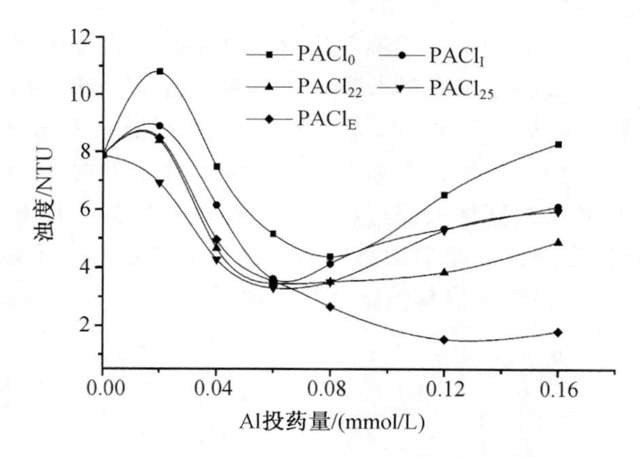

图 5-6 各种碱化度聚合铝对浊度去除效果

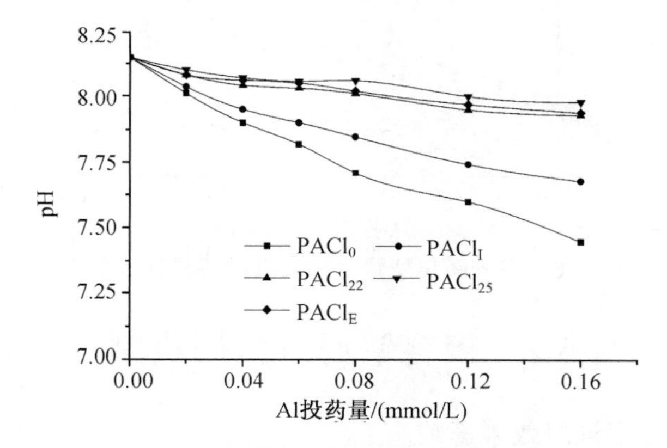

图 5-7 各种碱化度聚合铝混凝后 pH 变化

的去除效率具有很好的相关性。虽然 $PACl_I$ 中 Al_c 含量和 $PACl_{22}$ 相当，略高于 $PACl_{25}$，但其中 Al_b 含量显著低于 $PACl_{22}$ 和 $PACl_{25}$，其对 UV_{254} 的去除效率不及 $PACl_{22}$ 和 $PACl_{25}$，说明 Al_b 对 UV_{254} 也有一定的去除效果，但不及 Al_c 显著。

在低投药量下，除了 $PACl_E$ 外，各种聚合铝对浊度和 DOC 的去除很一致，聚合铝中 Al_b 含量越高，对浊度的去除效率越好；当投药量增加到 0.08 mmol/L 以上时，各种聚合铝对浊度的去除效果和对 UV_{254} 的去除效果表现一致，此时混凝剂中 Al_c 含量越高，浊度的去除效果越好。聚合铝对浊度的去除在高、低投药量下表现出不同去除机制，在低投药量下，颗粒物通过电中和去除，Al_b 带有高的正电荷，具有很好的电中和性能，聚合铝中 Al_b 含量越高，对浊度的去除效果越好；但是，当投药量过量时，强正电性的 Al_b 使颗粒物复稳，残余浊度升高，聚合铝中 Al_b 含量越高，复稳越明显，此时，颗粒物的去除机制主要是吸附卷扫，Al_c 不仅带有正电性，而且具有较大粒径，其形成的絮体较大，比较容易沉淀去除。

从图 5-8 可以看到，各种聚合铝混凝后溶解性残余铝表现出明显不同规律。聚合铝中 Al_a 含量越高，其混凝后的残余溶解铝越高，尤其对于 $PACl_0$，在低投药量下，其溶解性残余铝先明显升高到 500μg/L 左右，然后随着投药量继续增加而降低。这表明 Al_a 能够和水体中的有机基团络合，形成溶解性有机物——Al 络合物，不能像 Al_b 和 Al_c 与有机物形成絮体被膜过滤截留。虽然在低投药量下 Al_a 与有机物形成的络合物不能直接去除，但能中和有机物中部分不饱和位。随着投药量的增加，其不饱和位逐渐饱和被去除，溶解性铝含量也降低。

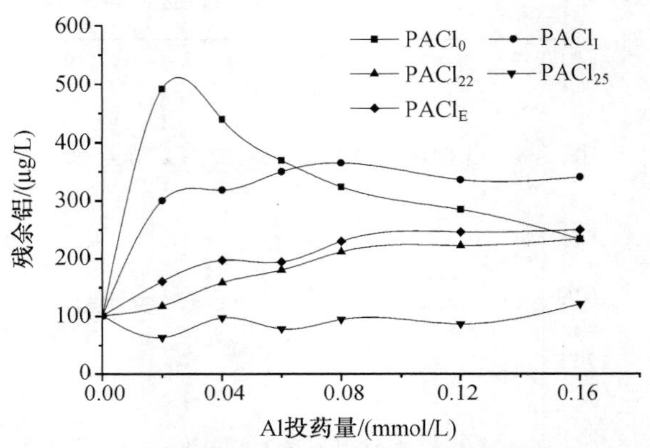

图 5-8　各种碱化度聚合铝混凝后溶解性残余铝

5.2　聚合铝混凝作用机制

5.2.1　pH 对聚合铝混凝效果影响

选取具有代表性的 $PACl_{25}$、$PACl_I$ 和 $PACl_0$，研究 pH4~11.2 各种混凝剂在高(0.16 mmol/L)、中(0.08 mmol/L)、低(0.02 mmol/L)3 种投药量下对 DOC、UV_{254} 和浊度的去除效果的影响。

pH 对 DOC 的去除结果如图 5-9 所示。与图 5-2 比较可以看出，在中、高投药量和 pH 6.5~10 条件下，DOC 去除率随 Al_b 的增加而升高，在 pH5.8 达到最高。随着 pH 的降低，Al_b 含量显著降低，DOC 去除率开始降低。在 pH10 左右 Al_b 含量最低时，DOC 去除率也最低。在 pH7.5~10，聚合铝碱化度越高，对 DOC 的去除率也越高；但在偏酸性条件下，正好相反，聚合铝碱化度越低，DOC 去除率越高。从图 5-2 可知，聚合铝中铝形态分布随碱化度的升高而越稳定，尤其是 Al_b 的含量，聚合铝对有机物的去除受 pH 的影响也越小(图 5-9)。对于高碱化度聚合铝，当 pH 升高到 10 左右时，因为预制 Al_b 的稳定性，DOC 去除率仍然较大。从图 5-9 可以看出，DOC 在 pH5.8 左右具有最佳去除效果，而不是在理论上具有最低溶解度的 pH6.5 左右。虽然 Al_b 在 pH5.8 时的含量比较高，但低于 pH6.5 时，此时 Al_a 的含量较 pH6.5 升高(图 5-2)。pH 对有机物去除的影响可以从两个方面来认识：一方面是 pH 影响混凝剂水解的最终形态，在 pH5.8 左右，大量的 Al_a 生成，虽然单个 Al_a 单体的带电量没有 Al_b 高，但平均每个 Al 原子的带电高于 Al_b，能更有效地满足不饱和有机基团；另一方面，pH 影响 H^+和 Al 的水解产物与有机物的竞争络合。在低 pH 下，H^+的浓度升高，较铝盐水解产物更容易与有机物结合，降低其不饱和度，在较低的投药量下就能使有机物饱和而被去除。

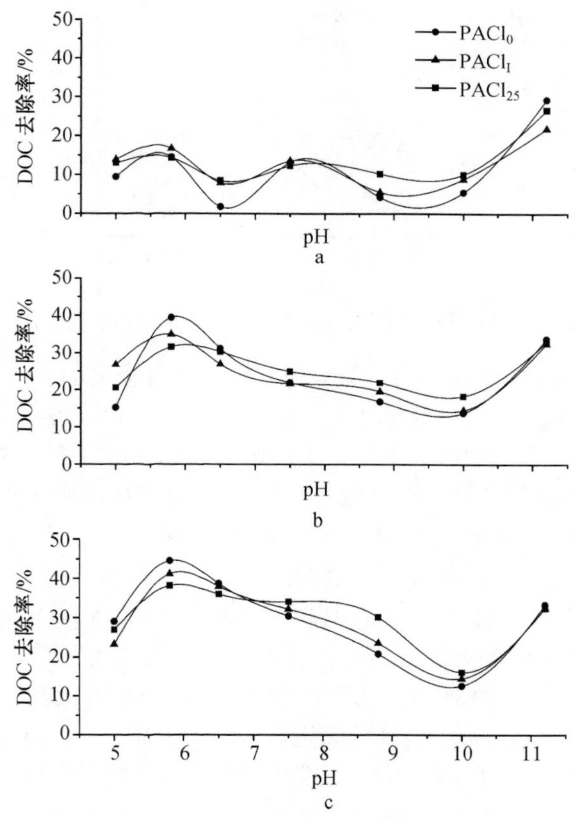

图 5-9　低(a)、中(b)和高(c)3 种投药量下，pH 对各种碱化度聚合铝去除 DOC 效果影响

在低投药量下，各种聚合铝对 DOC 的去除效果差别不大。虽然在 pH5~10，各种聚合铝依然是在 pH5.8 左右对 DOC 具有最佳去除效果，但是，在 pH6.5 时，DOC 的去除效果比较低，甚至低于在 pH7 左右的效果。

图 5-10 给出 $PACl_0$ 在高、中、低 3 种投药量下溶解性残余铝数值。可以看出，在 pH4~11.2，高投药量下溶解性残余铝与中投药量下溶解性残余铝含量相当，而在低投药量下，溶解性残余铝含量明显高于高投药量和中投药量下溶解性残余铝量。低投药量下，溶解性残余铝量在 pH6.5 时甚至高于其在 pH5.8 时。在 pH6.5

时，Al 溶度积较小[10, 11]，混凝剂投加后迅速水解形成溶胶，0.02mmol/L 的投药量下形成的单体 Al 不足以使有机物饱和脱稳而被去除，DOC 去除率较低。低聚体和有机物络合形成溶解性络合物，而导致溶解性残余铝含量较高。当 pH 升高到 7 左右时，钙离子能有效和有机物络合，使其部分饱和而被去除。

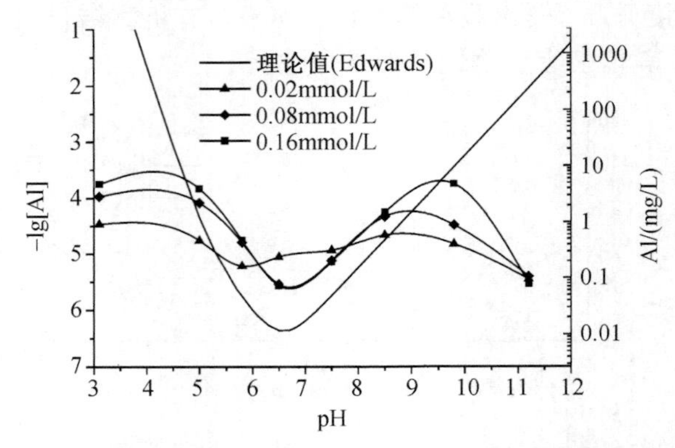

图 5-10　高、中、低 3 种投药量下，pH 对 $PACl_0$ 混凝后残余溶解性铝含量的影响

试验中虽然用 NaOH 调节 pH，但因为原水中具有较高的 Ca^{2+}、Mg^{2+}浓度(Ca^{2+}，70mg/L; Mg^{2+}，30mg/L)，在 pH10 左右，相当于石灰软化。$CaCO_3$ 沉淀是方解石晶体，比表面积低，且带负电性，不同于铝盐水解产物，对有机物的吸附性能不像铝盐的水解产物那样显著。但是通过附着在表面的 Ca^{2+}可以吸附去除部分有机物。在此 pH 下，高碱化度的聚合铝中含有较高的 Al_b 量，Al_b 能附着在 $CaCO_3$ 沉淀表面，改变其表面电性，具有较好的去除效果。

当 pH 升高到 11 以上时，$Mg(OH)_2$ 沉淀开始生成，$Mg(OH)_2$ 沉淀与铝盐水解产物一样，是带正电性的无定形结构，具有较大的比表面积[12]。$Mg(OH)_2$ 沉淀不仅像混凝剂一样能去除水体中的有机物、颗粒物和 $CaCO_3$ 沉淀；而且，Mg 与 Al 形成具有较大比表面积、带正电性的无定形 $Mg_xAl_y(OH)_z \cdot nH_2O$ 沉淀，具有很强的吸附凝聚性能，对有机物具有较好的去除效率，同时使溶解性残余铝显著降低(图 5-10)[13]。

从图 5-11 可知，pH 对 UV_{254} 去除的影响不同于对 DOC 去除效果的影响。在 pH6.5 左右，Al_b 含量较高，各种聚合铝对 UV_{254} 具有较好的去除效果；在 pH7.5 以上，虽然 Al_b 显著降低，但 Al_c 开始升高，对 UV_{254} 同样具有较好的去除效果，甚至当 pH 升高到 8.8 时，高碱化度的聚合铝依然对 UV_{254} 具有较好的去除效果，这与 DOC 的去除表现出不同的特征。

在碱性 pH 区间，碱化度越高，其中 Al_b+Al_c 含量越高，UV_{254} 的去除率也越高。在偏酸性条件下，混凝后 Al 大部分以 Al_b 的形态存在，各种聚合铝在低投药量和中投药量下的对 UV_{254} 的去除率差别不是很明显。低投药量下，在 pH6.5 时，各种

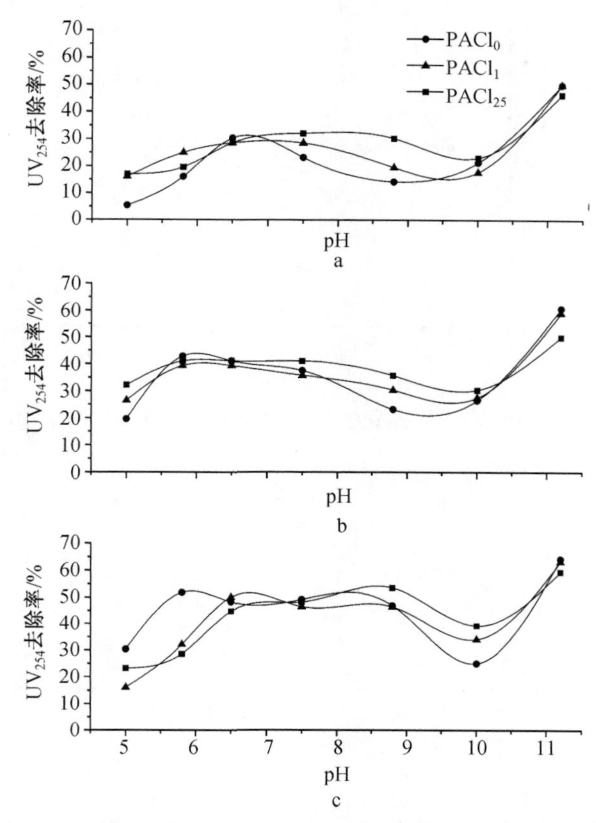

图 5-11　低(a)、中(b)和高(c)投药量下 pH 对各种聚合铝去除 UV_{254} 的影响

聚合铝对 UV_{254} 的去除率差别不是很明显，当 pH 从 6.5 降低到 5.8 时，UV_{254} 的去除率随 $Al_b + Al_c$ 含量的降低而降低；在中投药量下，当 pH 从 6.5 降低到 5.8 时，虽然 Al_b 含量开始降低，但 $Al_b + Al_c$ 的含量仍然较高，能有效去除 UV_{254}，其去除率降低不明显；在高投药量下，由于 Al_b 过量，使部分有机物复稳，尤其是 $PACl_0$ 对 UV_{254} 的去除出现两个峰值，在 pH6.5 左右，UV_{254} 的去除率出现一低谷。表明因 Al_b 具有强电性，在过量投药量下使水体中部分有机物复稳。

天然水体中有机物非常复杂，其成分随地理环境和季节变化。^{13}C–核磁共振证实 SUVA 与水体中的芳香族有机物和不饱和双键有机物具有很强的相关性。水体中 SUVA 越高，其中憎水性有机物和大分子有机物含量越高。

从图 5-12 可以看出，沉后水的 SUVA 值在酸性条件下显著高于其在中性和碱性条件下的值。表明在酸性条件下，低聚体和单体 Al 含量较高时去除的有机物具有更低的 SUVA 值，部分亲水性、低分子质量有机物也能被去除。

各种聚合铝在高、中、低 3 种投药量下受 pH 影响试验结果如图 5-13 所示。各种聚合铝在 pH7.5 和 8.8 时对浊度有最佳去除效果。对浊度去除有效 pH 范围随

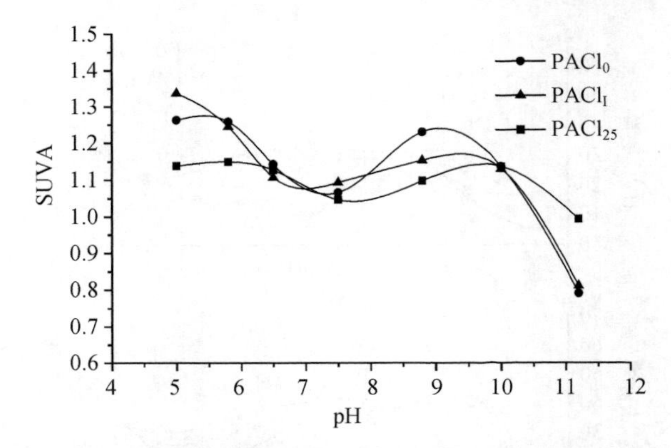

图 5-12　pH 对不同碱化度聚合铝混凝沉后水 SUVA 的影响

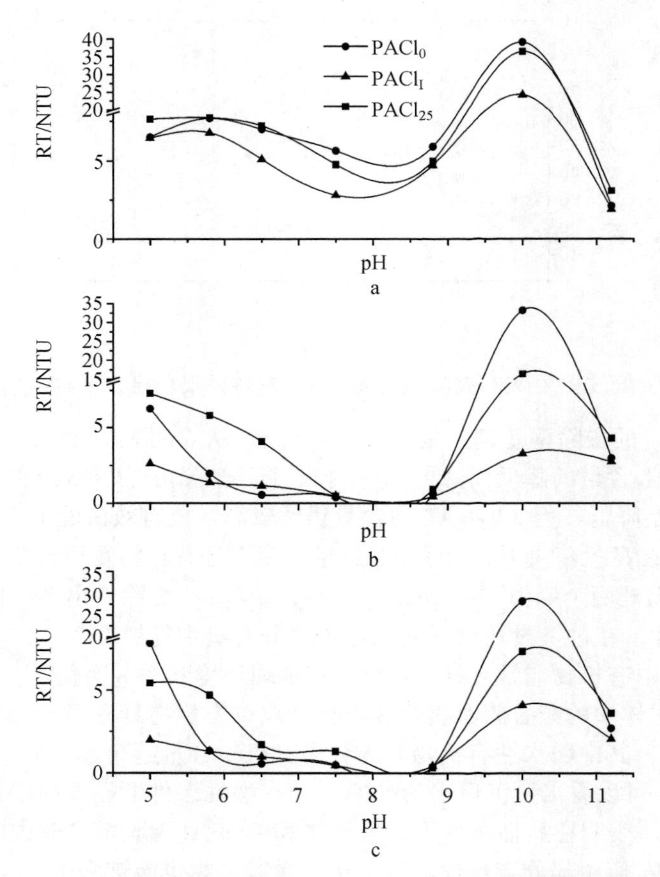

图 5-13　低(a)、中(b)和高(c)投药量下 pH 对各种碱化度聚合铝去除浊度的影响

聚合铝的投药量增加和碱化度降低而向酸性区间扩展。在常规 pH 范围，除了在低

投药量下，低碱化度的 $PACl_0$ 对浊度的去除率不及 $PACl_I$ 和 $PACl_{25}$ 外，在相同投药量下，聚合铝的碱化度越低，其对浊度的去除效果越好。从图 5-2 可以看出，当 pH 升高到 7.5 时，聚合铝投加后，部分 Al_a 转化成 Al_c，Al_c 的含量逐渐增加，因为预制的 Al_b 投加后比较稳定。碱化度越高的聚合铝，Al_b 含量越高，在碱性条件下生成的 Al_c 越少，在此 pH 区间 Al_c 的含量也越低，对浊度的去除效果也越差。从图 5-10 可以看到，在低投药量下，Al 投加量不足以满足水体中不饱和的有机络合位，大部分铝以溶解态存在，尤其在 pH7~9，生成的 Al_c 量很少，聚合铝对浊度的去除效果取决于其预制的 Al_c 含量。从表 5-1 可以看到，$PACl_I$ 中 Al_c 含量高于 $PACl_{25}$，$PACl_{25}$ 中 Al_c 含量高于 $PACl_0$，因而，在低投药量下，$PACl_I$ 对浊度的去除效果好于 $PACl_{25}$，$PACl_{25}$ 对浊度的去除效果好于 $PACl_0$。

从图 5-14 可以看出，在 pH5.8 和 6.5 时，胶体态残余铝量(沉后水总铝与溶解铝的差值)显著升高。在此 pH 下，大部分铝是以 Al_b 的形态存在的，表明 Al_b 可以使颗粒物脱稳聚集，但形成的絮体在试验控制条件下不足以沉淀去除(为了区分聚合铝各形态的混凝性能，试验采用 20min 的静沉)，以胶体形态存在，不能像 Al_c 形成的絮体那样大而密实。图 5-3 结果表明，混凝投加后的 Al_b 不像预制的 Al_b 那样稳定，在混凝过程中重组，部分转变成 Al_c。聚合铝碱化度越低，在 pH5.8 和 6.5 时，越多的 Al_b 生成转化成 Al_c，因而，对浊度的去除效果越好。因为 $PACl_I$ 具有较高的 Al_c 含量，在偏酸性条件下，与 $PACl_0$ 对浊度去除效果差异不是很明显。

当 pH 升高到 10 时，水体中碳酸盐平衡被破坏，大量 $CaCO_3$ 沉淀生成，残余浊度显著升高。当 pH 继续升高到 11 时，$Mg(OH)_2$ 沉淀生成，能有效地去除水体中的颗粒物和 $CaCO_3$ 沉淀。

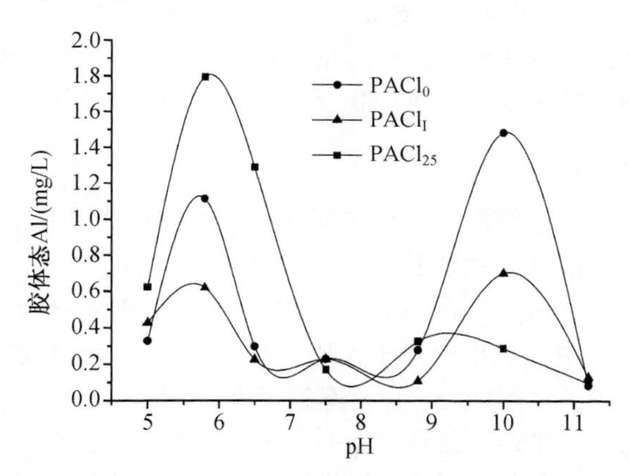

图 5-14　pH 对各种碱化度聚合铝沉后水胶体态残余铝含量的影响

5.2.2　温度对聚合铝混凝性能影响

很多研究证明，温度对混凝剂的混凝性能有显著的影响[5~7]，图 5-15 和图 5-16

给出了具有代表性的 3 种混凝剂 $FeCl_3$、$AlCl_3$ 和 PACl 对低温黄河水(5°C)和初夏黄河水(22°C)去除效果的对比。

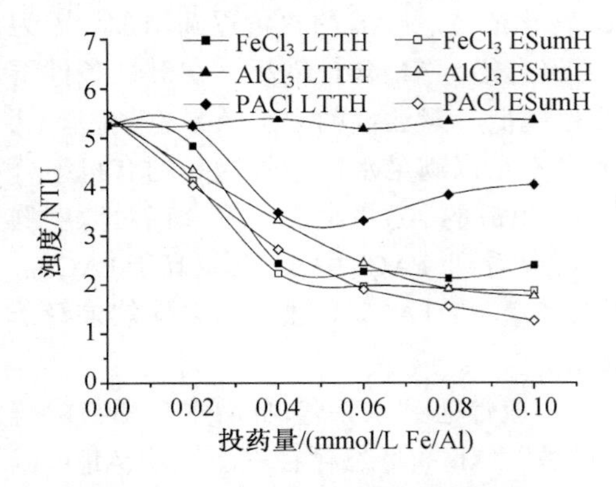

图 5-15　温度对混凝剂除浊效果影响

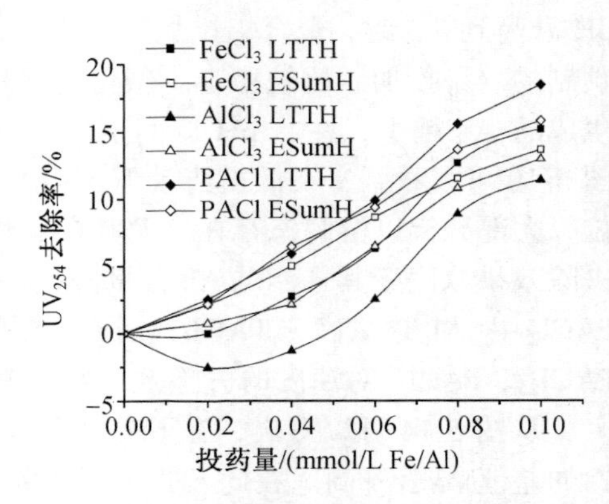

图 5-16　温度对混凝剂去除 UV_{254} 效果影响

可以看出，聚合铝不仅能显著提高铝盐的混凝效果，而且其混凝效果受温度的影响不像铝盐那样显著，尤其是对有机物的去除，受温度的影响不明显。$AlCl_3$ 对颗粒物和有机物的去除效果受温度影响显著。在高温下，铝盐对颗粒物和有机物的去除效果和铁盐相当，略逊于聚合铝，但在低温下，其对颗粒物和有机物去除效果不明显，对颗粒物和有机物的去除效果明显不及铁盐。在低温、低投药量下，铝盐和颗粒物上的有机物络合、溶解，使溶解性有机物增加。温度对铁盐去除颗粒物和有机物的效果有一定的影响，但不像铝盐那样明显。有研究表明，水的离子积常数受温度影响，温度越低，其离子积越低，OH^-越少，金属盐水解也越不充分；另外，温度也影响金属盐的水解速度。预水解聚合铝 PACl 在投加前已经部分水解，形成稳定的水解聚合物，其投加后水解产物受温度影响不像金属盐那样显著。

5.2.3　混凝作用机制

无机混凝剂投加后水解形成多种中间形态，具体过程到目前尚未能清楚阐明，但根据其混凝过程中的作用性能及自身性质，可以分为单体、中聚体和高聚体/胶体，分别对应于 Ferron 分析中的 Al_a、Al_b 和 Al_c 3 类。单体是指以金属离子为主的低聚体，在混凝过程中表现出阳离子性质；高聚体/胶体是指金属离子水解聚集，形成粒径较大的溶胶类水解产物，容易聚集沉降。中聚体是粒度大小介于单体和胶体之间的水解产物，这部分形态异常复杂，其中一些为介稳形态，会继续聚集形成胶体。由于中聚体是多个金属离子的聚集体，具有较强的荷电量，但每个离子平均带电量却不及单体。部分中聚体，如 Al_{13}，在水体中能稳定存在，但与水体污染物聚合后容易脱稳形成胶体或沉淀。

在天然水体中，DOC、UV_{254} 和浊度的去除效果受聚合铝混凝过程中水解产物形态的显著影响。DOC、UV_{254}和浊度在混凝过程中表现出不同的去除机制。DOC的去除效果与 Al_b 含量相关；UV_{254} 的去除效率与 $Al_b + Al_c$ 含量相关，尤其与 Al_c 含量相关；而浊度的去除效果与 Al_c 的含量相关，Al_b 虽然能使污染物脱稳，但形成的絮体不如 Al_c 形成的絮体那样大，不容易通过沉淀去除。聚合铝在混凝过程中形成的 Al_b 和预制的 Al_b 存在差异，混凝过程中形成的 Al_b 不稳定，逐渐重组转化成 Al_c，形成的絮体具有更好的固液分离性能，对颗粒物具有更好的去除效果。对于实验采用的高碱度原水，采用高 Al_b/Al_{13} 含量的聚合铝能消除高碱度对铝盐水解的影响，但形成的絮体固液分离性能较差。

天然水体中的有机污染物异常复杂，通常以能否通过 0.45μm 滤膜分为两类：一类为胶体颗粒物，一类为溶解性有机物。胶体颗粒物是指具有较大粒径的有机质，实际上，大部分是以有机物和无机物的混合物形式存在，表面带有负电性，处于亚稳定状态。当其表面电性被中和或部分被中和时，容易脱稳聚集沉降。溶解性污染物又可以分为两类，一类为低分子质量有机物，分子质量在 1000Da 以下，这类有机物多是一些简单分子，具有很好的水溶性；另一类为大分子有机物，分子质量从数千到数十万道尔顿，这类有机物介于亲水性和憎水性之间，受不同条件的影响容易脱稳、附着聚集。

目前，对混凝剂与污染物混凝作用后形成絮体的定义也没有统一的认识[14~25]，一般认为能通过沉淀去除的被认为是有效的混凝，受试验参数和反应器显著影响。为了充分认识有机物去除机制，将混凝剂和有机物作用形成的聚集体分为溶解性的絮体、胶体态絮体和颗粒态絮体 3 类。溶解性絮体为混凝剂和有机物作用形成的有机物——Al 络合物，絮体较小，能通过 0.45μm 的膜；颗粒态絮体是指能够在试验条件下沉淀的絮体；胶体态絮体是指介于二者之间的絮体。

如图 5-17 所示，无机混凝剂投入天然水体后，经过复杂的物理和化学过程，与水体中有机物作用，得以形成多种典型的形态。聚合铝的各种水解形态在混凝过程中表现出不同作用机制。Al_a 粒度比较小，在低投药量下不足以使水体中的颗粒物及有机物脱稳聚集沉淀去除，对有机物的去除效果不是很明显，尤其是溶解性有机物。但因为 Al_a 单个 Al 原子的平均带电量较高，能有效地和水体中有机物络合形成溶解性络合物，使其不饱和位饱和，促进其被去除。随着投药量继续增加，部分粒径较大的有机物能被中和脱稳去除。Al_b 带有强正电荷，具有较强的电中和能力，能有效地使水体中的颗粒物和有机物脱稳。但 Al_b 形成的絮体比较小，固液分离性能差，通过沉淀较难去除，通过膜才能有效地被截留，另外，Al_b 在过量的情况下容易使絮体复稳。Al_c 具有较大的粒度，表面局部带有强电性，具有较强的吸附架桥能力，能吸附水体颗粒态有机物和溶解性有机物形成较大的絮体沉淀去除。Al_c 具有较大的粒径，形成的絮体较大，能很好地被去除，但由于 Al_c 是 Al 的聚积体，单个 Al 原子的效率低。Al_b 和 Al_a 单个 Al 原子平均带有较强的电性，能有效中和有机物的负电性，但与粒径较小的有机物和溶解性有机物结合形成的絮体细小，固液分离性能差，去除效率低，必须强化对这部分胶体态和溶解态聚集体的去除。

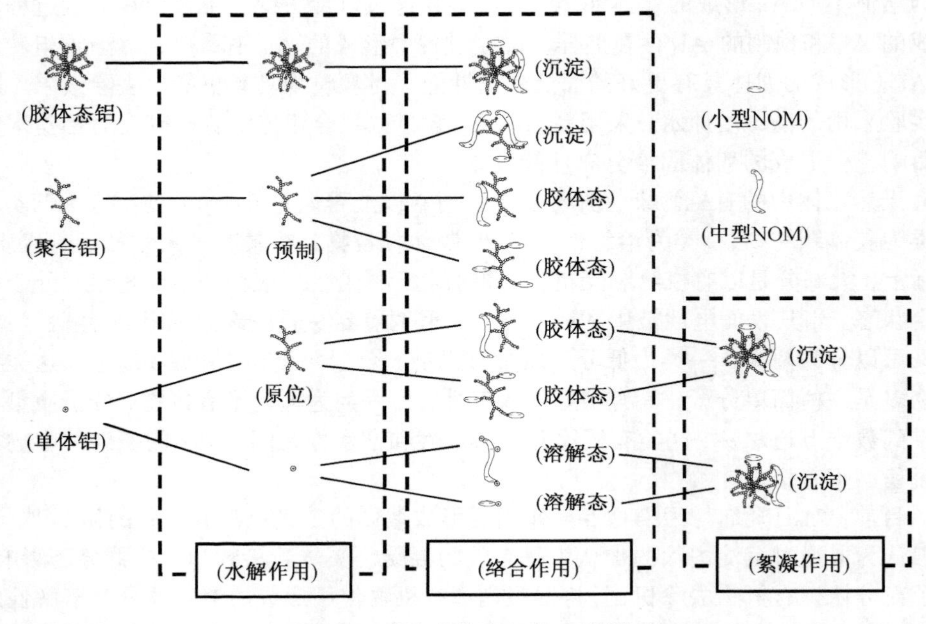

图 5-17　天然水体有机物去除模式

5.3　混凝剂形态与效能的强化：无机、有机复合

对于高碱度水体，预水解聚合铝具有较高的中聚体 Al_b 含量，能有效地使水体中的污染物脱稳，但预制的 Al_b 形成的絮体固液分离性能差，不能有效沉淀去除，在高投药量下甚至出现复稳现象。另外高 Al_b 聚合铝在生产上还存在一定的技术困难，且成本较高。因此需要在工业聚合铝(PACl)及其生产过程中，通过添加无机、有机助凝剂改善 Al_b 形成絮体固液分离性能差的弱点，充分利用 IPF 高效特征，实现添加成分的协同作用，提高混凝效能。

5.3.1　不同助凝剂的复合特征

1. 典型助凝剂的絮凝效果比较

虽然研究表明，聚丙烯酰胺(PAM)单体存在一定的毒性，但其聚集体被认为是安全的，PAM 类絮凝剂是在饮用水处理中应用最广泛的助凝剂。PAM 类絮凝剂种类繁多，絮凝剂性能受生产工艺及聚合度的大小影响显著。试验选用两种代表性的阳离子型 PAM，一种为高分子质量、低电荷密度的聚丙烯酰胺 C1592；一种为中等分子质量、中等电荷密度的聚丙烯酰胺 C1596。聚二甲基二烯丙基氯化铵(HCA)是一种典型的阳离子型高分子助凝剂，与 PAM 相比具有较低的分子质量与高电荷密度。

为比较所选 3 种助凝剂自身电性、电荷密度及粒度大小等混凝特性，比较了 3 种典型助凝剂单独投加时处理黄河水的混凝性能，如图 5-18 和图 5-19 所示。HCA 对水体中有机物具有明显的去除效果，但对浊度的去除效果不明显，甚至使浊度上升。而 C1592 和 C1596 对浊度有一定的去除效果，对有机物的去除效果不明显，C1592 对浊度和有机物的去除效果较 C1596 效果好。

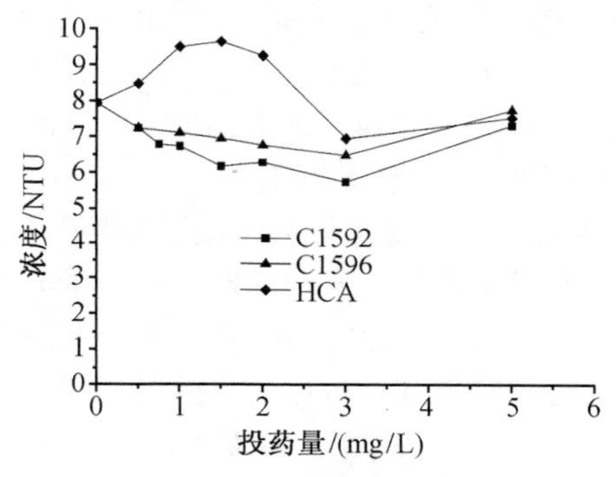

图 5-18　3 种助凝剂去除浊度比较

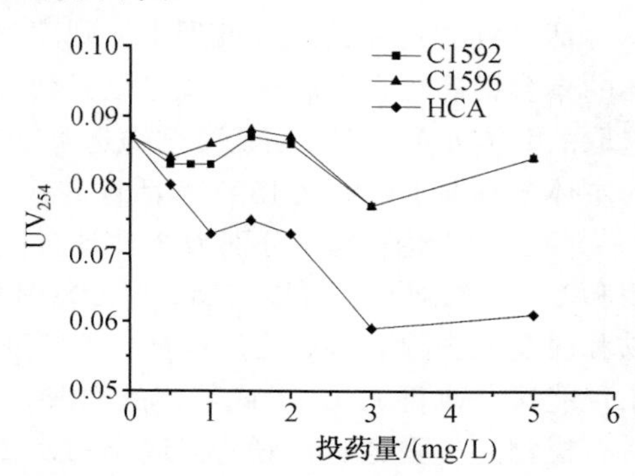

图 5-19　3 种助凝剂去除 UV_{254} 比较

2. 对 PACl 的助凝效果比较

图 5-20 和图 5-21 为 3 种助凝剂在不同投药量下对 PACl 助凝效果的比较。结果表明，在恒定混凝剂投药量下，不同助凝剂的助凝作用存在明显差异，各种助凝剂之间的差异与各种助凝剂单独投加结果较一致。HCA 对 PACl 去除水体中有机物具有明显的助凝效果，但对浊度去除的助凝效果不明显，甚至使浊度上升。而 C1592 和 C1596 对 PACl 去除浊度有明显的助凝效果，对 PACl 去除水体中有机物的助凝效果不是很显著。助凝剂在低投药量下，高分子质量、低电荷密度的 C1592 略优

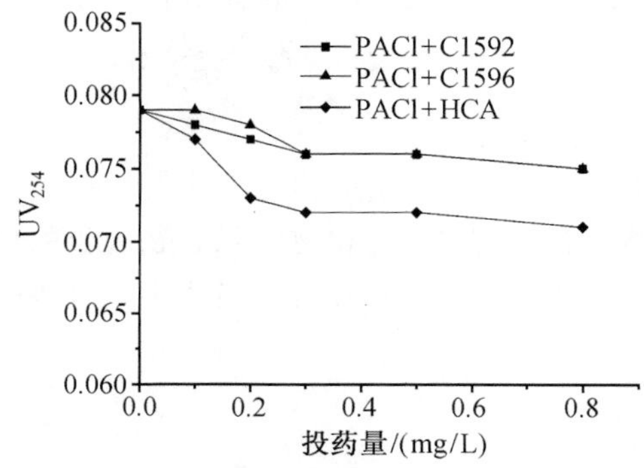

图 5-20　助凝剂对 PACl 除 UV_{254} 效果比较

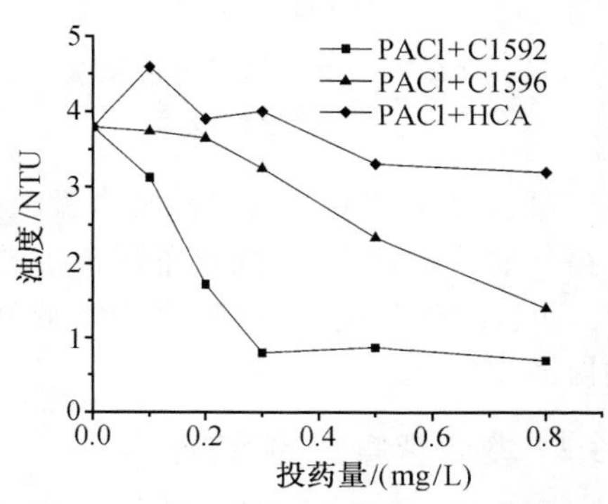

图 5-21　助凝剂对 PACl 除浊效果比较

于低分子质量、高电荷密度的 C1596。

试验结果表明，低分子质量、高凝剂电荷密度的 HCA，能增加絮凝剂的正电性，使水体中带负电性的有机物脱稳，但由于 HCA 和 PACl 水解产物都带正电，而且其分子质量相对较小，对浊度的去除效果不是很明显。PAM 具有较大分子质量，能有效地将 PACl 水解产物架桥连接，形成较大的絮体沉降，C1592 具有更大的分子质量，架桥能力较 C1596 显著，对浊度的去除效果也较显著；但 PAM 的电荷密度低，电中和能力差，对水体绝大部分带负电的有机物去除效果有限。

3. 高效复合絮凝剂的开发

活性硅酸是在饮用水处理中得到广泛应用的无机高分子助凝剂，以聚合铝为主体的聚合铝硅复合絮凝剂的稳定性得到有效解决，实现了工业化生产应用。根据所选取的北方水质特征，在絮凝剂筛选及助凝剂对比试验结果基础上，开发了以 PACl 为主体分别与 HCA、C1592 和活性硅酸等复合的多种复合絮凝剂。

图 5-22 和图 5-23 分别为 3 种具有代表性的复合絮凝剂与 PACl 去除黄河水浊度和 UV_{254} 的对比。可以看出，部分复合絮凝剂能显著提高聚合铝对水体中的有机物和浊度的去除效率，尤其是复合絮凝剂 HPAC。复合聚合铝 HPAC 在低投药量下不仅能显著改善 PACl 形成絮体的固液分离性能，对浊度有较好的去除效果，而且对有机物的去除也有较好的促进作用，使 UV_{254} 的去除率提高 40%以上。

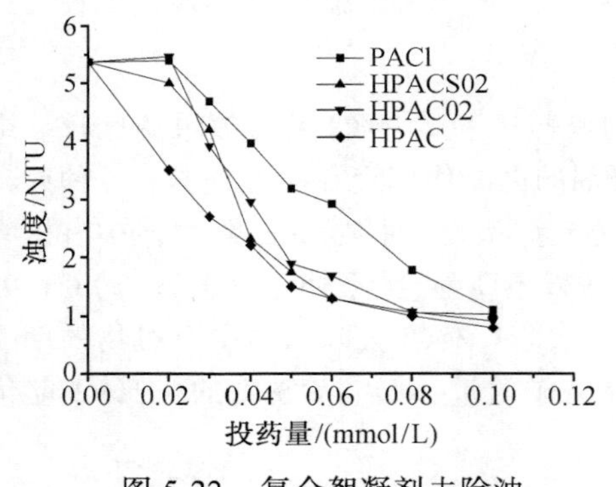

图 5-22　复合絮凝剂去除浊效果比较

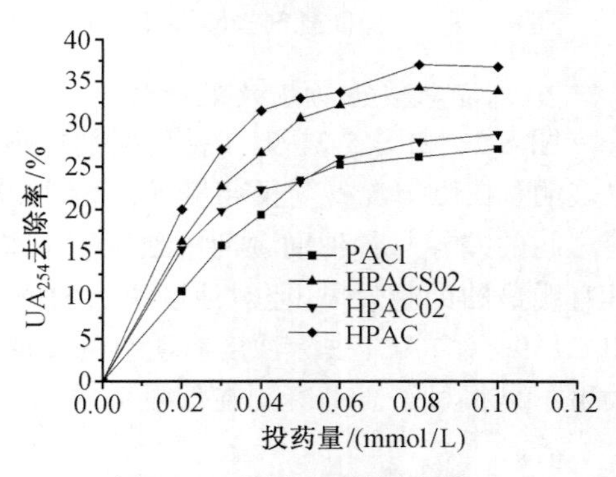

图 5-23　复合絮凝剂去除 UV_{254} 效果比较

试验结果表明制备出的复合絮凝剂较聚合铝无论在电中和与吸附架桥作用上都得到显著加强。不仅强化了聚合铝中聚体能有效使水体有机物和颗粒物脱稳的优点，而且能改善絮体的沉降性能，此外，复合成分与聚合铝在混凝过程中具有很好的协同作用。

5.3.2　复合絮凝剂的混凝性能

普通铁盐和铝盐是饮用水处理中常用絮凝剂。为验证聚合铝及高效复合絮凝剂

HPAC 对典型高碱度北方水体有机物的去除效率，在各种水质期比较了 HPAC、PACl、普通铁盐和铝盐对有机物和颗粒物的混凝去除性能，研究 HPAC 高效混凝特征及机制。

1. 滦河水的比较

从图 5-24~图 5-26 可以看出，HPAC 较普通铁盐、铝盐和 PACl 对水体有机物和颗粒物去除存在明显优势。在较低的投药量 0.04mmol/L 时，有机物 DOC 去除率达到 20%以上，较传统絮凝剂提高一倍以上，对浊度的去除效果也明显优于传统絮凝剂。

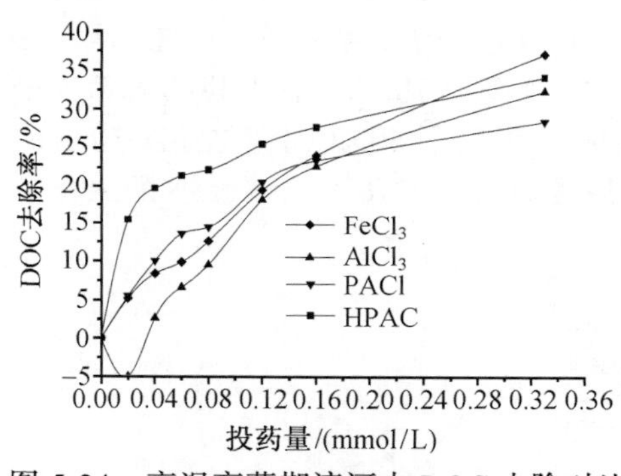

图 5-24　高温高藻期滦河水 DOC 去除对比

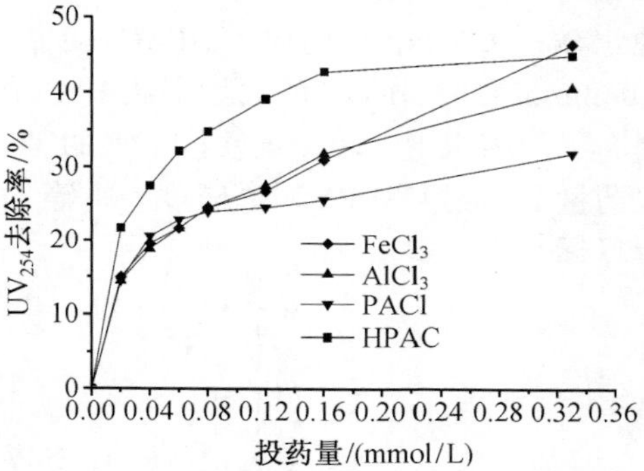

图 5-25　高温高藻期滦河水 UV_{254} 去除对比

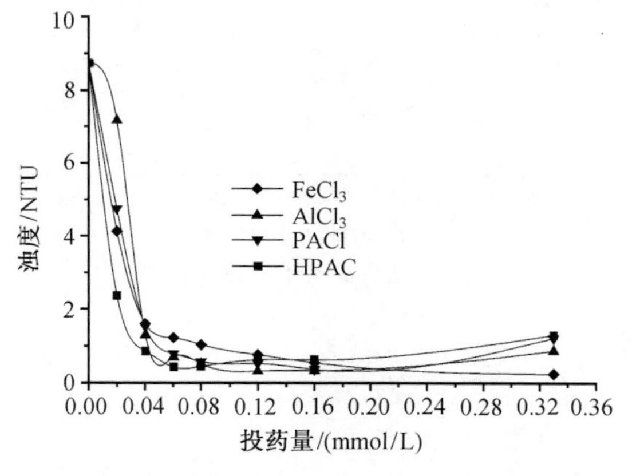

图 5-26　高温高藻期滦河水浊度去除对比

铁盐和铝盐对有机物的去除有较多的研究，但研究结果差别较大。有的研究表明铝盐对有机物去除效果优于铁盐，有的显示铁盐优于铝盐，有的显示在低投药量下铝盐优于铁盐，而在高投药量下铁盐优于铝盐。对于高温、高藻滦河水，两者对 UV_{254} 类有机物去除差异不是很明显，但铁盐对 DOC 去除效果明显优于普通铝盐。

聚合铝在低投药量下，对有机物的去除率略优于普通铝盐，但随着投药量的升高这种优势越来越小。当投药量升高到 0.08mmol/L 以上时，聚合铝对 UV_{254} 类有机物的去除率不及普通铝盐和铁盐；当投药量升高到 0.16mmol/L 左右时，普通铁盐和铝盐对 DOC 的去除效率超过聚合铝。

所以，铝系各种絮凝剂对滦河水浊度具有较好的去除效果，铝系絮凝剂较铁盐对浊度有更好的去除效率。聚合铝在低投药量下对浊度的去除优于普通铝盐，但随着投药量升高，差别越来越不明显。

2. 黄河水的比较

图 5-27~图 5-29 为铝盐、铁盐、PACl 及 HPAC 4 种絮凝剂对秋季黄河水中有机物及颗粒物去除效果比较。可以看出，对于黄河水和滦河水，各种絮凝剂之间表现出较一致的相对规律。HPAC 能显著提高 DOC 的去除效率，在投药量为 0.06mmol/L 时，DOC 的去除率从 PACl 的 13.4%提高到 18.1%，使有机物去除效率提高了 30%以上，较传统铁盐 12%的 TOC 去除率提高了 50%以上；在相对较低的投药量下达到 USEPA 对高碱度、中等 TOC 浓度的水体 TOC 去除率 15%的强化混凝目标[26]。

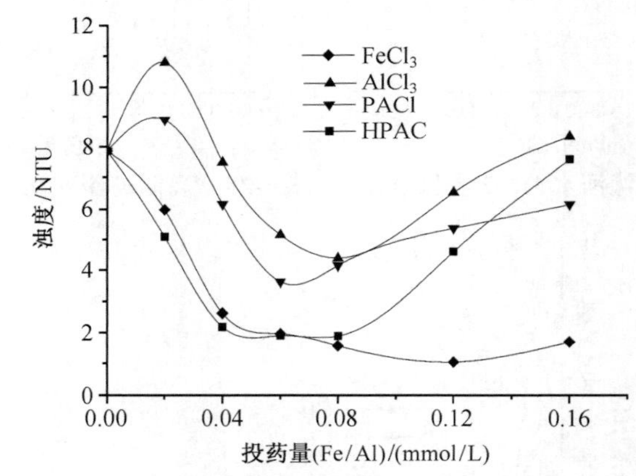

图 5-27　秋季黄河水浊度去除比较

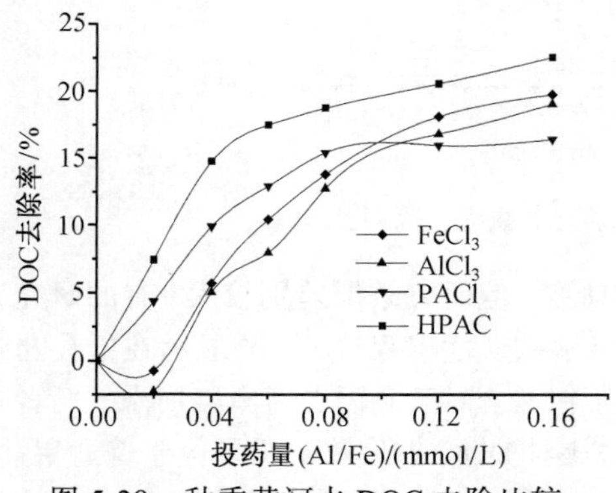

图 5-28　秋季黄河水 DOC 去除比较

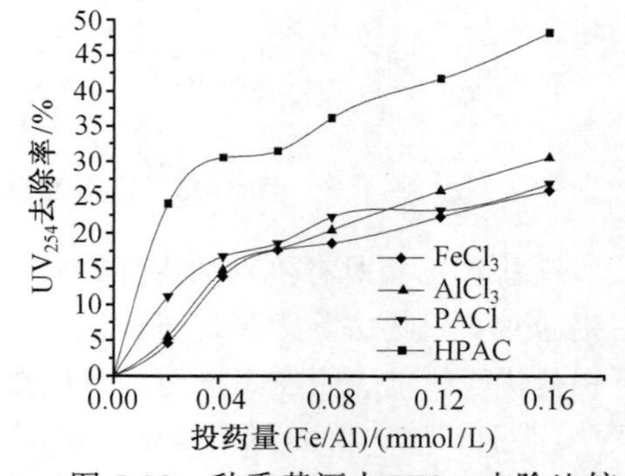

图 5-29　秋季黄河水 UV_{254} 去除比较

铁盐较铝盐对 DOC 有更好的去除效果，但对于 UV_{254} 类有机物，这种优势不是很显著。对于黄河水，预碱化的聚合铝在常规投药量下能显著提高普通铝盐对有机物的去除率。在较低投药量下，PACl 对有机物的去除效果明显优于普通铁盐和铝盐。但是，当 PACl 投药量增加到 0.08mmol/L 时，继续增大投药量，其有机物去除率没有明显变化，DOC 及 UV_{254} 的去除率低于传统铝盐和铁盐。在特定水质期，PACl 过量甚至出现絮体复稳现象。

对于黄河水，铁盐较铝系絮凝剂对浊度具有更好的去除效果。铁盐形成的絮体较为密实，较易沉淀去除。HPAC 能显著改善铝盐和聚合铝形成的絮体松散、细小的特点，在常规投药量下对浊度的去除率和铁盐相当，但在高投药量下，仍然出现复稳现象。

3. 复合絮凝剂絮体形态特征

表 5-4 为各种典型絮凝剂处理黄河水形成的絮体形态及分析结果。试验结果表明，普通铝盐及聚合铝形成的絮体的粒径明显低于铁盐，HPAC 形成的絮体粒径较大，和普通铁盐相当。

表 5-4　絮凝剂 $FeCl_3$、$AlCl_3$、PACl 与 HPAC 絮体形态参数

絮凝剂	面积/$\times10^{-4}mm^2$	当量圆直径/$\times10^{-2}$mm	分形维数	样本容量(n)
$AlCl_3$	13 342.2	118.8	1.84	60
$FeCl_3$	31 582.9	179.0	1.84	63
PACl	10 720.6	110.9	1.83	62
HPAC	33 380.9	186.7	1.82	70

4. 复合絮凝剂去除有机物特性

图 5-30 是各种絮凝剂处理秋季黄河水混凝沉后 SUVA 值随投药量变化的关系曲线。可以看出，在混凝过程中，各种絮凝剂首先去除的是高 SUVA 类有机物，沉后水的 SUVA 值显著降低；然后随着投药量的增加，部分低 SUVA 的有机物被去除，出现一个平台，略微升高；当继续增加投药量时，SUVA 又随絮凝剂投药量的增加而降低。一般认为，高 SUVA 的有机物是具有不饱和基团的芳香族类有机物，这类有机物具有较大的分子质量、憎水性强，在混凝过程中较容易被去除；而低 SUVA 类有机物主要是亲水性、小分子类有机物，在混凝中不易被去除。混凝过程首先去除憎水性大分子有机物，然后才是亲水性小分子类有机物，SUVA 值越低，越容易被去除。这说明秋季黄河水中有机物成分较为复杂，在混凝过程中表现出特殊性。混凝过程首先去除的是那部分憎水性有机物，当投药量增加，部分低 SUVA 类物质先于高 SUVA 类有机物被去除。无论使用哪种絮凝剂，都表现出相同的规律。在使用 HPAC 时，其 SUVA 显著低于铁盐、铝盐和 PACl，HPAC 在低投药量下能显著降低水体 SUVA，对高 SUVA 类有机物具有较好的去除效果。铁盐

和铝盐虽然在混凝机制和效率上存在差异，但是，去除的有机物表现出相同的性质，SUVA 随投药量能较好地吻合，这说明在混凝过程中，它们去除的物质类型基本一致。而 PACl 和 HPAC 不同于金属盐絮凝剂 $FeCl_3$ 和 $AlCl_3$。虽然 PACl 和 HPAC 沉后水的 SUVA 值差异很大，但其随投药量的变化规律表现出很好的一致性。这表明由于二者都是部分预水解的聚合铝，对有机物的去除表现出一定的共性。

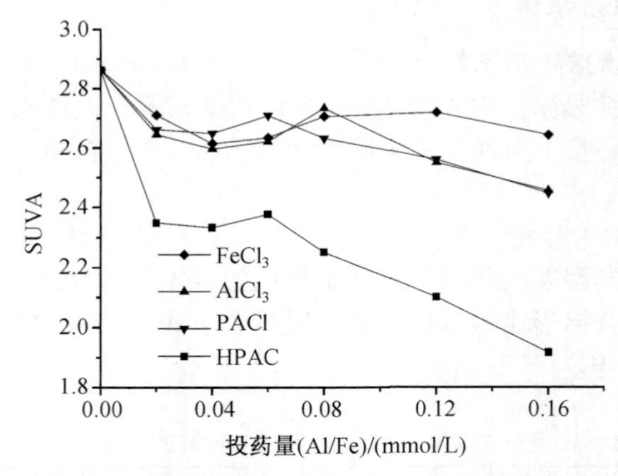

图 5-30　典型絮凝剂去除 SUVA 与投药量关系

从图 5-31 各种聚合铝 SUVA 值与沉后水剩余 DOC 关系曲线可以看出，当 DOC 从原水的 3.75 降低到 3.5 左右时，HPAC 能使水体 SUVA 从 2.9 降低到 2.3 左右，而其他各种絮凝剂混凝后从 2.9 降低到 2.6 左右。这说明 HPAC 能有效地去除高 SUVA 类有机物。从图 5-31 可以看出，虽然各种絮凝剂对有机物的去除效率有较大的差异，但各种絮凝剂出现的平台的宽度基本相同，说明当投药量增加到一定程度时，各种絮凝剂都能有效地将这部分低 SUVA 类有机物去除。HPAC 的高效主要表现在它能在较低的投药量下将高 SUVA 类物质更有效地去除。

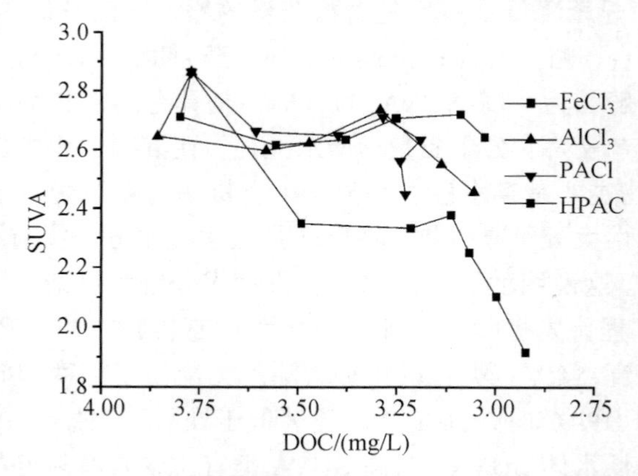

图 5-31　典型絮凝剂去除 SUVA 与 DOC 关系

图 5-32 和图 5-33 为 HPAC 和 $FeCl_3$ 在 0.08mmol/L 投药量下有机物树脂分级和膜分级的结果比较。有机物树脂分级结果表明，HPAC 较 $FeCl_3$ 能更加有效地去除憎水酸性、憎水碱性和憎水中性物质。有机物膜分级表明，HPAC 对大分子类有机物有更好的去除效果。

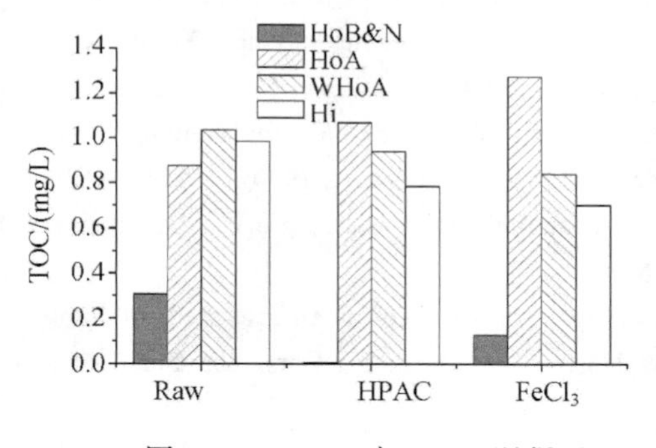

图 5-32 HPAC 与 $FeCl_3$ 混凝后有机物树脂分级

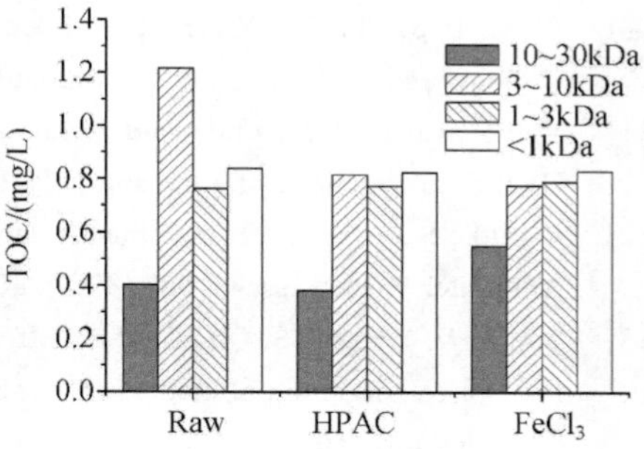

图 5-33 HPAC 与 $FeCl_3$ 混凝后有机物膜分级

树脂分级结果显示，混凝能有效地去除水体中憎水中性和碱性有机物，但使憎水酸性有机物增加，亲水性有机物减少。这可能是因为天然水体异常复杂，部分有机物介于两性之间，在一定的条件下相互转化，混凝剂将弱憎水性的小分子和亲水性有机物联系起来，形成大的分子，憎水性增强，所以憎水酸性有机物增加。图 5-33 膜分级也表明大分子(>10kDa)有机物的去除率不及中间分子质量(3~10kDa)有机物高。铁盐较铝盐和有机物具有更强的结合力[5, 27]，这种趋势更明显。

参 考 文 献

[1] 汤鸿霄. 无机高分子絮凝理论与絮凝剂. 北京：中国建筑工业出版社, 2006

[2] Yan M Q, Wang D S, Yu J F et al. Enhanced coagulation with polyaluminum chlorides: role of pH/alkalinity and speciation. Chemosphere, 2008, 71(9): 1665~1673

[3] Parker D R, Bertsch P M. Identification and quantification of the Al_{13} tridecameric tolycation using Ferron. Environ Sci Technol, 1992, 26: 908~914

[4] 汤鸿霄. 无机高分子絮凝剂的基础研究. 环境化学，1990, 9(3): 1~12

[5] Pornmerenk P. Adsorption of inorganic and organic ligands onto aluminum hydroxide and its effect. Dissertation for Ph D, Department of Environmental Engineering, Old Dominion University, Norfolk, 2001. 18~43

[6] Sinha S, Yoon Y, Amy G et al. Determining the effectiveness of conventional and alternative coagulants through effective characterization schemes. Chemosphere, 2004, 57: 1115~1122

[7] Yan M Q, Wang D S, Qu J H et al. Relative importance of hydrolyzed Al(III) species (Al_a, Al_b and Al_c) during coagulation with polyaluminum chloride: a case study with the typical micro-polluted source waters. J Colliod Interf Sci, 2007, 316(2): 482~489

[8] Yan M Q, Wang D S, Qu J H et al. Mechanism of natural organic matter removal by polyaluminum chloride: effect of coagulant particle size and hydrolysis kinetics. Water Res, 2008, 42(13): 3361~3370

[9] Bertsch P M, Thomas G W, Barnhisel R I. Quantitative determination of aluminum-^{27}Al NMR by high-resolution nuclear magnetic resonance spectrometry. Anal Chem, 1986, 58: 2583

[10] Wang D S, Sun W, Xu Y et al. Speciation stability of inorganic polymer flocculant-PACl. Colloids and Surfaces A: Physicochem Eng Aspects, 2004, 243: 1~10

[11] Van Benschoten J E, Edzwald J K. Chemical aspect of coagulation using aluminum salts. I. Hydrolytic reactions of alum and polyaluminum chloride. Water Res, 1990, 24: 1519~1526

[12] Randtke S J. Organic contaminant removal by coagulation and related process combinations. J Am Water Works Assoc, 1988, 80(5): 40~56

[13] Yan M Q, Wang D S, Qu J H et al. Effect of polyaluminum chloride on enhanced softening for the typical organic-polluted high hardness North-China surface waters. Sep Purif Technol, 2008, 62: 402~407

[14] Amirtharajah A, Mills K M. Rapid-mix design for mechanisms of alum coagulation. J Am Water Works Assoc, 1982, 74(4): 210~216

[15] Edwards G A, Amirtharajah A. Removing color caused by humic acids. J Am Water Works Assoc, 1985, 77(3): 50~57

[16] Hundt T R, O'Melia C R. Aluminum-fulvic acid interactions: mechanisms and applications. J Am Water Works Assoc, 1988, 80(4): 176~186

[17] Randtke S J. Organic contaminant removal by coagulation and related process combinations. J Am Water Works Assoc, 1988, 80(5): 40~56

[18] Edzwald J K, Van Benschoten J. Aluminum coagulation of natural organic matter. *In*: Hahn H H, Klute R. Chemical Water and Wastewater Treatment, Proceedings of the 4th International Gothenburg Symposium. Berlin: Springer-Verlag, 1999. 341~359

[19] Van Benschoten J E, Edzwald J K. Chemical aspects of coagulation using aluminum salts. I. Hydrolytic reactions of alum and polyaluminum chloride. Water Res, 1990, 24(12): 1519~1526

[20] Van Benschoten J E, Edzwald J K. Chemical aspects of coagulation using aluminum salts. II. Coagulation of fulvic acid using alum and polyalurninum chloride. Water Res, 1990, 24(12): 1527~1535

[21] Edzwald J K, Tobiason J E. Enhanced coagulation: us requirements and a broader view. Water Sci Technol, 1999. 40(9): 63~70

[22] Gregor J E, Nokes C J, Fenton E. Optimising natural organic matter removal from low turbidity waters by controlled pH adjustment of aluminium coagulation. Water Res, 1997, 31(12): 2949~2958

[23] Dempsey B A. Production and Utilization of Polyaluminum Sulfate. Denver, AWWA Research Foundation, 1994. 71

[24] Dempsey B A, Ganho R M, O'Melia C R. The coagulation of humic substances by means of aluminum salts. J Am Water Works Assoc, 1984, 76(4): 141~150

[25] Dempsey B A, Sheu H, Tanzeer Ahmed T M et al. Polyaluminum chloride and alum coagulation of clay-fulvic acid suspensions. J Am Water Works Assoc, 1985, 77(3): 74~80
[26] USEPA.Enhanced Coagulation and Enhanced Precipitative Softening Guidance Manual, EPA, Office of Water and Drinking Ground Water, Washington, DC, 1998. 20~50
[27] Pornmerenk P. Adsorption of inorganic and organic ligands onto aluminum hydroxide and its effect. Dissertation for Ph D, Department of Environmental engineering, Old Dominion University, Norfolk, 2001. 18~43

第6章　典型微污染水的强化混凝[①]

6.1　原水基本水质特征

天津市水源在北方地区具有显著的代表性。天津是资源型缺水城市，人均水资源占有量仅 160m^3，为全国人均占有量的 1/16，世界人均占有量的 1/50，远低于世界公认人均占有量 1000m^3 的缺水警戒线。由于海河流域水体污泾比失衡，下游的天津水污染严重，加剧了缺水形势。从 20 世纪 80 年代中期开始引滦河水(LW)作为天津市的饮用水水源。近年来，随着滦河水水质恶化和水资源短缺越来越严重，滦河水已经不能满足天津市供水水量需求，为缓解春、冬枯水期水资源紧张，引用黄河水(YW)作为天津饮用水补充水源。

黄河和滦河同为中国北方水系，具有相似的环境和地质背景特征，水质具有很大的共性，如高碱度(>120mg/L $CaCO_3$)、高硬度(>160mg/L $CaCO_3$)、高 pH(>8.2)。同时，原水有机污染物污染严重，水体严重富营养化。另外，受各自流域和人为以及气候因素的影响，又表现出不同的特征，如夏、秋季高温高藻，滦河水具有较高浊度、蛋白质氮比例也较高；黄河水流经中国西北、华北地区，地质复杂，具有更高的碱度、硬度和盐含量。

天津原水水质表现出明显的季节性。根据原水对混凝效率影响最为显著的几个指标：碱度、温度、浊度、藻类和有机物含量和性质，可以将天津原水按季节分为 6 个典型水质期：低温低浊黄河水(LTTY，1 月和 12 月)；春季黄河水(SprY，2~4 月)；早夏黄河水(ESumY，4 月和 5 月)；早夏滦河水(ESumL，5~7 月)；高温高藻期滦河水(HTAL，7~10 月)；秋季黄河水(AutY，10 月，11 月)。

6.2　原水季节性混凝特征

研究铁盐在 6 个典型水质期混凝特性，试验结果如图 6-1、图 6-2 所示。可以看出，原水的混凝效率随水源和温度表现出明显的季节性特征。滦河水中的浊度和有机物较黄河水更容易去除。黄河水也表现出明显的季节性混凝特征，温度越高，有机物的去除率也越高，只有在温度较高的早秋，藻类生长还比较旺盛时，黄河水中有机物的去除效率才和滦河水相当。秋季和早夏 UV_{254} 的去除率高于春季，春季

① 本章由晏明全、王东升撰写。

高于低温低浊期。虽然在各个季节，对浊度去除的经济投药量都是 0.04mmol/L，但是混凝后剩余浊度季节性差别很大。滦河水的浊度去除效果明显优于黄河水。虽然滦河水浊度季节性差别较大，但混凝后剩余浊度都能降低到 1.0NTU 以下；黄河水的浊度去除也表现出季节性差异，春季和秋季浊度更容易去除，剩余浊度可以达到 1.5 NTU 左右，而早夏和冬季黄河水浊度去除效果很差。

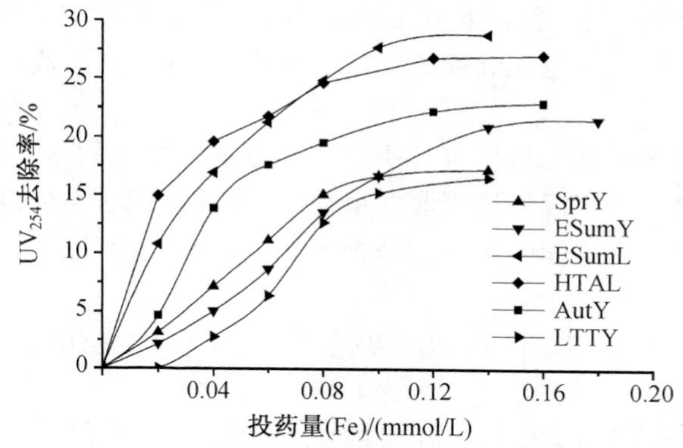

图 6-1　各典型水质期铁盐对 UV_{254} 去除比较

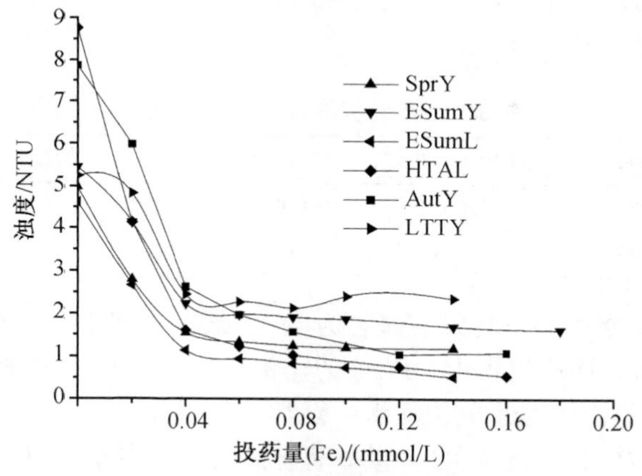

图 6-2　各典型水质期铁盐除浊比较

对浊度去除的最佳投药量明显低于对有机物去除的最佳投药量。在天然水体中，去除有机物的混凝剂量取决于水体中不饱和有机基团的量，混凝剂必须使有机物不饱和基团饱和。传统的以浊度去除为目标确定的投药量虽然能有效地去除水体中的颗粒物，但是不能有效地使水体中的不饱和有机物饱和、脱稳。为有效去除水体有机物，应增加投药量。

水体中有机物的去除效率受多种因素影响，尤其是碱度、温度和有机物的物化特性。碱度是一个对有机物去除很重要的影响因素，决定了金属盐混凝剂投加后水解产物的形态，碱度越高，高聚体和沉淀生成越多，虽然能吸附去除部分有机物，但对有机物去除效率不及单体和低聚体。从图 6-1、图 6-2 可以看出，滦河水较黄河水具有更低的碱度、浊度且有机物去除效率、混凝效率更高。

温度对有机物去除的影响有两个方面：一方面，温度越高，越有利于混凝剂的水解及与污染物的相互作用，有机物去除率也就越高；另一方面，温度影响水体中微生物的生长，温度越高，微生物生长越旺盛，水体的有机物从溶解态转化为颗粒态，较容易通过混凝去除。滦河水在夏秋高温季节，有机物去除率高于黄河水。黄河水中有机物的去除效率也随温度的变化表现出明显的差异，高温季节较低温季节去除率高。

水体中有机物的形态和性质直接决定其与混凝剂之间的相互作用。认识水体中有机物的性质对深入认识混凝过程非常重要。选取具有代表性的高温高藻期滦河水和秋季黄河水，研究其水体中主要污染物的性质及混凝特征。

6.3　原水中有机物特性及强化混凝目标

6.3.1　滦河水与黄河水污染物分析

表 6-1 为黄河水和滦河水中有机物和颗粒物分析结果，可以看出，黄河水和滦河水中污染物分布有较大差别。

表 6-1　滦河水与黄河水成分比较

水源	POC/TOC	DOC/(mg/L)	UV_{254}	SUVA	浊度/NTU	颗粒数/个
黄河水	4.25%	3.456	0.118	3.41	12	77 943
滦河水	15.63%	4.295	0.091	2.12	7.62	54 898

黄河水和滦河水中有机物以溶解态为主，尤其在黄河水中，颗粒态有机物(POC)比例只占到 4.25%，而滦河水中，POC 的比例达到 15.63%，明显高于不超过 10%的常规值[1~3]。这是由高温季节滦河水中藻类繁殖引起的，一些研究者在温度较高的夏季和秋季水体中也发现 POC 含量显著升高的现象[4,5]。这些有机物是藻类的胞外产物，如多肽、死的细胞物质，这些物质相对比较稳定，不易被微生物降解[6]，容易通过混凝去除。

滦河水和黄河水中颗粒物不仅在数量上存在差异，而且在颗粒物粒径分布上也明显不同。如图 6-3 所示，可以看出虽然黄河水在水库经过预沉淀，但其大粒径颗粒数所占的比例仍较滦河水中多，颗粒物具有更大的平均粒径。

图 6-4、图 6-5 分别为采用激光颗粒计数仪和激光光散射法对黄河水颗粒物粒径的表征结果。从图 6-5 可以看出，黄河水中粒径以 15μm 为中心基本符合正态分布，其中粒径在 10~20μm 的颗粒物是水体中的主要成分。为更加清晰地了解水体中小粒径颗粒物，将经过 2.0μm 的玻璃纤维膜过滤后的水样用激光光散射仪检测

胶体态颗粒物分布情况，可以看出，胶体态颗粒物的体积浓度以 600nm 为中心基本符合正态分布。实验结果表明，滦河水和黄河水中颗粒物以胶体形态存在为主。

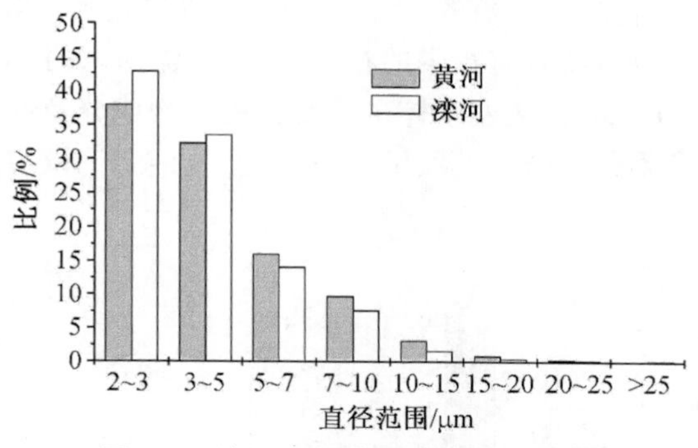

图 6-3　滦河水与黄河水颗粒计数比较

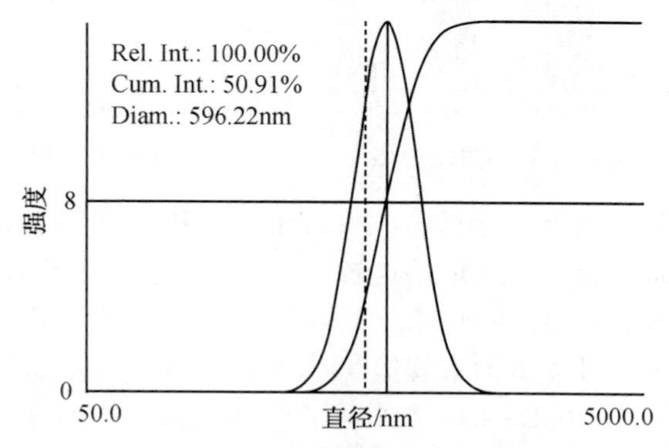

图 6-4　黄河水胶体物质分布示意图

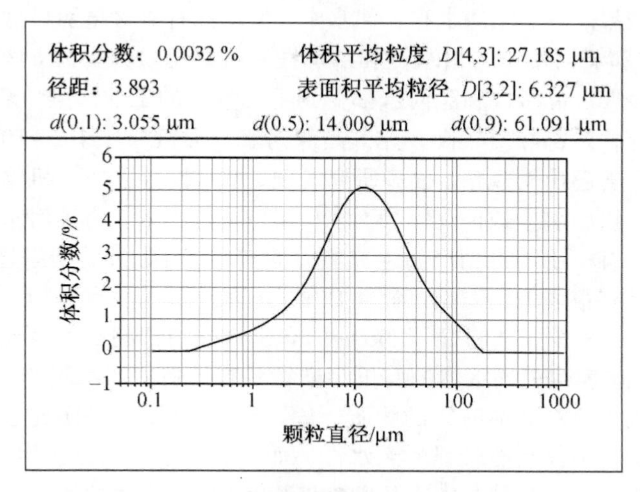

图 6-5　黄河水中颗粒物粒径分布示意图

滦河水和黄河水中有机物的成分及性质也有较大的差异。滦河水虽然具有更高的 TOC 含量，但其 UV_{254} 值明显低于黄河水。Edwards 等用 SUVA 对水体有机物成分进行表征(UV_{254} 与 TOC 比值的 100 倍)[7]。有研究表明，SUVA 值与水体中芳香族有机物和不饱和有机物具有很强的相关性[8~12]，滦河水的 SUVA 值显著低于黄河水，分别为 2.11 和 3.41。表明水体中溶解性有机物成分及性质有较大差别。滦河水和黄河水树脂及膜分级结果证实了上述结论(图 6-6、图 6-7)。

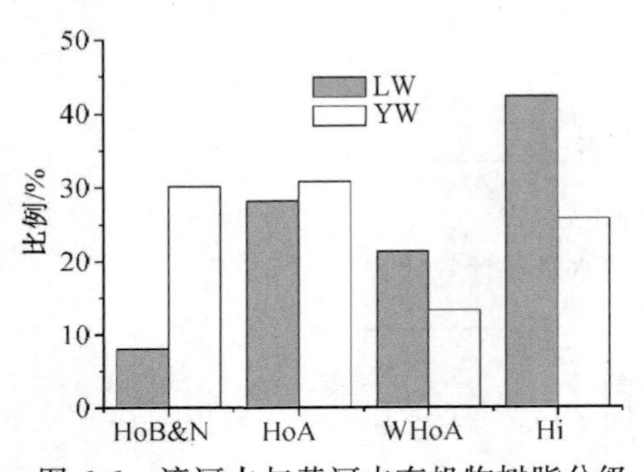

图 6-6　滦河水与黄河水有机物树脂分级

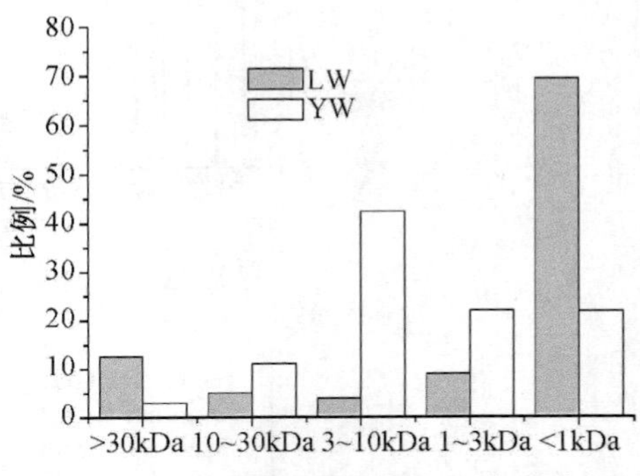

图 6-7　滦河水与黄河水有机物膜分级

藻类的繁殖不仅使滦河水中颗粒态有机物比例升高，而且使溶解性大分子有机物比例增加，分子质量大于 30kDa 的溶解性有机物占总溶解性有机物的 11.5%，显著高于温度较低的黄河中 3%的比例。但滦河水中小分子有机物(小于 1kDa)占总量的 70%，明显高于不超过 40%的常规值[9, 13]。黄河水小分子有机物(小于 1kDa)只有 21%，而分子质量为 3~10kDa 的有机物所占比例较大，达到 43%，与滦河水不到 5%的比例形成鲜明对比。

树脂分级结果表明，滦河水和黄河水中，憎水性有机含量明显低于 70%的常规值[9,13]。滦河水和黄河水中弱憎水性和亲水性有机物总量分别为 64%和 55%。

试验结果表明，黄河水和滦河水都受到不同程度的工业污染，亲水性、低分子质量有机物成分含量都相对较高，尤其是滦河水，而黄河水中 3~10kDa 分子大小的有机物比例显著超出常规值。很多研究发现，憎水性芳香类有机物较亲水性有机物具有更强的三氯甲烷生成能力[7, 10, 12, 14]。图 6-8、图 6-9 为黄河水树脂分级和膜分级后不同组分有机物消毒副产物生成能力的实验结果。试验结果显示，黄河水中不仅憎水性酸具有很强的消毒副产物生成能力，而且亲水性有机物也具有很强的消毒副产物生成能力；分子质量低于 3kDa 的有机物的消毒副产物生成能力明显高于大分子有机物。这表明进入水体的有机污染物具有很强的消毒副产物生成能力，在消毒工艺会生成大量对人体有害的物质，危害较大。Owen[15]研究也发现，很多人工合成有机污染物不仅具有较强的亲水性，而且具有很强的三氯甲烷的生成能力。另外，亲水性有机物在管网中容易引起细菌滋生。进入水体的有机污染物应得到足

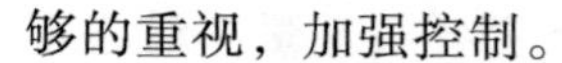
够的重视，加强控制。

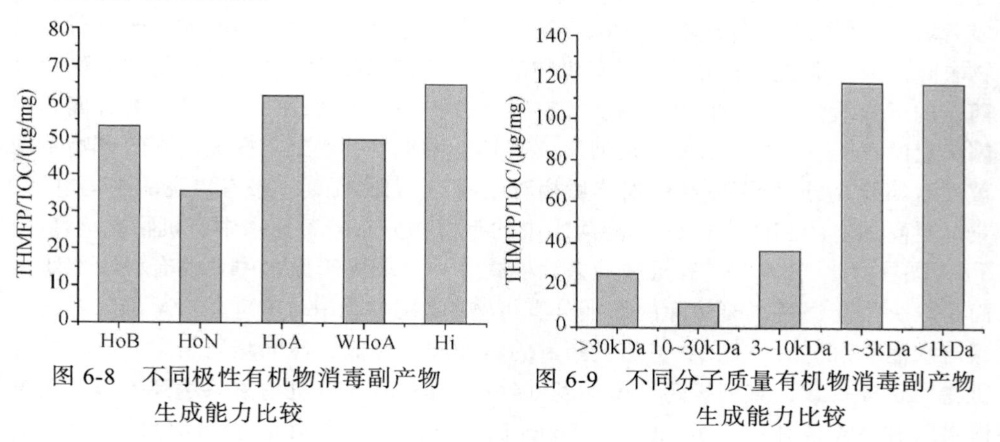

图 6-8　不同极性有机物消毒副产物生成能力比较

图 6-9　不同分子质量有机物消毒副产物生成能力比较

6.3.2　黄河水和滦河水水体有机物混凝特性比较

Edwards[7]研究发现，SUVA>4 显示水体中有机物容易通过混凝工艺去除，反之则不易被去除。天津黄河水和滦河水中的 SUVA 值分别只有 3.41 和 2.11，属于较难通过混凝去除有机物的水体。

图 6-10 为滦河水和黄河水有机物混凝去除结果，可以看出，以上两种水质代表两种典型的 TOC 混凝去除机制——电中和和吸附[16]。人们通常将有机物的去除归纳为两种模式，第一种是有机物的去除随投药量的增加而增加，成正比关系，直到能去除的有机物完全被去除。第二种是有机物的去除率随投药量的增加逐渐变缓慢。第一种主要是水体的 pH 较低，容易去除的憎水性有机物含量较多，有机物的性质较一致，有机物的去除机制主要为电中和沉淀，絮凝剂使水体有机物脱稳，产生沉淀去除。第二种模式主要是水体的 pH 较高，容易通过混凝去除的有机物比较少，有机物以亲水性物质为主，而且性质差异较大，这类有机物的去除机制主要是吸附。

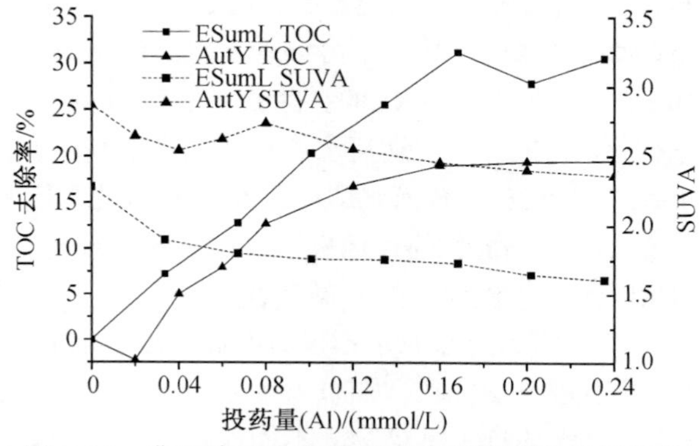

图 6-10　典型滦河水和黄河水有机物去除特征比较

滦河水中有机物的去除机制以电中和为主,有机物的去除随着投药量的增加而显著增加，直到与水体中有机物浓度达到某种计量平衡时，继续增大投药量对有机物去除没有显著提高；黄河水对有机物的去除机制以吸附为主，有机物的去除随投药量的增加缓慢增加，投药量越大，有机物去除率增加越缓慢。这是由两方面的原因决定的：其一，滦河水相对黄河水具有较低的碱度，絮凝剂投加后水解产物不像黄河水那样充分,低聚体和中聚体量相对较高,它们比高聚体带有更高的平均电荷，具有更高的电中和能力；其二，滦河水中的有机物分布较黄河水中有机物更均衡(图6-6、图 6-7)。事实上，有机物的去除模式并不是取决于原水中总的有机物性质，而是取决于能通过混凝去除的那部分有机物的性质。图 6-10 的 SUVA 可以看出，滦河水混凝沉淀后 SUVA 值随投药量的增加缓慢降低，说明滦河水中被去除的有机物性质较一致，直到投药量增加到 0.16mmol/L 时，有机物去除达到平衡。而黄河水的 SUVA 值在投药量 0.04~0.08mmol/L 出现升高，说明此时一部分低 SUVA 的有机物被去除，被去除的有机物性质波动较大。

6.3.3　天津水体强化混凝目标

美国环境保护总局推荐的强化混凝技术包括两步[17]：第一步，根据原水的碱度和有机物浓度制定有机物去除标准，碱度越低，TOC 越高，有机物去除目标值越高；第二步是对经过技术革新仍然不能达到第一步有机物去除标准的水体，通过烧杯试验确定其有机物去除替换标准。烧杯试验中，以 10 mg/L $Al_2(SO_4)_3 \cdot 14H_2O$ 或相同离子当量的铁盐、铝盐增加量逐渐增大投药量，直到混凝后水体的 pH 达到目标值(根据原水碱度确定，见表 1.3)，TOC 去除量增加低于 0.3mg/L 时认为有机物去除率达到收敛点，此时的有机物去除率为该水体有机物目标去除率。

参照美国环境保护总局(USEPA)颁布的 *Enhanced Coagulation and Enhanced Pricipit- ative Softening Guidance Manual* 烧杯试验方法，对天津原水进行烧杯混凝试验。试验采用的是试剂纯 $AlCl_3$，投加量按离子当量转换成 $Al_2(SO_4)_3 \cdot 14H_2O$。

图 6-11、图 6-12 是选取的一组混凝效率较高的滦河水和黄河水——高温高藻期滦河水和秋季黄河水试验结果。从图中可以看出，滦河水只在投药量为 30mg/L 以下时，每增加 10mg/L 混凝剂，TOC 的去除量才能增加 0.3mg/L，此时的 TOC 去除率为 20.3%(点 *A*),而 USEPA 对于滦河水这种碱度在 116mg/L、TOC 为 4.21mg/L 的水体的 TOC 去除率应该为 35%。黄河水即便是在很低的投药量下,每增加 10mg/L 混凝剂，TOC 去除量增加 0.3mg/L 的目标也不是很容易实现的，TOC 的去除率只有 9.5%(点 *B*)。而 USEPA 对于滦河水这种碱度在 156mg/L、TOC 为 3.71 的水体的 TOC 去除率应该为 15%。因为天津原水不仅具有高碱度，而且受到不同程度的有机物污染，有机物较难通过混凝去除。如果采用 USEPA 的强化混凝标准，有机物的去除率较低，很难去除水体有机污染物，不能保障饮用水安全。

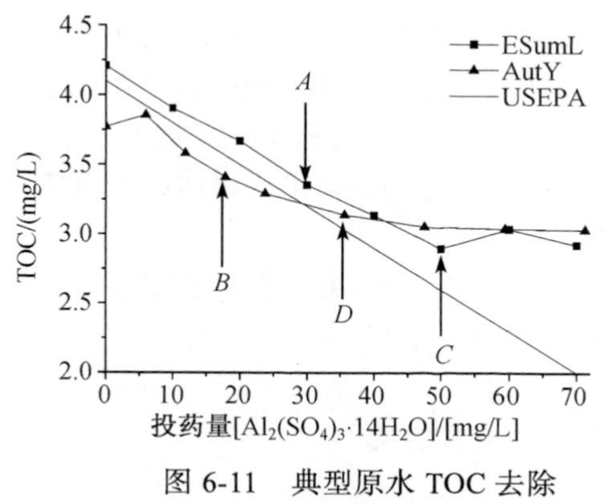

图 6-11　典型原水 TOC 去除与 USEPA 标准比较

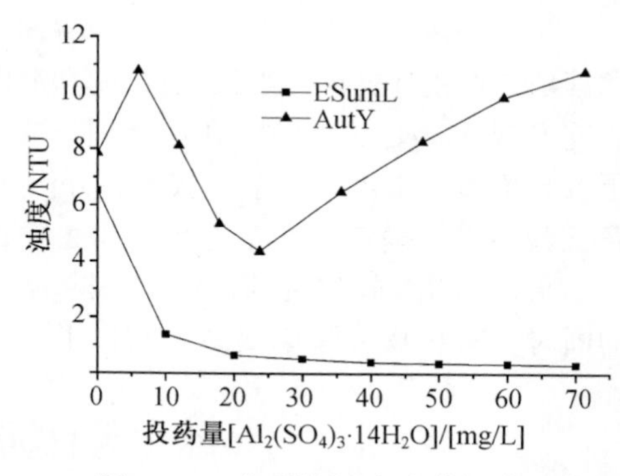

图 6-12　典型滦河水和黄河水浊度去除效果

混凝剂的最佳投药量有两种方式确定：① 达到某有机物及浊度等指标目标的最低投药量；② 当投药量继续增加对出水水质提高作用不是很显著时的投药量，即收敛点投药量。

滦河水投药量增加到 50mg/L $Al_2(SO_4)_3·14H_2O$ 后，继续增加投药量有机物的去除没有明显提高，TOC 去除率目标为 31%(点 *C*)比较合适。对于黄河水投药量在 35mg/L $Al_2(SO_4)_3·14H_2O$，TOC 去除率为 16.8%(点 *D*)的目标是比较合适的，继续增加投药量对有机物的去除效果不是很明显，反而会使颗粒物显著复稳，影响对颗粒物的去除效果，如图 6-12 所示。

值得注意的是，此时的投药量并不是生产工艺必须的投药量，只是表明通过混凝能有效去除这部分有机物。生产投药量可以低于静态试验投药量，可以通过系统优化、pH 优化及混凝剂优化等技术途径实现有机物去除目标。

表 6-2 是根据图 6-1、图 6-2 的试验结果提出的天津原水季节性有机物(UV_{254})和颗粒物(浊度)去除目标和对应投药量，表 6-2 同时给出传统以浊度为去除目标对应的投药量。

表 6-2　天津原水典型水质期强化混凝目标

项目	传统目标			强化目标		
	投药量/(mmol/L)	浊度/NTU	UV_{254}去除率/%	投药量/(mmol/L)	浊度/NTU	UV_{254}去除率/%
SprY	0.04	1.54	7.0	0.1	1.2	16.5
ESumY	0.04	2.23	5	0.14	1.7	20
ESumL	0.04	1.14	17.0	0.1	0.75	27.5
HTAL	0.04	1.6	20	0.12	0.8	27
AutY	0.06	1.96	17.5	0.12	1.0	22.5
LTTY	0.04	2.44	< 5	0.1	2.4	15

很多研究者发现[7, 10, 12, 14]，UV_{254}值和水体中的有机物量具有很好的相关性，尤其是芳香族有机碳，这部分有机物和消毒剂更容易反应生成消毒副产物。Edzwald[18]研究发现 UV_{254} 比 DOC 和消毒副产物与有机物具有更好的相关性。另外，UV_{254}更容易检测，不需要复杂的仪器，方便快捷，便于日常检测。水厂可以根据日常烧杯试验结果，确定生产工艺有机物去除目标。

可以看出，较传统的以浊度去除为目的的混凝，强化混凝在保证浊度有效去除的同时，有机物去除率提高 40%以上，能显著改善出水水质。

6.4　天津原水碱度效应

碱度是影响混凝的重要因素之一。高碱度水中 HCO_3^-浓度较高，通过碳酸盐平衡补充混凝剂投加后水解消耗的 OH^-，使水体的 pH 稳定在较高值。水体中 OH^-浓度影响混凝剂投加后水解形态。在低 pH 区，OH^-浓度较低时，Fe、Al 以离子形态为主，去除有机物以电性中和为主，随着 pH、OH^-浓度升高，Fe、Al 水解直至产生 $Fe(OH)_3(s)$、$Al(OH)_3(s)$沉淀，此时有机物的去除以卷扫为主。天津原水碱度常年在 120mg/L 以上，pH 在 8.0 以上，高碱度不利于水体有机物的去除。因而，研究碱度对混凝影响机制及处理高碱度水体的强化混凝技术至关重要。

向水体中加酸和碱能削弱水体中碳酸盐平衡，通过改变水体 pH 研究碱度对混凝的影响。图 6-13 是在 pH3~12 时，各种混凝剂铁盐、铝盐和聚合铝对天津高温高藻期滦河水中有机物和浊度去除试验的结果。

从图 6-13 可以看出，对于天津水体，pH 显著影响水体中有机物和颗粒物的去除效果。而天津高碱度原水的 pH 在 8 左右，此时有机物去除效率较低。从试验结果看出，可以通过 3 条技术途径提高水体中有机物的去除效率：其一是在混凝前进行 pH 优化，$AlCl_3$ 在 pH 为 6 左右时，$FeCl_3$ 在 pH 为 5 左右时有机物去除率可以显著提高；其二是强化软化混凝，即通过加入过量的碱和混凝剂，使 pH 升高到 10 以上，形成无定形 $Mg_xAl_y(OH)_z \cdot nH_2O$ 沉淀，强化水体有机物去除；其三是混凝剂优化，通过对传统混凝剂进行优化，研制出适合高碱度水质特征的高效混凝剂。

6.4.1　pH 优化

从图 6-13 可以看出，在 pH 为 3~11，铝系混凝剂在 pH 为 5.5~6 时对有机物有较好的去除效果；铁盐在 pH 为 4~5.5 时对有机物有较好的去除效果。在 0.08mmol/L 的投药量下，铁盐和铝盐在各自最佳 pH 区间，DOC 的去除率显著升高，较常规 pH 为 7.5 时提高一倍以上，从 20%左右分别升高到 50%和 40%。

1. 季节性 pH 优化

根据天津水质特征，选择了 3 个最典型的水质期(低温低浊期黄河水、常温黄河水、高温高藻期滦河水)进行了 pH 优化试验。其中部分铁盐和铝盐试验结果如

图 6-14 和图 6-15 所示。

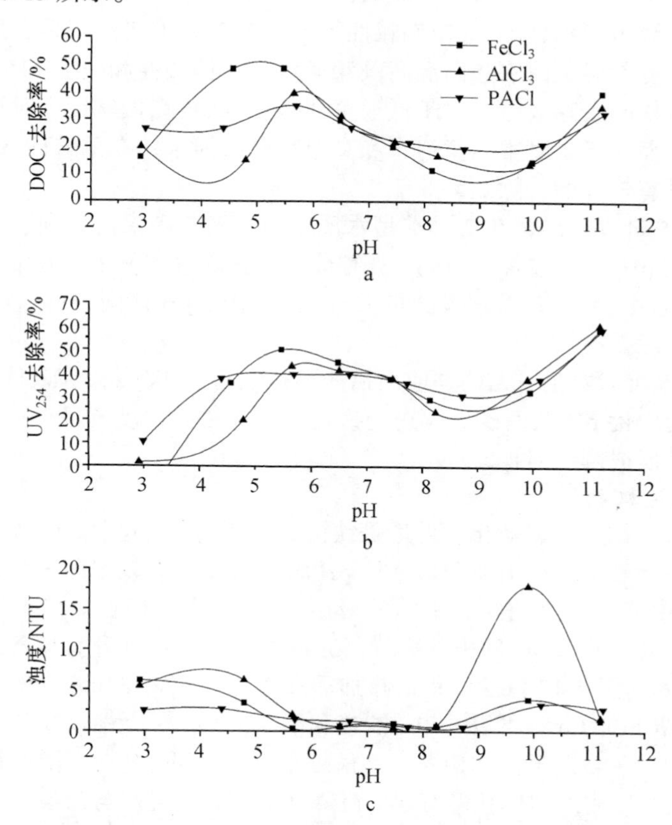

图 6-13　pH 对典型混凝剂 $FeCl_3$、$AlCl_3$ 和 PACl 去除有机物及颗粒物影响的比较

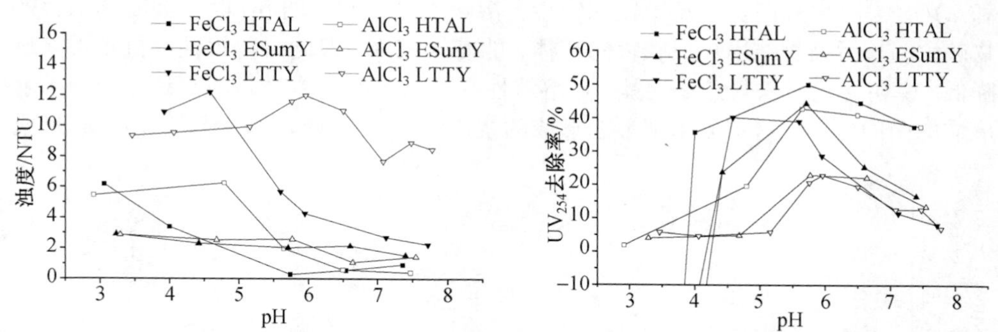

图 6-14　典型水质期 pH 对混凝去除浊度影响　图 6-15　典型水质期 pH 对混凝去除 UV_{254} 影响

各个典型水质期 pH 影响试验研究表明，同为中国北方水系，各水质期表现出明显的共性，同时，受水源和季节的影响，也表现出一定的差异。

从图 6-14 可以看出，无论是铁盐还是铝盐，都在中性和偏碱性条件下对浊度具有更高的去除效果。随着水温的降低，对浊度的最佳去除 pH 区间更加偏向碱性条件。对于低温黄河水，$AlCl_3$ 在偏碱性的 pH 在 7 以上对浊度具有最佳的去除效率，而对于初夏常温黄河水和高温高藻滦河水，在偏酸性和中性 pH 在 6.5~7.5 时对浊度具有最佳的去除效率。对于低温黄河水，$FeCl_3$ 在偏碱性下对浊度具有最佳的去除效率，而对于初夏常温黄河水和高温高藻滦河水，在偏酸性 pH 为 5.5 左右时对浊度也具有较好的去除效果。

从图 6-15 可以看出，在 3 个典型水质期内，铁盐和铝盐分别表现出较一致的规律，铁盐在 pH 为 5 左右对 UV_{254} 具有最佳的去除效率，铝盐在 pH 为 6 左右对 UV_{254} 具有最佳去除效率。常规投药量下，在各自最佳 pH 区间，铁盐较铝盐对 UV_{254} 具有更高的去除效率。

从图 6-15 可以看出，无论是使用铝盐还是铁盐，UV_{254} 去除最佳 pH 区间随水温的升高而向中性 pH 区间扩展，这与铁盐和铝盐去除浊度的最佳 pH 区间随温度向酸性区间扩展成鲜明对比。

2. pH 优化机制

从以上试验结果可以看出，无论是铁盐还是铝盐，在酸性 pH 区间对有机物均具有较好的去除效果，在中性和偏碱性 pH 时对浊度具有较好的去除效果。对浊度去除的最佳 pH 区间较对有机物去除的最佳 pH 区间略偏碱性。在 pH 为 6 和 5 时，铝盐和铁盐对有机物 DOC 的去除率最高，混凝后剩余浊度升高显著。

从图 6-16 和图 6-17 铁盐和铝盐投加后在水体颗粒物中(colloidal Al/Fe)及溶液中(dissovled Al/Fe)的分布可以看出，铁盐和铝盐一样，混凝性能受到混凝剂水解产物的形态影响。在略低于铁和铝各自溶解度最低对应的 pH 时，溶解性有机物去除率最高，但此时形成的絮体比较细小，沉降性能差，混凝剂与污染物形成的絮体以胶体态残留水中，不能通过沉淀去除，沉后水的浊度较高，但能被膜截留，DOC 和 UV_{254} 去除率较高。在高于铁和铝各自溶解度最低对应的 pH 时，混凝剂水解产物较大，与污染物作用形成较大的絮体，能有效沉降，但此时溶解性有机物去除率降低。说明无论是铁盐还是铝盐，对溶解性有机物去除效率最高的都是混凝剂水解形成的中间体，但这部分水解形态形成的絮体细小，固液分离较困难，而水解形成

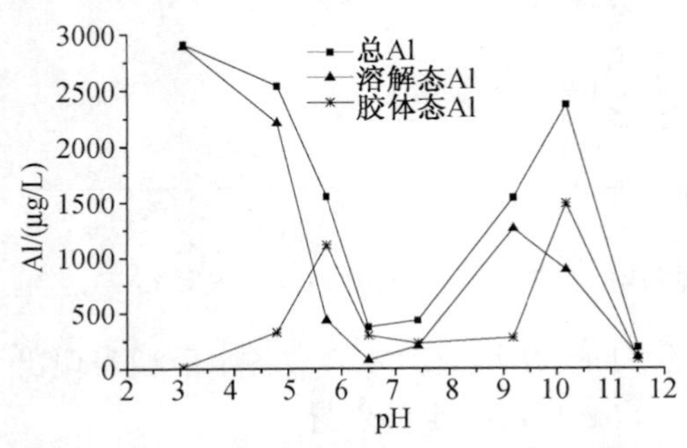

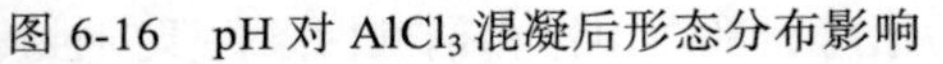
图 6-16　pH 对 $AlCl_3$ 混凝后形态分布影响

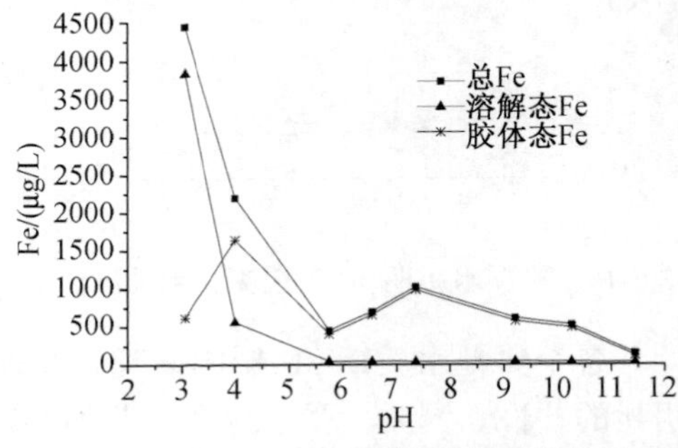

图 6-17　pH 对 $FeCl_3$ 混凝后形态分布影响

的高聚体对溶解性有机物去除效率较低，形成的系统较大，具有较好的固液分离性能。

铁盐和铝盐也存在明显的差异：① 铁盐的最低溶解度对应的 pH 较铝系混凝剂偏酸性，铁盐对浊度和有机物去除的最佳 pH 区间也偏酸性；② 铁盐水解形成的中间体不像铝盐那样能在水体中稳定存在，较容易聚集形成大的溶胶及沉淀，所以在偏碱性 pH 下，铁盐对浊度的去除效果较铝盐好，但高聚体不利于有机物的去除，因而铁盐对有机物的去除效果受 pH 的影响更显著；③ 铁盐较铝盐与有机物之间的结合力更强[19]，因而在各自最佳 pH 时，铁盐对有机物的去除率更高些。

6.4.2　强化软化絮凝

天津原水具有较高的碱度和硬度，总硬度在 200mg/L $CaCO_3$ 以上，黄河水的总硬度甚至达到 350mg/L $CalO_3$ 以上，Ca^{2+}和 Mg^{2+}浓度分别达到 70mg/L 和 30mg/L，当 pH 升高到 11 以上时，$Mg(OH)_2$ 沉淀开始生成。$Mg(OH)_2$ 沉淀能像絮凝剂一样有效去除水体中的有机物、颗粒物和 $CaCO_3$ 沉淀。使用聚合氯化铝(PACl)，当 pH 升高到 10 时，PACl 中特殊形态 Al 能促进 Mg 形成具有较大比表面积、带正电性的无定形 $Mg_xAl_y(OH)_z\cdot nH_2O$，具有很强的吸附凝聚性能，对有机物的去除效率显著升高,有机物的去除率达到 40%以上[20]。

传统的软化工艺 pH 只到 10 左右，对水体中的有机物去除率很低[21, 22]。Semmens[21]研究发现，即使石灰投药量增加到 200mg/L 以上，对消毒副产物前驱物的去除率仍然很低，尤其是对富里酸类有机物去除效果不明显。研究表明，这主要是由于 $CaCO_3$ 晶体表面电性和比表面低的性质决定的[23, 24]。Somasundaran 和 Agar[25]研究发现，$CaCO_3$ 沉淀存在等电点，等电点受 pH 的影响。Cappellend 等[26]提出了 $CaCO_3$ 晶体形成的水解模型，认为在常规 pH 下，$CaCO_3$ 沉淀表面呈负电性，水体中的有机物也是带负电的，同性相斥，不利于有机物的去除，另外，$CaCO_3$ 晶体比表面很小，只有 $5m^2/g$，这与铁盐水解形成的沉淀比表面积 230 m^2/g 形成鲜明对比，导致对水体中有机物吸附作用显著降低。而 $Mg(OH)_2$ 沉淀不同，电泳检测表明，其在 pH 为 10.2~11.0 呈正电性[22]，不仅在碱性条件下带正电，而且 $Mg(OH)_2$ 沉淀是无定形的，具有较大比表面积，能很好地吸附去除水体中的有机物和其他污染物。但是对于天然水体来说，要形成 $Mg(OH)_2$ 沉淀，必须使水体 pH 升高到 11 以上，需要加入大量的碱，这在传统实际水处理中不可能使用[27]。Bob[28]研究沉淀软化处理 Ohio 州水库水表明，水体中有机物与软化过程中形成的 $Mg(OH)_2$ 沉淀量密切相关，相关系数 R 达到 0.9 以上，而与 $CaCO_3$ 沉淀量相关性不大，相关系数 R 只有 0.34。在碱性条件下，有机物的去除率和絮凝剂水解形成的 $Fe(OH)_3$ 和沉淀量的相关系数只有 0.12 和 0.28。1998 年 EPA 推荐强化沉淀软化为消毒副产物前驱物去除的 BAT 技术之一。强化沉淀软化是在传统软化工艺的基础上增加石灰和烧碱的投加量，提高 NOM 的去除率。根据水 TOC 浓度和 Mg 的去除量制订了强化沉淀软化的 TOC 去除标准，去除率不低于 0~30%，形成的 Mg 沉淀量不低于 10mg/L(以 $CaCO_3$ 计)[28]。

1. 季节性强化软化絮凝

根据天津原水特点，分别对天津滦河水和黄河水进行了强化软化絮凝试验。为了清楚认识有机物去除机制，试验过程中采用 NaOH 代替传统的石灰和烧碱，同时投加各种絮凝剂。部分试验结果如图 6-18 和图 6-19 所示。

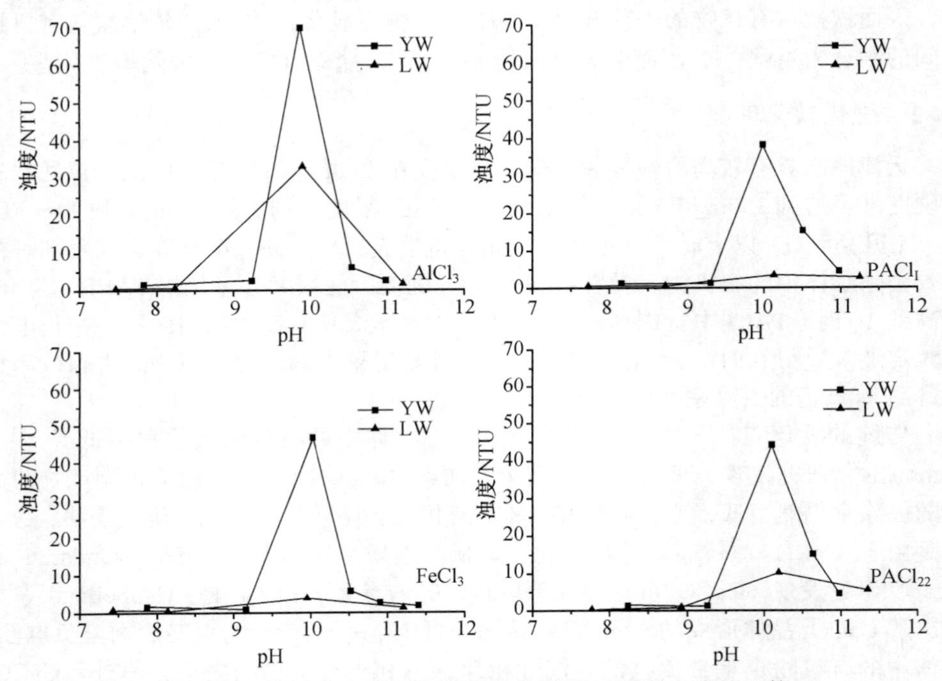

图 6-18　滦河水和黄河水强化软化絮凝对浊度去除的比较

试验结果表明，滦河水表现出和黄河水较一致的强化软化絮凝特征，当 pH 到 9.0 左右时，碳酸盐平衡被破坏，产生细小的 $CaCO_3$ 胶体，浊度开始显著升高，有机物去除效率降低；当 pH 继续升高到 10 左右时，浊度达到最高，有机物去除效率达到最低；pH 继续升高，浊度开始降低，有机物去除率升高，当 pH 升高到 11 以上时，$Mg(OH)_2$ 沉淀开始生成，能像絮凝剂一样吸附颗粒物和 $CaCO_3$，对颗粒物和有机物具有较好的去除效果。

但是，因为滦河水和黄河水水质存在一定的差异，两种水质强化软化絮凝也表现出一定的差异。主要表现在：① 由于黄河水具有更高的碱度和硬度，其 pH 在 10 左右，浊度升高得更高些；② 滦河水有机物去除率不仅在常规 pH 下较黄河水高，在沉淀软化时去除率也较黄河水高；③ 采用强化软化絮凝能使黄河水有机物去除率提高得更显著。

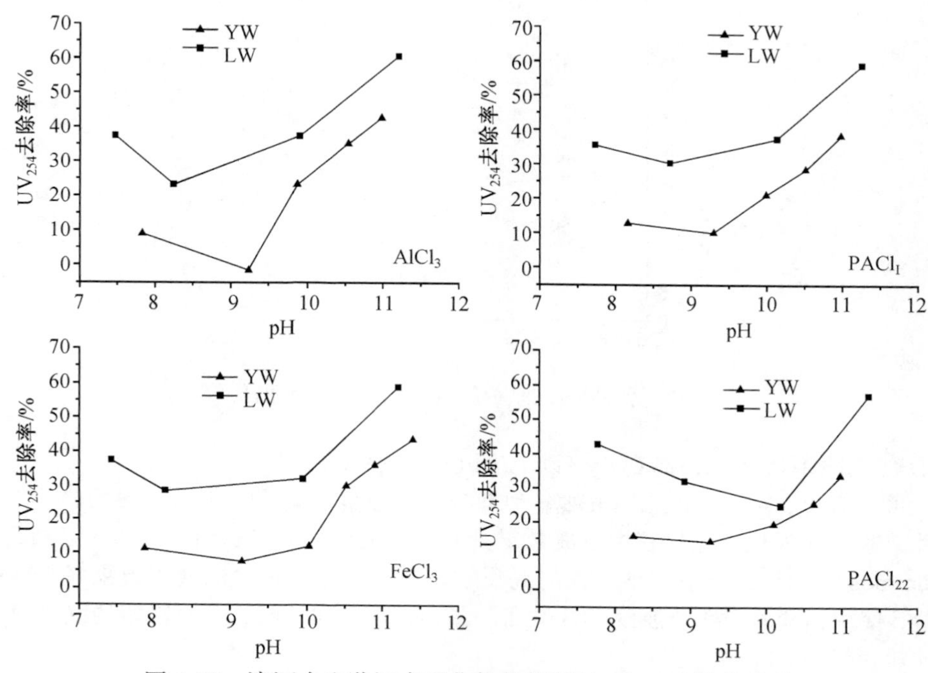

图 6-19　滦河水和黄河水强化软化絮凝对 UV_{254} 去除的比较

2. 絮凝剂对强化软化影响

从图 6-20 可以看出，当用 NaOH 调节 pH 到 9.0 以上时，浊度开始升高，在 10 左右达到最高，pH 继续升高时，浊度开始显著降低，当 pH 升高到 11 左右后，浊度能达到较好的去除效果。同浊度一样，有机物的去除效果首先随 pH 的升高而降低，UV_{254} 在 pH 为 9.25 左右去除率达到最低，COD 去除率在 pH 为 10 左右达到最低值；pH 升高到 10 以上时，有机物的去除率显著升高；当 pH 升高到 11 左右时，有机物的去除率可以提高一倍左右，UV_{254} 的去除率从 15%提高到 35%以上，

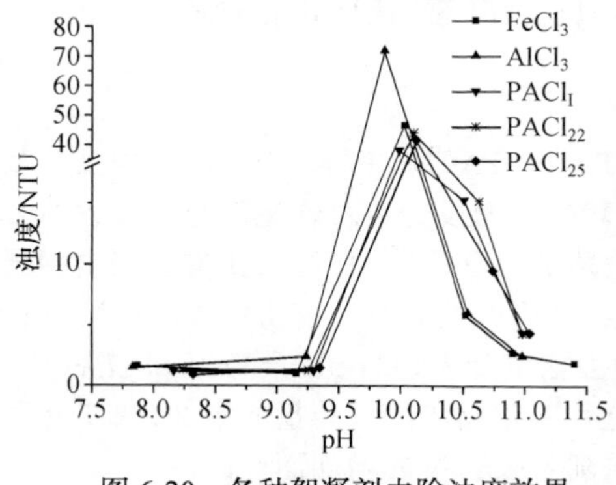

图 6-20　各种絮凝剂去除浊度效果影响的比较

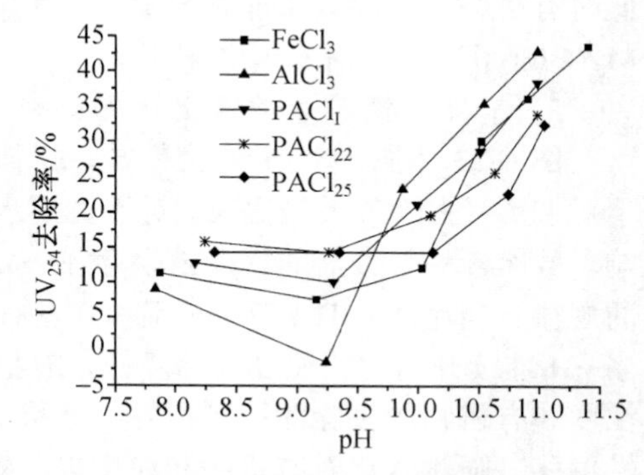

图 6-21　各种絮凝剂去除 UV_{254} 效果影响的比较

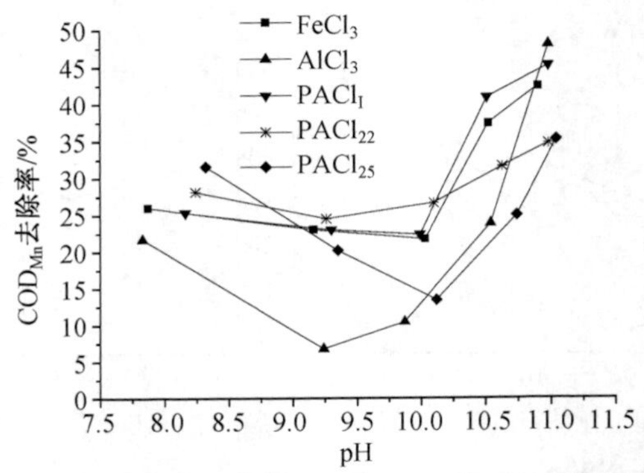

图 6-22　各种絮凝剂去除 COD_{Mn} 效果影响的比较

COD 的去除率从 25%提高到 45%以上(图 6-21、图 6-22)。

可以看出，对于黄河水，虽然各种絮凝剂在混凝过程中表现出一致的趋势，但各种絮凝剂在强化软化过程中混凝效果具有较大的差异。在 pH 低于 10.5 区间，在 0.08mmol/L 的投药量下，聚合铝的混凝效果好于铁盐，铁盐的混凝效果好于普通铝盐，使用铝盐时，残余浊度上升最高。在 pH 高于 10.5 时，普通铝盐的混凝效果与铁盐相当，好于聚合铝。

在 pH 低于 10.5 区间，各种絮凝剂表现出不同的改变 $CaCO_3$ 方解石晶体沉淀物表面电性的能力。絮凝剂水解产物和 $CaCO_3$ 沉淀物作用，能部分改变 $CaCO_3$ 沉淀物表面性质，提高有机物的去除率。不同絮凝剂水解产物受 pH 影响不同，表现出不同的絮凝效果。高碱化度的聚合铝中含有较高的 Al_b 量，Al_b 能附着在 $CaCO_3$ 沉淀表面，改变其表面电性，具有较好的去除效果。铁盐次之，普通铝盐的混凝效果最差。此外，PACl 中特殊形态 Al 能促进 Mg 形成具有较大比表面积、带正电性的无定形 $Mg_xAl_y(OH)_z \cdot nH_2O$，具有很强的吸附凝聚性能，对有机物的去除效率显著升高。当 pH 升高到 11 以上时，$Mg(OH)_2$ 沉淀的生成是混凝效果的重要影响因素，此时有机物的去除效果非常显著，尤其是金属盐絮凝剂。高碱化度的聚合铝不利于 $Mg(OH)_2$ 沉淀去除水体中有机物。

3. 絮凝剂投药量对强化软化影响

图 6-23 和图 6-24 分别为铁盐、铝盐、PACl、$PACl_{22}$ 在高、中、低 3 种投药量下对 UV_{254} 去除效果的比较。对于黄河水，絮凝剂的投药量对软化工艺有较大的影响。虽然各种絮凝剂的絮凝效果存在一定的差别，但是随 pH 和投药量表现出相同的规律：当用 NaOH 调节 pH 到 9.0 左右时，浊度开始升高，有机物去除率降低；当 pH 继续升高时，浊度开始降低，有机物去除率升高；当 pH 升高到 11 左右时，浊度和有机物的去除能达到很好的效果。这种变化趋势随投药量的增加，pH 向酸性偏移。强化软化对有机物和浊度去除效果随着投药量的增加而升高。

从图 6-13 可以看出，虽然预水解的聚合铝 PACl 和铝盐一样，在 pH 为 6 左右

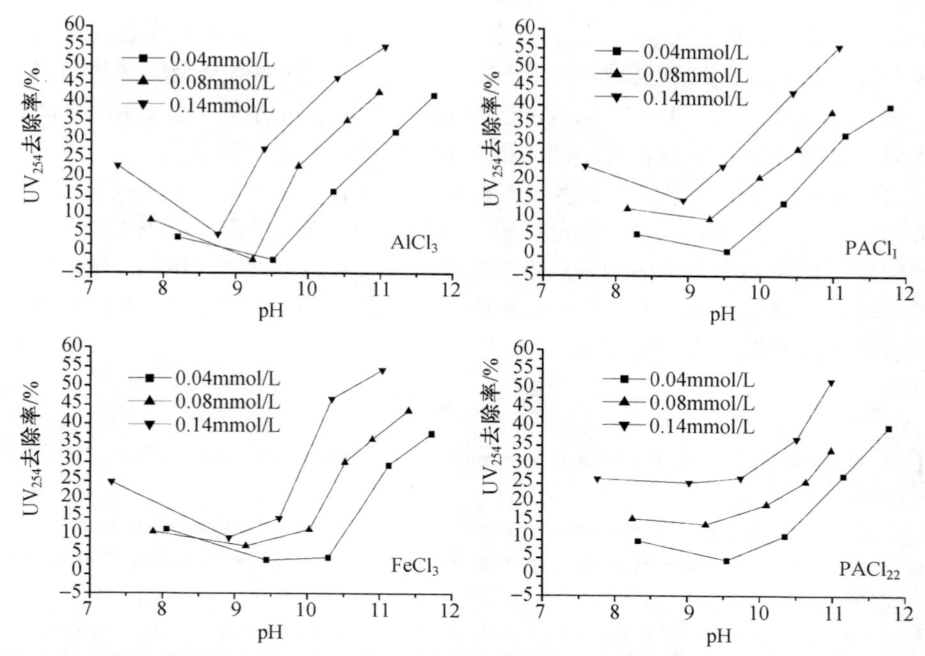

图 6-23　各种絮凝剂在高、中、低 3 种投药量下，强化软化絮凝对去除 UV_{254} 的比较

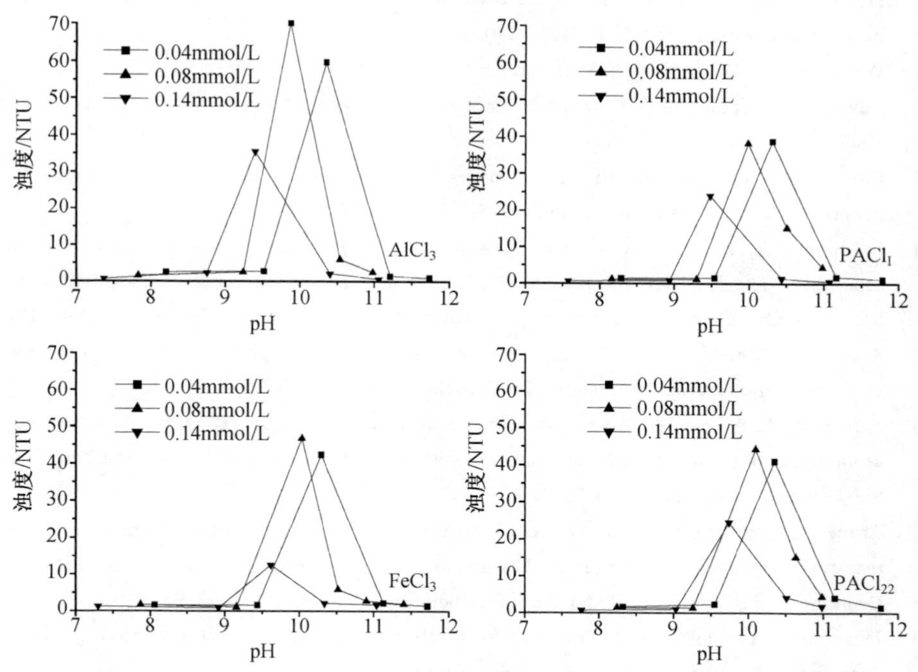

图 6-24　各种絮凝剂在高、中、低 3 种投药量下，强化软化絮凝对去除浊度的比较

对 DOC 具有最佳的去除效率，但 pH 对 PACl 去除有机物的影响不像金属盐混凝剂那样明显。虽然在偏酸性区域，PACl 对有机物的去除效果不及金属铁盐和铝盐，但在偏碱性区域，其对 DOC 的去除效果明显优于铁盐和铝盐。这表明对于高碱度的水体，适当的预水解改善混凝剂的形态能提高混凝剂的混凝效果。

pH 优化和强化软化絮凝虽然对有机物有较好的去除效果，但不仅会增加 pH 调节的费用，而且要增加水厂基础设施，对后续的工艺也会带来负面影响。目前，在我国示范推广还有一定的困难。探索混凝剂去除水体有机物的机制，提高混凝剂中具有较好混凝效果的形态含量，克服高碱度的影响，对提高我国北方高碱度水体中有机物去除效果具有重要意义。

参 考 文 献

[1] Leenheer J A, Croue J P. Characterizing aquatic dissolved organic matter. ES&T, 2003, 37(1): 18A~26A

[2] Thurman E M. Organic Geochemistry of Natural Waters. The Netherlands: Dordrecht, 1985

[3] Buffle J, Van Leeuwen H P. Foreword. in environmental particles 1. Lewis, Chelsea, Mich, 1992

[4] Veenstra J N, Schnoor J L. Seasonal variations in trihalomethane levels in an Iowa River water supply. J Am Water Works Assoc, 1980, 72(3): 583~590

[5] Davis J A, Gloor R. Adsorption of dissolved organics in lake water by aluminum oxide. Effect of molecular weight. ES&T, 1981. 15(10): 1223~1229

[6] Wetzel R. Cr., “Limnology”; W. B. Saunders: Philadelphia, PA, 1975. 538~621

[7] Edwards M. Prediction DOC removal during enhanced coagulation. J Am Water Works Assoc, 1997, 89(5)

[8] Edwards G A, Amirtharajah A. Removing color caused by humic acids. Journal of the American Water Works Association, 1985, 77(3): 50~57

[9] O’Melia C R, Yao K, Gray K et al. Raw water quality, coagulant selection, and solid-liquid separation. The 1987 AWWA Annual Conference Seminar on Influence of Coagulation on the Selection, Operation, and Performance of Water Treatmsnt Facilities, Kansas City, MO, 1987

[10] Aiken G R, McKnight D M, Thorn K A et al. Isolation of hydrophilic organic acids from water using nonionic macroporous resins. Org Geochem, 1992.18: 567~573

[11] Weishaar J L, Aiken G R, Bergamaschi B A et al. Evaluation of specific ultra-violet absorbance as an indicator of the chemical composition and reactivity of dissolved organic carbon. Environ Sci Technol, 2003, 37: 4702~4708

[12] Croué J P, Debroux J F, Amy G L et al. Natural organic matter: structural characteristics and reactive properties. *In*: Singer P. Formation and Control of Disinfection By-Products in Drinking Water. American Water Works Association: Denver, CO, 1999. 65~93

[13] Jacangelo J G, DeMarco J, Owen D M et al. Selected processes for removing NOM: an overview. J Am Water Works Assoc, 1994, 86: 64~77

[14] Croué J P, Korshin G V, Benjamin M. Characterization of Natural Organic Matter in Drinking

Water. American Water Works Association Research Foundation: Denver, CO. 2000
[15] Owen D, Amy G, Chowdhury Z et al. NOM characterization and treatability. J Am Water Works Assoc, 1995, 87(1): 46~63
[16] Yan M Q, Wang D S, You S J et al. Enhanced coagulation in a typical north-china water plant. Water Res, 2006, 40(19): 3621~3627
[17] USEPA.Enhanced Coagulation and Enhanced Precipitative Softening Guidance Manual, EPA, Office of Water and Drinking Ground Water, Washington, DC, 1998. 20~50
[18] Edzwald J K, Becker W C et al., Surrogate parameters for monitoring organic matter and THM precursors. J Am Water Works Assoc, 1985, 77(4)
[19] Pornmerenk P. Adsorption of inorganic and organic ligands onto aluminum hydroxide and its effect. Dissertation for Ph D, Department of Environmental engineering, Old Dominion University, Norfolk, 2001. 18~43
[20] Yan M Q, Wang D S, Qu J H et al. Effect of polyaluminum chloride on enhanced softening for the typical organic-polluted high hardness North-China surface waters. Sep Purif Technol, 2008, 62: 402~407
[21] Semmens M J, Staples A B. The nature of organics removed during treatment of Mississippi River water. J Am Water Works Assoc, 1986, 78: 76
[22] Black A P, Christman R F. Chemical characteristics of fulvic acids. J Am Water Works Assoc, 1961, 53: 737
[23] Stumm W. Chemistry of Solid Water Interface. New York: Wiley, 1992
[24] Newcombe G, Donati C, Drikas M et al. Adsorption onto activated carbon: electrostatic and non-electrostatic interactions. Water Supply, 1994, 14: 129
[25] Somasundaran P, Agar G. The zero point of charge of calcite. J Colloid Interface Sci, 1967, 24: 433
[26] Cappellen P, Charlet L, Stumm W et al. A surface complexation model of the carbonate mineral-aqueous solution interface. Geochimica of Cosmochimica Acta, 1993, 57: 3505
[27] Leentvaar J, Rebhum M. Effect of magnesium and calcium precipitation on coagulation-flocculation with lime. Water Res, 1982, 16: 655
[28] Bob M. Eenhanced removal of natural organic matter during lime-soda softening. Dissertation for Ph D, Ohio State University, Columbus, 2003

第 7 章 混凝过程强化与控制①

7.1 絮体的形成与结构

7.1.1 絮体形态学

细小的颗粒凝聚形成大的颗粒或絮体是一个随机结合的过程,往往具有较低的密度。不少学者就如何提高絮凝体的粒径、密度，从而达到快速分离的目的进行了大量的工作，这些工作涉及的一个重要的理论问题就是絮体的形态学(morphology)。絮体的形态学，顾名思义，就是从絮体的形态出发，研究絮体的构造，探讨絮体形态对絮体的密度、结构强度的影响，进一步了解絮体碰撞结合的自然规律和动力学特征。

细小的颗粒或者胶体可以通过人为的或天然的过程聚集在一起,这种聚集过程就形成了具有高度孔洞结构、不规则形貌的聚集体，这种聚集体就是所谓的“絮体”[1~3]。絮体的结构和粒度被认为是工业过程及水处理工艺中最基本、最重要的操作参数[4]。水处理中混凝的目的是将水体中的污染物以固体颗粒物的形式去除。一旦污染物质形成了固体颗粒物的形式，那么就能够很方便地通过沉淀、气浮、过滤及浓缩等工艺去除[5]，因此，絮体的物理特征将决定水处理的效率。例如，大而密实的絮体有很高的沉淀速度，因此，经过沉淀后的最终出水具有较低的剩余浊度值[6]；然而，具有高渗透性的多孔洞大絮体能够通过过滤工艺高效去除[7]。由于絮体本身的复杂性，导致表征那些具有高度不规则三维结构的絮体相当困难；此外，在絮凝反应器中的物理、化学条件，也会对形成絮体的物理特征有所影响[8]。

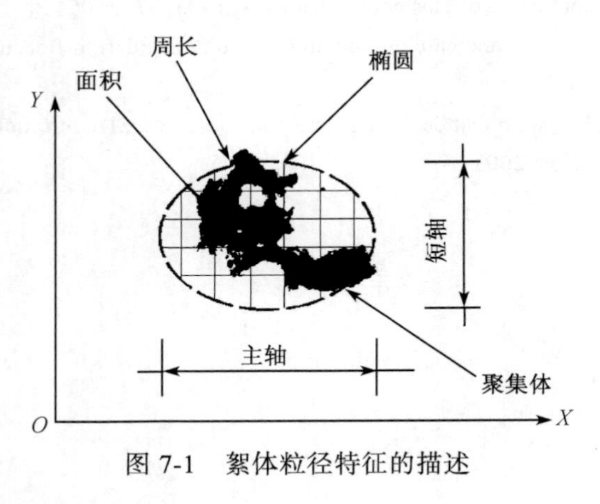

图 7-1 絮体粒径特征的描述

1. 絮体粒径

很多测定絮体尺寸的结果被用于描述絮体代表性的粒度,最简便的是利用絮体最长方向的尺寸来代表它的粒度,这样的缺点是只能得到絮体在某一方向上的大小。而通常可以

① 本章由王东升、李涛、冯江撰写。

利用絮体在水平方向和垂直方向上的最大尺寸来描述絮体的粒度特征[8](图 7-1)，同时可以通过计算絮体高度和宽度方向尺寸的比值来表征絮体的形态。

通常以等效粒径来表征絮体的粒度[9]。当利用等效粒径时，絮体通常被看做球形体。因此使用等效粒径来表示絮体的粒度时，可以很方便地比较不同非规则形态的絮体尺度。然而，只有当絮体是真实的球形体时，才不会出现同一颗粒可能得出不同的等效粒径的情况。等效粒径并非絮体尺度的绝对值，因此，只能用于絮体间的对比，并且在比较过程中，必须保证等效粒径计算方法的一致性。Dharmarajah 和 Cleasby[10]列举出了 15 种特征直径以用于表征非球形颗粒，其中有些方法并非适用于絮体的测定，因为这些方法在测定的过程中，可能会破坏脆弱的絮体。筛分粒径是通过将颗粒过筛网，以能通过颗粒的最小网眼大小来表征颗粒的粒径，因此，筛分法也不能用于絮体粒径的表征。

2. 絮体的形貌

通常球形度及圆度系数用于表征颗粒的外观形态。这些指标表示絮体颗粒偏离球体或圆形的程度[式(7-1)和式(7-2)]。

$$\text{球形度}=\left(\frac{d_v}{d_s}\right)^2 \tag{7-1}$$

$$\text{圆形度}=\frac{P^2}{4\pi A} \tag{7-2}$$

球形度和絮体的等效体积直径与等效表面积直径比值有关；而圆形度和絮体的投影面积及周长有关。当圆度值趋近于零时，表明颗粒的形状近似线性，而当圆度值趋近于 1 时，表明颗粒的形状近似圆形。通过计算这些形状系数，可以表征颗粒在不同条件下的形态变化。

3. 絮体的分形结构

长期以来，不同研究者对絮体构造进行了深入的研究，也提出了不同的絮体成长模式，但所有的模式都是以欧几里得体系建立的，与自然界不规整体系有很大的出入。20 世纪 80 年代以后，由于在絮体的形态学研究中引入了分形理论[11~16]，为人们提供了全新的观念与手段来处理絮体的形态学问题，人们对絮体的构造以及相关的物理特性重新审视，并建立了一系列的新理论体系。

絮体具有分形特征。一般认为较为密实的絮体具有较高的分形维数，而疏松的絮体分形维数较低。絮体的分形维数与絮体的密度、可渗透性、沉降速率以及絮体的粒径分布都有密切的关系。因此，分形结构被认为是对于絮体结构的较为合理的描述。但是，近来的研究表明严格的自相似分形结构仅仅是一种理想的状态，(实际)絮体通常应该被考虑为具有两三个特征分形维数，或者说是多重分形的结构。

水力条件、絮凝机制等都对絮体结构有重要影响。在高剪切的水力条件下所形成的絮体的分形维数较高，而在较低的剪切条件下絮体的分形维数较低。卷扫条件下，由于 $Al(OH)_3$ 沉淀较为疏松，因此形成的絮体也较为疏松；而电中和条件下形成的絮体则较为密实。天然有机物所形成的絮体结构一般较为疏松，这与天然有机物本身的特性有关。

7.1.2　絮体形态学研究方法

1. 影像分析

显微摄影法是较早的也是有效的用于粒度分析的方法，显微成像观测的好处在于可以对单个的絮体进行放大、细化观察。研究者可以对单个絮体的微观形貌有最直接的认识。在大多数情况下，研究者们是将絮体从悬浊液中取出后放到显微镜下的载玻片上或者计数盒上进行粒度的测定。在显微测试前，往往需要将絮体从其所在的悬浊体系中单独取出，因此，在测定粒度之前的分离及预处理是必要的。正如 Farrow 和 Warren[8]报道的，Camp 1968 年将一根中空的玻璃管插入到混凝的悬浊液中，将顶端封住后，再将玻璃管中悬浊液取出，然后再将玻璃管水平放置到显微镜下观察管内的絮体情况。这种方法可以在不破坏絮体的基础上，得到有代表性的絮体样本。然而，在玻璃管中可能发生絮体沉降聚集，影响测定结果。Wang 和 Gregory 利用了类似的方法取出絮体，他们将用大口管取出的絮体放入事先加入水稀释的样品池中，这样可以避免絮体在转移过程中的破碎，以及在样品池中的进一步聚集[17]。

现代影像分析系统最重要的组成部分是影像捕捉设备，通常是与电子计算机连接的数码相机或 CCD 相机。除此之外，还有种类繁多的图形分析软件。常用的影像分析系统由装备了 CCD 相机的显微镜组成[18,19]。影像分析比传统的显微成像技术更能快速并且大量测定不同粒度的絮体。然而，它依然有赖于研究者的取样方法。影像分析技术同时也被运用于絮凝过程的在线观测[20] (图 7-2)。通过对焦短焦距(0.3~1cm)上的影像分析后，得到搅拌絮凝过程中形成的絮体特征。在分析絮体影像之前，需要对分析软件中标尺的尺寸进行标定。

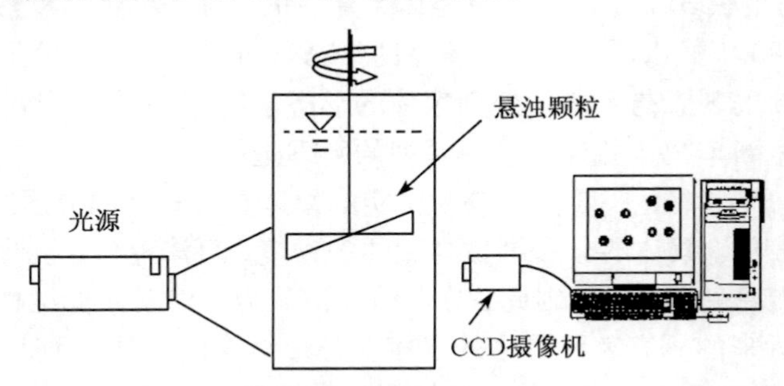

图 7-2　絮体摄影及影像分析法

2. 透射光分析

透射光法主要是引入了颗粒分析仪 PDA (photometric dispersion analyzer),

Gregory[21]最先提出用 PDA 来实现絮体的在线监测 (图 7-3)。此后很多研究者也利用同样具有蠕动泵循环的 PDA 装置来表征絮体粒度的变化，通过给出 FI 指数(透射光的强度 dc 及其波动的平方根值 rms 的比值)可以方便快捷测定颗粒聚集情况。同其他方法能得出的颗粒粒径的绝对值相比，PDA 只能根据颗粒物浓度及颗粒的大小给出一个相对大小的絮凝指数值。然而，在同一颗粒浓度的体系，PDA 絮凝指数可以很好地反映絮体的成长过程，絮体越大，絮凝指数越高。因此 PDA 可以很好地给出在成长及破碎过程中絮体粒度的相对变化情况，并且可以量化比较不同处理工艺的差异。但是，PDA 不能和其他方法一样给出颗粒的粒度分布，而且要求悬浊液中需要达到一定的颗粒物浓度才能进行有效的测定。

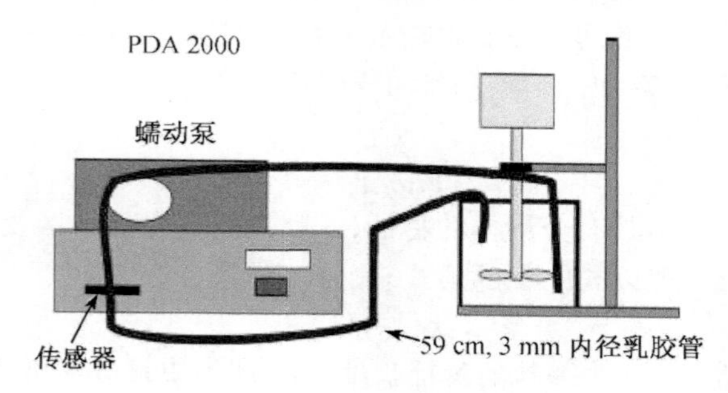

图 7-3 PDA 在线监测示意图

3. 光散射技术

光散射法也能够实现颗粒的在线测量，目前商业上出现的最常用的用于测定颗粒粒径的仪器主要都是利用光散射的原理。这些仪器 (如 Malvern Mastersizer) 利用激光通过含有颗粒物的悬浊液，小颗粒对激光有较大角度的散射而大颗粒只有较小角度的散射的原理。一个环形的光强检测器测定不同角度的散射光强度，然后利用 Lorenz-Mie 和 Fraunhofer 散射理论计算出颗粒的粒径 (图 7-4)。此法可以很好的避免絮体在检测过程中的破坏[22,23]，但是在分析粒径较大的絮体时存在着较大的偏差。

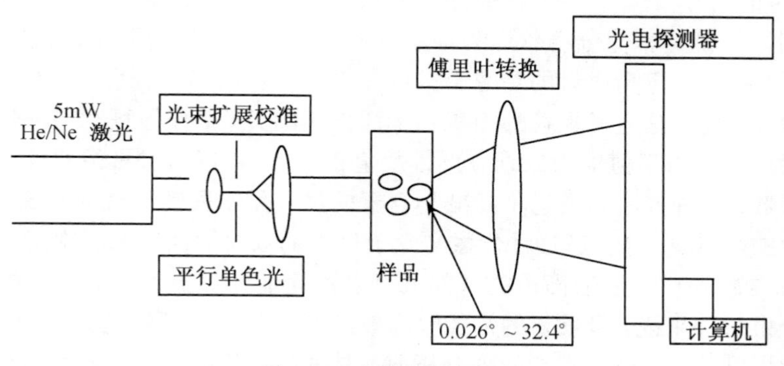

图 7-4 光散射法原理

7.1.3 絮体的分形维数

自从 Mandlebrot 在 20 世纪 70 年代提出分形理论后，分形几何学已经被广泛用于描述颗粒聚集体复杂的结构[20]。分形体具有以下几个特点。

(1) 自相似性。

(2) 两种不同几何参数间具有幂指数关系。

(3) 可以用一个非整数的维数值来描述。

分形体的自相似性是指其微观特征不随放大倍数的变化而改变。虽然在很多场合，很难观察到分形体的严格自相似性，但是其仍具有统计上的自相似性。这表明，总体来说，分形体的一部分仍和其他部分具有相似性。分形体具有的第二个特征就是在两个不同的几何参数间存在着幂指数关系。例如，式(7-3)中的面积(A)与长度(L)间的关系，或者式(7-4)中体积(V)与面积(A)的关系：

$$A \propto L^{D_f} \tag{7-3}$$

$$V \propto A^{D_f} \tag{7-4}$$

絮凝的颗粒聚集体具有分形体的特征，这就说明其内部结构及表面都显现出分形特征，质量分形一般以式(7-5)的形式表达：

$$M \propto L^{D_f} \tag{7-5}$$

式中，M 为颗粒质量；L 为颗粒的特征长度；D_f 即为质量分形维数。

Gregory 指出，特征长度 L 的选择不会改变最终的分形维数值。对于 Euclidean 几何体，一维体的分形维数为整数 1；二维平面的分形维数为整数 2；三维实体的分形维数为整数 3。然而，对分形几何学来说，分形体的维数为非整数维，表现出非 Euclidean 几何学的特性。对于分形体，如果它的三维分形维数为 3，则表明其具有高度的密实性；相反，如果它的三维分形维数为 1，则表明其结构高度松散、开放。因此，分形维数可以表征絮体密实程度。絮体的分形维数值可以通过很多途径得到，其中包括：光散射技术(激光、中子相关光谱或者 X 射线)、沉降技术和二维影像分析技术[4]。

1. 图像法

利用显微镜及影像分析软件测定絮体的分形维数已经得到了广泛的应用[20]。一般来说，通过计算高质量的颗粒影像可以得到颗粒的二维分形维数值。通常有两种计算途径，其一是通过颗粒的面积和特征长度的关系，作面积对特征长度的双对数曲线后得到的斜率值即为二维分形维数值；其二，可以通过影像的计盒法得到二维计盒维数，这种方法是通过不断减小盒子的尺寸用于覆盖颗粒的影像，然后计算需要最少的覆盖盒子数，通过计盒数与盒子尺寸的双对数曲线的斜率就能够得到颗粒的计盒维数值[24]。一般简单的软件就可以快捷地计算出颗粒的计盒维数。而对于影像分析软件来说，最重要的是能够高效准确地分辨出颗粒及其背景，以便于计算二维分形维数。这就要求在软件分析前，要进行影像校正，使影像具有较高的对比度。

2. 光散射法

聚集体散射光的程度将给出聚集体结构与特征尺度的关系[24]，并且如果知道颗粒本身的一些光学特性参数，便可以得到聚集体的分形特征参数。这种方法基于以下假设。

(1) 组成聚集体的初始颗粒具有形状与粒度上的均一性。

(2) 聚集体对光的折射率较小，因此，光的波长不会变短。

(3) 光在到达监测器前只被颗粒散射一次。可以通过减少颗粒浓度来降低多次散射的发生概率[25]。

一般来说，利用光散射技术测定分形维数是基于 Rayleigh-Gans-Debye (RGD) 散射理论[式(7-6)]：

$$I(Q) \propto Q^{-D_f} \tag{7-6}$$

式中，$I(Q)$为散射强度；Q 为光强矢量，可以由式(7-7)得

$$Q = \frac{4\pi n \sin(\theta / 2)}{\lambda} \tag{7-7}$$

式中，n 为悬浮颗粒的折射系数；θ 为散射角；λ 为光在真空中的波长。

分形维数 D_f 可以从式(7-6)的双对数曲线图上得到。对于分形体来说，利用式(7-6)计算分形维数时，只有在以下情况下才是有效的：

$$\frac{1}{R_{agg}} \geqslant Q \geqslant \frac{1}{R_{part}} \tag{7-8}$$

式中，R_{agg} 和 R_{part} 分别为聚集体和初始颗粒的粒径。这是因为，若 Q 值趋近于 R_{agg}，那么测量值受聚集体边界的影响，若 Q 值趋近于 R_{part}，光主要被初始颗粒散射，而非聚集体[4,26]。此外，初始颗粒也必须满足 RGD 散射理论。RGD 近似认为在以下情况中出现：

$$|m-1| \leqslant 1 \tag{7-9}$$

$$(2\pi n / \lambda) L |m-1| \leqslant 1 \tag{7-10}$$

式中，m 为颗粒的折射系数；L 为折射体的长度。

大多数应用光散射的场合是针对单分散体系，这些单分散体系中的初始颗粒的粒度及散射参数都已经被研究报道过，如乳胶球、氧化铝颗粒和氢氧化铁颗粒等。然而，针对更为复杂的水处理絮体的应用要更困难些，因为，形成这些絮体的初始颗粒的光学参数很难得到，此外，这些初始颗粒也并非单一的均匀体系，有着不同的光折射率。因此，基于上述假设的光散射技术不能用于复杂的颗粒的测定。

总之，光散射技术的准确性主要受被测定颗粒的粒度范围所限。一般地，当测定小颗粒时，散射曲线的线性关系较好，而当颗粒粒度较大时，则需要具体分析絮体分形维数对于散射是否会产生较大的影响。此外，由于过高浓度的悬浊液会产生

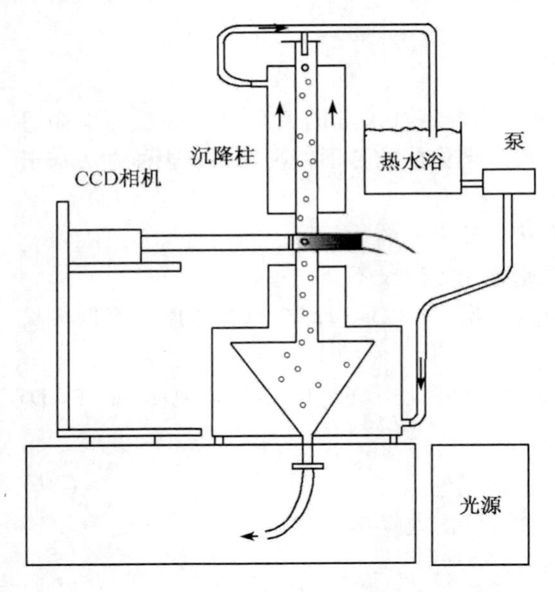

图 7-5　沉降法示意图

多次散射的问题，因此，光散射只能用于一定遮蔽度的颗粒的测定。

3. 沉降法

沉降法测颗粒的分形特征比小角度光散射法更为普遍，其测定方法示意如图 7-5 所示。沉降法是基于颗粒的内在分形结构特征与其外在沉降行为表现有关，并且沉降行为是优化沉淀工艺的主要参数。絮体的沉降行为受其粒度、有效密度及孔隙率的影响[25]。絮体的分形构造可能对絮体的沉降行为造成两方面的影响，这是因为絮体成长更趋于非球形体的形式。相对于同样尺寸的球形实体，分形体在沉降过程中所受的阻力偏大，相反地，如果分形体内的孔洞能够足够使水流穿透的话，那么它受的阻力反而小于球形实体[24]。

Miyahara 等[27]利用沉降速率计算絮体的分形维数。球形颗粒最终的沉降速率可以用 Stokes 公式来表示，见式(7-11)：

$$v = \frac{(\rho_s - \rho_1)gd}{18\mu} \tag{7-11}$$

式中，v 为最终的沉降速率；ρ_s 为颗粒的密度；ρ_1 为液体的密度；d 为絮体的直径；μ 为悬浊液的黏度系数；g 为重力加速度。然而，Stokes 公式将絮体的沉降行为简单化，一般认为，絮体只要沉降地足够慢，就可以适用于 Stokes 公式计算。在对非规则形状的颗粒进行沉降测定时，需要对颗粒的形状系数和黏滞力系数修正。如果一个分形絮体包含了相似的初始颗粒，那么就可以用式(7-12)来表示：

$$i = (d / d_p)^{D_f} \tag{7-12}$$

式中，i 为初始颗粒的个数；d_p 为初始颗粒的直径；D_f 为分形维数。质量和体积的平衡公式为

$$V_f = V_s + V_1 \tag{7-13}$$

$$\rho_f V_f = \rho_s V_s + \rho_1 V_1 \tag{7-14}$$

式中，V_f 为絮体的体积；V_s 为絮体中固形物的体积；V_1 为絮体中含液体的体积。将式(7-12)~式(7-14)代入式(7-11)后得

$$v = \frac{d_p^{3-D_f} d^{d_f - 1} (\rho_s - \rho_1) g}{18\mu} \tag{7-15}$$

分形维数值可以通过式(7-15)以沉速对粒径的双对数曲线的斜率计算得出[28]。最终的 D_f 值等于双对数曲线的斜率值加 1。上述公式只适用于雷诺数小于 1 的情况，并且颗粒的最终沉降过程处于层流状态。Wu 等[29]认为，大多数用沉降法测定分形维数的场合，都基本符合上述的条件，只有当颗粒具有较高的孔隙率时，才会出现较大的偏差。这是因为，高孔隙率的颗粒在沉降过程中，水流能穿过颗粒内部，因此，沉降速率明显大于用 Stokes 公式计算的结果。在多数情况下，通常忽略孔隙率对颗粒沉速的影响，而且这些影响相当复杂。因此，Gregory[30]认为，若颗粒的分形维数小于 2，那么用沉降法就必须引起注意。此外，用沉降法时，需要非常细心的操作和大量的样本数才能保证数据的可信度。

7.1.4　絮体的强度

絮体强度是水处理固液分离工艺的重要控制参数。在实际运行过程中，由于构筑物可能存在诸如气浮池中溶气释放区、构筑物的堰板及泵本身等局部强剪区域，因此絮体破碎是很难避免的。同时，由于小的絮体沉降速率比具有相近密度的大絮体慢，及很难与溶气气浮工艺中的气泡黏附等原因，因此在实际运行中，一旦絮体破碎成小的颗粒后，将大大降低水处理的效率。

一般认为，絮体的强度主要取决于颗粒间结合键的强弱，包括单个结合键的强弱及结合键的个数。此外，絮体的密实度、组成絮体的小颗粒的粒度及形状也会对絮体的强度产生影响[31,32]。但是，由于絮体本身及其破碎模式的复杂性，到目前为止仍没有一种令人满意的方法用来测定絮体的强度。

由于絮体强度与絮体的密实度及内部结合键的个数有关，因此，常将絮体强度与絮体结构的研究结合起来进行。分形维数(D_f)表征了絮体内部结构的开放程度，高的分形维数表明絮体具有高的密实度。具有高密实度的絮体，由于组成絮体的初始颗粒间的排斥很小，因此能相互紧密连接，从而提高絮体的强度[23]。水力条件一直被认为会对絮体的强度与结构特征产生重要影响。一般认为高剪切条件下所形成的絮体强度较高，而在较低的剪切条件下所形成的絮体强度较低。

目前，用于表征絮体强度的方法主要有两种：根据系统中絮体破碎所需的能量输入大小的宏观表征法和直接测定单个絮体内颗粒与颗粒间作用力大小的微观表征法。其中宏观方法是目前研究絮体强度的主要方法。

1. 絮体强度表征方法

1) 絮体强度因子

Gregory 等认为在一定的剪切范围内，絮体的强度可以通过测定絮体的粒径来反映。在此基础上，提出了 FI 指数的概念，认为 FI 指数越高，絮体的强度越大。其他研究者用类似的方法提出了絮体强度因子的概念(strength factor)，该方法是一种直接利用絮体粒径表征絮体强度的方法[13]，如式(7-16)所示：

$$强度因子 = \frac{d(2)}{d(1)} \times 100 \tag{7-16}$$

式中，$d(1)$为破碎前絮体的稳定平均粒径(m)；$d(2)$为絮体破碎后的稳定平均粒径(m)。该因子越高表明絮体具有越强的抗剪切能力。高岭土絮体的强度因子随着快搅时间的增加而增加，并随着搅拌强度的增加而变大。絮体的强度也会随着温度的升高而下降。例如，当 Al 的投药量在 3.4 mg/L 时，在 6~29℃的温度范围内，絮体强度因子由 21 下降到 14[33]。此外，研究得出在水中投加阳离子型的聚合物可以有效地提高絮体的强度[34]。尽管不同的体系所得的絮体强度因子值有较大差别，但仍能得出一个重要的规律：絮体强度与其粒径成反比关系。

强度因子所需的参数较少、使用方便，并且由于其测定过程是利用激光进行的，因此是一种无损检测，而且测量过程本身不受人为因素的影响，取样量较大而且便于发展成为针对实际水处理系统的在线检测系统，因此，受到了广泛的应用。但是，由于不同研究中使用了不同的破碎剪切条件，因此，很难直接将不同研究得到的强度因子值相比较。关于这方面的研究，到目前为止尚没有公认的可信的结果。

此外，基于剪切的絮体强度计算方法还可以根据絮体的粒径与水力剪切条件的经验关系得到，如图 7-6 所示。根据水力剪切速度梯度与絮体粒径之间的关系，Parker 等提出了如下经验计算公式[35]：

$$\lg d = \lg C - \gamma \lg G \tag{7-17}$$

式中，d 为絮体的直径(m)；C 为表征絮体强度的常数；G 为平均速度梯度(s^{-1})；γ 为稳定絮体粒径常数，与絮体破碎模式及微涡旋的尺度有关。

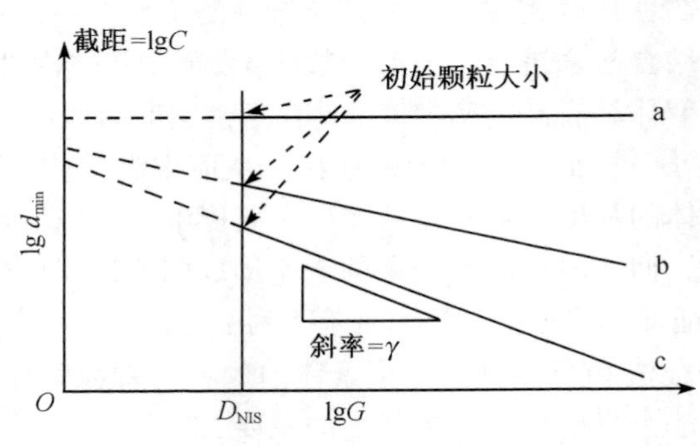

图 7-6　强度计算示意图

lg$C$ 仅适用于在固定的剪切速率或实验条件下比较絮体的强度，对一固定的剪切速率，lg$C$ 越大，絮体强度越强。但是在不同实验中并不能用 lg$C$ 来比较絮体的强度，同时它也不能提供在增加的剪切速率下絮体的强度信息。这个信息可由γ提供，γ越大，随着剪切力的增加，絮体越易破碎。

低碱度条件下形成的铝-腐殖酸絮体，强度常数 C 为 0.44~0.64[36]。在不同铝投药量下，当加入聚合物助凝剂后，腐殖酸絮体的强度常数 C 由 0.63 下降到 0.44。而当水体的碱度增加时，强度常数 C 也相应增大，表明絮体抗剪切能力变弱。混凝剂的投药量对强度常数 C 的影响较为复杂，当铝的投药量由 4.02mg/L 提高到 5.02mg/L 时，高岭土絮体的强度常数 C 逐渐提高，而当投药量再增加时，强度常数 C 又会降低，这表明对于絮体强度，存在一个最佳投药量。

如果用搅拌浆的平均转速(RPM)代替速度梯度 G，可得其改进形式[37]：

$$\lg d = \lg C - \gamma \lg \mathrm{RPM} \tag{7-18}$$

当然，由于湍流条件的复杂性，并且在以上两个公式中，湍流条件下水流作用于絮体的实际能量与絮体的强度有着密切的关系。因此，平均速度梯度能否有效准确描述湍流这一问题存在争论[38]。

2) 基于力学基础的理论计算

Bache 等[36]研究了高岭土-铝絮体和腐殖酸-铝絮体，并根据科尔莫哥洛夫微漩涡理论，推导出了一个絮体强度的理论计算公式，计算式是基于絮体破碎断面上内部力与外界剪切力的平衡得出的，其中外力的加速度为 $\sqrt{3}\varepsilon^{3/4}\nu^{-1/4}$，力平衡式 如下：

$$\frac{1}{4}\pi d^2\sigma = 2\times\rho_{\mathrm{w}}\times\frac{\pi}{6}\eta^3\times\sqrt{3}\frac{\varepsilon^{3/4}}{\nu^{1/4}} \tag{7-19}$$

式中，d 为絮体粒径(m)；s 为絮体强度(N/m^2)；ρ_{w} 为水的密度(kg/m^3)；η为运动黏度(m/s)；ε为能量耗散[N·m/(s·kg)]。计算的结果表明，在高的 G_{av} 值下，絮体粒径较小但强度较大。例如，在剪切为 50s^{-1} 的条件下，絮体的 d_{95} 为 238m，强度为 0.08 N/m^2；而当剪切为 230s^{-1} 的条件下，絮体的 d_{95} 减小为 120m，强度增加到 0.42 N/m^2。研究结果表明，混凝剂的投药量也影响絮体的强度，在混凝剂投药量为 2~7mg/L (Al) 时，最佳投药量为 4mg/L。

3) 基于分形结构和流体力学的计算公式

Bache 等的研究虽然得出了一个絮体强度计算的理论方法，但仍存在一些缺陷：没有在强度计算公式中引入分形的概念以及假设絮体为固体。但事实上，将絮体完全考虑为固体是不合适的。虽然絮体具有固体的某些特性，但由于絮体内部含有较高的水分，所以又具有某些流体的特性，因此，将絮体视为黏滞性较高的流体是较为合适的。Kranenburg 将絮体的强度与非牛顿流体的宾汉切应力联系起来，得到了絮体破坏的极限临界切应力为[39]

$$F_c = \frac{\pi}{4}d_{\mathrm{f}}^2\tau_{\mathrm{B}} \tag{7-20}$$

Kranenburg 和 Bremer 等指出，宾汉极限切应力 τ_{B} 与颗粒浓度 φ、絮体分形维数 D_{f} 的关系为

$$\tau_{\mathrm{B}} \propto \varphi^{2/(3-D_{\mathrm{f}})} \tag{7-21}$$

将絮体看作球体，则式(7-20)表明絮体的临界破坏应力等于悬液的宾汉极限切应力；式(7-21)表明絮体结构越致密，其分形维数越高，悬浮体系的宾汉极限切应力就越大，由式(7-21)计算出的絮体强度就越大。

2. 絮体组成与强度特性

一般认为，投加聚合物将提高絮体的结构性能，从而增加絮体粒径、强度、沉降性及过滤特性。聚合物的加入而带来的絮体强度的变化可能是聚合物与初始颗粒间结合机制的反映。在固体颗粒的去除过程中，卷扫及架桥被认为是将絮体联结的主要作用，而这些作用强度大于电中和作用产生的 van der Waals 吸引力，由卷扫或架桥作用形成的絮体的强度要高于电中和一到两个数量级。

同其他类型的絮体相比，高色度、高 NOM 含量的絮体的结构被认为具有相对高脆弱性。Bache 等[36]解释了腐殖酸絮体强度低的原因，这是由于去除 NOM 时，电中和是主要的机制，而此时絮体内无法形成高强度的键能。由于水体中的 NOM 的有机物组成复杂，而不同的有机物种类又具有不同的电荷及亲疏水特性，因此，即使部分分子已经有效地被电性中和，仍有未被电中和的有机分子，所以使絮体内排斥力仍继续存在。

从絮体强度的研究中可以得出的最主要规律是：随着絮体粒径的增加，其强度逐渐降低；有机聚合物的加入降低生物絮体的强度，但增加了化学絮体的强度。鉴于絮体自身结构的复杂性，目前仍没有对絮体形成时的性质，诸如结合键个数、结合点位及内部吸引力与排斥力等，有深刻的认识。因此，很多已经得出的絮体强度及破碎的模式还远未达到完美。

7.1.5　絮体性状的影响因素

1. pH

pH 影响金属混凝剂的水解速率，决定了形成的水解产物的种类、数量和电荷，对人工高分子合成混凝剂影响了其活性基团的性质。pH 也控制了化学反应的化学计量，影响了颗粒及混凝剂的表面电荷，从而影响了颗粒表面和混凝剂之间的吸附动力学趋势。此外，pH 的改变也会使混凝机制发生相应的变化。因此不同 pH 下会产生不同大小、密度及分形维数的絮体。

2. 水力条件

混凝过程中的水力条件对絮体的形成影响很大。投加混凝剂后，混凝过程可以分为两个阶段：混合和反应。这两个阶段在水力条件上的配合非常重要。

混合阶段的要求是使药剂迅速均匀地扩散到全部水中以创造良好的水解和聚合条件，使胶体脱稳并借颗粒的布朗运动和紊动水流进行凝聚。在此阶段并不要求形成大的絮体。混合要求快速和剧烈搅拌，一般在几秒钟到一分钟之内完成。对于高分子混凝剂，由于它们在水中的形态不像无机混凝剂那样受时间的影响，混合的作用主要是使药剂在水中均匀分散，对快速和剧烈搅拌的要求并不重要。

反应阶段的要求是使混凝剂的微粒通过絮凝形成大的具有良好沉淀性能的絮体。反应阶段的搅拌强度或水流速度应随着絮体的增大而逐渐降低，以免结成的絮体被打碎而影响混凝沉淀的效果。所以只有控制搅动才能产生大小适宜的絮体。

3. 温度

水温对混凝效果有明显的影响。无机盐类混凝剂的水解是吸热反应，水温低时，水解困难，特别是硫酸铝，当水温低于 5℃时，水解速度非常缓慢，影响胶粒的脱稳。而且水的黏度与水温有关，水温低，水的黏度大，布朗运动减弱，胶粒间的碰撞概率减少，不利于已脱稳胶粒的相互絮凝。同时，水流剪切力也增大，影响絮体的形成和长大。普通无机盐类形成的絮体细小、松散、混凝效果差，而高分子混凝剂形成的絮体稍好些，但也较松散，改善的方法是投加高分子助凝剂。

4. 药剂及其投加量

药剂投加量有其最佳值，在最佳值下多形成密实的絮体(最佳剂量不受搅拌强度的影响)。投加量不足，形成的絮体尺寸较小，结构松散；投加量太多，则会再稳定。另外投加量亦会影响混凝机制。

5. 水中颗粒的成分、性质和浓度

水中颗粒的成分、性质和浓度对混凝效果有明显的影响[40,41]。例如，水中存在二价以上的正离子，对天然水压缩双电层有利。颗粒级配越单一、越细小越不利于沉降；大小不一的颗粒聚集成的絮体越密实，沉降性能越好。水中颗粒的化学组成、性质和浓度等对混凝效果的影响比较复杂，目前还缺乏系统和深入的研究，理论上只限于做些定性推断和估计。在生产和实用上，主要靠混凝实验，以选择合适的混凝剂品种和最佳投量。

7.1.6　工艺控制条件对絮体性状的影响

1. 混凝机制差异

电中和、吸附架桥及卷扫絮凝是 3 种典型的混凝机制。当使用金属盐类的无机混凝剂时，金属盐在水中迅速水解成多种阳离子形态，这些阳离子吸附到负电荷的胶体表面而导致胶体表面电荷的降低。在较低的混凝剂投加量下，电中和混凝是导致胶体颗粒脱稳的最可能机制；相对而言，当金属盐类混凝剂的投加量高到足以形成无定形氢氧化物沉淀时，水体中的颗粒可以被包裹于这些氢氧化物的沉淀内部，这就发生了所谓的卷扫絮凝。此外，当使用高分子聚合物作为混凝剂时，伸展在溶液中的长链状聚合物分子的各活性基团可同时占据胶粒表面一个或多个吸附位，或同时占据两个或更多个胶粒。通过胶体颗粒间的这种“架桥”方式可以将多个颗粒随意地束缚在聚合物分子链的活性基团上，从而形成桥链状的粗大絮凝物，因此颗粒物通过高分子的吸附架桥作用而发生絮凝。一般来说，高分子聚合物架桥絮凝产生絮体的强度显著高于普通金属盐类混凝的絮体，因此通过吸附架桥机制产生的絮体更能够抵御外界的剪切破坏。

3 种典型混凝机制下形成絮体的粒径随 G 值变化的双对数曲线如图 7-7 所示。从图中可以看出，絮体粒径与 G 值成反比，并且 3 种机制下都符合经验公式[式(7-16)]。总的来说，絮体强度越大，抵抗外界的剪切能力就越强，因此，对于一个特定的剪切条件，絮体粒径的增大是其强度增强的结果，同时也是絮体成长和破碎达到平衡的结果。然而，图 7-7 中也表明 3 种混凝机制下得到的曲线斜率值存在显著的差别。对于电中和机制，其曲线的斜率值 γ 为 0.6017，在 3 种机制中最高；相对来说，架桥机制下的 γ 值为 0.3674，在 3 种机制中最低；而卷扫絮凝的 γ 值为 0.5618，介于电中和及架桥机制之间。这一结果表明，主要靠物理作用使颗粒聚集的电中和机制形成的絮体强度最弱，颗粒间结合键少而弱，因此，在该机制下，剪切强度的增加会导致絮体粒径的迅速减小。然而，对于存在有机高分子助凝的架桥絮凝机制，絮体的结合键最强，这可以归因于颗粒间存在较多的高强度的有机分子链。从 γ 值的大小可以判断 3 种典型混凝机制下絮体强度由大到小的顺序为：架桥絮凝、卷扫絮凝、电中和。

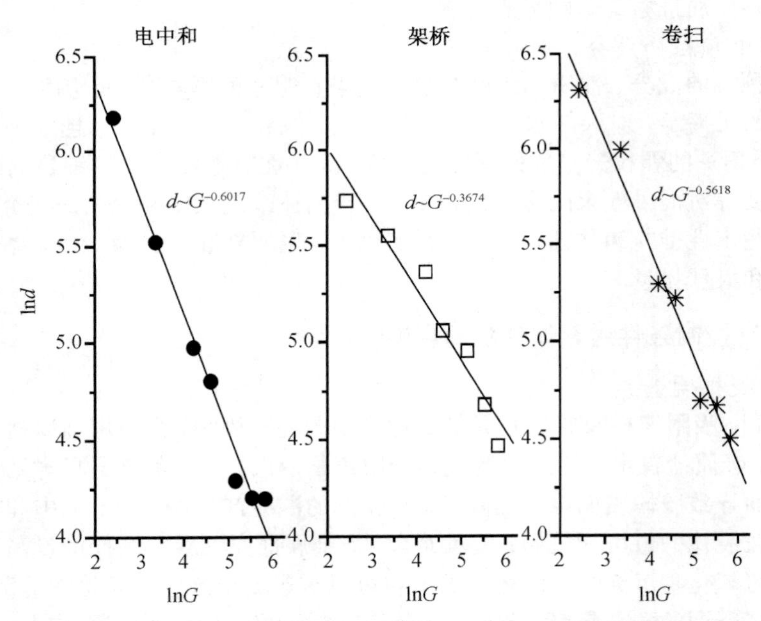

图 7-7　3 种混凝机制下，絮体粒径随着 G 值的变化

虽然絮体的粒径随着剪切强度的增加而逐渐减小，但是表征絮体结构的分形维数却随着 G 值逐渐增大。3 种混凝机制下，絮体的分形维数均为 2.40~2.91。一般来说，结构相对密实的絮体有着较高的分形维数值，而那些多孔洞多分支的絮体，往往分形维数较低。图 7-8 为不同混凝机制下絮体三维质量分形维数 D_f 与剪切强度 G 间的双对数曲线。即使每种混凝机制下，絮体的分形维数随着 G 值的增加都

呈现出逐渐增大的趋势，但这种趋势的快慢却存在显著的差别。当混凝机制为卷扫絮凝时，对应的絮体分形维数为 2.58~2.91，在 3 种机制下最高；其次是电中和机制，其对应的絮体分形维数为 2.55~2.76；而架桥絮凝最低，其为 2.40 ~ 2.60。从图 7-8 中可以看出，在相同的水力剪切条件下，卷扫絮凝机制下的絮体分形维数最高，而架桥絮凝的分形维数最低，这说明絮体内部颗粒间的结合形式将影响其分形维数。当卷扫絮凝机制处于主导时，高岭土颗粒被包裹于氢氧化铝的无定形沉淀中，因此，此时形成的絮体可能更加密实，内部孔隙相对较少。但对于架桥絮凝机制而言，由于有机高分子链的架桥作用，形成的絮体分支较多，开放性更高，密实度下降，因此絮体的分形维数就会相对较小。

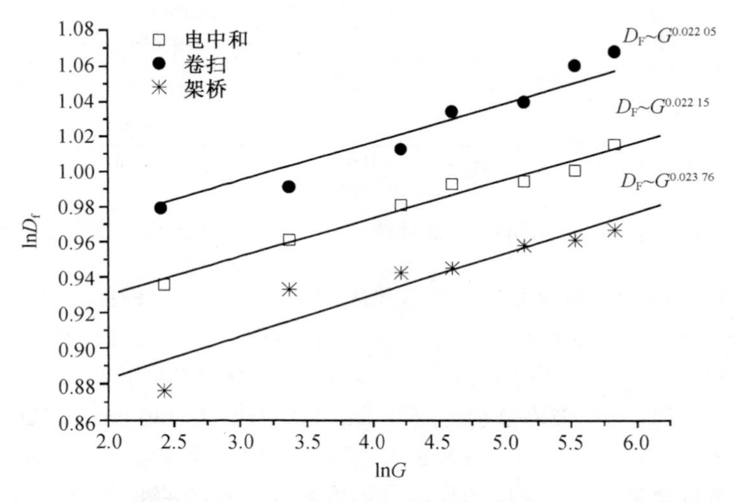

图 7-8　3 种混凝机制下，絮体三维质量分形维数 D_f 随着 G 值的变化

2. 剪切搅拌条件变化

为了探讨不同絮体破碎时间对絮体粒径及结构等特性的影响，在电中和机制下，将在 15 min、40 r/min 下成长的絮体置于 3 种破碎时间 (10 s、30 s 及 180 s) 的 400 r/min 破碎搅拌下。破碎完成后，接着仍是 15 min，40 r/min 的絮体重组阶段。期间，利用 Malvern 激光粒度分析仪在线测定絮体粒径及结构的变化。

图 7-9 显示了絮体在不同破碎时间下破碎及重组过程中的混凝动力学过程。当快速搅拌结束后，颗粒迅速碰撞聚集，因此絮体的粒径增加较快。当慢速搅拌约 8 min 后，絮体的粒径增大缓慢，此时颗粒在碰撞过程中的聚集与破碎基本达到平衡。在后续的慢速搅拌时间内，絮体的粒径稳定在约 460 μm。慢速搅拌结束后是 400 r/min 的破碎过程，在破碎过程中，絮体原有的结构迅速被破坏，并且被分裂成很多的相对较小颗粒聚集体，因此，表现出絮体粒径的明显下降。然而不同的破碎时间下，絮体被破坏的程度又存在显著的差异。当破碎时间分别为 10 s、30 s 及 180 s 时，其

对应的絮体粒径分别约为 140 μm 、105 μm 及 80 μm，破碎时间越长，破碎后絮体的粒径越小。从图中可以看出，在 180 s 的破碎过程中，絮体破碎后的粒径基本达到稳定。根据式(7-15)计算出 3 种破碎时间下絮体的强度因子分别为：30.0%、22.8%和 17.4%。

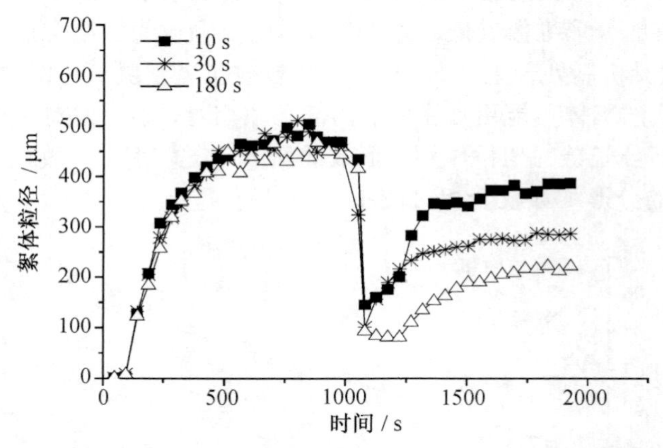

图 7-9　不同破碎时间下，絮体成长、破碎与重组过程的粒径变化

在重组过程中，不同破坏程度的絮体表现出不同的重组性能。经过 10 s 破碎后的絮体在絮凝重组后的粒径达到 380 μm。相对而言，经过更长时间的破碎后，颗粒间原有的结合键被破坏得更加严重，因此其再絮凝重组的能力低，重组后粒径相对较小。30 s 和 180 s 破碎分别对应的重组絮体粒径为 280 μm 和 220 μm。

絮体在成长、破碎及重组再絮凝的过程中，不仅粒径连续变化，而且絮体的分形结构也不断的更新，因此对应的絮体分形维数也会连续的变化。而分形维数的不同，则表明絮体微观结构的差异。从图 7-10 中可以看出，破碎时间不同，破碎后

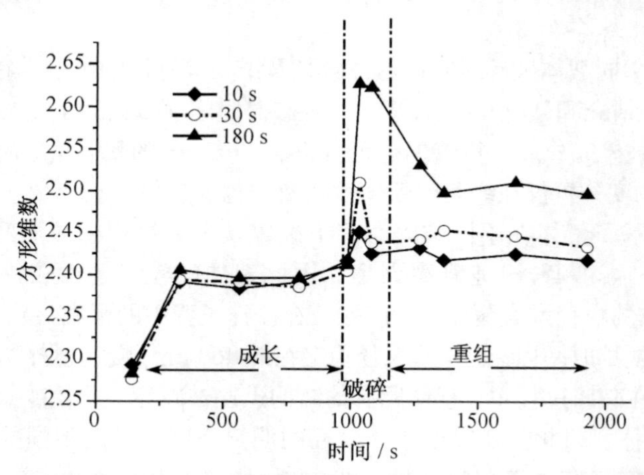

图 7-10　不同破碎时间下，絮体成长、破碎及重组过程中分形维数变化

絮体的分形维数存在明显的差异，破碎时间为 10 s、30 s 和 180 s 对应的破碎絮体分形维数分别为 2.45、2.51、2.63，因此，破碎时间越长，原有絮体中那些松散及分支的结构被破坏得越严重，所以破碎后絮体粒径不仅减小，而且这些相对较小的絮体结构也更加密实，分形维数也越高。

破碎絮体经过再絮凝重组后，絮体的分形维数比破碎后的小，表明絮体在重组增大的过程中，伴随着松散结构的增加。破碎时间为 10 s、30 s 和 180s 对应的重组后絮体分形维数分别为 2.42、2.43、2.50，因此，破碎时间越长，重组后絮体的分形维数也相对较高。总的来说，在整个过程中，絮体分形维数的大小顺序为：破碎后絮体、重组后絮体、破碎前絮体。

3. *助凝剂投加*

在水处理混凝过程中，常需要将有机高分子助凝剂与无机混凝剂配合使用。许多研究工作表明，在有机高分子助凝剂的协助下，形成的絮体粒度较大，抗剪切能力较强，絮体相应的沉降性能也较好。

图 7-11 和图 7-12 显示了在浓度分别为 30 mg/L 和 50 mg/L 的高岭土悬浊液下，以硫酸铝作为主混凝剂，以电中和点为主混凝剂投药点，阳离子型聚丙烯酰胺(PAM)作为助凝剂，形成絮体的平均粒径及分形维数的变化情况。当高岭土浓度为 50 mg/L 时，随着 PAM 剂量的增加，絮体的粒径先增大、后减小，存在一个 PAM 的最佳剂量，使悬浊液絮体的粒径达到最大，为 660 μm。当高岭土浓度为 30 mg/L 时，同样存在一个 PAM 的最佳剂量，此时悬浊液絮体的最大粒径达到 450 μm。

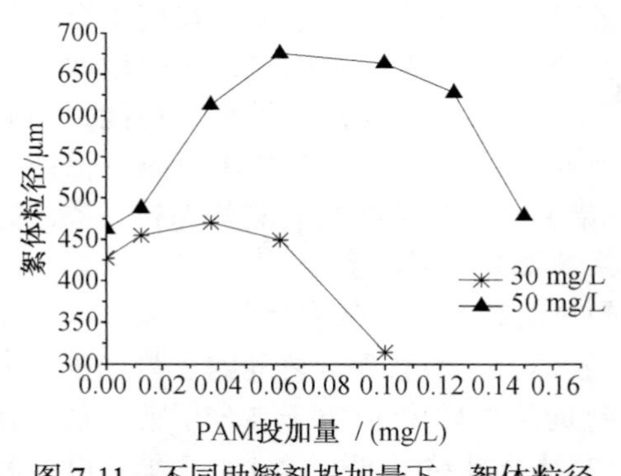

图 7-11　不同助凝剂投加量下，絮体粒径的变化

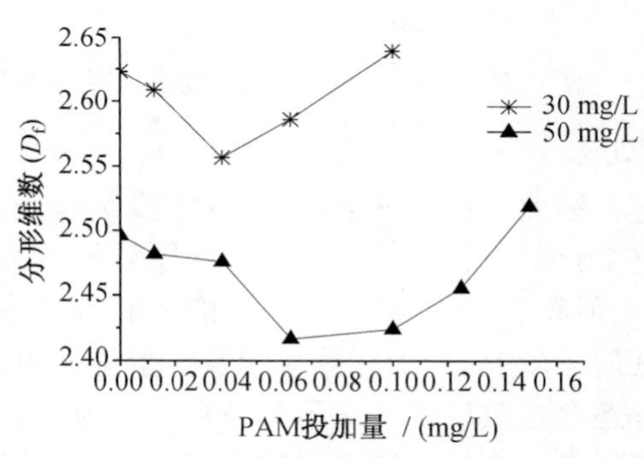

图 7-12　不同助凝剂投加量下，絮体分形维数的变化

PAM 剂量对絮体粒径的影响可用悬浊液中的高岭土颗粒与 PAM 分子的相互作用来解释。高岭土颗粒先在硫酸铝水解产物电中和作用下通过碰撞聚集形成细小的絮体。加入阳离子型 PAM 后，一方面高岭土颗粒表面负电荷得到进一步中和，颗粒间距离缩短；另一方面产生专性吸附，在颗粒间成功“架桥”，使絮体粒度逐渐

增大，最终在 PAM 浓度与絮体粒度间形成一个平衡。当 PAM 浓度较高时，高分子助凝剂在颗粒表面的覆盖率接近 100%，颗粒表面已无吸附空位，桥连作用无法实现，此时吸附层的接近反而引起空间压缩作用，颗粒因位阻效应较大而分散，絮体粒径反而减小。相对而言，絮体的分形维数随 PAM 投量的变化趋势与絮体粒径正好相反(图 7-12)。即随着 PAM 剂量的增加，絮体的分形维数先减小、后增加，数值在 2.40~2.65。当 PAM 的剂量分别对应于平均粒径最大的最佳投加量时，絮体的分形维数却达到最低,分别为 2.56 和 2.42。

根据式(7-19)的理论计算，絮体强度随着助凝剂投加量的变化规律如图 7-13 所示。絮体强度随 PAM 投量的变化趋势与絮体粒径相一致，即随着 PAM 投量的增加，絮体强度先增大、后减小。在低剪切条件下(40 r/min, $G = 11.3\ s^{-1}$)，当 PAM 投量为 0.0375 mg/L 和 0.0625 mg/L 时(高岭土浓度为 30 mg/L 和 50 mg/L)，絮体强度达到最大，分别为 0.018 33 N/m^2 和 0.026 34 N/m^2。由此可见，适量投加有机高分子助凝剂，可增大絮体强度。Tambo 和 Hozumi 认为由有机高分子聚合物产生的黏土絮体的强度甚至可以达到由铝盐产生的黏土絮体强度的 48 倍。比较图 7-11、图 7-13 可知，絮体强度与絮体粒径随 PAM 剂量的变化趋势相同。其原因在于，在剪切力的作用下，絮体易在絮体微粒间结合力较弱的部分先发生破碎，破碎后的次级絮体一般较为密实，抗剪切能力会有所增强。由于实验中水力条件保持一定，因此，使絮体强度随 PAM 投量的变化趋势与絮体粒径变化趋势保持一致。这与 Francois 关于絮体强度与絮体粒径的关系的观察结果相类似[42]。

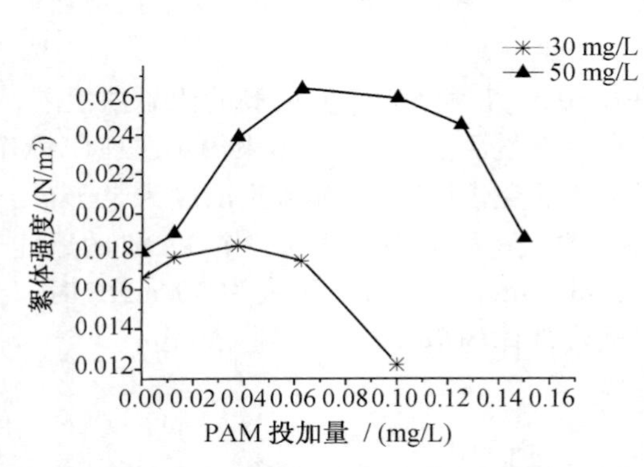

图 7-13　不同助凝剂投加量下，絮体强度的变化

阳离子 PAM 对絮体强度的影响与原始颗粒间结合键的强度变化有关。加入助凝剂后，PAM 分子在颗粒间发生架桥作用，胶体粒子和絮凝剂之间除了静电吸引力外还存在氢键等非离子型作用力，氢键的键能虽然较弱,但由于高分子絮凝剂聚合度很大，氢键的键合总数亦很大,所以产生的结合键在强度上远远大于单独电中和作用的结果，使得絮体强度增大。当 PAM 投加量超过一定数值后，颗粒表面的吸附空位减少且胶体颗粒表面电荷逆转，颗粒间斥力增大，结合键减弱，原有颗粒间的吸附架桥作用被弱化，絮体强度减小。

比较图 7-12、图 7-13 可知，絮体强度和絮体分形维数也密切相关。在两种不同高岭土浓度下，当絮体强度随 PAM 剂量增加达到最大时，相应的絮体分形维数达到最小。这是由于有机高分子助凝剂的加入，增强了颗粒间的结合键，使较疏松的絮体结构能抵御外力的破坏，形成絮体强度曲线和絮体分形维数曲线变化趋势相反的现象。

用沉降法分析的絮体沉速随 PAM 投量变化的关系曲线如图 7-14 所示。在低 PAM 投量下，絮体沉速随着 PAM 投量的增加而增大，当 PAM 投量达到 0.0375 mg/L 和 0.0625 mg/L 时(高岭土浓度为 30 mg/L 和 50 mg/L)时，絮体沉速达到最大。进一步增大 PAM 投量，絮体沉速有所降低。试验实测数据与根据 Stokes 方程计算获得的絮体沉速数据比较后发现，实验沉速远大于计算沉速。原因是，Stokes 公式假定絮体为不可渗透的球体，而水处理絮体具有多孔分形结构，在水中的沉降阻力较小，因此沉速较快。乳胶小球实验证明非生物絮体的沉降速率要大于用 Stokes 方程计算出的等体积但不可渗透球体的沉降速率。

比较图 7-12、图 7-14 可知，随 PAM 投量的增加，絮体沉速变化曲线同絮体分维变化曲线趋势相反，即对于两种不同高岭土浓度的悬浊液絮体，絮体分形维数最小时絮体沉速最大。原因是，PAM 的加入使絮体结构较为疏松(分形维数小于 2.65)，絮体产生孔隙，具有较强渗透性，加快了絮体的沉速。随着 PAM 投量的增加，絮体孔隙率逐渐增大，有较多流体穿过絮体孔隙，导致絮体单位面积受到的阻力减小，絮体沉速变大。但再进一步增加 PAM 投量，絮体分形维数又逐渐变大，孔隙率减小，渗透性减弱，流体阻力增大，絮体沉速变小。文献曾报道，高岭土-聚合物絮体的孔隙率由 0.9478 增加到 0.9965 时，絮体的沉速由 1.28 mm/s 增大到 8.64 mm/s。

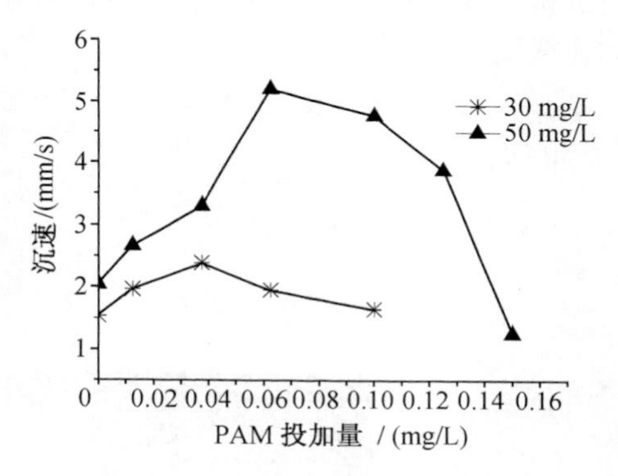

图 7-14　不同助凝剂投加量下，絮体沉速的变化

4. 混凝剂优势形态的差异

利用微量滴碱法自制聚合氯化铝无机高分子型絮凝剂。利用 Ferron 逐时络合比色法分析自制聚合铝形态的结果见表 7-1。

表 7-1　聚合铝的形态分布特征

样品名	碱化度(B)	Al_a 组成 / %	Al_b 组成 / %	Al_c 组成 / %	pH
$PACl_0$	0.0	92.7	7.3	0.0	2.96
$PACl_{10}$	1.0	64.5	31.7	3.8	3.49
$PACl_{20}$	2.0	22.4	69.5	8.1	3.73
$PACl_{25}$	2.5	9.0	69.3	21.7	3.93

在碱化度较低时，PAC 主要以单体或低聚体的形式存在；当 B 达到 2.0，Al_b 成为主要成分，说明该碱化度下，PAC 主要以多聚体的形式存在，此时 PAC 具有较强的电中和能力；当 B 达到 2.5，Al_b 的含量和 $B = 2.0$ 时相近，但 Al_c 含量增加幅度较大，Al_a 几乎消失。从 PAC 的形态分布特征可知，不同碱化度的 PAC 表现出不同的形态分布特征。由于不同碱化度 PAC 中 Al 的形态分布各不相同，因此,也必将导致其混凝效果的差异。而混凝形成的絮体是混凝效果的直接反映，因此,有必要对絮体的微观特性加以分析，以便进一步了解不同碱化度 PAC 的混凝特性差异及各种 Al 形态的影响。

聚合铝不同的电中和能力表现在其达到零电位中和点(PZCN)所需的投药量。研究中利用了显微影像分析技术，对不同碱化度 PAC 混凝生成的絮体显微图像加以分析。各 PAC 的投药点以 ζ 电位为零点附近为准。不同碱化度 PAC 形成的絮体显微图像如图 7-15 所示。

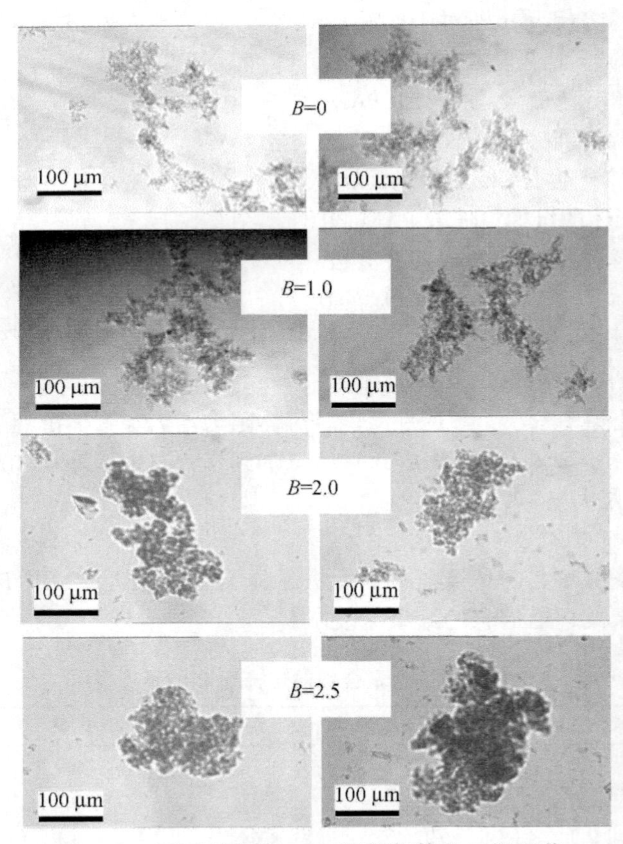

图 7-15　不同碱化度 PAC 混凝絮体的显微图像

混凝过程中混凝剂通过提供正电荷起到电中和的作用，压缩双电层，使水体中颗粒物脱稳；同时混凝剂本身水解形成初级颗粒。一定数目的初级颗粒提供具有一定时间有效性的结合位点；所形成颗粒也能起到吸附电中和作用；混凝剂有效形态的水解产物架桥形成絮体，起到包裹、共沉淀作用。在不同的水体和混凝条件下，上述机制综合作用，部分占主导地位。混凝试验中不同的聚合铝表现出不同的混凝特征：$B = 2.0$ 和 $B=2.5$ 的混凝剂具有适宜的铝聚合形态分布，Al_b 和 Al_c 含量较高，在较低的投药量下就可以达到较佳的除浊效果。由图 7-15 中可以看出，由于各种 PAC 表现出的混凝效果有显著不同，因此，对应生成的絮体显微图像存在显著的差异。$B = 0$ 和 $B=1.0$ 的 PAC 其对应的絮体明显比较疏松，分支较多；相对而言，$B = 2.0$ 和 $B = 2.5$ 的 PAC 对应的絮体更为密实，分支较少。之所以存在形貌上的差异，主要是与不同 PAC 自身含有的 Al 形态分布有关联。

一般认为，在铝水解产物的形态分布中，Al_a 代表了铝离子等铝水解过程中的小离子成分，聚合度低、单位铝正电荷高、电中和能力强，但架桥能力有限。Al_b 代表了中等程度聚合的水解产物，该类成分不仅保留了较高的正电荷，单个粒子正电荷高，呈中等聚合状态，使粒子具有良好的吸附电中和、架桥功能，而且在一定程度上，具有相对的稳定性，保证了混凝作用的有效发挥。通过 NMR 分析证实，Al_b 和 Al_{13} 有很好的相关性。一般认为铝混凝剂中的最有效的成分或水解形态是 Al_{13}，它存在于 Al_b 中并占有相当大的比例。Al_c 则属于铝离子的多聚体，粒度大，易于沉淀，正电性较弱，有一定架桥能力，通过架桥、吸附共沉淀，起到一定的去除水体污染物的作用。由于 $B=2.0$ 和 $B=2.5$ 的聚合铝 Al_b、Al_c 含量较高，不仅有良好的电中和能力、架桥能力，而且在一定程度上增加了水体中颗粒物的密度，造成颗粒物和混凝剂之间的有效碰撞增多，沉淀效果增强，因此，也必然形成微观性状相对良好的絮体。

图 7-16 为以二维显微图像作絮体面积与其周长的双对数曲线，曲线的斜率值即为二维分形维数。随着 PAC 碱化度的增加，絮体的二维分形维数值也逐步上升。D_2 值由 $B=0$ 时的 1.1937 增加到 $B = 2.5$ 时的 1.4186。分形维数的增加也同时表明，絮体的微观结构更加紧密，分支越来越少。而 $B = 2.0$ 和 $B = 2.5$ 的聚合铝的絮体分形维数之所以较高，主要是由于 Al_b、Al_c 含量较高。Wang 等[43]提到了在 PAC 混凝中，其 Al 的聚合形态的静电簇起到了关键作用。由于 $B = 2.0$ 和 $B = 2.5$ 的聚合铝中含有大量高正电荷量的 Al_b 形态，在一般酸、碱体系中能保持较好的稳定性，且有较强吸附能力，在混凝过程中能迅速吸附在胶体颗粒部分表面上，形成“静电簇”，这些静电簇又因其较强的正电荷，与周围颗粒物裸露表面(“静电簇-胶体表面”)形成较强静电吸引力，降低 DLVO 理论中的势能垒，导致颗粒间的有效碰撞效率大大提高，从而使得颗粒物在仍然带有电荷的情况下发生脱稳、混凝。因此，$B=2.0$ 和 $B=2.5$ 的聚合铝达到电中和点的投药量也相对较小。应该说，静电簇效应也是一种电中和现象，只不过不需要电荷的“完全中和”。静电簇主要是由 Al_b 形态产生，

是高碱化度 PAC 具有的特殊混凝特点。相对而言，B=0 和 B=1.0 的聚合铝其含有的 Al 形态主要以 Al_a 为主，而 Al_a 在水中的稳定性相对较差，首先会迅速的水解，很快形成无定形氢氧化铝沉淀，此后再发生沉淀产物吸附于颗粒物表面。因此，形成的微絮体间通过沉淀产物的吸附作用再次相互聚集，以形成较大的絮体沉淀。所以 B=0 和 B=1.0 的聚合铝形成的絮体孔洞结构较多，抗剪切能力较弱，沉淀性能也相对较差。

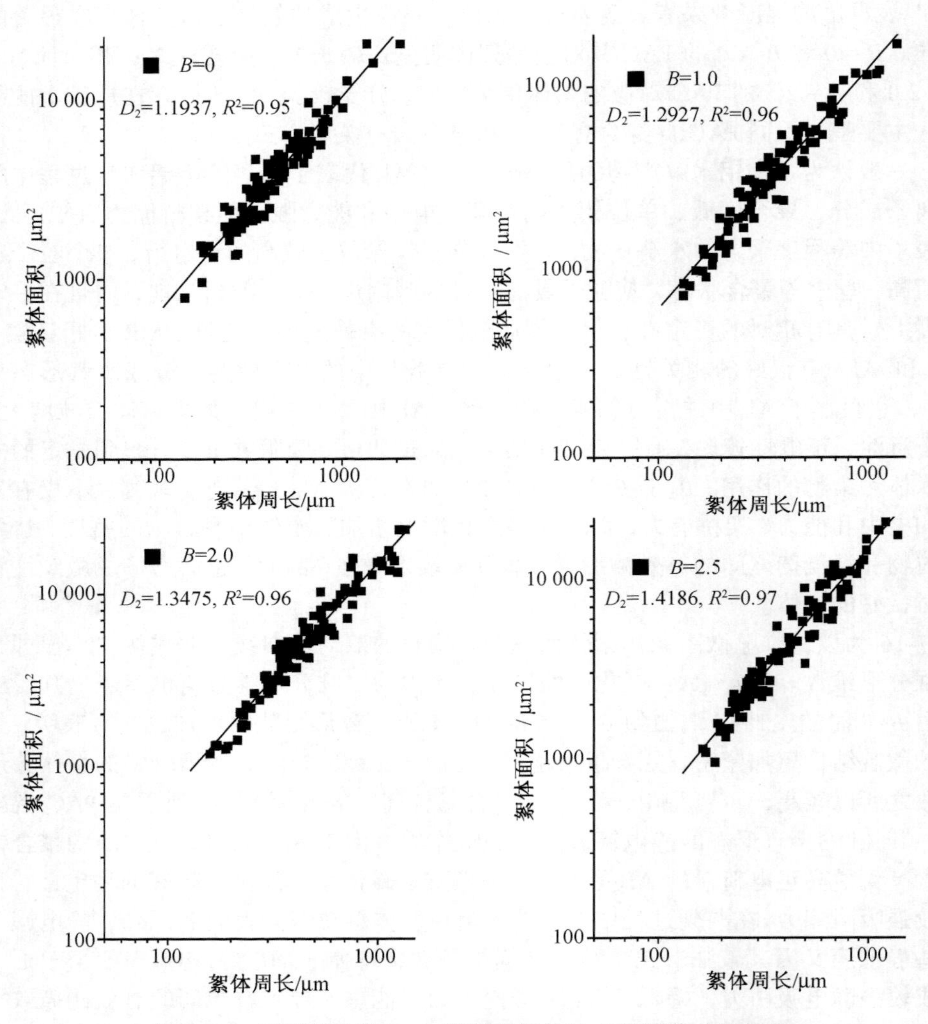

图 7-16　不同碱化度 PAC 混凝后絮体的二维图像分形维数

因此，从絮体的微观结构分析可知，PAC 中 Al_b 含量的差异将导致混凝絮体微观性状的差异，因而也影响混凝工艺的处理效果。若能在实际水处理工艺中使用高

含量 Al_b 的 PAC，将不仅能明显降低混凝剂的投加量，而且能改善絮体的微观性状，显著提高后续固液分离的效率。

5. 预臭氧氧化的作用

目前，国内外关于预臭氧工艺本身的评价研究较多，但针对预臭氧对混凝过程的影响则少有报道。以往针对水处理工艺中预臭氧前处理对后续混凝工艺的影响主要基于出水，诸如浊度、TOC 去除率等宏观指标来研究。而预臭氧主要是通过直接影响颗粒物及有机物的特性来间接影响后续混凝，因此，本研究从混凝絮体的分形结构、粒度等物理微观特性出发，研究预臭氧氧化过程对后续混凝过程产生的影响。

为了模拟天然条件下的水源水，将一定量的二氧化硅微球加入到 1L 的自来水中，使颗粒物的浓度为 20 mg/L，另外，再加入一定量预先通过0.1 mol/L NaOH 溶解配制好的腐殖酸储备液，使模拟水样的TOC 浓度为 5 mg/L。将配制好的水样放置 24 h 稳定后测定水样理化指标为：pH 7.66、浊度 8.78 NTU、温度 15℃、总碱度(以 $CaCO_3$ 计) 120 mg/L，总硬度(以 $CaCO_3$ 计) 180 mg/L。臭氧与模拟水样的接触时间为 2 min，通过调节臭氧发生器的电压来得到不同的有效臭氧浓度。实验中分为 4 个预臭氧浓度梯度：0、0.63 mg/L、2.64 mg/L、4.60 mg/L。将经过预臭氧氧化后的水样立即进行混凝。在 1 min、200 r/min 的快速搅拌开始时加入混凝剂硫酸铝[0.1 mol/L $Al_2(SO_4)_3 \cdot 18H_2O$ 分析纯]，快速搅拌结束后是 10 min、40 r/min 的慢速搅拌过程。

利用激光粒度分析仪在线跟踪混凝过程中絮凝体的粒度变化情况，如图 7-17 所示。在 1 min 的快速搅拌结束后，絮体的粒度增加迅速，在 3 min 时即能达到约 200 μm，而后再缓慢地成长。当时间约为 5 min 时，絮体的粒径基本达到平稳，此时絮体的成长与破碎过程达到相对地平衡，在后续的慢速搅拌过程中，絮体的粒径没有出现明显的变化。

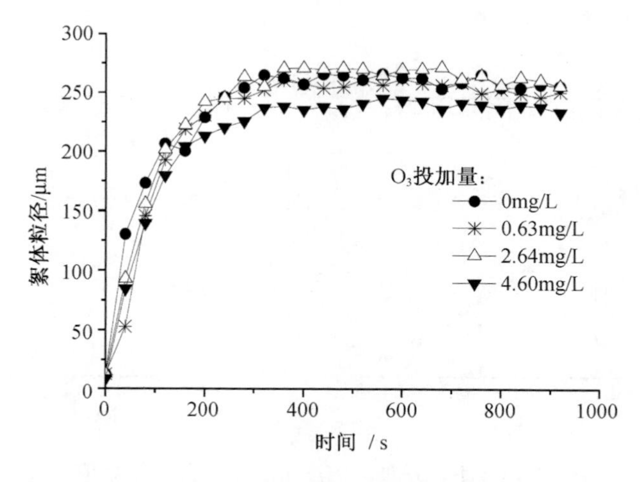

图 7-17 不同预臭氧浓度下，混凝絮体的粒度变化

当预臭氧浓度相对较低为 0.63 mg/L 和 2.64 mg/L 时，慢速搅拌后生成的絮体同未经过预臭氧氧化混凝后的絮体相比，粒径没有明显差别，均处于 250~260 μm 范围内，而当预臭氧浓度提高到 4.60 mg/L 时，混凝后生成的絮体粒径明显有别于低浓度预臭氧氧化后的絮体，约为 230~240μm。这一现象说明，在相对低浓度的预臭氧氧化作用下，O_3 与 TOC 的浓度比约小于 0.5:1 时，水体中的颗粒物没有受到显著的破坏，因此，混凝后生成的絮体的粒径没有明显的变化；而当 O_3 与 TOC 的浓度比达到约 1:1 时，大的颗粒物受臭氧氧化作用后，发生裂解，同时一些有机物也会被臭氧显著地破坏。此外，高预臭氧浓度氧化后，水体中颗粒物的表面电位更趋于负电性，因此颗粒间的能垒增加。所以，经过高浓度的预臭氧作用后，水体中的颗粒物及有机物相对来说较难混凝，需要适当地提高混凝剂的投药量，而在混凝剂的投药量不变的情况下，生成的絮体粒径就相对较小。

一般来说，分形维数越高，表明絮体的结构越密实，形态更加规整。图 7-18 为经过不同浓度的预臭氧氧化后，混凝后生成的絮体分形维数值的变化情况。随着臭氧浓度的增加，絮体的分形维数从 2.25 逐渐增加到 2.45，这一结果表明，不同浓度预臭氧氧化，混凝后生成絮体的微观结构发生了明显的变化。臭氧浓度低，絮体的分形维数小，结构开放，形态不规整；而当臭氧浓度相对较高时，絮体的分形维数高，结构密实，形态也相对规整。经过高浓度的臭氧氧化后，水体中颗粒物表面吸附的有机物被破坏，使颗粒间的空间位阻减小，颗粒间碰撞概率增加；此外，由于臭氧化后有机物的结构也发生了一些变化，羧基数量增加，因此，增强了与混凝

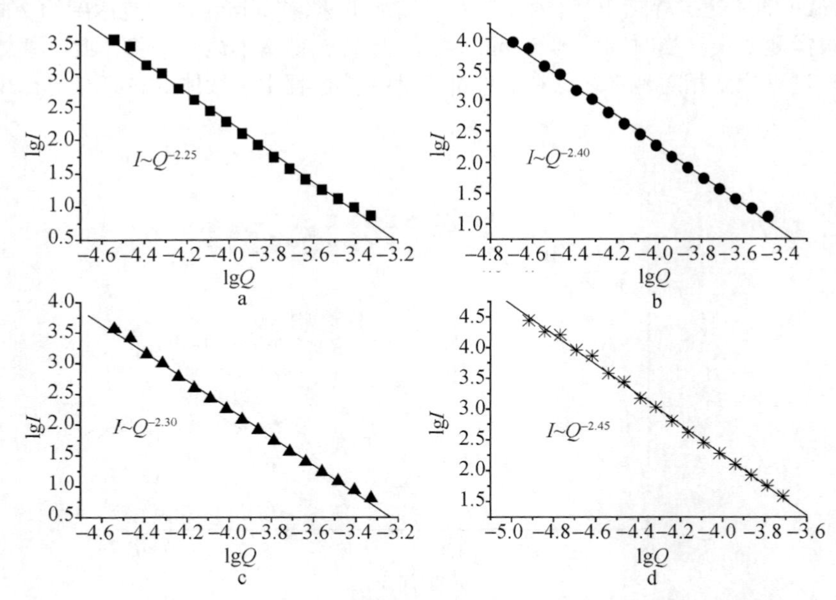

图 7-18　不同预臭氧浓度下，絮体分形维数值

a. 0mg/L; b. 2.64mg/L; c.0.64mg/L; d.4.60mg/L

剂中 Al 的络合能力。总而言之，高浓度预臭氧氧化后，水体中颗粒物的物化性质发生变化，有利于使混凝后生成絮体变得相对密实规整。

絮体粒径及分形结构变化，必然带来絮体沉降性能的差异。图 7-19 是通过絮体自由沉降试验得到的絮体的有效密度。有效密度越高，表明絮体的沉降速率越快，因此，对应的固液分离效率也相对较高。当预臭氧浓度为 0.63mg/L 时，其对应絮体的有效密度处于 400~1600 g/cm^3，高于没有预臭氧过程生成絮体的有效密度值。而当预臭氧浓度达到 2.64 mg/L 时，絮体的有效密度值显著增加。这表明在该预臭氧浓度下，絮体的沉降速率最佳。而当预臭氧浓度增加 4.60 mg/L 时，絮体的有效密度又相对降低，达到与臭氧浓度为 0.63 mg/L 时相当的数值范围。从前面的分析可知，在 2.64 mg/L 的预臭氧浓度下，絮体的粒径没有显著的变化，而絮体的分形结构有所变化，分形维数增加，结构变得更加密实规整，所以沉降性能得到较大的提升。相对而言，在 4.60 mg/L 的预臭氧浓度情况下，虽然絮体的分形维数增加，结构变得更为密实，但絮体内部的渗透性可能变差；同时由于臭氧氧化使颗粒发生了裂解，对应絮体的粒径也相对较小，因此沉降性能并未得到较大的提高。

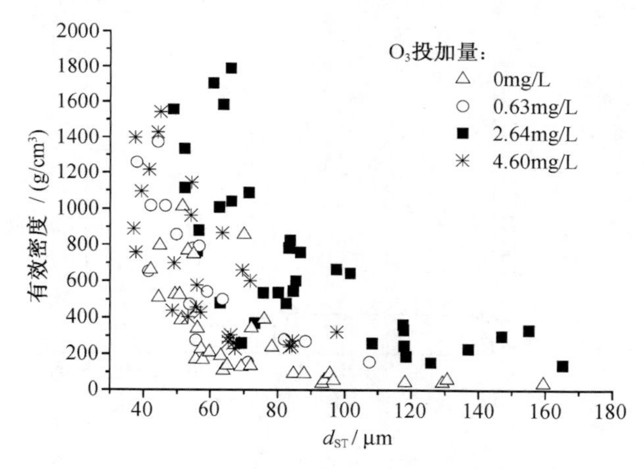

图 7-19　不同预臭氧浓度下，絮体有效密度的变化

总之，随着预臭氧浓度的增加，对应混凝后絮体的有效密度呈现出先增加后降低的趋势。这可以理解为，当水处理中进行预臭氧处理时，对于后续混凝过程生成絮体的固液分离效率来说，存在一个最佳的臭氧浓度值。当处于最佳的预臭氧浓度范围时，絮体具有相对规则密实的分形结构，并且也对应较佳的沉降性能。若臭氧浓度高于最佳的浓度范围，反而对絮体的沉降性能有所抑制。在本实验研究条件下，可以认为当 O_3 与 TOC 的浓度比约为 0.5:1 时，是最佳的预臭氧投加浓度。

6. 絮体反应搅拌条件的影响

研究所用到的试验对比组如表 7-2 所示。

表 7-2　试验对比组

试验方法	描　述
40+60 (逐渐增加搅拌)	40r/min (5min) + 45r/min (5min) + 50r/min (5min) + 55r/min (5min) + 60r/min (5min) +400r/min (2min) + 40r/min (20min)
60+40 (逐渐减少搅拌)	60r/min (5min) + 55r/min (5min) + 50r/min (5min) + 45r/min (5min) + 40r/min (5min) + 400r/min (2min) + 40r/min (20min)
40 (稳定搅拌)	40r/min (25min)+400r/min (2min)+40r/min (20min)
60 (稳定搅拌)	60r/min (25min)+400r/min (2min)+40r/min (20min)

以“40+60”为例，混凝试验按照如下的方式进行：200 r/min 的速度快搅 1min，所需要的混凝剂在此阶段开始的时候投加到初始悬浊液中。接下来的慢搅过程中，分别以 40 r/min、45 r/min、50 r/min、55 r/min 和 60 r/min 进行各 5 min 的慢搅。然后以 400 r/min 的转速进行 2 min 的破碎。最后，以 40 r/min 的转速进行 20 min 的絮体恢复过程。表 7-2 中的其他过程类似于“40+60”的过程。

图 7-20 显示了第一组对比试验过程中分形维数的变化。

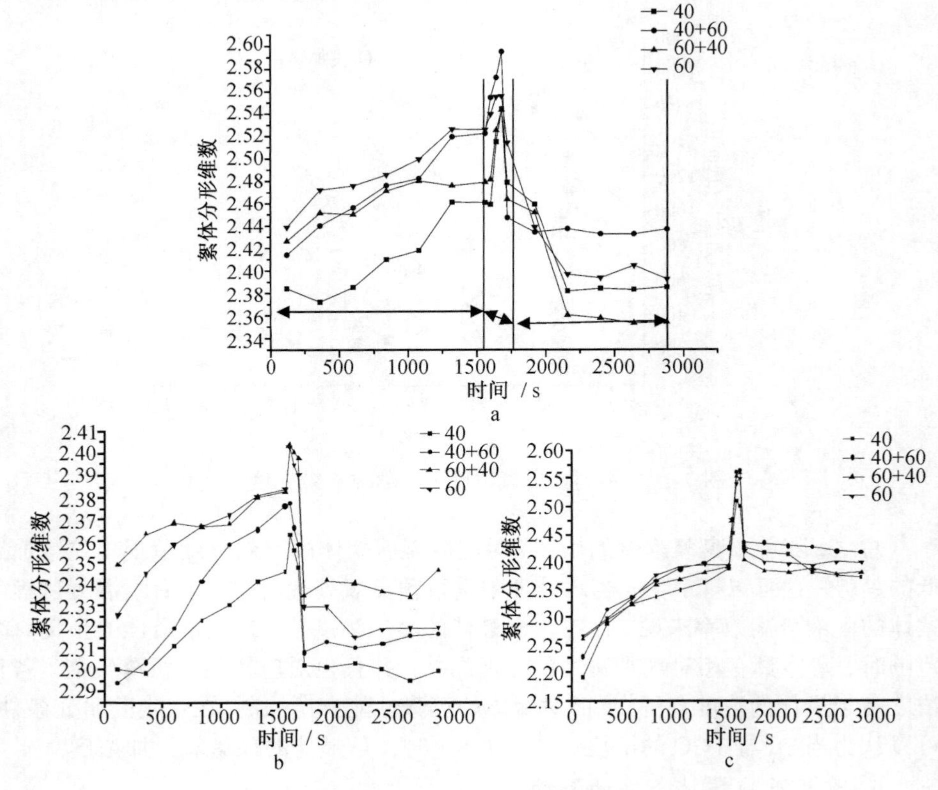

图 7-20　絮体分形维数变化

a. 电中和；b. 50%电中和；c. 卷扫

图 7-20 表明絮体的分形维数随着絮体的生长而有所增加。众所周知，絮体粒径分布是颗粒聚集和絮体破碎过程的动态平衡。因此，在絮体的生长过程中，颗粒的聚集和絮体的破碎过程总是同时存在的。在实验的开始阶段，初始颗粒物在一定的搅拌条件下快速聚集，按照 DLA 模型，在絮体内部会存在许多的孔洞。随着絮体的生长，团簇-团簇聚集的模式逐渐占据主导地位。由于聚集和破碎是同时发生的，许多小的，但是比较密实的颗粒就有机会进入一些较大的絮体内部。因此，在絮体的生长过程中，絮体的分形维数会逐渐增大。很容易理解，在较高的搅拌条件下，絮体破碎的可能性会随之增高，因此，小而密实的颗粒就有较多的机会进入较大絮体的内部。因此，在较强的搅拌条件下，絮体的分形维数较高。同时，由于絮体对于水力条件的变化较为敏感，因此，在“40+60”条件下形成的絮体有较多适当的破碎的机会。因此，在此条件下形成的絮体的分形维数最高。这也可能是絮体重组的另一个原因。

在以前的研究中，通常认为由于分形结构的自相似性，分形维数不会受到絮体破碎的影响。非静电作用形成的絮体与以往的研究结果一致。但是如图 7-20 所示，对于电中和和卷扫所形成的絮体，絮体分形维数的分布在絮体破碎前和破碎后有明显的区别。比如说，在“60”和“40”条件下形成的电中和絮体，在破碎后的分形维数较为一致，但是在“40+60”和“60+40”条件下形成的絮体，恢复过程中的分形维数不同，尽管它们都是在相同的水力条件下形成。

这种现象的一个可能原因是分形结构或自相似结构虽然在胶体体系中广泛存在，但是严格的自相似结果仅仅是一种理想化的模型。而实际中，絮体常常被考虑为多重分形结构或者说具有两个到三个同尺度的分形结构。而且，自相似结构作为一种几何上的概念，其与外界条件和絮体的演化过程没有直接的联系，因此，仅仅依靠自相似来解释这些现象并不准确。

很明显，诸如剩余的混凝剂浓度和初始颗粒物的种类等外部条件，在絮体破碎前和破碎后有明显的变化，因此絮体分形结构也变化了。而且根据 DLA 模型和其他一些理论研究的结果，絮体的生长往往发生在一些活跃部位。因此，当絮体在尺寸的增长方面达到平衡的时候，在其内部仍然有大量的孔洞。这些孔洞并没有达到吸附平衡，仍然有与其他颗粒物和团簇结合的能力。但是，这些能力在絮体表面没有被适当破坏的条件下，就没有机会表现出来。总之，粒度上达到平衡的絮体都有与较小的团聚体结合从而使得絮体更加密实的潜力。在“40+60”的条件下，水力剪切条件从 40r/min 逐渐增加到 60r/min，一些絮体表面的结合键比在其他的条件下更有可能被破坏。因此，许多絮体内部的孔洞暴露出来并被填充。因此，絮体变得更加密实。这也可能是絮体成长历史的另一种解释。从另一个角度说，逐步增加水力剪切可能为处理构筑物的设计提供了一种新的思路，来改善絮体的结构，使其更适宜于水处理的要求。

在絮体破碎过程中，絮体的分形维数比破碎前和破碎后都要高。这个现象与以往的研究是一致的。在以往的研究中，这个现象往往由絮体重组来解释。但是，由于在破碎过程中，絮体的表面结构被破坏，从而使得絮体中的孔隙能够被颗粒物填充，因而其分形维数会明显增高。

絮体的粒径分布是胶体颗粒的另一个重要参数，它直接反映了絮体的演化过程。并且粒径分布和分形维数与絮体强度有着密切的联系。絮体的粒径分布如图 7-21 所示。

在慢搅过程结束以后，40r/min 条件下形成的絮体的 $d(50)$分布达到了 600μm，而在“40+60”条件下形成的絮体的平均粒径为 450μm。在 60r/min 和“60+40”条件下形成的絮体，其粒径在达到顶峰之后有所下降。这个结果和 Gregory 和 Rossi 观察到的结果是一致的。但是，这些现象还没有合理的解释。在所有的水力条件下，在破碎过程中絮体的粒径都迅速地减小。在破碎过程之后，经过在 40r/min 的水力条件下 20min 的恢复过程，$d(50)$的粒径达到了一个新的平台。

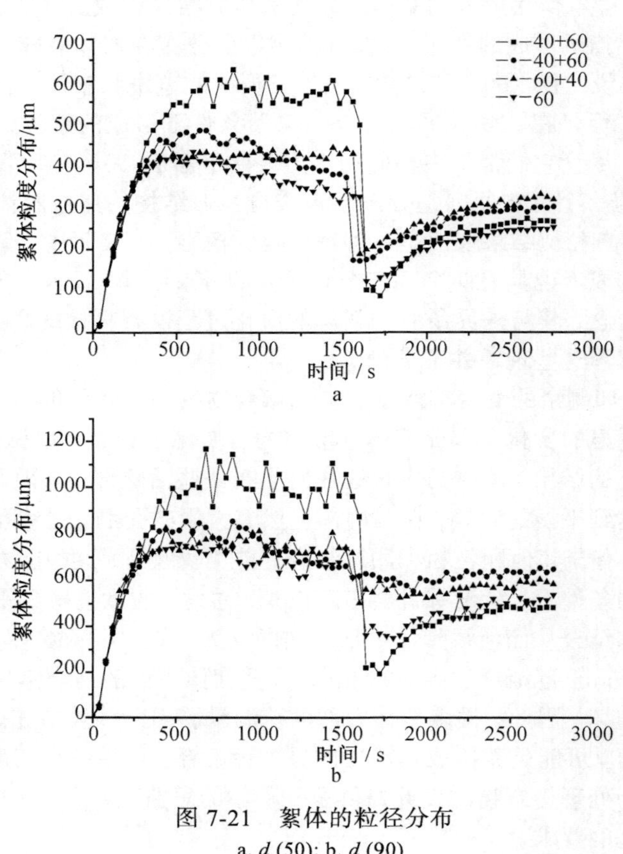

图 7-21　絮体的粒径分布

a. d (50); b. d (90)

在“40+60”和“60”条件下形成的絮体，*d*(90)分布在破碎过程中的行为与其他两种絮体的行为有所不同。特别是在“40+60”条件下形成的絮体，其粒径分布在破碎过程中只是略有减小。而在破碎过程之后的恢复过程中所表现出来的动力学行为，在电中和点的絮体都比较接近。这可能是由于在“40+60”条件下所形成的絮体的强度比在其他条件下形成的絮体强度高，详细的讨论将在下一节进行。表 7-3 显示了第一个对照实验组中絮体的强度因子和恢复因子。

表 7-3　絮体的强度因子和恢复因子

条件	强度因子	恢复因子
40+60	46	63
60+40	37	50
40	18	37
60	40	67

根据表 7-3 中所示的强度因子，“40+60”和“60”条件下形成的絮体相比较其他条件下形成的絮体而言具有更好的抗剪切能力。而在破碎过程之后的恢复过程中，“40+60”和“60”条件下所形成的絮体的恢复因子分别为 63%和 67%，而在“40”条件下形成的絮体的恢复因子仅有 37%。很明显，在“40+60”条件下形成的絮体比在稳定的 40r/min 条件下形成的絮体具有更好的抗水力剪切的能力和恢复能力。

从表 7-3 可知，在电中和点所形成絮体的强度依次为“40+60”>“60”>“60+40”>“40”。该结果显示，絮体的强度不仅与初始颗粒之间的结合力有关，与絮体中孔隙的分布也有密切关系。因为在剪切强度逐渐上升的过程中，一些小的颗粒或者颗粒的聚集体进入了较大的絮体的孔隙内部，因而导致了孔隙度的降低和分维数的增高，最终导致了絮体强度升高。

7.2　混凝过程控制与监控技术

混凝工艺是传统水质净化工艺中重要的环节，目前，混凝过程控制的相关研究主要侧重于混凝剂投加量的控制，准确控制加药量是取得良好混凝效果的首要前提。混凝剂加注量的自动控制是一个难于解决的问题，因它不仅与水质参数和水量参数有关，还与净水构筑物的性能和混凝剂自身效能等因素有关。

目前，大多数的投药控制方式都是在尽量保证沉后水浊度的情况下达到混凝剂投加量的最优控制。如基于多变量参数模型的混凝控制、基于特性参数模型的混凝控制和基于人工智能模型的混凝控制等。

7.2.1 基于多变量参数模型的混凝控制

多变量参数模型是以若干原水水质、水量参数为变量，建立变量与加药量之间的函数表达式。首先，进行模型结构和参数的选取。模型结构有线性、非线性等形式，参数的选取往往依赖于大量经验知识，运用数学统计检验出具有可测性的主要影响因素。其次，确定模型中各项系数，由多年的运行资料进行统计分析予以确定。计算机系统自动采集参数数据，并根据模型自动控制加注量。此模型属于前馈模型，只能用于开环控制。为提高控制精度，稳定出水水质，须进一步建立一个以沉淀水浊度为反馈的修正模型。多变量参数模型基础上的前馈-反馈复合混凝控制系统，能迅速响应原水水质及水量参数变化，但系统的运行依赖于每一块仪表准确可靠的工作，其控制系统框图如图 7-22 所示。此控制系统在上海石化总厂水厂得到了较好应用[44]。

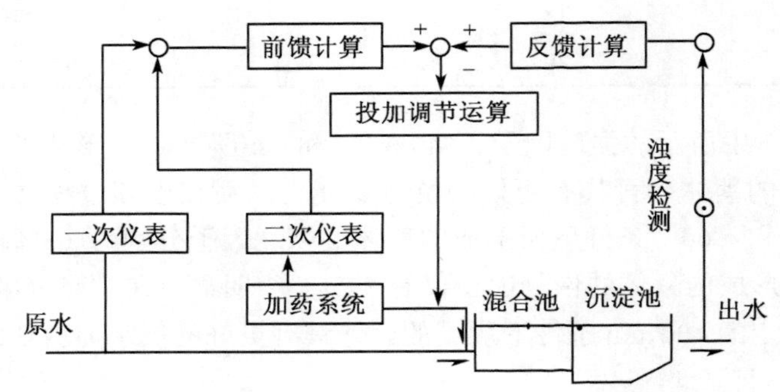

图 7-22　基于多元参数模型的前馈-反馈复合混凝控制系统

7.2.2 基于特性参数模型的混凝控制

随着人们对混凝机制研究的深入，寻求表征混凝效果的特性参数及其数学物理模型，从而建立简单实用的单因子混凝控制系统成为可能，基于特性参数模型的混凝控制系统应运而生(图 7-23)。这类模型皆以混凝过程中某种微观特性的变化作为加注量确定的依据。比较典型的有以流动电流作为特性参数的 SCD 法[45,46]，以透光脉动值作为特性参数的透光脉动法[47,48]等。流动电流检测法是利用检测凝聚过程

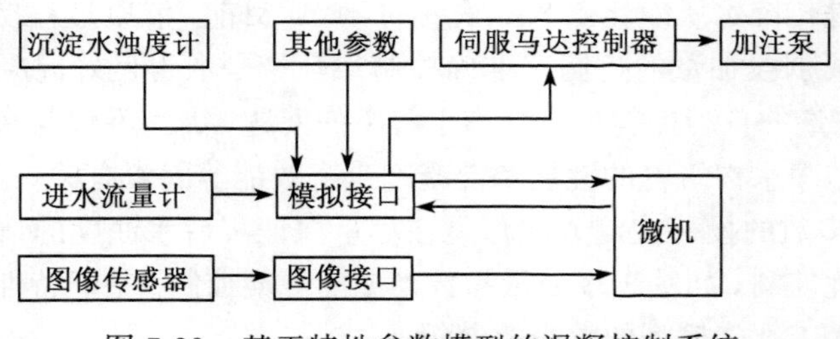

图 7-23　基于特性参数模型的混凝控制系统

的微观特性，即胶体粒子表面流动电荷的变化，使只需流动电流单因子就有可能对投药量进行控制。

悬浮液透光率脉动检测技术是近年来发展起来的一项新型光学絮凝检测技术，利用透过悬浮液的透光强度的波动状态迅速计算出絮凝后形成絮体的粒径变化，可提高系统的响应速度，有效消除系统的滞后，实现在线连续检测，实时控制投药量。为提高此类投药控制系统的性能，采用串级控制、前馈-反馈控制方式，在实际应用中取得了一定效果，如基于絮体等效直径的混凝剂加注量自动控制技术(图 7-24)。

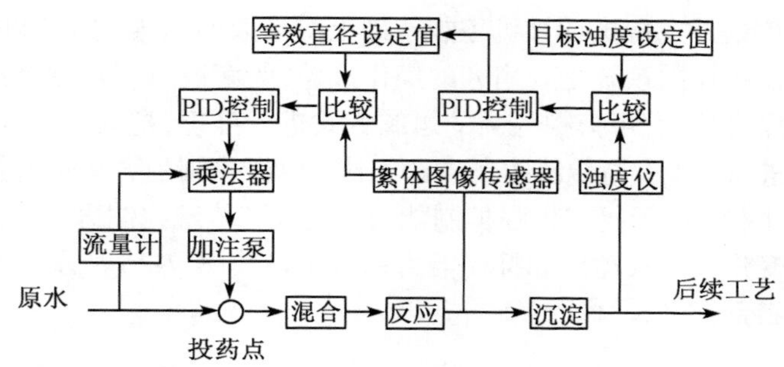

图 7-24 基于絮体等效直径的混凝剂加注量自动控制系统

7.2.3 基于人工智能模型的控制技术及其设计

此类系统具有自学习、自适应、自组织能力，能自动辨识被控过程参数、自动整定控制参数和适应被控过程参数变化，实现仿人控制。

1. 基于神经网络的投药控制

人工神经网络是由人工神经元互连组成的网络，它能接受并处理信息。神经网络控制的关键是根据实际情况选择输入输出参数、网络拓扑结构和学习算法，使用有代表性、全面性的训练样本对神经网络进行训练。神经网络在自来水投药控制系统中大多用来对非线性过程进行模型预测，然后再与其他方法结合进行自动控制。图 7-25 为曾祥英等[49]设计的基于 RBF 网络模型的混凝投药智能决策支持系统，该系统在水厂的实际运行中得到了很好利用[50,51]。

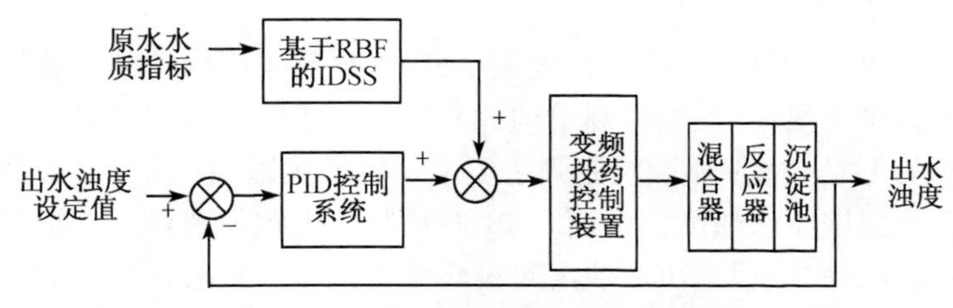

图 7-25 基于 RBF 神经网络模型的混凝投药控制系统

与传统混凝投药控制方式相比，采用神经网络控制方式有以下特点。

(1) 网络具有自学习、自适应性。利用系统过去的数据记录，可对网络进行训练，可根据水质参数变化实现投药量预测控制。

(2) 神经网络可任意逼近非线性函数，使基于神经网络控制成为实现混凝投药这一复杂的非线性系统控制的一种有效途径。

(3) 神经网络具有高度并行结构和并行实现能力，有较好的故障容错能力和较快的总体处理能力，可实现混凝投药系统在线实时控制。

2. 基于模糊逻辑的投药控制

模糊逻辑控制是在传统计算机控制基础上实现人的思维、判断和推理过程，基于模糊逻辑的投药控制系统是利用人的操作经验，为解决难于建立精确数学模型进行控制问题而提出的，它可模拟人类的思维方式进行推理，把人的控制经验定量化，模拟人的思维进行控制。与传统控制方法相比，模糊控制的方法不需知道被控对象的数学模型，对系统的干扰有较强抑制能力，克服了传统控制方法中过程复杂、结果不准确、对变化及干扰适应和抑制能力差等不足。图 7-26 所示是基于模糊数学的混凝投药控制系统[52]。

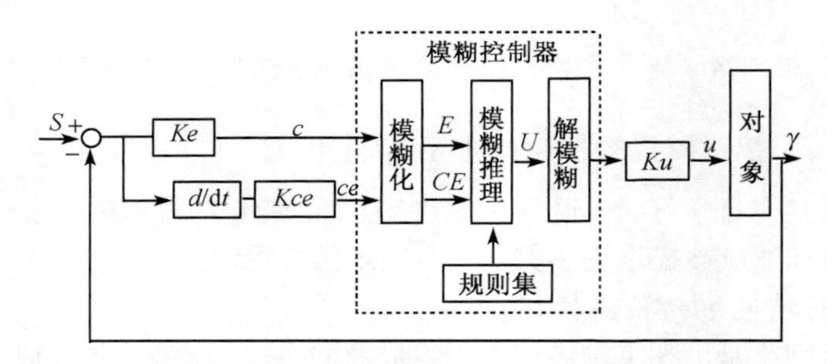

图 7-26　基于模糊数学的混凝投药控制系统

3. 基于专家系统的投药控制

专家系统是一种模拟人类专家解决领域问题的计算机程序系统，它根据某领域专家提供的知识和经验，进行推理和判断，模拟人类专家的决策过程，解决那些需要人类专家处理的复杂问题。专家系统还具有通过自学习掌握新经验以逐步完善系统的能力。

由于自来水处理过程的滞后性太大，采用传统基于反馈控制不能达到良好的控制效果。通常采用前馈-反馈控制结构的专家控制系统，前馈实时专家控制器主要是克服系统的大时滞性；反馈控制则主要是抑制干扰影响。前馈专家系统相当于前馈控制器，可根据原水浊度、温度、pH 等估算出大致加药量；反馈控制器是比例或 PID 控制器，它能根据出水浊度对投药量做微调。最后，结合实时水流量将数据送至执行机构。其中前馈专家控制器是整个系统的核心，其性能好坏直接影响到整个系统的性能。由于专家系统在决策加药量时充分考虑了多个主要因素的影响，所以比建立简单数学模型有更好的控制效果。

7.2.4　絮体性状实时图像检测系统的开发

图像是各种观测系统以不同的方式和手段从感知客观世界而获得的,可以直接或间接作用于人的视觉系统的实体。图像技术是广义上各种与图像有关的技术的总称。

数字图像处理(digital image processing)。是利用数字计算机系统或其他高速、大规模集成数字硬件,对从图像信息转换而得到的数字电信号即数字图像进行某些数字运算或基于各种目的的处理，以提高图像的实用性。

由于数字图像处理技术的发展和成熟、计算机的日益普及，数字图像处理技术已经在许多领域都得到了广泛的应用。采用数字图像处理技术把混凝过程中絮体性状的变化通过图像和精确的数据表达出来,把絮凝状态的定性分析上升到精确的数字表达的定量领域。通过数字图像处理实现了絮体性状的实时检测，经此开发的絮体性状图像检测系统不仅提供了混凝动力学研究的新方法,同时为水处理过程中絮体性状的自动控制提供了可能。

笔者所在的研究组以视频图像采集和实时处理为基础,研究了混凝过程中絮体分形维数、平均粒径和强度的在线表征方法，从软硬件两方面开发了基于图像处理的絮体性状实时检测系统，并通过实验考察了其在混凝当中的具体应用情况。

图像检测法采用面阵 CCD 器件，将被测絮体上的光信号转化为模拟电信号，并经图像采集卡转换为数字信号输入到计算机，形成数字图像文件，然后应用计算机视觉的理论与方法，对图像中的相关信息进行分析和计算。图像检测系统的硬件部分由 PC 机、图像采集卡、CCD 摄像头、频闪光源、观测器、蠕动泵等构成。

软件设计是图像检测的核心部分,研究中所要求达到的计算机软件的主要功能包括：

(1) 将采集到的絮体活动图像实时显示在计算机屏幕上。

(2) 将絮体图像储存于计算机硬盘中，长期保存。

(3) 对絮体图像进行数字滤波、二值化、去噪处理、连通性判别和提取絮体几何参数，最后计算絮体性状并保存于数据库中。

絮体性状实时图像检测系统的软件界面如图 7-27 所示，界面显示包括：

(1) 参数输入：温度、pH、浊度、流量、投药量等。

(2) 输出参数：絮体平均粒径、分形维数及强度等。

(3) 调控方式选项：根据分形维数调控、根据絮体强度调控或根据平均粒径调控。

为获得絮体性状参数，需根据系统摄取的图像提取絮体的几何参数。先采用大津(Otsu)算法动态确定絮体图片分割阈值。Otsu 算法属最大类间方差法，可进行单

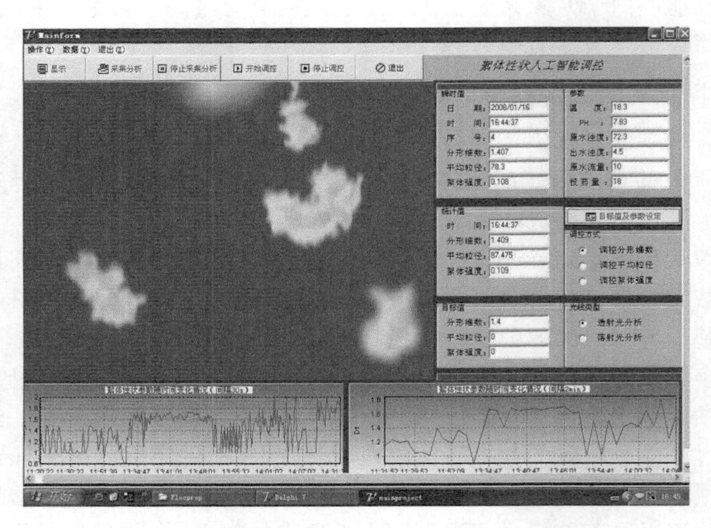

图 7-27　絮体性状人工智能调控系统的软件界面

阈值自适应计算，有比较理想的精度。然后采用腐蚀算法对絮体图像进行去噪处理，以消除物像边界点。通过腐蚀可以把小于结构元素的物像去掉，同时可分离两个有细微粘连的物像。在得到连通的目标区域之后，分别对各个目标进行识别，以确定目标絮体的位置和个数。连通单元标记按照八连通邻域法从左到右、自上而下进行扫描，并赋予同一单元唯一标记。在连通性判别之后，根据不同的标记数统计出相应区域的总的像素个数和边缘区域的像素个数，从而得到各个絮体投影区的面积和周长。在获取絮体的几何特征值后，即可计算出絮体的分形维数、平均粒径和表观强度，并保存至数据库，便于导出查询。

图 7-28 分别表示投药量为 30mg/L 的水处理絮体分形维数 D_f、平均粒径 D 及表观强度 S 随慢速搅拌时间的变化。由图 7-28 可见，由本系统所获得的絮体的分形维数、平均粒径和表观强度均随时间有明显变化。在 2~14min 内，原水 20NTU 试样产生的絮体的分形维数 D_f 由 1.22 左右上升到 1.5 左右，变化幅度为 23%；絮体平均粒径 D 从 50μm 左右上升到 100μm 左右，变化幅度为 100%；絮体表观强度 S 由 0.03 左右上升到 0.07 左右，变化幅度超过 133%。由图 7-28 也可看出，随原水浊度由 20NTU 上升到 100NTU，在第 14min，絮体的表观强度由 0.09 上升到 0.17 左右，变化幅度为 89%左右，但分形维数及平均粒径变化状况不够明显。由图 7-28 还可看出，随慢速搅拌时间的延长，絮体的分形维数、平均粒径及表观强度均有不同程度的上升，这与许多类似的混凝实验结果相同。在混凝剂投加量适中的情况下，絮体的形成主要以吸附电中和为主，在慢速搅拌一段时间内，絮体的生长速率大于破碎速率，使絮体的粒度增大，由于吸附点增多使表观强度及分形维数变大。

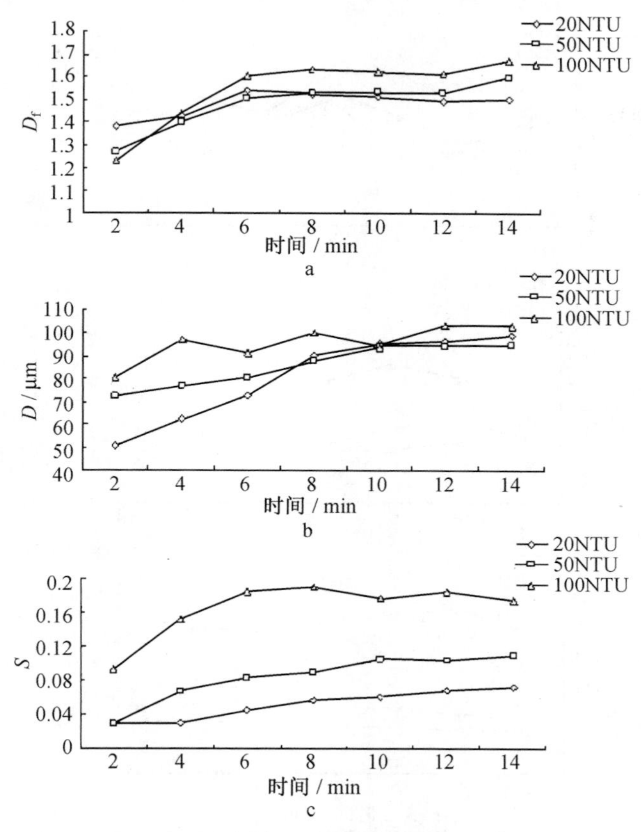

图 7-28　絮体性状随时间的变化情况

PAC 投药量为 30mg/L

图 7-29 分别表示投药量为 100mg/L 的水处理絮体分形维数 D_f、平均粒径 D 及表观强度 S 随慢速搅拌时间的变化。由图 7-29 可见，由本图像检测系统所获得的絮体的分形维数及平均粒径均随时间的变化具有波动性，而表观强度的变化幅度较小。这种现象也可用一般混凝理论来解释。在混凝剂投量较大的情况下，絮体的形成兼有电性中和与吸附架桥两种机制，在慢速搅拌进行时，絮体的生长与破碎达到相对平衡，此后尽管慢速搅拌时间延长，混凝 GT 值增大，但絮体性状不会出现较大改变。当原水浊度由 20NTU 上升到 100NTU，在第 14min，絮体的表观强度由 0.03 上升到 0.1 左右，变化幅度为 233%左右；絮体平均粒径从 86μm 左右上升到 100μm 左右，变化幅度为 16%；但分形维数变化状况不够明显。

图 7-30 为慢速搅拌后期絮体性状参数随混凝剂剂量的变化情况。相应于 20NTU 试样原水，投药量对絮体的分形维数、平均粒径及表观强度均有影响，但情况有所不同：絮体平均粒径逐渐上升，但分形维数及表观强度先升后降。由本图像检测系统所获取的这种现象符合一般混凝理论。当 PAC 的投药量小于一定值时(约 10mg/L)，

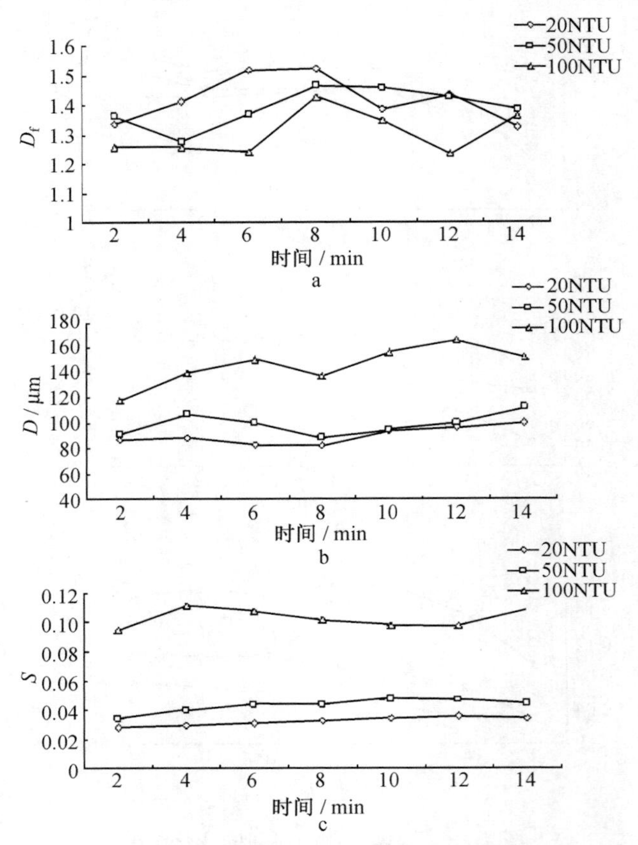

图 7-29　絮体性状随时间的变化情况

PAC 投药量为 100mg/L

絮凝体的形成主要是通过吸附电中和作用，使絮体结构密实分形维数与絮体强度较大，但粒径却相对较小；当 PAC 的投加量增加时，絮体的形成过程中吸附架桥开始发生作用，产生的絮体大而疏松，孔隙率高，因此，分形维数与絮体强度出现下降。当原水浊度增加到 100NTU 时，投药量对絮体的分形维数、平均粒径及表观强度的影响总体没有变化，但对平均粒径及表观强度的影响程度要大于对分形维数的影响程度。

根据图 7-30 所示的结果可知，在低混凝剂剂量 (30 mg/L)下，由本研究自主开发的图像检测系统所获得的数据在分形维数、平均粒径及表观强度方面符合类似混凝实验的一般结果，同时絮体分形维数、平均粒径及表观强度对混凝的慢速搅拌时间具有敏感性，而表观强度数据对原水浊度有较大的敏感性。在高混凝剂剂量 (100 mg/L)下，由本絮体图像检测系统所获得的数据在分形维数、平均粒径及表观强度方面也可用一般混凝理论来解释，同时絮体平均粒径及表观强度对混凝的慢速搅拌时间具有敏感性。以上实验结果为利用图像处理技术对水处理混凝系统进行自动控制提供了可能。

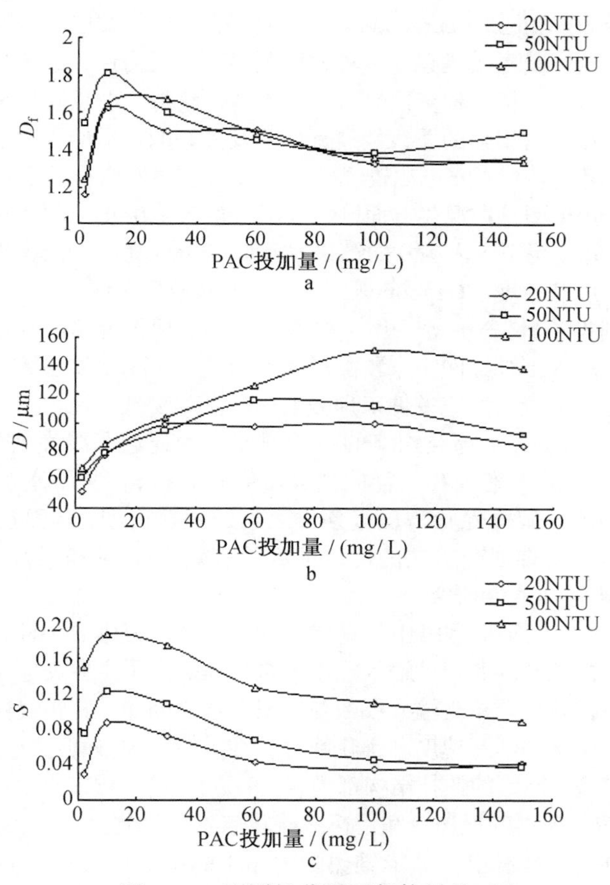

图 7-30　不同投药量下絮体性状对比

7.2.5　絮体性状神经网络预测的基础研究

混凝体系是一个相当复杂的体系，其中的确定性和不确定性因素错综复杂，相互作用。在过去的研究中，大都是把混凝体系当作一个黑箱，只管混凝剂的投入和所产生混凝效果的输出，即使考虑微观过程，也只是将所有的胶粒抽象为球形，用已有的胶体化学理论及化学动力学理论去加以解释，这与实际实验中所观察到的胶体和絮凝体的现象有较大差别。由于混凝过程是一个复杂的物理化学过程，目前还很难根据其化学反应机制，准确建立反应过程的数学模型。即便以统计分析方法建立起数学模型，也由于在实际运行中缺乏自学习、自适应性，而使其应用受到限制。混凝工艺过程中，影响混凝效果的因素很多，且各因素间存在相互制约非线性的关系。混凝过程可视为多种因素(温度、pH、混凝的投加量、搅拌转速、悬浊液颗粒物浓度等)综合作用的非线性系统，这些影响因素之间与絮体性状之间难于建立精确的数学模型。

人工神经网络 (artificial neural network, ANN) 是近年发展起来的模拟人脑生物过程的人工智能系统。其本质是建立一种映射关系，它无需预先给定公式的形式，而以训练样本数据为基础，按某种算法经过有限次迭代获得一个反映样本数据内在规律的数学模型。该模型具有很强的非线性逼近性能及良好的自适应、自学习、联想等功能。ANN 目前应用最多、研究也比较成熟的是多层前馈网络误差反传算法模型，即BP(back-propagation)模型。在混凝方面，已有不少学者采用 BP 网络对混凝投药及出水浊度进行预测，并取得了令人满意的结果。例如，Zhang 和 Stanley[53]分别利用 ANN 模型来预测出水浊度和色度。Gagnon 等[54]利用 ANN 模型预测了 Ste-Foy 污水处理厂的最佳铝盐混凝剂投药量。Yu 等[55]做了类似的工作来预测台北污水处理厂的最佳投药量。由此可见利用人工神经网络来预测混凝投药量与出水水质参数已经成为可能。然而还未有学者通过混凝的反应条件来预测絮体的微观物理特性。

笔者在研究中利用人工神经网络的自学习能力和逼近非线性映射能力，将其用于混凝过程中絮凝体分形维数和粒径的预测研究和分析，在实验室条件下采集数据进行训练和验证，建立絮体性状与反应条件之间的映射模型，从而预测一定反应条件下的絮体性状，为实现混凝工艺的优化提供了有效手段，同时为混凝工艺向智能化方向发展做了基础探索性研究。

BP 神经网络是人工神经网络中最具代表性和广泛性应用的一种，其结构简单，可操作性强，能模拟任意的非线性输入输出关系。在确立了主要反应条件和相对应的絮体性状参数之后，就可以建立输入参数与输出参数之间的 BP 神经网络模型。模型的建立综合考虑了网络的学习速度和泛化能力，在本研究中分别建立了 d、D_2、D_3 的单输出神经网络模型，网络的拓扑结构都为{4，9，1}，输入层节点数相同，包括高岭土悬浊液浓度、pH、混凝剂投加量和慢速搅拌转速 4 个参数。

从图 7-31 中也不难看出，分形维数随着 pH 的增大而减小，并也趋于一个相

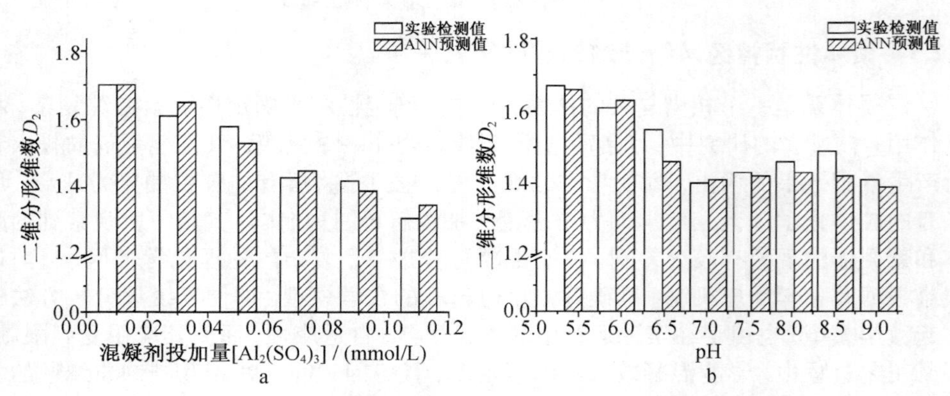

图 7-31　二维分形维数的检测值与预测值的对比

a. 混凝剂投加量变化; b. pH 变化

对稳定值，从模型中得出的预测规律很好追踪了验证实验中表现出来的变化规律。可见，利用神经网络模型预测絮体的分形维数具有很高的精度，从验证结果来看，对于二维分形维数 D_2，其预测误差在 10%之内。

对于混凝工艺中反应条件和絮体性状参数之间存在的错综复杂关系，人工神经网络模型能较好的找出其中的规律。研究表明，所建立的神经网络模型对絮体的分形维数具有较高的精度及良好的泛化能力。作为基于人工神经网络的絮体性状参数智能调控的探索性研究，此研究结果将为后期的研究工作提供一定的指导。

参 考 文 献

[1] Dolfing J. Microbiological aspects of granular methanogenic sludge. Ph D. Agricultural University Wageningen, Netherlands, 1997

[2] Huang H. Fractal properties of flocs formed by fluid shear and differential settling. Physical Fluids 19, 6: 3229~3234

[3] Kim S H, Moon B H, Lee H I. Effects of pH and dosage on pollutant removal and floc structure during coagulation. Microchemical Journal, 2001, 68: 197~203

[4] Waite T D. Measurement and implications of floc structure in water and wastewater treatment. Colloids and Surfaces A: Physicochemical and Engineering Aspects, 1999, 151: 27~41

[5] Rebhun M, Lurie M. Control of organic matter by coagulation and floc separation. Water Science and Technology, 1993, 27: 1~20

[6] Wilen B M, Jin B, Lant P. Impacts of structural characteristics on activated sludge floc stability. Water Research, 2003, 37: 3632~3645

[7] Bushell G C, Yan Y D, Woodfield D et al. On techniques for the measurement of the mass fractal dimension of aggregates. Advances in Colloid and Interface Science, 2002, 95: 1~50

[8] Farrow J, Warren L. A new technique for characterizing flocculated suspensions. Dewatering Technology and Practice, 1989, 61~64

[9] Cousin C P, Ganczarczyk J. Effects of salinity on physical characteristics of activated sludge flocs. Water Quality Research Journal of Canada, 1998, 33: 565~587

[10] Dharmarajah A H, Cleasby J L. Predicting the expansion behaviour of filter media. Journal of the American Water Works Association, 1986, 78: 66~76

[11] 王东升，汤鸿霄. 分形理论在混凝研究中的应用与展望. 工业水处理, 2001, 21: 16~19

[12] 王毅力，李大鹏，解曙明. 絮凝形态学研究及其进展. 环境污染治理技术与设备，2003，4: 1~9

[13] Gregory J, Hiller N. Interpretation of flocculation test data. Proceeding of Filtration Technology in Europe, 1995, 405~414

[14] Erzan A, Gungor N. Fractal geometry and size distribution of clay particles. Journal of Colloid and Interfaces Sciences, 1995, 176: 301~307

[15] Sorensen C M et al. Fractal cluster size distribution measurement using static light scattering. J. Colloid and Interfaces Sciences, 1995, 174: 456~460

[16] Li X Y, Logan B E. Settling and coagulation behavior of fractal aggregates. Water Science & Technology, 2000, 42:253~258

[17] Wang X C, Gregory J. Structure of Al-Humic flocs and their removal at slightly acidic and neutral pH. Water Science and Technology, 2002, 2: 99~106

[18] Li D H, Ganczarczyk J J. Physical characteristics of activated sludge flocs. CRC Critical Reviews in Environmental Control, 1986, 17: 53~87

[19] Da Motta M, Pons M N. Roche N et al. Characterisation of activated sludge by automated image analysis. Biochemical Engineering Journal, 2001, 9: 165~173

[20] Chakraborti R J, Atkinson J F, Van Benschoten J E. Characterisation of alum floc by image analysis. Environmental Science and Technology, 2000, 34: 3969~3976

[21] Gregory J. Turbidity fluctuations in flowing suspensions. Journal of Colloid and Interface Science, 1985, 105: 676~684

[22] Spicer P T, Pratsinis S E, Raper J et al. Effect of shear schedule on particle size, density and structure during flocculation in stirred tanks. Powder Technology, 1998, 97: 26~34

[23] Li T, Zhu Z, Wang D S et al. Characterization of floc size, strength and structure under various coagulation mechanisms. Powder Technology, 2006, 168, 104~110

[24] Bushell G C, Yan Y D, Woodfield D et al. On techniques for the measurement of the mass fractal dimension of aggregates. Advances in Colloid and Interface Science, 2002, 95: 1~50

[25] Tang P, Greenwood J, Raper J A. A model to describe the settling behaviour of fractal objects. Journal of Colloid and Interface Science, 2002, 247: 210~219

[26] Guan J, Waite D, Amal R. Rapid structure characterization of bacterial aggregates. Environmental Science and Technology, 1998, 32: 3735~3742

[27] Miyahara K, Adachi Y, Nakaishi A et al. Settling velocity of a sodium montmorillonite floc under high strength. Colloid and Surfaces A: Physicochemical and Engineering Aspects, 2002, 196: 87~91

[28] Johnson C P, Li X Y, Logan B E. Settling velocity of fractal aggregates. Environmental Science and Technology, 1996, 30: 1911~1918

[29] Wu R M, Lee D J, Waite T D et al. Multilevel structure of sludge flocs. Journal of Colloid and Interfacial Science, 2002, 252: 383~392

[30] Gregory J. The role of floc density in solid-liquid separation. Filtration and Separation, 1998, 35: 367~371.

[31] Leentvaar J, Rebhun M. Strength of ferric hydroxide flocs. Water Research, 1983, 17(8): 895~902

[32] Parker D S, Kaufman W J, Jenkins D. Floc breakup in turbulent flocculation processes. Journal of the Sanitary Engineering Division: Proceedings of the American Society of Civil Engineers SA 1, 1972. 79~99

[33] Fitzpatrick S B, Fradin E, Gregory J. Temperature effects on flocculation using different coagulants. Proceedings of the Nano and Micro Particles in Water and Wastewater Treatment Conference; International Water Association: Zurich, 2003

[34] Yukselen M A, Gregory J. The reversibility of floc breakage. International Journal of Mineral Procession, 2004, 73(2~4): 251~259

[35] Parker D S, Kaufman W J, Jenkins D. Floc breakup in turbulent flocculation processes. Journal of the Sanitary Engineering Division: Proceedings of the American Society of Civil Engineers

SA 1, 1972, (1): 79~99

[36] Bache D H, Rasool E R. Characteristics of alumino-humic flocs in relation to DAF performance. Water Science & Technology, 2001, 43(8): 203~208

[37] Sharp E L, Jarvis P, Parsons S A et al. The impact of zeta potential on the physical properties of ferric-NOM flocs. Environmental Science and Technology, 2006, 40(12): 3934~3940

[38] Jarvis P, Jefferson B, Parsons S A. The use of diagnostic tools to determine operational properties of organic flocs. AWWAWQTC Conference. Philadelphia; American Water Works Association: Denver, CO, 2003

[39] Kranenburg C. Effects of floc strength on viscosity and deposition of cohesive suspensions. Continental Shelf Research, 1999, 19(13): 1665~1680

[40] Dyer K R. Observation of the size, settling velocity and effective density of flocs, and their fractal dimentions. Journal of Sea Research, 1999, 41: 87~95

[41] Selomulya C Busheu G, Amal R et al. Aggregate properties in relation to aggregation conditions under various applied shear environments. International Journal of Mineral Processing, 2004, 73: 295~307

[42] Francois R J. Strength of aluminium hydroxide flocs. Water Research, 1987, 21: 1023~1030

[43] Wang D S, Tang H X, Gregory J. Relative importance of charge-neutralization and precipitation during coagulation with IPF-PACl: effect of sulfate. Environmental Science and Technology, 2002, 36: 1815~1820

[44] 黄兴德, 于萍, 罗运柏. 混凝控制中的数学模型及其应用. 工业用水与废水, 2001, (32): 4~ 7

[45] 钟吉源. 单因子混凝投药全自控系统在水处理中的应用. 西南给排水, 2001, 23(1): 34, 35

[46] 张燕, 刘宏远, 崔福义. 流动电流混凝投药控制系统在微污染水源水中适用性研究. 环境科学与技术, 2002, 25(1): 4~6

[47] 王成刚, 孙连鹏, 金辉. 光脉动混凝投药控制技术的控制模式及其优化. 环境技术， 2005, 16: 14~17

[48] 白桦, 李圭白. 透光率脉动混凝投药模糊控制系统的试验研究. 哈尔滨工业大学学报, 2003, 35(7): 792~794

[49] 曾祥英, 章北平, 孙高升. 基于 RBF 网络模型的混凝投药智能决策支持系统.工业安全与环保， 2006, 32(4): 4~6

[50] 白桦, 李圭白. 基于神经网络的混凝投药系统预测模型. 中国给水排水, 2002, 18 (6)：46~47

[51] 白桦, 李圭白. 净水厂最佳投药量的神经网络控制系统.工业仪表与自动化装置, 2002, 4: 37~39

[52] 王瑞红, 高美凤. 模糊控制在水厂混凝投药过程中的应用.微计算机信息, 2006, 22 (2): 29~31

[53] Zhang Q, Stanley S J. Real-time water treatment process control with artificial neural networks. Journal of Environmental Engineering, 1999, 125, 153~160

[54] Gagnon C, Bernard P A. Modelling of coagulant dosage in a water treatment plant. Artifical Intelligence in Engineering, 1997, 11: 401~404

[55] Yu R F, Kang S F, Liaw S L et al. Application of artificial neural network to control the coagulant dosing in water treatment plant. Water Science and Technology, 2000, 42: 403~408

第 8 章　混凝工艺的优化集成①

8.1　研 究 概 况

饮用水安全保障是一项系统工程，必须从水质安全保障的系统观出发，对影响水质的各要素、各环节进行综合考虑和系统设计，构建水源保护与水质改善—水厂高效净化—管网稳定输配—水质安全评价的技术系统，并将技术、管理、标准和相关的行政法规有机耦合，形成饮用水安全保障的科学技术体系[1]。

微污染水源的处理是一个十分复杂的过程，具有工艺流程长、时空范围广、影响因素多的特点，单靠一种或几种单项技术很难经济有效地解决众多复杂的水质问题。只有通过系统集成和整体优化，才能实现饮用水水质全面达标。“十五”期间，国家重大科技专项“水污染控制技术与治理工程”设置了饮用水安全保障技术研究专题。针对我国南方地区、太湖流域和北方地区的水质特点，建立了“水源水质在线监测和预警—强化常规处理与深度净化—管网水质稳定—水质风险评价方法与指标体系”、“原水沿程生物预处理—强化常规净化—安全送配—水质安全性评价”和“水源水扬水曝气充氧控藻除 VOC—高效絮凝气浮—输配过程 AOC 控制—安全评价”为特色的集成技术系统[1~4]。

混凝工艺的优化集成是饮用水安全保障集成技术系统的关键组成，是保障供水水质安全的核心环节。在“九五”科技攻关课题基础上，就已经开始对絮凝剂优化集成系统进行了深入的研究。根据 IPF 的基础理论研究和工程实践，提出了高效絮凝集成系统(FRD 系统)的新构思，即具有无机高分子优势形态特征的高效能絮凝剂(flocculant)、高效率反应器(reactor)和高经济自控投药(dosing)的集成系统[5]。除完成实验室小规模工艺实验研究外，在北京第九水厂建立了中试规模的现场实验系统，包括多种水处理设施，按照上述原则进行了长期的运行实验，获得了满意的结果。根据当时提出的絮凝集成化理论，发明了高效絮凝—拦截沉淀—自动监控系统，实现了絮凝与沉淀过程的耦合；发明了高效絮凝—溶气气浮—在线监控系统，解决了低温低浊水的处理难题；发明了高效絮凝—深床过滤—自动控制系统，创立了过滤净水新概念。由此建立了以 IPF 为核心、针对不同水质及其净化过程的高效絮凝技术集成系统，实现了絮凝全过程的高效协同，是水处理絮凝技术的重大进展。

“十五”期间，在上述 FRD 系统基础上，又进一步提出了优化混凝的思想，即针对特定原水水质进行絮凝剂配方设计，在优化的混凝反应器和反应条件下实现

① 本章由王东升、晏明全撰写。

针对微污染水体有机物、浊度和藻类的最佳去除，并在北京、天津、深圳、广州等自来水公司开展不同规模和层次的实验研究，取得了系列科研成果。通过大量的水质分析，对不同地区的原水水质进行了系统评价，阐明了各类原水中包括有机物的存在形态在内的水质特征，根据这些特征针对性地设计出复合型 IPF，并在小试、中试和生产规模上对新型 IPF 进行絮凝效果评价。在天津新开河水厂和北京城子水厂分别进行的 60 万 t/d 和 4 万 t/d 生产性实验结果充分表明，新型 IPF 与优化混凝策略在提高混凝效果、降低药耗、强化消毒副产物前驱体去除方面具有很大的发展潜力。

8.2　混凝剂优化的中试系统对比

将 $AlCl_3$、工业 PACl、电化学制备聚合铝(EPAC)和复合聚合铝 HPAC 等多种形态组成混凝剂在两套平行的 5 t/h 的中试装置中与传统工艺进行对比。中试试验系统为两套平行系统，每套系统的设计处理水量为 $5m^3/h$。流程图如图 8-1 所示。

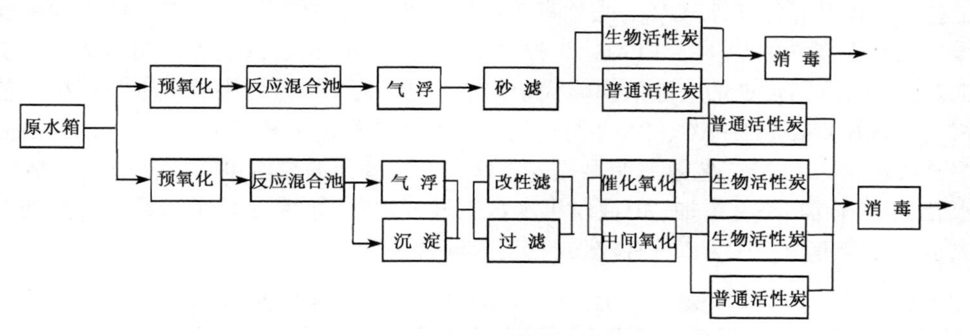

图 8-1　中试系统流程图

Ⅰ套系统分别投加上述 4 种混凝剂；Ⅱ套系统参照水厂生产工艺投加氯化铁和助凝剂 HCA，氯化铁投药量为 0.06mmol/L Fe，HCA 投药量为 0.2 mg/L。固液分离单元采用气浮工艺，溶气罐气压为 0.4MPa，回流比为 10.8%。图 8-2 至图 8-4 为 $AlCl_3$、PACl、EPAC 和 HPAC 4 种混凝剂分别在各自最佳投药量 0.06mmol/L、0.06mmol/L、0.06mmol/L 和 0.04mmol/L 下与传统工艺去除浊度和有机物的对比结果。从图 8-2 可以看出，在各种混凝剂的最佳投药量下，

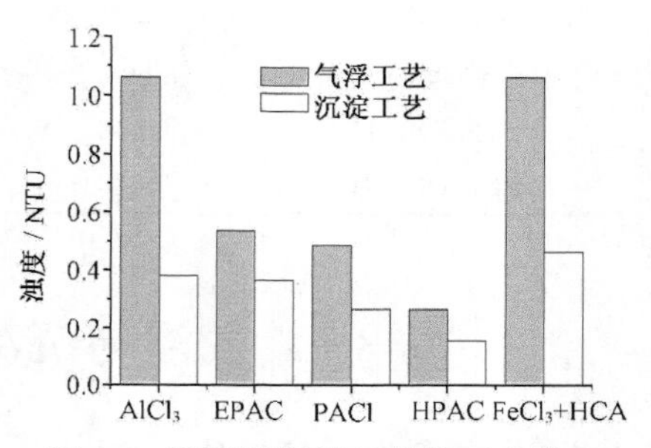

图 8-2 铝系混凝剂与传统工艺除浊比较

HPAC 对浊度具有最佳的去除效果，明显优于传统工艺。气浮出水浊度从 1.0NTU 降低到 0.3NTU，滤后水浊度从 0.4NTU 降低到 0.2NTU 以下。EPAC 和 PACl 对浊

度的去除效果也明显优于传统工艺。$AlCl_3$ 对浊度的去除效率和传统工艺相当。

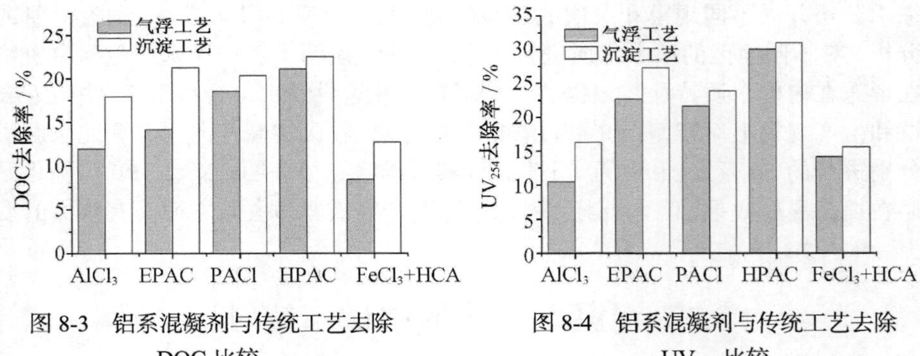

图 8-3　铝系混凝剂与传统工艺去除 DOC 比较

图 8-4　铝系混凝剂与传统工艺去除 UV_{254} 比较

从图 8-3 和图 8-4 可以看出，4 种铝系混凝剂对有机物的去除表现出和对浊度去除较一致的规律，HPAC 对 UV_{254} 和 DOC 具有最佳的去除效率，明显优于传统工艺。气浮和过滤出水 UV_{254} 去除率较传统工艺提高一倍以上，DOC 的去除率较传统工艺提高 70%以上。EPAC 和 PACl 对 UV_{254} 和 DOC 的去除率明显优于传统工艺。$AlCl_3$ 对 DOC 的去除效率略优于传统工艺，对 UV_{254} 的去除效率与传统工艺相当。高效絮凝剂 HPAC、PACl 与传统工艺对比的经济分析见表 8-1。可以看出使用 PACl，不仅混凝工艺效率明显提高，而且水处理药剂成本也降低；采用 HPAC，水处理药剂成本略有增加，但混凝出水水质显著改善，有利于降低后续工艺的处理成本。综合考虑，HPAC 具有较强的工艺推广价值。

表 8-1　HPAC、PACl 与传统工艺的经济分析

药剂	推荐方案一	推荐方案二	传统工艺		
	HPAC	PACl	$FeCl_3$	$NaSiO_3$	HCA
单价/(元/t)	2400	1200	680	700	12 000
投药量/(mmol/L)	0.04	0.06	0.06	29.3mg/L	0.2mg/L
药价/(元/t)	0.048	0.036	0.0165	0.021	0.0024
总药价/(元/t)	0.048	0.036		0.0395	

8.3　气浮与沉淀工艺对强化混凝的影响

8.3.1　有机物去除对比

从图 8-5 可见，当使用 HPAC 时气浮工艺对有机物的去除效率明显优于沉淀工艺。气浮出水的 TOC 去除率比沉淀出水的 TOC 去除率高 5%左右，气浮—砂滤出水的 TOC 去除率比沉淀—砂滤出水的 TOC 去除率高 9%左右，与使用铁盐时气浮与沉淀工艺 TOC 的去除率形成鲜明对比，如图 8-6 所示。当使用铁盐时，气浮出水和沉淀出水的 TOC 去除率没有明显差别。这与 Edzwald、O'Melia 等和 Malley 的研究结论一致[6~8]，使用铝盐、铁盐和聚合铝时，固液分离单元对有机物的去除影响不大，有机物的去除效果取决于混凝单元效率。从图 8-7 和图 8-8 中 DOM 的分级表征结果可见，使用 HPAC 气浮工艺较沉淀工艺能更有效地去除憎水碱性和憎水中性有机物。

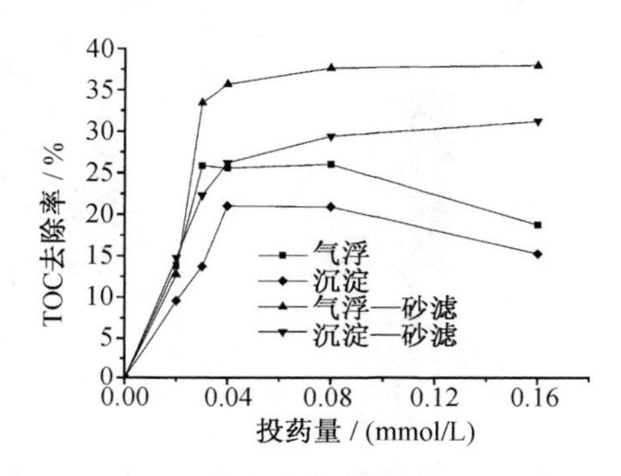

图 8-5　不同工艺对 HPAC 去除有机物比较

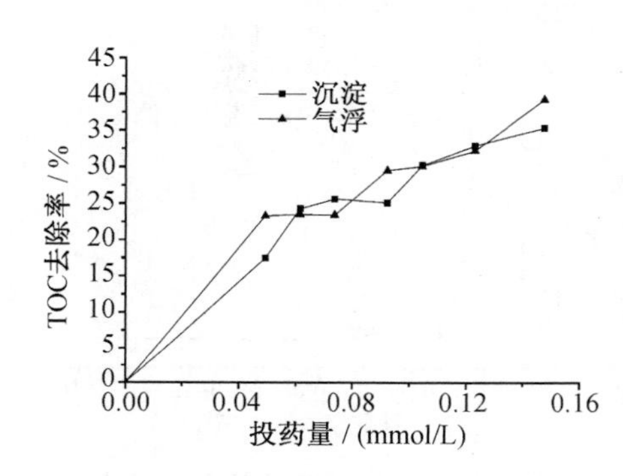

图 8-6　不同工艺对 $FeCl_3$ 去除有机物比较

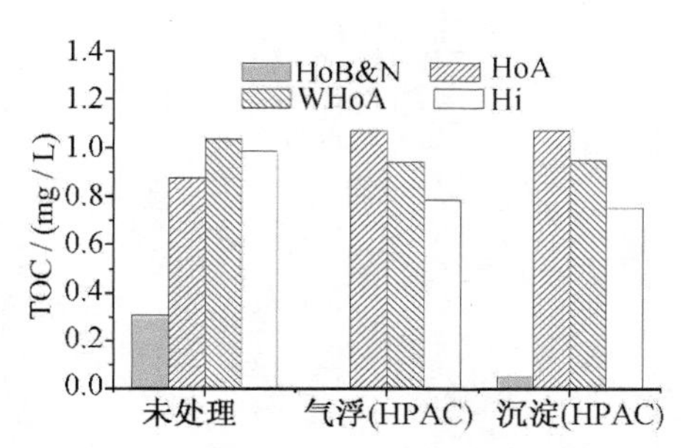

图 8-7　气浮与沉淀工艺出水中 DOM 树脂分级

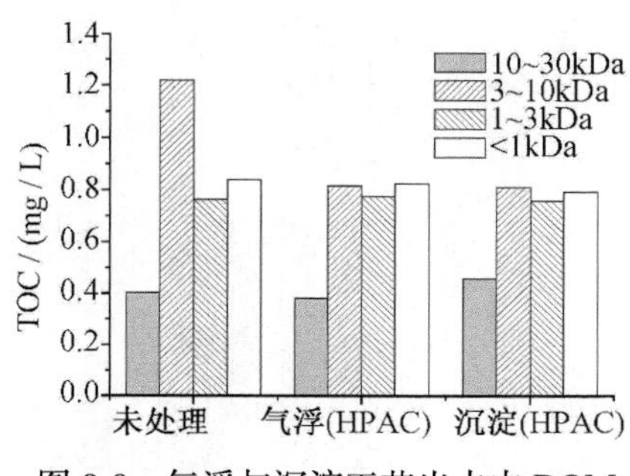

图 8-8　气浮与沉淀工艺出水中 DOM 膜分级

8.3.2　颗粒物去除对比

从图 8-9 可以看出，使用 HPAC 时，虽然气浮和沉淀出水浊度有较大差别，但是砂滤出水的浊度没有明显的差别，均达到 0.1NTU 以下。表明 HPAC 形成的絮体通过沉淀工艺较难去除，不能很好地分离，但能被砂滤工艺很好地截留下来。

进一步分析气浮和沉淀出水颗粒物成分可以看出，气浮工艺可以将颗粒物中挥发性成分(VSS)去除 25%左右，而沉淀工艺对 VSS 的去除率为负值。当使用 $FeCl_3$ 作平衡对比发现，$FeCl_3$ 气浮出水颗粒物中挥发性成分含量基本保持不变，如图 8-10 所示。HPAC 对憎水性有机物具有更强的脱稳去除能力，其形成的絮体中憎水性成分含量更高，能更好地和憎水性气泡结合被去除。但 HPAC 所形成的部分絮体较细小、松散，沉淀工艺不能很好地去除，使沉淀后颗粒物中挥发性成分含量反而升高。从图 8-11 可以看出，气浮池中气泡的扰动使松散的 HPAC 絮体破碎残留在水体中，尤其是有机物含量较高的松散絮体。使用 HPAC 时，气浮工艺出水中小粒径的颗粒物所占的比例明显高于沉淀工艺出水。

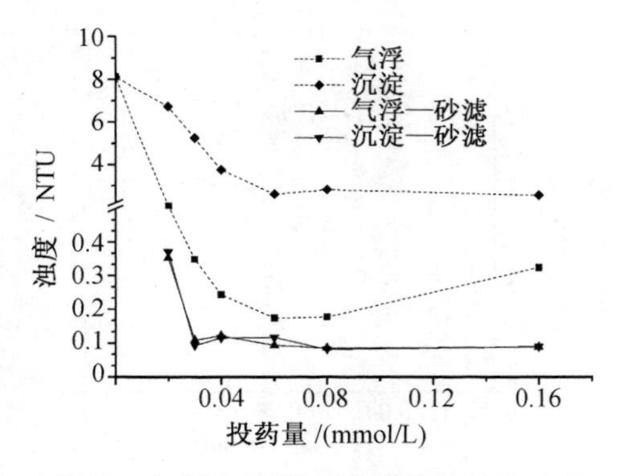

图 8-9　气浮与沉淀工艺的除浊效率比较

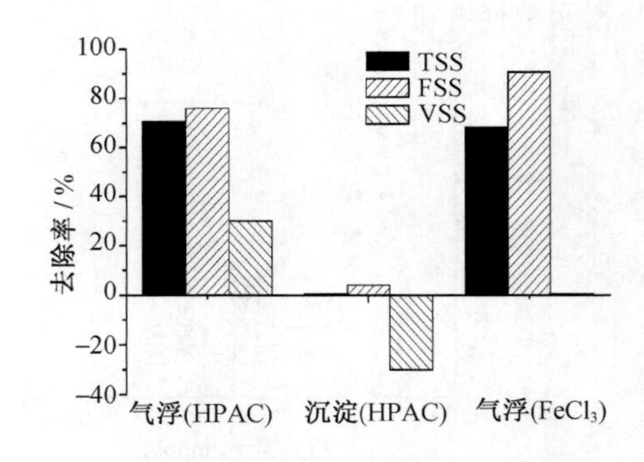

图 8-10　气浮与沉淀工艺对 FSS、VSS 和 TSS 去除效率比较

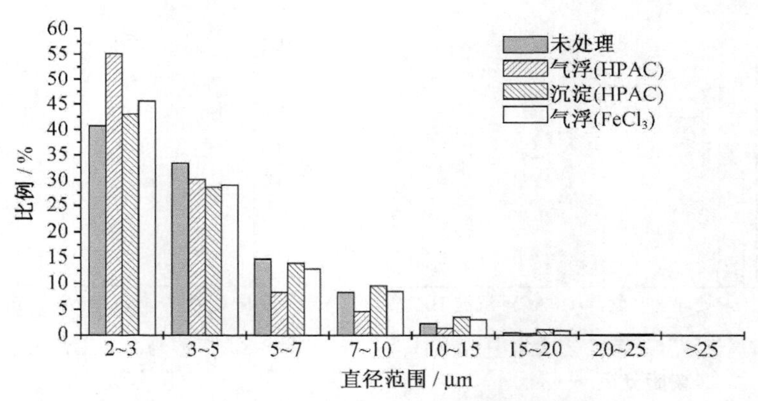

图 8-11　气浮与沉淀工艺对颗粒物去除效率比较

8.4　预氧化工艺对混凝的影响

8.4.1　预臭氧化的除浊作用

臭氧对除浊的影响很复杂，与水质和臭氧投加量等多因素有关。很多学者认为臭氧对地表水有一定的助凝作用[9]，但是臭氧的助凝作用只发生在臭氧投量较小时[10,11]。Chang 和 Singer 考察了 12 种不同原水，发现臭氧化助凝效应与臭氧投量

和硬度/TOC 值有关[12]，对于低 TOC 含量(2mg/L)且硬度与 TOC 比值大于 25 的原水较易于发生微絮凝。混凝剂投加量主要受颗粒物控制，适宜的臭氧投加量为 0.5 $mgO_3/mgTOC$ 左右；对中高 TOC 含量和 pH 较高的原水进行预臭氧化或者采用高臭氧量，则可能产生过多高电荷、小分子有机物，不利于改善混凝和过滤效果。也有的学者报道[13]，在任何臭氧投量下(0~6.0mg O_3/mg TOC)，胶体的负电荷密度都增加，导致混凝剂增加，不利于混凝。因此受水中成分、臭氧投量等多种因素影响，对除浊的实际影响应针对具体的原水水质。分别考察了预臭氧对使用 HPAC 和 $FeCl_3$ + HCA 处理天津水体的影响。试验结果如图 8-12 至图 8-15 所示。可以看出，预臭氧投加后，浊度显著升高，但对 $FeCl_3$ 去除浊度具有明显的促进作用。无论是在常规还是高臭氧投药量下，预臭氧投加后使用 $FeCl_3$ 气浮出水浊度明显低于不采用预臭氧工艺气浮出水。

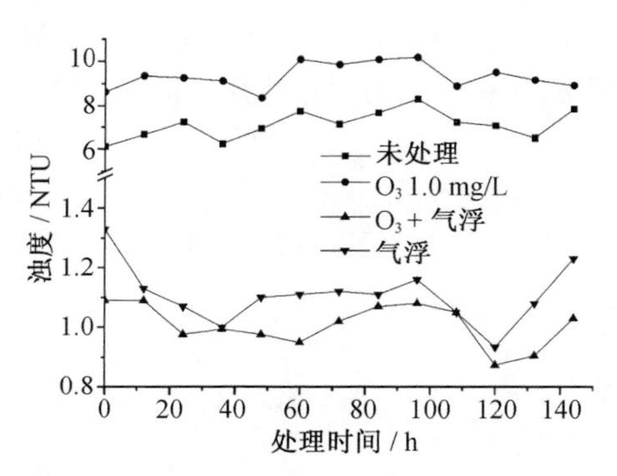

图 8-12　预臭氧(1.0mg/L)对 $FeCl_3$ 除浊影响

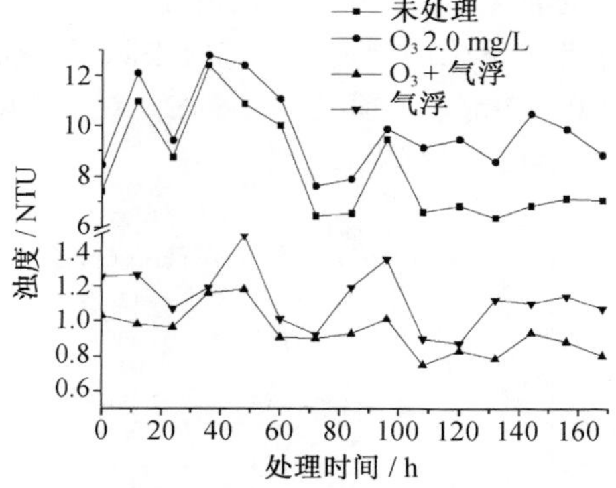

图 8-13　预臭氧(2.0mg/L)对 $FeCl_3$ 除浊影响

图 8-13 和图 8-14 是预臭氧在常规和高投药量下对 HPAC 去除浊度的影响结果。可以看出，预臭氧对 HPAC 去除浊度的促进作用不明显，预臭氧投加后使用 HPAC 气浮出水浊度和不采用预臭氧工艺气浮出水浊度相当。

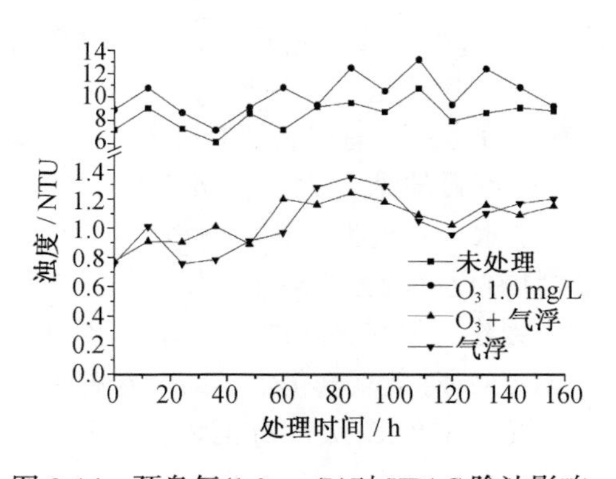

图 8-14　预臭氧(1.0 mg/L)对 HPAC 除浊影响

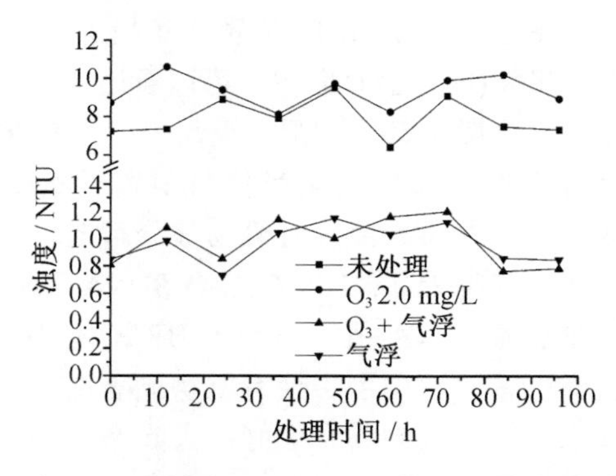

图 8-15　预臭氧(2.0 mg/L)对 HPAC 除浊影响

8.4.2　预臭氧化去除水中有机污染物

尽管臭氧的氧化能力极强，但主要是选择性地与水中有机污染物作用，破坏其不饱和键，导致部分有机物极性增加、可生化性提高，对 TOC 影响很小。臭氧很难将有机污染物彻底矿化，主要以中间产物的形式存在于水中。臭氧氧化腐殖酸后，TOC 或者减少或者不变，同时产生一些中间副产物，如有机酸、醛、酮等。

分别考察了预臭氧对使用 HPAC 和 $FeCl_3$ + HCA 去除有机物的影响。试验结果如图 8-16 至图 8-19 所示。可以看出，预臭氧能显著降低原水的 UV_{254} 值，对 HPAC 和 $FeCl_3$ + HCA 去除 UV_{254} 的影响作用表现出明显的区别。对于 $FeCl_3$，预臭氧在 1.0mg/L 的投药量下，对去除 UV_{254} 有明显的促进作用，预臭氧投加后使用气浮单元出水 UV_{254} 去除率明显高于不采用预臭氧工艺。但预臭氧在 2.0mg/L 的投药量下，对 $FeCl_3$ 去除 UV_{254} 没有促进作用，预臭氧投加后使用气浮出水 UV_{254} 去除率明显低于不采用预臭氧工艺时去除率。研究表明，使用 $FeCl_3$，臭氧的最佳投药量在 1.0~1.2mg/L，预臭氧过量时，对 $FeCl_3$ 去除浊度有一定的促进作用，但对 UV_{254} 的去除有抑制作用。

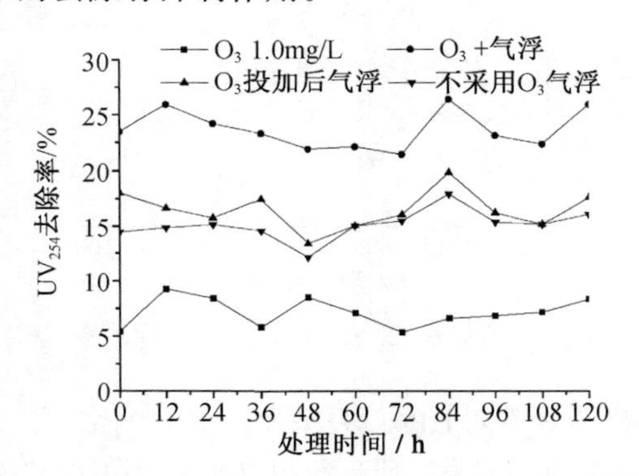

图 8-16　预臭氧(1.0mg/L)对 $FeCl_3$ 除 UV_{254} 影响

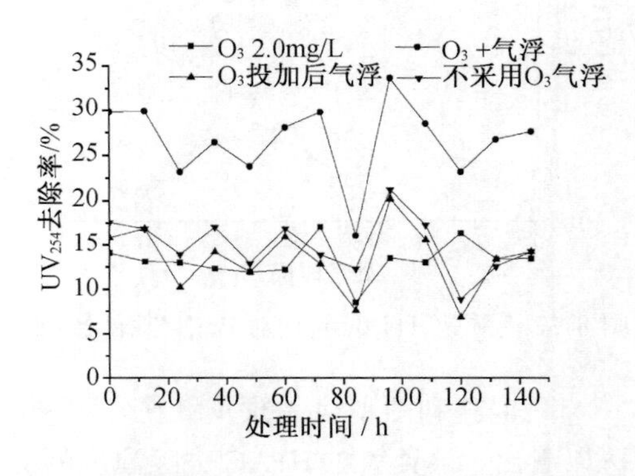

图 8-17　预臭氧(2.0mg/L)对 $FeCl_3$ 除 UV_{254} 影响

图 8-18 和图 8-19 为预臭氧投加量分别在 1.0mg/L 和 2.0mg/L 下，对 HPAC 去除有机物(UV_{254})的影响。可以看出，在较高和常规投药量下，预臭氧对 HPAC 去除有机物影响都不明显。臭氧一方面氧化分解部分憎水性有机物，生成酸、醛、酮等有机物，部分氧化产物与阳离子絮凝剂具有更强的结合力，促进有机物的去除；另一方面，部分有机物被分解成小分子、亲水性有机物，絮凝剂需要量增加，不利于混凝去除。HPAC 对高 SUVA 类有机物具有更好的去除效果，预氧化显著降低原水的 SUVA 值，不利于 HPAC 对有机物的去除。但是，从图 8-20 看出预氧化使憎水碱性和憎水中性有机物显著增加，而 HPAC 对臭氧氧化生成的憎水碱性和憎水中性有机物具有更好的去除率。因而，臭氧对 HPAC 去除有机物影响不是很明显。

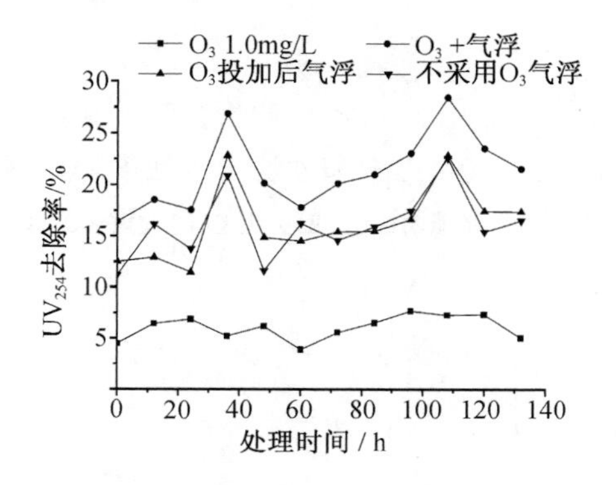

图 8-18　预臭氧(1.0mg/L)对 HPAC 除 UV_{254} 影响

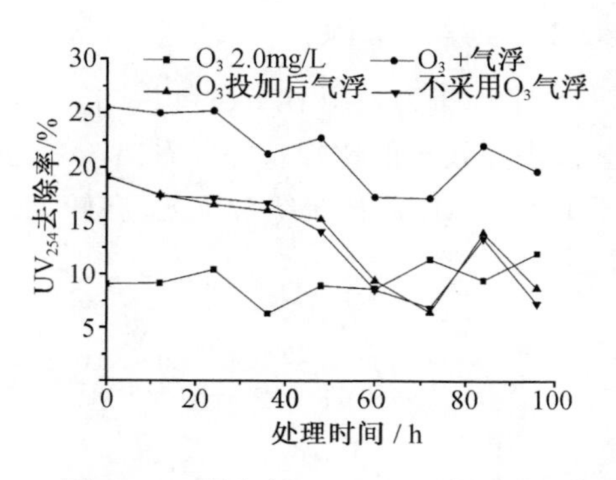

图 8-19　预臭氧(2.0mg/L)对 HPAC 除 UV_{254} 影响

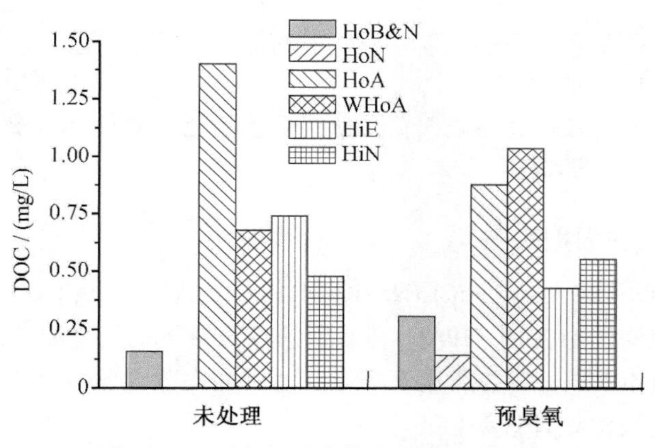

图 8-20　预臭氧对水体有机物极性影响

8.5　强化混凝对过滤工艺的影响

研究对比了传统混凝工艺与高效聚合铝(HPAC)对过滤工艺的影响研究，试验结果表明，采用 HPAC 不仅能显著改善过滤工艺的出水水质，而且能延长滤池的过滤周期。

8.5.1　有机物的去除

图 8-21 为混凝单元分别采用 HPAC 和 $FeCl_3$($NaSiO_3$, 1:1) + HCA(0.15mg/L)时，通过气浮过滤工艺去除水体中有机物效果的比较。可以看出，HPAC 在较低的投药量下，能对水体中的有机物有较好的去除效果，滤后水有机物去除率显著高于采用 $FeCl_3$ 和 HCA(0.15mg/L)的组合的去除率。而 COD_{Mn} 和 UV_{254} 的去除率均提高 50%以上。

8.5.2　浊度的去除

图 8-22 为采用 HPAC 和 $FeCl_3$ + HCA(0.15mg/L)对水体颗粒物在气浮和过滤工艺段去除效果的比较。可以看出，采用 HPAC 气浮出水和砂滤出水浊度均显著低于 $FeCl_3$ + HCA 传统组合工艺。在较低投药量下，砂滤出水浊度可以降低到 0.2NTU 以下。

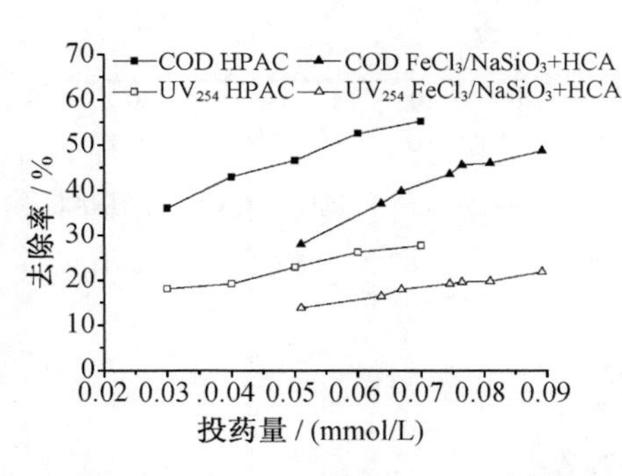

图 8-21　HPAC 与传统工艺滤后水有机物去除效率比较

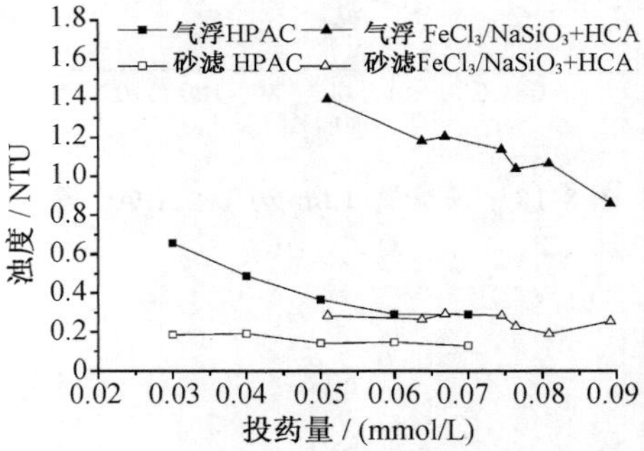

图 8-22　HPAC 与传统工艺除浊比较

8.5.3　对滤池过滤周期影响

图 8-23 为采用 HPAC 和 $FeCl_3$($NaSiO_3$, 1:1) + HCA(0.15mg/L)对砂滤池过滤周期影响比较。可以看出，使用 HPAC 在较低的投药量下就能将滤池的过滤周期延长一倍以上，达到 40h 以上。并能显著降低滤池反冲次数和反冲水用量，降低水处理成本，也为提高滤池处理效率留下空间。

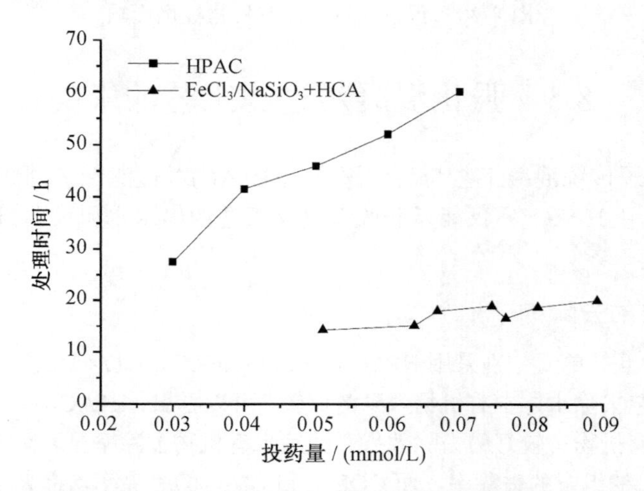

图 8-23　絮凝剂 HPAC 与传统工艺对滤池过滤周期影响比较

8.6　系统优化的检测评价

水处理各工艺单元必须相互补充、相互辅助，是一个有机整体，不仅要使各工艺段具有较高的处理效率，而且各工艺单元应发挥协同作用，使整个工艺系统达到最佳效率。对系统集成优化成果进行检验，考察水体中有机物、颗粒物及金属元素在整个工艺系统中的迁移变化规律，找出工艺系统的不足。

8.6.1　全流程颗粒物成分分析

天津原水中颗粒物中有机碳(POC)/总有机碳(TOC)为 4.25%，低于 10%。POC/挥发性悬浮固体(VSS)只有 5.84%，远低于生物颗粒物中 40%的比例，天津原水中颗粒物主要是无机颗粒物。整个水处理工艺对颗粒物有较好的去除效率，对总悬浮固体(TSS)、非挥发性悬浮固体(FSS)和 VSS 的去除率达到 90%以上(图 8-24)。尤其混凝气浮和砂滤工艺对 TSS 具有较好的去除效果，TSS 相对去除率分别达 70%和 58%，混凝气浮对 FSS 的相对去除率达到 6%。预臭氧氧化和中间臭氧氧化对 VSS 具有很好的去除效果，去除率均达 16.7%，但 TSS 的去除效果不明显，甚至预氧化使 TSS 增加。VSS 主要是有机物，易被臭氧氧化去除。Reckhow 认为颗粒物脱稳聚集是因为以下几方面的原因[14]：① 臭氧氧化水体有机物产生羧酸，羧酸与水体中的铝、镁和钙等金属离子结合形成金属腐殖酸络合物相互聚集形成大的颗粒物；② 臭氧氧化吸附在颗粒物表面的有机物，使之变小，降低颗粒物表面极性，便于颗粒物聚集；③ 臭氧氧化使水体中有机物聚合，这些聚合体通过架桥作用使颗粒物聚集；④ 臭氧氧化分解铝、铁、镁和钙等金属离子与有机物形成的络合物，这些解离出来的金属离子在水体中起到絮凝剂的作用使颗粒物聚集；⑤ 臭氧消灭活藻类，藻类释放出生物聚合体，生物聚合体起到絮凝剂的作用。

Jekel 根据 Edwards 和 Benjamin 的试验结果认为臭氧使 CO_2 流失形成 $CaCO_3$，也使 TSS 增加，Chandrakanth 的研究证实了钙离子的重要作用[13~17]。此外，Fe、Mn 被臭氧氧化生成氧化物沉淀也会增加 FSS。生物活性炭过滤对颗粒物有一定的去除效果，但因此时颗粒物含量很低，因而去除率也较低，主要去除砂滤没能去除部分颗粒物和中间臭氧氧化产生的 Fe、Mn 等金属氧化物沉淀。生物活性炭出水 VSS 的增加，表明活性炭中的微生物有泄漏。混凝气浮对 VSS 的去除率虽然没有 FSS 那样高，但去除率也达到 25%，砂滤对 VSS 的去除率是所有工艺流程中最高的，达到 37.5%，甚至高于砂滤对 FSS 的去除率。一方面，在混凝阶段，HPAC 使部分溶解性有机物脱稳，形成的絮体比较细小；另一方面，气泡的扰动使松散的有机物絮体破碎，气浮工艺不能很好地去除这部分絮体，但这部分絮体经过砂层滤料时，能被有效去除。

从图 8-25 n(n=FSS/TSS) 的变化可以看出，预氧化对有机物的氧化去除使 n 值增加，混凝工艺中絮凝剂的投加使溶解性有机物脱稳聚集，VSS 增加，n 值从 88%降低到 72%，砂滤使 n 上升到 76%。中间氧化使 n 升高到最大值 94%，VSS 被很好地去除，此时的 TSS 主要是中间臭氧氧化产生的 Fe、Mn 等金属氧化物沉淀。

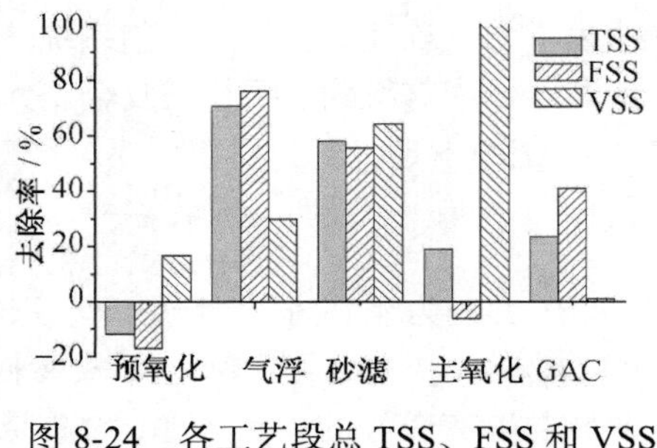

图 8-24　各工艺段总 TSS、FSS 和 VSS 的去除率

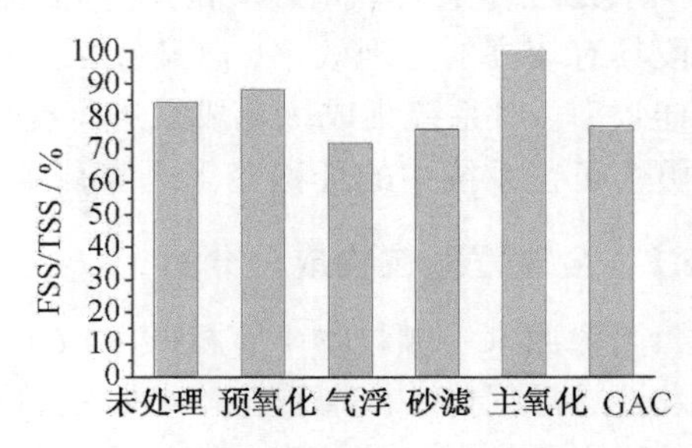

图 8-25　各工艺段的 FSS/TSS 值

8.6.2　全流程金属元素迁移分析

用 ICP-OES 对水处理各工艺阶段出水中的金属元素进行了检测。ICP-OES 能同时检测多种元素，由于部分金属元素低于检测限，只对 K、Ca、Mg、Al、Fe 5 种元素进行了检测，试验结果(图 8-26)显示，溶解性各种金属元素在各工艺单元变化不大，但 K、Ca、Mg、Al、Fe 元素在颗粒物中的含量逐渐上升，从原水中 9.55%升高到 76.88%，与 Inoue 等的从 16%升高到 60%结果比较一致[16]。这说明该水体中硅的含量较高，絮凝作用对硅有较好的去除效果。在预氧化和中间氧化工艺单元，铁被氧化成三氧化铁沉淀，颗粒态 Fe 明显地增加。黄河水总硬度达到 200mg/L，Ca^{2+}浓度达到 70mg/L，臭氧氧化使 CO_2 释放，部分钙溶解形成 $CaCO_3$ 沉淀，溶解态 Ca 在中间氧化后有所降低。混凝过程发生在 pH 7.5 左右，此时铝的溶解度很低。另外，天然水体中有机物与铝的络合基本饱和，所以铝系絮凝剂 HPAC 的投加使溶解性铝浓度只略微升高。絮凝剂水解产物与水体颗粒物、胶体和溶解性有机物作用，形成絮体。受气浮工艺效率的限制，水体中的颗粒态铝有所增加，后续的砂滤工艺能很好地将这部分颗粒态铝去除。中间氧化能使铝和有机物形成的稳定络合结构被破坏，溶解态铝降低，最终出水总铝降低到 0.03 mg/L(图 8-27)，低于 USEPA 0.05 mg/L 的标准和我国 0.2mg/L 的标准。

8.6.3　全流程颗粒物去除规律

黄河水具有较高的浊度，较难去除。充分认识水体中颗粒物迁移转化规律对提高水厂工效具有重要意义。浊度、颗粒计数、激光粒度仪是水处理工艺中颗粒表征的 3 种常用技术，各有优点和局限性，具有很强的互补性。综合以上 3 种技术对全流程颗粒物数量及分布进行表征，结果如图 8-28、图 8-29 和表 8-2 所示。

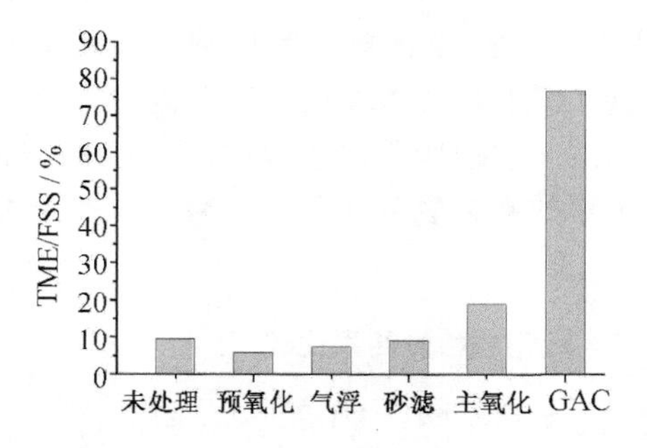

图 8-26　各工艺段颗粒物中金属元素与 FSS 比值

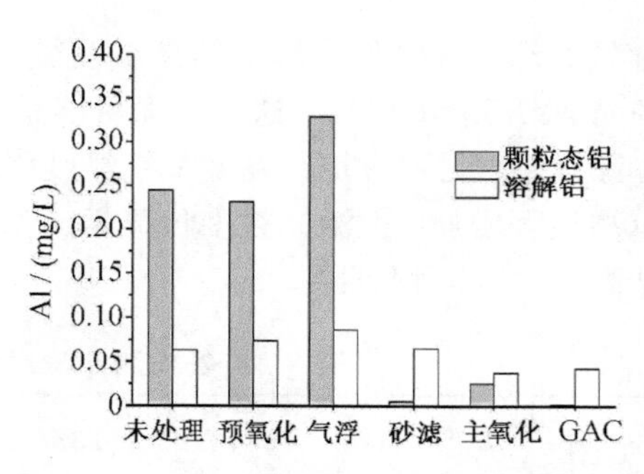

图 8-27　工艺流程金属铝元素迁移转换规律

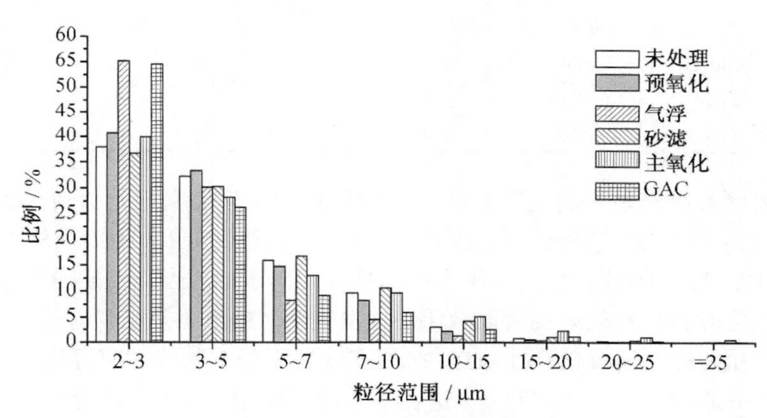

图 8-28　各工艺段颗粒物分布

秋冬季节黄河水浊度在 12NTU 左右，颗粒计数结果显示，在大于 2μm 的颗粒物中，主要由小粒径颗粒物组成，其中粒度小于 10μm 的颗粒数达到 95%以上。激光粒度仪显示结果如图 8-28 所示，各种大小颗粒物按体积基本呈正态分布，其平均粒径为 14.9μm。

气浮/沉淀、石英砂滤池和活性炭滤池是对颗粒物去除效率最高的 3 个工艺单元，虽然石英砂滤池和活性炭滤池对颗粒物绝对去除率没有气浮工艺那样显著，但相对去除率也在 85%以上。通过气浮工艺能有效地去除水体中的颗粒物，浊度从 13.6NTU 降低到 1.07NTU，颗粒数去除效率达到 90%以上。经过气浮工艺，不仅水体中粒径大于 10μm 的颗粒物基本被去除，大于 3μm 的颗粒物在绝对数量和相对百分

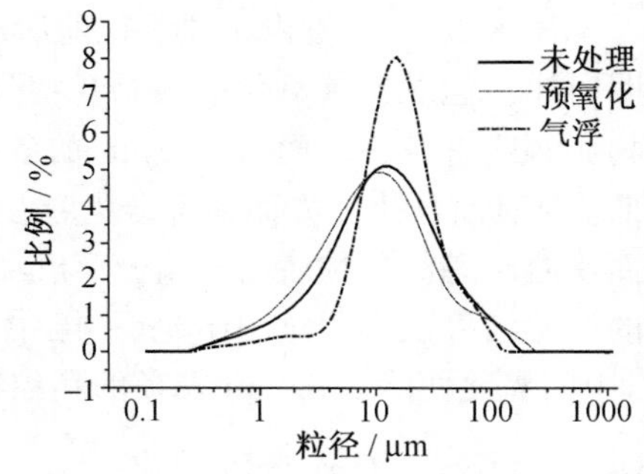

图 8-29　工艺流程各工艺段颗粒物体积分布图

含量上都显著降低，剩下的是小粒径颗粒物，2~3μm 的颗粒物比例从预氧化出水的 40%升高到 55%。这一方面可能是由于气浮工艺对较大粒径的有机物有较好的去除效果，另一方面，混凝及气浮过程中，由于胶体脱稳聚集及破碎，使小粒径颗粒物显著增加。但激光粒度仪显示，气浮出水的颗粒物的体积平均粒径、表面积都升高，比表面积下降。

表 8-2　各检测方法对各工艺段颗粒检测结果比较

工艺段	浊度/ NTU	TSS / (g/L)	FSS/TSS / %	颗粒数 / 个	体积密度 / %	体积平均粒径 / μm
未处理	12	0.0304	84.21	77 943	0.0032	27.2
预氧化	13.6	0.034	88.24	70 421	0.0035	20.2
气浮	1.07	0.01	72.00	5577	0.0007	21.5
砂滤	0.099	0.0042	76.19	845	—	—
主氧化	0.088	0.0034	100	908	—	—
GAC	0.098	0.0026	76.92	111	—	—

砂滤对颗粒物有较好的去除率，其颗粒数相对去除效率可以达到 90%，各种粒径的颗粒物数量均显著降低，浊度从 1.07NTU 降低到 0.107NTU。从图 8-28 可以看到，使 2~3μm 的颗粒物数量所占比例从气浮出水的 55%降低到 37%，这说明砂滤对小粒径颗粒物有较好的去除效果，这也表明，过滤工艺不仅有截留作用，而且吸附等作用也是很重要的作用机制。截留在滤料上的颗粒物破碎穿透滤料使大粒径颗粒物的去除率降低，比例升高。这在夏季滦河水中更明显，部分大粒径颗粒物数量砂滤出水大于滤前水。

炭滤对颗粒物的去除率达到 87%，最终使浊度降到 0.088NTU，颗粒物总数降低到 110 个/L。炭滤对各种粒径的颗粒物都有较好的去除效果，尤其对大粒径的颗粒物。使 2~3μm 的颗粒物数量所占比例从中间氧化出水的 40%升高到 55%。这与砂滤的结果形成鲜明对比。

从图 8-28 可以看出，预氧化前后水体颗粒数降低 10%，与 TSS 试验结果形成鲜明对比。但对比预氧化前后颗粒物分布可以看出，预氧化使粒径在 2~3μm 的颗粒物比例略有升高，而大于 3μm 的各种粒径颗粒物在绝对数量和百分比例上都有降低。臭氧预氧化一方面使部分大粒径的颗粒物分解破碎变成小粒径的物质，另一方面使溶解态污染物脱稳聚集，形成细小絮体，从而使浊度、TSS 升高。激光粒度仪的试验结果证实了这一结论，颗粒体积密度升高，而平均粒径降低，比表面积增加。中间氧化使除 3~10μm 粒径的颗粒物数量减少外，其他各种粒径颗粒数都增加。

8.6.4　全流程 DOM 迁移转化

图 8-30 是水处理工艺流程中 DOC、SUVA 和 THMFP 的变化。可以看出，该

工艺对有机物有较好的去除效果，DOC 去除率达到 44%以上，出厂水的 DOC 降低到 1.9 mg/L 以下，使消毒副产物指数去除率达到 50%左右。SUVA 也从 3.2 降低到 1.8。整个水处理工艺流程中，对有机物去除效率较高的处理单元是混凝气浮、中间氧化和生物活性炭吸附工艺，DOC 去除率分别达到 13%、12%和 18%。

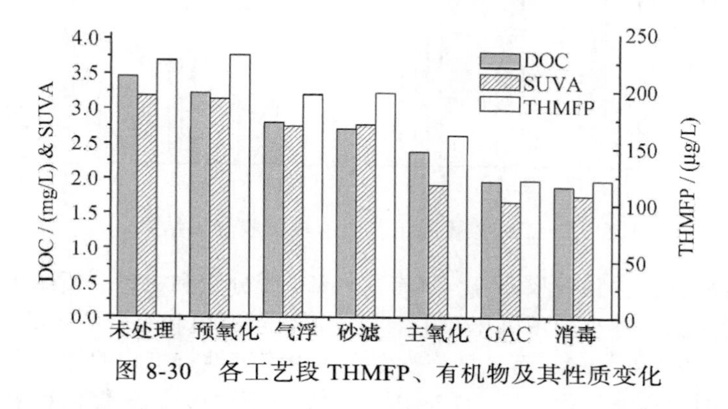

图 8-30 各工艺段 THMFP、有机物及其性质变化

虽然混凝气浮工艺对 DOC 去除率只有 13%，但考虑到黄河水的高碱度(166 mg/L $CaCO_3$)和低 TOC，再加上 4.25%比较容易去除的颗粒状有机物和过滤工艺的 3%的 DOC 去除率，TOC 的去除率可以达到 20%左右，远远高于 USEPA 对这类水质 TOC 15%去除率的标准。从图 8-31 和图 8-32 可以看出，混凝气浮工艺主要去除分子质量较大的那部分有机物，对分子质量小于 3kDa 的有机物基本没有去除效果，这和前人的研究基本一致。树脂分级结果显示，混凝气浮能将憎水中性和碱性有机物完全去除，但憎水性酸反而增加，亲水性有机物减少。这可能是因为絮凝剂将弱憎水性的小分子和亲水性有机物联系起来，形成大的分子，憎水性增强，所以憎水性酸增加。图 8-32 膜分级表明大分子(>10kDa)有机物的去除率不及中间分子质量(3~10kDa)有机物的去除率。

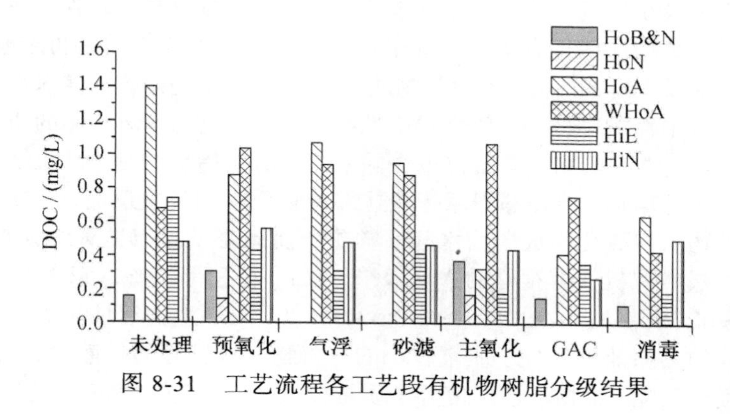

图 8-31 工艺流程各工艺段有机物树脂分级结果

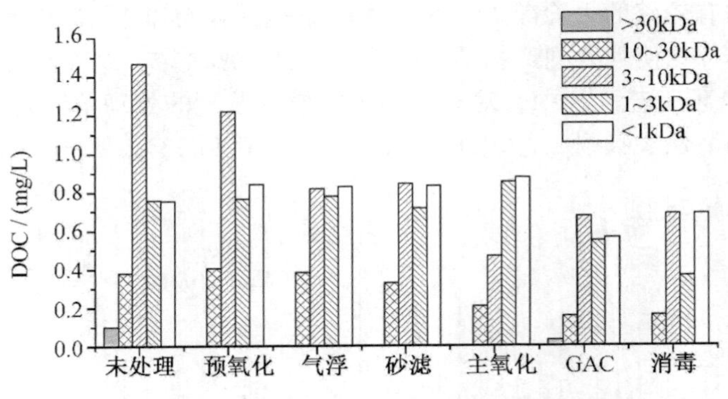

图 8-32　工艺流程各工艺段有机物膜分级结果

砂滤对有机物的去除效果不高，只有 3.19%。膜分级和树脂分析结果显示，其对有机物的性质影响很小。预氧化和中间氧化不仅对有机物有较明显的去除效果，去除率分别为 6.7%和 12%，而且显著改变水体中溶解性有机物的性质，使 SUVA 降低，尤其是中间臭氧氧化，使 SUVA 从 2.74 降低到 1.91。预氧化和中间氧化通过臭氧氧化使水体中分子质量分布(MSD)显著改变，将水体中的大分子分解成小分子物质。如图 8-32 所示，预氧化工艺将 30kDa 以上的大分子 DOC 完全氧化成较小分子物质；10~30kDa 的分子百分比略有升高，这部分有机物在混凝单元具有较好的去除率。3~10kDa 的分子比例也降低 5%，小分子有机物比例都有所上升。

中间氧化使较大的分子有机物比例显著降低，3~10kDa 和 10~30kDa 的有机物分别从 12%和 31%降低为 8.7%和 20%，相应的小于 3kDa 的有机物比例升高，促进后续的活性炭分解和吸附。预氧化和中间氧化显著改变有机物的极性，对憎水性酸和亲水性带电有机物具有较好的去除效果，使憎水中性有机物、弱憎水性有机物和亲水中性有机物量增加。试验结果如图 8-31 所示。

在天然水体中有机物是非常复杂的，有些是不同性质的小分子有机物的聚集体。有机物的亲水性与疏水性、酸性与碱性是相对的，可以相互转换，在不同条件下显示不同性质。憎水酸性有机物主要是棕黄酸、链长为 5~9 的脂肪羧酸、1 或 2 个环的芳香羧酸及 1 或 2 个环的苯酚类物质与臭氧反应被氧化成弱憎水性的较短的脂肪羧酸和憎水中性酮和醛类，使憎水中性物质增加。这与 Swietlik 的研究结果一致[19]。HPAC 对这类有机物具有很好的去除效果。值得指出的是，试验结果显示弱憎水酸性物质虽然增加，但并部不意味着这部分物质不和臭氧反应，可能是因为大量的憎水酸性物质被氧化生成弱憎水酸性物质，而掩盖了其与臭氧反应的变化。

生物活性炭对有机物有很好的去除效果，去除率达到 18%，SUVA 也显著降低，从 1.91 降低到 1.67。从图 8-31 和图 8-32 可以看出，生物活性炭对小分子质量有机物有更好的去除效果。分子质量较小的有机物具有较好的扩散性、可生化性，更容易被炭吸附去除。生物活性炭使分子质量较大的有机物比例相对增加，产生少量在前段工序已经被完全去除了的分子质量大于 30kDa 的有机物。树脂分级的数据也显示，生物活性炭显著改变有机物的极性。这可能是因为在生物滤池中，由于微生物的生理代谢活动，在消耗部分有机物的同时产生代谢产物，其中部分代谢产物有较大的分子质量。

消毒工艺采用的是氯氨消毒工艺，由于氯的氧化性，对有机物有一定的去除效果，使 DOC 降低了 3.8%。由于氨的影响，SUVA 略有升高。从图 8-32 和图 8-33 可以看出，消毒工艺使大分子有机物分解成小分子物质，弱憎水酸性和亲水性带电物质也被氧化，使憎水酸性物质和亲水中性物质增加。图 8-33 为部分工艺单元出水中有机物高效液相色谱检测结果。比较图 8-32 可以看出，虽然二者检测的分子质量大小存在差异，但在各工艺单元中有机物性质变化规律表现出一致性，预氧化使部分大分子质量有机物分解，中间分子质量有机物增加；混凝对中间分子质量有机物有较好的去除效果；过滤对有机物分子质量大小影响不大。

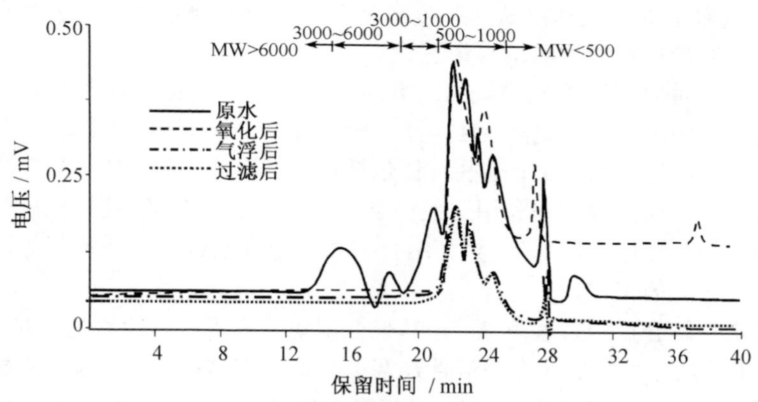

图 8-33 工艺流程各工艺段有机物 HPSEC 检测结果

8.7 发展方向与研究展望

去除水体中的微污染物，降低、消除消毒副产物的危害，是一项联系广泛的系统工程，必须全盘考虑，强化混凝是其中最佳的途径之一。强化混凝去除污染物效果显著，不良副产物在水体残留少、危害性低；降低设备投资和改建费用，使之更具吸引力。以强化混凝技术为核心的相关技术仍然有很多方面值得深入研究。

8.7.1 混凝剂形态组成的重要性及其作用机制

近几十年来，有关混凝剂化学、混凝过程化学的研究在各方面均取得了较大的进展，突出表现在混凝作用机制与 IPF 的研究生产与应用之中。对于传统无机盐混凝剂的作用机制自 20 世纪 60 年代的激烈争论后逐渐趋向物理观与化学观的统一，认为其通过水解形态的吸附电中和、网捕架桥作用使水体颗粒物聚集成长为粗大密实的絮体，在后续流程中得以去除，并建立了若干定量计算模式。同时对于 IPF 的作用机制也取得了一定的进展，与传统药剂的行为特征和效能之间的区别逐步得到明确。然而，有关 IPF 作用机制的认识在很大程度上仍停留在假设推测基础上，缺乏实证性的理论研究，尤其是混凝剂投加后的形态转化规律。同时现有 IPF 为各种形态并存的混合体系，其作用机制显然为各种形态协同作用的结果。如何明确不同形态、粒度大小、荷电特性所相对应的混凝作用机制，仍有待深入的实验研究来阐明。

对于羟基铝聚合絮凝剂的凝聚絮凝作用机制仍缺乏统一认识与相应的计算模式。颗粒物与羟基铝聚合絮凝剂的微界面过程研究包括：表面电荷密度分布变化、颗粒间相互作用力的直接测定、表面吸附与表面沉淀转化过程、表面络合模式建立。建立适用于羟基聚合铝絮凝剂的定量计算模式与絮凝动态过程的精确监控，从溶液 pH、絮体粒径分布、絮体结构与强度等变化来优化絮凝过程的工艺参数，并应用小试或中试实验进行模式测试与修正。

如果能大量获得可溶性铝盐/Al_{13} 沉淀，或者寻求一条在温和条件下使得沉淀能够迅速溶出的工艺，有望实现工业上大规模生产 Al_{13}。Al_{13} 的混凝与其具有不同于简单铝盐的特性密切相关，这些特性包括不同的溶解平衡、特殊的吸附活性结合位、高电荷等。如何界定并利用这些特点，最大限度发挥其在混凝过程中的作用，与有机物的相互作用机制如何，如何结合表面络合理论进行定量模拟等都是混凝科学走向定量研究的关键。

铝的水解聚合反应过程复杂，羟基聚合制备过程受很多因素的影响，所生成的羟基铝，尤其是处于介稳状态的活性羟基聚合铝形态多样。迄今为止所能直接用仪器鉴定的铝形态还仅限于几类，而大量铝形态的直接鉴定还有待于更为精确的先进仪器的出现。双水解模式的验证还处于初级阶段，其中涉及的六元环结构铝的存在如何能够得到直接鉴定将关系到到整个水解模式的完整性。Al_{13} 的四面体结构究竟如何获得，为什么 keggin-Al_{13} 相对其他的异构体更能稳定存在以及立方烷结构是否也是其中的前驱体，还需要结合现代仪器如同位素交换、量子化学计算、高能量 NMR 做进一步的分析。基于 k 值判据的 Ferron 法与实验具体条件关系很大，能否建立一套在各实验室之间通用的标准方法，获得丰富可靠的铝形态速度常数数据库，是进一步提高 Ferron 法的可靠性和科学性需要解决的问题。Al_{13} 的转化过程中四面体如何消失成为六元环结构也需要着重加以研究。Al_{13} 及高聚物如 Al_{30} 或其他替代或各种改性产物潜在一定的应用开发前景。随着大量 PACl 的使用以及酸雨问题的出现，环境中 Al_{13} 的生成转化及其毒性研究也需加重视。

对于高碱度水体，pH 优化和沉淀软化工艺对有机物有较好的去除效率，但对水厂基础设施、副作用和经济成本的影响需要深入研究。混凝效果与水质特征及混凝剂的形态变化规律密切相关。对 DOC、UV_{254} 和浊度的去除效果受聚合铝混凝过程中水解产物形态的显著影响，在混凝过程中表现出不同去除机制。混凝剂的水解形态是影响絮凝性能的重要因素，但对水体有机物性质和絮凝剂的作用机制有待于进一步研究。控制消毒副产物是一项系统工程，需要一系列包括强化混凝在内的工艺组合。深入系统研究强化混凝与水处理的其他工艺处理相结合、相协调的问题，以期高效、经济地消除 DBP 的危害。

投药量的影响作用，需要在明确常规药剂、纳米絮凝剂(如 Al_{13} 的含量在 70%以上)以及工业聚合铝的不同作用特征基础上，补充不同有机高分子絮凝剂的作用，进行有机高分子絮凝剂的选择，型号/种类/分子质量/荷电特征的影响作用研究。进一步在恒定投药量下，考察不同有机高分子絮凝剂及其投药量的影响作用。同时结合在不同投药量下，考察不同 pH 的影响作用，明确混凝剂的形态生成与转化特征，及其在不同混凝过程中所发挥的不同作用机制。随着混凝剂作用机制的深入研究，尤其是混凝剂投加后的形态转化规律得到逐步明确，对于既定水系和水质条件(包括预氧化、预加酸碱等前处理过程所引起的水质变化)，如何明确不同形态、粒度大小、荷电特性所相对应的混凝作用机制，进行混凝剂的优化与选择显得十分重要。根据水体颗粒物、有机污染物等不同的水质目标，优化筛选高效混凝剂，确立最佳工艺去除目标。

8.7.2　反应器与反应条件的重要性

混凝过程是一集众多复杂物理化学乃至生物反应于一体的综合过程，在既定条件下，包括诸如水溶液化学、水力学因素以及不断形成与转化的絮体之间或碰撞或黏附或剪切等物理作用及其微界面物理化学过程等。混凝技术的高效性取决于高效混凝剂、与之相匹配的高效反应器、高效经济的自动投药技术与原水水质化学等多方面的因素。不同混凝剂表现出不同的混凝特性，如与有机物的反应特性以及水力条件的要求等，从而要求与之形态分布与反应特征相适应的高效反应器。对反应器的组成结构、水力条件、反应过程控制进行相应的优化，以达到反应过程的最优化控制，与特定目标污染物去除的进一步强化。

对于混凝工艺过程需要进一步探讨搅拌方式的影响，拦截絮凝、气浮、直接过滤等分离过程的不同特性、不同水质状况的适应性与最优工艺条件(如搅拌强度与反应时间等)的选择等。另外，还需要进一步明确絮体的形成机制、絮体结构控制方式与絮体形成的强化工艺，以达到对于原始水体颗粒物以及混凝过程形成的颗粒物的最优去除，并相应达到对有机物的优化去除。基于混凝过程中水质参数的变化，絮体结构的形成与物化特性而相继开发了多种形式的自动监控与投药控制技术，如，传统的混凝烧杯试验以明确水质-药剂计量关系，基于颗粒物荷电特性的流动电流检测器、胶体滴定法与 ξ 电位测定，基于絮体形成和结构特性的单因子投药控制和 CCD 技术的应用以及多类颗粒计数仪等。对于这些技术的选择使用和优化，可以进一步强化水处理过程的控制，达到工艺操作的最优化。

絮体的结构与性能在混凝研究中占据极其重要的地位，同时对后续分离过程起着决定性的作用。絮体形成的动态过程，其结构、形态、性能以及随不同条件的变化规律必然成为研究中的重点和热点。鉴于混凝过程本身的复杂性，针对特定条件下形成的絮体只作了比较初步的研究探索，而随着现代物理分析检测手段与新方法、新理论的引进，能够更加深入的对以下几个方面加以研究。

(1) 在混凝研究过程中，分形理论起了很大的促进作用，启发人们对絮体结构、混凝机制和动力学模型做进一步的认识。混凝过程中絮体分维的变化可用来预测不同絮体结构形成的转折点，还可以进一步对絮体形成影响因素进行研究，提出最佳混凝控制条件。

(2) 鉴于絮体自身结构的复杂性，目前仍未有对絮体形成时的结合键个数、结合点位及内部吸引力与排斥力等有深刻的认识。因此，测定絮体强度比较困难，除了利用宏观的方法来表示絮体的强度外，利用原子力显微镜结合胶体探针技术也可能成为直接测定絮体强度的有效方法之一。

(3) 如何合理应用现代结构表征技术进行实验室与实际水处理条件下的分形结构与各种影响因素之间的相互关系的研究，深入地探讨水质化学、混凝剂化学以及各种操作条件对絮体形成与结构的影响。

(4) 深入研究混凝过程本质，定量描述其絮体的形成、结构、行为与性能以及诸影响作用关系，通过建立基于人工神经网络的模型，实现对絮体微观物理性状的人工智能调控，为混凝工艺的智能化、集成化提供帮助，对混凝工艺过程的调控与实施具有重要的理论价值与广泛的应用前景。

混凝研究的根本出发点在于水体颗粒物的微界面接触絮凝过程与作用机制的深入研究。传统的絮凝理论是双向碰撞结成粗大絮团加以分离，这种作用机制不能充分发挥纳米絮凝剂和微界面的相互作用优势。现代水处理工艺中有各种技术单元涉及纳米污染物与微界面的吸附絮凝作用，例如，拦截沉淀、微絮凝深床过滤、絮凝溶气气浮、超滤膜污染极化、生物活性污泥、新纳米材料吸附催化等。它们的共同规律是利用微界面促进污染物的絮凝与聚集，共同的作用机制是界面接触絮凝，目前尚缺乏深入研究。界面接触絮凝理论则是经电中和脱稳，单向趋近微界面，以势能峰第二极小值理论为基础建立量化计算模式。这种理论将有助于开发更高效的操作单元，缩短工艺流程，节省药剂及费用，特别是可以为难处理的纳米污染物提供新的分离技术原理。因此，混凝体系中的微界面反应过程、形态变化和作用机制已成为环境科学与技术研究的核心内容之一，推动着这一领域向更深入层次发展。

8.7.3　水体有机物、颗粒物与水质数据库

近年来，对强化混凝的研究突出体现在对水体有机物的深入认识、对有机物去

除模式的研究以及对有机物去除手段的综合利用等方面。目前，常用的有机物分子质量分布表征是利用特制的不同孔径的超滤膜在一定的压力驱动下，通过超滤的方法，将水体中的有机物按照分子质量的不同范围进行分离，并且通过计算、分析，推测有机物的来源和处理途径。水体有机物化学特性分级是根据不同极性或疏水性有机物在通过特定吸附树脂时的吸附能力的差异进行的。树脂分级结合色谱-质谱(GC-MS)分析可以详细测定有机物成分，了解有机物的特性、来源，从而有针对性地寻求有效的处理方式。

对于我国不同水体颗粒物、有机物的分布与转化规律开展深入系统的研究，重点对大型城市水源及水处理过程进行对比研究，建立完整系统的数据库，揭示水源水质特征与相应的变化规律。同时进一步针对模拟体系，如腐殖酸、富里酸、溶解性有机物、蛋白质、多糖类以及难降解有机物如草酸、典型工农业污染物等的强化或优化混凝过程加以研究，明确有机物的去除与转化特征，探索其强化去除工艺条件，探求不同有机物的消毒副产物形成特征与控制条件，建立相应的有机物强化去除模式都是今后强化混凝研究的重要方面。

(1) 分级方法对有机物的分析既全面又相对详细，建立相关的数据库，有利于对水环境变迁、人类污染影响等研究提供科学基础，因此，将分级方法推广并常规化，有利于积累更全面、翔实的数据，为建立更完善的有关水质有机物评价体系和“指纹”识别系统，及建立早期有机污染监测、预警机制提供数据支持和理论基础，并为建立相关水处理国家操作规范提供更加深入的科学依据。

(2) 尽管混凝是有机物去除的重要手段，但是由于天然水体有机物 HiM 均占相当比例，特别是很多离子态有机物完全亲水，从而导致混凝对 DOM 去除率仍十分有限，一般平均为 20%~30%。但众多的混凝机制研究只是集中在揭示可去除有机部分的去除过程上，而忽视了其他重要部分。其实，天然水体中不可混凝去除的70%~80%偏亲水性的有机物更应该是以后的研究重点。这些有机物的去除机制一定不同于易去除部分。

(3) 提取腐殖质的一个极为传统和常用的方法是调整 pH 至 1 或 2，几十年不变，因此，现今常用的分级方法在分离憎水酸时也沿用了此调 pH 至 2 的方法。但是对于混凝研究此方法有其自身的缺陷，在混凝过程中特别是实际应用中，不可能达到 pH 为 2 的极限条件，因此，分级方法与研究有一定的脱节，因此“混凝—有机物作用”的专用分级方法以强化混凝研究工艺进展。

(4) 目前，国际上常用的树脂或分子质量分级方法还存在明显缺陷，即其只根据有机物化学或物理尺寸进行分级，而反映和分离不出细微结构或细微官能团的区别，从而不能清晰区分具不同消毒副产物生成势和不同氯化活性基团的有机物组分。需要将两种分级方法结合运用，继续深入研究。

传统工艺着重于黏土颗粒物、天然腐殖酸等浊度、色度特征，而随着环境污染的日益严重和技术研究的深入，对于水质的影响逐渐得到重视。不断变化的水质以及水体中存在的和人工合成的纳米污染物成为水处理研究中的重要对象。在建立水源水质数据库基础上，根据水质变化的主体特征如有机物(TOC)、低温低浊、高温高藻、微污染特征、碱度高低、溶解性物质等不同的水质条件与变化特征来决定后续工艺的选择。同时表现在不同处理目标的确立与工艺协同优化选择。

8.7.4　优化混凝集成技术

对于一既定的水质体系，在水质特征与变化规律研究基础上，如何进行混凝过程的优化以及各单元技术之间系统性的优化集成，形成优化混凝集成技术系统，成为现代混凝技术研究中的前沿热点问题。

优化混凝集成技术的基本点是在原水水质变化特征基础上，进行混凝剂的优化选择、混凝过程与反应器的高效适配以及自动监控技术的最优系统集成，也即FRD系统。其基本原理在于高效的混凝剂需要与之相适应的高效反应器，同时匹配以反应过程的自动监控与投药控制的自动化，达到最大化地去除污染物和优化最终水处理的处理成本。

但是，仅仅明确了不同有机物的去除特征，并不能保障工艺出水的安全性。同时开展对消毒副产物的研究以及生物毒性的评估来优化微污染原水有机物的水处理过程显得十分必要。为了确保饮用水的安全性，在掌握饮用水中此类物质的暴露水平和毒性的基础上，开展工艺过程去除机制与转化特征的研究以及明确相应毒性的变化显得十分迫切。以化学分析和生态毒性为指标，重点评价原水以及混凝工艺和优化工艺处理的生态安全性，完善优化混凝工艺处理的毒性评价方法和指标体系，明确优化混凝集成工艺的有机物去除与控制特征。

针对原水低浊高藻、水厂混凝效果差、出厂水浊度偏高的实际问题，开展各种组合工艺条件下浊度控制的技术集成和系统优化，形成从预处理、常规工艺到深度处理的集成控制技术。去除水体中的微污染物，降低、消除消毒副产物的危害，是一项广泛联系的系统工程，必须全盘考虑。强化混凝去除污染物效果显著，不良副产物和水体残留少、危害性低；预臭氧化工艺在改善出水水质和提高常规工艺效率方面具有积极影响。预臭氧化工艺与强化混凝技术仍然有很多工作可以深入研究：

(1) 建立基本水质数据库：数据库的建立主要反映原水与出水水质状况与变化特征，将应用于原水水质对生产过程的影响作用、投药控制以及混凝剂的处理效果分析研究(相应地指导混凝剂或助凝剂的选择、混凝过程碱度或 pH 的调节与定量控制)，其中具有的重大意义还在于能指导强化混凝、处理效果的分析预测以及提供水质预警作用。

(2) 微污染有机物与水体颗粒物的作用特征：根据水体颗粒物的化学组成、颗粒粒度分布特征、不同原水的特征，尤其是不同粒度级别的颗粒物的组成、变化规律，进一步深入系统探讨微污染有机物的主流化学特征、微污染有机物与水体颗粒物的相互作用、混凝过程去除规律。

(3) 进一步进行水厂规模的混凝过程 pH 的计算、预测模式与投药控制研究。

(4) 加强混凝监控设备的研发：基于目前混凝剂投药方式与混凝效果的判断，在很大程度上还停留于经验判断上，如何有效地开展监控设备的研制与应用成为目前混凝工艺研究中的一个十分重要的课题。

(5) 强化过滤的研究：强化过滤的目标在于在提高现有过滤效率的基础上，强化某些具体控制目标物的去除，如红虫、有机物等。强化过滤工艺的研究主要可以考虑滤料性质与工艺组合几个方面进行。

(6) 对臭氧技术去除目标污染物的机制缺乏研究。预臭氧氧化与常规联合工艺需要进一步整合优化，建立针对原水特征的组合工艺，并对相应机制进行深入探讨。pH 对混凝去除有机物的效率具有很大影响，但究竟是影响混凝剂的形态还是改变了有机物的性质需进一步深入研究。

(7) 由于有机物的影响，混凝过程中絮体的形成和结构变得相当复杂，涉及混凝剂水解机制、微絮体的结构、水力条件的影响等。提高有机物去除率的关键因素需进一步探讨。预臭氧化工艺对水体消毒副产物的前驱物和颗粒物具有较好的去除效率，并可提高产水率，但对水厂基础设施、副作用和经济成本的影响需要深入研究。

8.7.5 高效絮凝技术的产业化

无机高分子絮凝剂是新型的水处理药剂，20 世纪 60 年代后在世界上发展起来，与传统药剂相比可以成倍提高效能而价格相对较低，因而逐步成为一类主流药剂。在日本、前苏联、西欧都有很大发展，美国也在研究应用中。目前，它在中国已经得到十分普遍的生产和应用，占全部混凝剂量的 70%以上，成为我国最主要的水处理混凝剂。我国大中型生产厂即建有数十座，年产数十万吨絮凝剂，供应全国大小水处理厂，每年处理水量数百亿立方米，在安全饮用水和环境保护中发挥着广泛的重要作用。

然而，在 20 世纪 90 年代初期，我国混凝剂生产工艺落后，国外的先进技术各自封锁，我国无法引进实施。同时，水处理絮凝技术仍沿用传统工艺，缺乏系统性和集成性。为此，以研究和发展具有我国特色的新型无机高分子絮凝剂为核心，以建立适合无机高分子絮凝剂作用特性的高效混凝集成化系统为重点，实现高效混凝技术的研究、以生产与应用一体化为目标，开展从应用基础理论、技术开发和产业应用的全方位和全过程研究，引导着我国该行业的技术和产业发展方向。相应的科技进步成果将会对我国环境保护事业作出重要贡献，取得相应的重大社会效益和经济效益。

8.7.6 强化/优化混凝操作规范

通过对典型水源以及结合不同水司对强化混凝的研究，吸取国外相关研究的经验教训，提出我国强化混凝与优化混凝的国家目标与切实可行的方案，提出具体优化混凝（或强化混凝）4 个阶段措施。

(1) 水质特征与变化规律的研究：进行常规指标与特殊指标的综合研究，揭示水源水质的特征与相应的变化规律，建立完整系统的数据库。

(2) 药剂的筛选优化：应用不同形态组成的混凝剂同时配合助凝剂的使用，探索强化混凝效果与可行的工艺条件。

(3) 反应工艺的优化：在进一步分析水质特点和水质规律的基础上，深入研究混凝机制，探寻有效的强化手段和方法，合理设计处理工艺和处理系统，引入先进的工艺监控技术，提高有机物的处理水平，提高出水的水质安全可靠性。

(4) 对于我国实施强化和优化混凝的总体技术路线可用图 8-34 来表示。除强化混凝外，有机物的去除还可以利用化学氧化、生物处理、过滤、吸附等方法。不同方法各有所长，如何有效、合理地配合使用这些手段将是今后研究的重要方向。

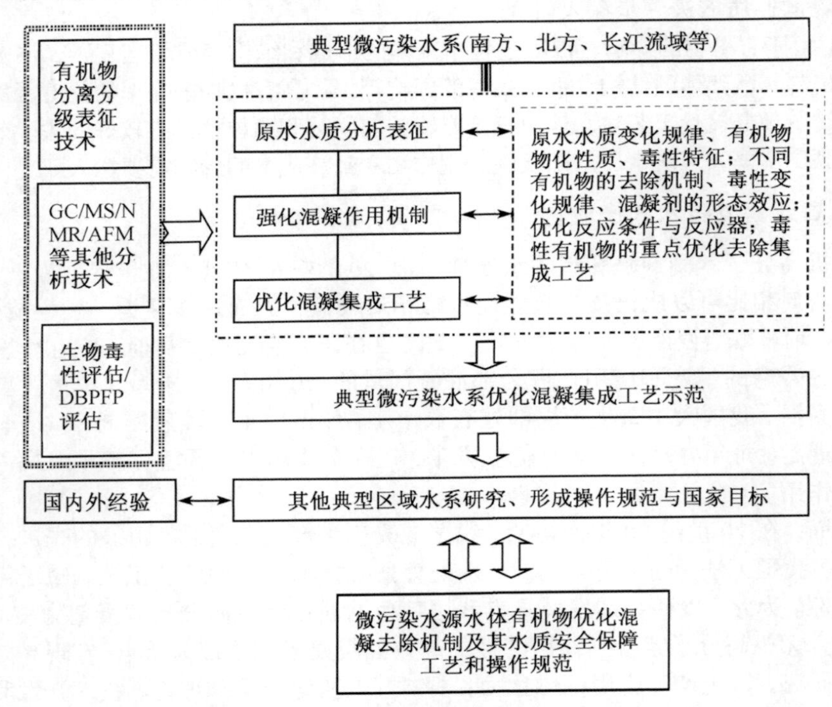

图 8-34　我国强化/优化混凝实施的一般技术路线

参考文献

[1] 曲久辉等. 饮用水安全保障技术原理, 北京: 科学出版社, 2007

[2] 王东升等. 优化混凝工艺及操作规范的研究与进展. 环境科学学报, 2009

[3] 杨敏等. 南方饮用水安全保障技术研究. 国家 863 水专项总结报告, 2006

[4] 何文杰等. 北方饮用水安全保障技术研究. 国家 863 水专项总结报告, 2006
[5] 汤鸿霄, 曲久辉等. 高效絮凝集成系统实验研究. 九五科技攻关项目总结报告, 1999
[6] O'Melia C R, Yao K, Gray K et al. Raw water quality, coagulant selection, and solid-liquid separation. The 1987 AWWA Annual Conference Seminar on Influence of Coagulation on the Selection, Operation, and Performance of WaterTreatmsnt facilities, Kansas City, MO, 1987
[7] Edzwald J K. Coagulation-sedimentation-filtration processes for removing organic substances from drinking water. *In*: Berger B B. Control of-Org Anic Substances in Water and Wastewater. USEPA, EPA-600/8-83-011, Washington D C, 1983
[8] Malley J P. Jr. A fundamental study of dissolved air flotation for treatment of low turbidity waters containing natural organic matter. Dissertation for Ph D, Department of Civil Engineering, University of Massachusetts, Amherst, 1988, 35-60
[9] Tobiason J E, Reckhow D A, Edzwald J K. Effects of ozonation on optimal coagulant dosing in drinking water treatment. Aqua, 1995, 44(3): 142~150
[10] Schneider O D, Tobiason J E. Preozonation effects on coagulation. J Am Water Works Assoc, 2000, 92(10): 74~87
[11] Farvardin M R, Collins A G. Preozonation as an aid in the coagulation of humic substance-optimum, preozonation dose. Water Res, 1989, 23(3): 307~316
[12] Chang S D, Singer P C. The impact of ozonation particle stability and the removal of TOC and THM precursors. J Am Water Works Assoc, 1991, 83(3): 71~79
[13] Jekel M R. Flocculation effects of ozone. Ozone Sci Eng, 1994, 16: 55~66
[14] Reckhow D A, Singer P C, Trussell R R. Ozone as a coagulant aid. Am Water Works Annual Conference, Denver Colo, 1986
[15] Edwards M, Benjianmin M M. Effect of preozonation on coagulant-NOM interactions. J Am Water Works Assoc, 1992, 84(8): 56~62
[16] Inoue T, Matsui Y, Terada Y et al. Characterization of microparticle in raw, treated, and distributed water by means of elemental and particle size analyses. Water Sci Technol, 2004, 50: 71~78
[17] Chandrakanth M S, Amy G L. Effects of ozone on the colloidal stability and aggregation of particles coated with natural organic matter. Environ Sci Technol, 1996, 30(2): 431~442.
[18] Srinivasan P T, Viraraghavan T. Characterization and concentration profile of aluminum during drinking-water treatment. Water S A, 2002, 28(1): 99~106
[19] Swietlik J I. Reactivity of natural organic matter fractions with chlorine dioxide and ozone. Water Res, 2004, 38: 547~558